普通高等教育“十三五”规划教材

钢铁冶金概论

（第2版）

薛正良　主编

北　京
冶 金 工 业 出 版 社
2022

内容提要

本教材共分10章，以钢铁冶金工艺流程及与钢铁冶炼相关的专业知识为主线，系统介绍了采矿、选矿、铁矿粉造块、焦化、高炉炼铁、炼钢连铸、轧钢、钢铁产品及其质量检测、钢铁生产用耐火材料和钢铁生产节能与环保等专业知识。通过学习本书，读者可以对钢铁联合企业的生产过程有一个全面概括的了解，并初步掌握钢铁冶金的基本知识。

本书可作为高等学校冶金相关专业的工科、理科、经管、文法等专业的教学用书，也可作为非冶金工程专业学生进行钢铁冶金及相关知识的普及教育用书。

图书在版编目(CIP)数据

钢铁冶金概论/薛正良主编. —2版. —北京：冶金工业出版社，2016.4（2022.7重印）
普通高等教育“十三五”规划教材
ISBN 978-7-5024-7236-8

Ⅰ.①钢… Ⅱ.①薛… Ⅲ.①钢铁冶金—高等学校—教材 Ⅳ.①TF4

中国版本图书馆CIP数据核字（2016）第110074号

钢铁冶金概论（第2版）

出版发行	冶金工业出版社	**电　话**	(010)64027926
地　址	北京市东城区嵩祝院北巷39号	**邮　编**	100009
网　址	www.mip1953.com	**电子信箱**	service@mip1953.com

责任编辑　刘小峰　曾　媛　美术编辑　吕欣童　版式设计　吕欣童
责任校对　李　娜　责任印制　禹　蕊
三河市双峰印刷装订有限公司印刷
2008年8月第1版，2016年4月第2版，2022年7月第7次印刷
787mm×1092mm　1/16；18印张；434千字；274页
定价36.00元

投稿电话　(010)64027932　投稿信箱　tougao@cnmip.com.cn
营销中心电话　(010)64044283
冶金工业出版社天猫旗舰店　yjgycbs.tmall.com
（本书如有印装质量问题，本社营销中心负责退换）

第2版前言

《钢铁冶金概论》是一本以冶金类高等学校相关专业的本、专科生及广大钢铁冶金爱好者为主要受众的教材，也是写给对钢铁冶炼感兴趣的人士进行钢铁冶金及相关知识的普及教育的读本。《钢铁冶金概论》（第1版）自2008年出版至今，已被很多高校采用作为教材，其简洁鲜明的特色受到广大师生的好评，同时也给作者提出了许多宝贵的意见和建议。《钢铁冶金概论》（第2版）在修订过程中，保持了第1版通俗简练的风格，对钢铁冶金及相关专业的基本知识、工艺流程和工艺设备等进行提炼，其知识涉及面广泛而系统。

考虑到不同专业在选择教学内容上的灵活性，本教材编写以钢铁冶金工艺流程及与钢铁冶炼相关的专业知识为主线，系统介绍了采矿、选矿、铁矿粉造块、焦化、高炉炼铁、炼钢连铸、轧钢、钢铁产品及其质量检测、钢铁生产用耐火材料和钢铁生产节能与环保等专业知识。

第2版在修订过程中对部分内容进行了补充和更新，每一章增加了“本章要点提示”“本章小结”“思考题”和“参考文献”，同时去掉了紧密度相对较低的“冶金机械设备”这一章。

《钢铁冶金概论》（第2版）由武汉科技大学薛正良主编。第1章由薛正良修订，第2章由叶义成、刘涛修订，第3章由伍林修订，第4~6章由薛正良、王炜、熊玮、彭其春和朱航宇修订，第7章由徐光修订，第8章由吴润修订，第9章由王玺堂修订，第10章由马国军修订。

由于时间仓促，加之编者水平有限，书中难免有错误和不妥之处，敬请读者批评指正。

编　者

2016年3月

第1版前言

为了适应高等学校教学改革的需要，武汉科技大学根据自身的办学要求调整了本科生培养计划，从2007级开始全校所有工科、理科、经管、文法等专业均开设“钢铁冶金概论”课程。本教材正是在这一背景下编写的。

考虑到不同专业在选择教学内容上的灵活性，本教材编写以钢铁冶金工艺流程及与钢铁冶炼相关的专业知识为主线，系统介绍了采矿、选矿、铁矿粉造块、炼焦、高炉炼铁、炼钢、连铸、轧钢、冶金机械、钢材产品及其质量检测、钢铁生产用耐火材料和钢铁生产节能与环保等专业知识。

本书的受众面主要是冶金类高等学校非冶金专业的工科、理科、经管、文法等专业的本、专科生；内容力求通俗简练，对钢铁冶金及相关专业的基本知识、工艺流程和工艺设备等进行简要介绍，其知识涉及面广泛而系统，可以用来对非冶金工程专业学生进行钢铁冶金及相关知识的普及教育。

本书由武汉科技大学薛正良主编。第1、4、5章由薛正良编写，第2章由叶义成、张芹编写，第3章由欧阳曙光编写，第6章由彭其春编写，第7章由程晓茹编写，第8章由刘安忠和李友荣编写，第9章由刘静编写，第10章由李亚伟、王玺堂和李远兵编写，第11章由李光强编写。

本书编写过程中得到武汉科技大学校长孔建益、副校长陈奎生，以及武汉科技大学教务处和相关学院的大力支持。

由于时间仓促，加之编者水平所限，书中不妥之处，敬请读者批评指正。

编　者

2008年3月

目　录

1 绪　论

【本章要点提示】 钢铁冶金是基于资源开发利用和钢铁材料生产过程的学科，是研究如何经济地从铁矿石中提取金属铁，并通过吹炼去除杂质元素和合金化过程得到纯净的钢液，最后通过浇铸和一定的加工方法制成具有某种特定性能的钢铁材料的科学。钢铁工业作为国家经济发展的支柱产业具有不可替代性。本章介绍了钢铁工业在国民经济发展中的地位，钢铁冶炼的发展历史和我国钢铁工业的现状，重点介绍了与钢铁生产相关的各工序的基本流程。

1.1 钢铁工业在国民经济中的地位

地壳中铁的储量比较丰富，按元素总量计占4.2%，在金属元素中仅次于铝。纯金属铁本身质地柔软，不能作为结构材料使用，在工业生产和日常生活中广泛应用的是铸造生铁和钢。铸造生铁是含碳量3%~4%的Fe-C合金，并含有少量硅、锰、硫、磷等元素，其质地硬而脆，不能锻压，主要用于生产铸件。钢是生铁的深加工产物，炼钢过程是将液态生铁脱碳、脱硫、脱磷和脱氧合金化（加入一种或几种数量不等的合金元素，如铝、硅、锰、铬、镍、钨、钼、钒、钛和铌等）。与生铁相比，钢具有良好的可塑性，可以轧制或锻造成各种形状的钢材和机械零部件，具有良好的综合力学性能。

钢铁工业是基础材料工业，钢铁工业为其他制造业（如机器及机械制造、汽车、桥梁、造船、家电、交通运输、军工、能源、航空航天等）提供最主要的原材料，也为建筑业及民用品生产提供基础材料。可以说，一个国家钢铁工业的发展状况间接反映其国民经济发达的程度。

钢铁工业的发展水平主要体现在钢铁生产总量（或人均产量）、品种、质量、单位能耗和排放、经济效益和劳动生产率等方面。在一个国家的工业化发展进程中，都必须拥有相当发达的钢铁工业作为支撑。

钢铁工业是一个集成度很高的产业，其发展需要多方面条件的支撑，如稳定的原材料供应，包括铁矿石、煤炭、耐火材料、石灰石和锰矿等；稳定的动力供应，如电力、水等；由于钢铁工业生产规模大，消耗的原材料和生产的产品吞吐量巨大，如一个年产2000万吨粗钢的钢铁联合企业，厂外运输量达到2亿吨，必须有庞大的运输设施为其服务。对大型钢铁企业来说，还必须有重型机械的制造业为其服务。此外，钢铁企业的建设除了需要雄厚的资金保障，还需要工程的设计部门、设备制造商和建设安装工程公司的大力协作。

钢铁产品之所以能成为各制造行业和基础建设的基础材料，是因为它具有以下优越的性能和相对低廉的价格：

(1) 具有较高的强度和韧性；

(2) 可通过铸、锻、轧、切削和焊接等多种方式进行加工，以得到任何结构的工部件；

(3) 废弃的钢铁产品可以循环利用。

人类自进入铁器时代以来，积累了丰富的生产和加工钢铁材料的经验。与其他工业相比，钢铁工业生产规模大、效率高、质量好、成本低，具有强大的竞争优势。在可以预见的将来，还没有其他材料能替代钢铁材料现有的地位。

1.2 钢铁工业的发展

1.2.1 早期的冶铁方法

早在商代，我国就开始使用天然的陨铁锻造铁刃。而真正的冶铁术大约发明于西周晚期（公元前 841～前 771 年）的块炼铁法，它是一种在土坑里用木炭在 800～1000℃下还原铁矿石，得到一种含有大量非金属氧化物的海绵状固态块铁。这种块铁含碳量很低，具有较好的塑性，经锻打成型，制作器具。春秋中期（公元前 600 年前后），我国已经发明了生铁冶炼技术，到了春秋末年，铁制的农具和兵器也已得到普遍使用。到战国时代（公元前 403～前 221 年），已经掌握了“块铁渗碳钢”制造技术，造出了非常坚韧的农具和锋利的宝剑。西汉中晚期（公元前 100 年～公元 9 年），发明了“炒钢”的生铁脱碳技术。东汉初期（公元 25～220 年），南阳地区已经制造出水力鼓风机，扩大了冶炼生产规模，产量和质量都得到了提高，使炼铁生产向前迈进了一大步。北宋时期（公元 960～1127 年），冶铁技术进一步发展，由皮囊鼓风机改为木风箱鼓风，并广泛以石炭（煤）为炼铁燃料，当时的冶铁规模是空前的。

在世界历史上，中国、印度、埃及是最早用铁的国家，也是最早掌握冶铁技术的国家，比欧洲要早 1900 多年。欧洲的块炼铁法是公元前 1000 年前后发明的，但是直到公元 13 世纪末、14 世纪初才掌握生铁冶炼技术。获得生铁的初期，人们把它当作废品，因为它性脆，不能锻造成器具。后来发现将生铁与矿石一起放入炉内再进行冶炼，得到性能比生铁好的粗钢。从此钢铁冶炼就开始形成了一直沿用至今的二步冶炼法：第一步从矿石中冶炼出生铁；第二步把生铁精炼成钢。随着时代的发展，高炉燃料从木炭、煤发展到焦炭，鼓风动力用蒸汽机代替人力、水力（或风力），鼓风温度也由热风代替冷风，产量也不断增长，从而逐渐进入到近代冶铁的历史时期。

1.2.2 近代钢铁冶炼技术的发展

19 世纪中期至今，以生铁为原料在高温下吹炼成钢，一直是钢铁生产的主要方法。在此期间，高炉容积不断扩大，鼓风动力采用电力，并建立起了蓄热式热风炉，高炉用热风代替冷风炼铁。确立了作为生铁精炼炉的转炉、平炉和电炉炼钢方法。

1.2.2.1 底吹空气转炉的发明

第一次解决用铁水大规模冶炼钢水这一难题的是 1855 年英国人贝塞麦（H. Bessemer）发明的底吹酸性空气转炉炼钢法。将空气吹入铁水，使铁水中硅、锰、磷和碳快速氧化，依靠这些元素氧化放出的热量将液态金属加热到能顺利地进行浇铸所需要的温度，从此开创了大规模炼钢的新时代。转炉因采用酸性炉衬和酸性渣操作，吹炼过程中不能去除铁水中的硫和磷。同时为了保证有足够的热量来源，要求铁水有较高的含硅量，故贝塞麦转炉只能用低磷高硅生铁作原料。由于低磷铁矿的匮乏（特别在西欧地区），这种炼钢方法的发展受到限制。1879 年，英国人托马斯（S. G. Thomas）发明了碱性底吹空气转炉炼钢法（即托马斯法），用白云石加少量黏结剂制成炉衬，在吹炼过程中加入石灰造碱性渣，解决了高磷铁水的脱磷问题。这种方法特别适用于西欧一些国家，曾在德国、法国、比利时和卢森堡等国家得到充分发展。但空气底吹碱性转炉钢水中氮的含量高，炉子寿命也比较低。

1.2.2.2 平炉时代

19 世纪各国工业的迅速发展使全世界的废钢数量与日俱增，人们开始寻求废钢作为原料经过熔炼得到合格良锭的冶炼方法。1864 年，法国人马丁（Martin）利用德国人西门子（Siemens）的蓄热原理发明了以铁水、废钢为原料的酸性平炉法炼钢。继托马斯碱性底吹空气转炉炼钢法以后，于 1880 年出现了第一座碱性平炉。由于碱性平炉能适用于各种原料条件，生铁和废钢的比例可以在很宽的范围内变化，解决了废钢炼钢的诸多问题，钢的品种质量也大大超过空气转炉，因此碱性平炉一度成为世界上最主要的炼钢方法，其地位保持了半个多世纪。随着对钢铁需求量的不断增加，平炉容量不断扩大，20 世纪 50 年代最大的平炉容量已经达到 900t。但是平炉设备庞大，生产率较低，对环境污染较大。目前平炉炼钢已经基本淘汰，但第一次炼钢技术革新是以平炉取代底吹空气转炉为标志的。

1.2.2.3 电弧炉的发明

1899 年，法国人赫劳特（Heroult）研制炼钢用三相交流电弧炉获得成功。由于钢液成分、温度和炉内气氛容易控制，品种适应性大，这种方法特别适合于冶炼高合金钢。电弧炉炼钢法一直沿用至今，炉容量不断扩大（目前世界上最大的电弧炉容量达到 400t），铁水热装和电弧炉用氧技术的应用，使电炉产能不断提高，是当前冶炼碳素结构钢和合金结构钢的主要炼钢方法之一。

1.2.2.4 氧气转炉时代

20 世纪 40 年代初，大型空气分离机问世，可提供大量廉价的氧气，给氧气炼钢提供了物质条件，同时，超声速射流技术也应用于炼钢氧枪。1948 年，德国人罗伯特·杜勒（Robert Durrer）在瑞士成功地进行了氧气顶吹转炉炼钢试验。1952 年在奥地利林茨城（Linz）、1953 年在多纳维茨城（Donawitz）先后建成了 30t 氧气顶吹转炉车间并投入生产，所以该法也称 LD 法。而在美国一般称作 BOF（Basic Oxygen Furnace）或 BOP（Basic Oxygen Process）。这种方法一经问世，就显示出巨大的优越性和生命力。它的生产率很高，一座 120t 的氧气顶吹转炉的小时产钢量高达 160~200t，而同吨位的平炉的小时钢产量在用氧的情况下为 30~35t，不用氧时仅为 15~20t。氧气转炉可吹炼的钢的品种多，可以熔炼全部平炉钢种和大部分电炉钢种。氧气转炉熔炼的钢水质量好，钢中气体和非金属夹杂物的含量低于平炉钢，因而深冲性能和延展性能良好。氧气转炉吹炼过程无需外来热源，且原料的适应性强，基建投资低，建设速度快，所以在很短时间内就在全世界得到推广应用。目前转炉钢的产量已占世界总产钢量的80%以上。氧气转炉炼钢是目前世界上最主要的炼钢方法，第二次炼钢技术革新是以氧气顶吹转炉代替平炉为标志。

氧气顶吹转炉炼钢方法的出现，启发人们在旧有的炼钢法中使用氧气，使它们获得新生。氧气底吹转炉法于1967年由德国马克希米利安（Maximilian）公司与加拿大莱尔奎特（Lellquet）公司共同协作试验成功。由于从炉底吹入氧气，改善了冶金反应的动力学条件，脱碳能力强，有利于冶炼超低碳钢种，也适于高磷铁水的炼钢。1978年，法国钢铁研究院（IRSID）在顶吹转炉上进行了底吹惰性气体搅拌的实验并获得成功，并先后在卢森堡、比利时、英国、美国和日本等国进行了试验和半工业性试验。由于转炉复合吹炼兼有底吹和顶吹转炉炼钢的优点，促进了金属与渣、气体间的平衡，吹炼过程平稳，渣中氧化铁的含量少，减少了金属和铁合金的消耗；加之改造容易，因此顶底复吹转炉炼钢法在各国得到了迅速推广。

1.2.2.5 直接还原和熔融还原技术

传统的高炉—转炉流程具有生产能力大、品种多、成本低等优点，但这种流程无法摆脱对焦炭的依赖。而电炉炼钢以废钢为主要原材料，废钢的供应问题直接影响电炉炼钢的发展。作为废钢替代品的直接还原铁便应运而生。用直接还原铁作原料的电炉炼钢新工艺，比高炉—转炉传统工艺流程的投资、原料和能源费用均低。直接还原铁技术的新发展，为电炉提供了优质原料，弥补了当前废钢数量的不足。从长远来看，可使电炉摆脱对废钢的绝对依靠，实现炼钢工业完全不用冶金焦。另外，直接还原法生产灵活，可以利用天然气、普通煤作还原剂生产直接还原铁。这为缺乏炼焦煤而富产天然气的国家发展钢铁工业创造了条件。因此无论是发展中国家（如委内瑞拉、墨西哥、印度、伊朗等）或工业发达国家（如美国、德国、加拿大等）都根据本国资源和能源特点，建设了一批直接还原铁—电炉炼钢新型联合企业。

我们的祖先发明的块炼铁法，其实质就是直接还原炼铁法。现代意义上的直接还原技术以墨西哥希尔萨（Hylsa）公司和美国米德兰（Midrex）公司分别于1957年发明的HYL-Ⅰ（至1980年开发出HYL-Ⅲ）和1968年发明的Midrex法气基竖炉直接还原铁生产技术的诞生为标志。而隧道窑（Hoganas法）、回转窑（DRC、SL/RN等）、转底炉（Inmetco、Midrex、Fastmet、Comet 、Itmk3 等）、流化床（Circoreo、Finmet、Fior等）等煤基直接还原铁生产技术使缺乏天然气的国家和地区生产直接还原铁成为可能。

熔融还原技术的诞生，真正实现了用煤直接冶炼获得铁水。目前，工业化生产的熔融还原技术主要有奥钢联（VAI）与德国科尔夫（Korf）工程公司联合开发的用块状铁矿石和非焦原煤为原料生产铁水的Corex熔融还原法和韩国浦项（POSCO）与奥钢联（VAI）联合开发的用粉状铁矿和非焦原煤为原料生产铁水的Finex熔融还原法。20世纪80年代末，世界上第一座C-1000型Corex熔融还原炉在南非伊斯科（ISCOR）公司首次实现了工业化应用。目前，世界上最大的Corex熔融还原炉是2007年11月24日在我国宝钢集团浦钢公司罗泾工程基地投产的 C-3000 型 Corex 熔融还原炉，设计年生产铁水 150 万吨。该 Corex 熔融还原炉已于 2012 年搬迁至新疆八一钢铁公司。

1.2.3　新中国钢铁工业的发展

由于长期受封建主义的束缚和帝国主义的掠夺和摧残，近代中国工业和科学技术的发展极度缓慢，钢铁工业技术水平及装备也极其落后。新中国成立前（1949 年），由于受长期战争的破坏，我国生铁产量只有 25 万吨，钢产量还不到 16 万吨。

新中国成立后，我国逐步建立了现代钢铁工业基础，至 1960 年钢产量超过了 1000 万吨，某些生产指标接近当时的世界先进水平。1960 年到 1966 年间，在困难的条件下我国钢铁工业继续得到发展，如炼铁方面以细粒铁精矿粉为原料的自熔性及超高碱度烧结矿生产技术、高炉喷吹煤粉技术和复合矿冶炼技术为代表。1966 年至 1976 年间，我国国民经济基本上处于停滞不前的状态，钢铁工业装备陈旧，机械化、自动化水平低，技术经济指标落后，生产效率低、品种少、质量差、成本高。

从 1977 年开始，我国钢铁工业走向持续发展阶段，到 1982 年钢产量达到 3700 万吨，仅次于苏联、美国和日本，居世界第四位。到 1996 年我国粗钢产量突破 1 亿吨，跃居世界第一。此后的 10 多年间，我国钢铁工业持续高速发展，粗钢产量以每年 15%~20%的速度增长，见图 1-1。至 2014 年，我国粗钢产量达到 8.23 亿吨，占世界粗钢产量的 49.52%。我国不锈钢产量自 2006 年超过日本，居世界第一位后，至 2014 年不锈钢粗钢产量达到 2169.2 万吨，占世界不锈钢粗钢产量的 53.9%。我国是目前世界上最大的钢铁生产国和消费国。

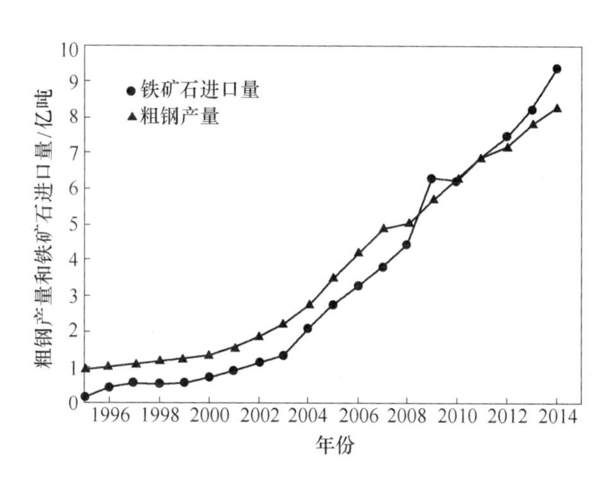

图 1-1　我国历年粗钢产量和铁矿石进口量变化

我国是个铁矿石储量比较丰富的国家，目前已探明铁矿石储藏量为 593.9 亿吨（其中 415 亿吨矿石为磁铁矿），但品位低，含铁量大多在 30%~35%。近十多年来，我国钢铁工业的高速增长对铁矿石的需求迅速增加，国产铁矿石数量远不能满足需求，需要大量依靠进口。自 2002 年铁矿石进口量突破 1 亿吨后，我国铁矿石进口量每年以 15%~20%速度增长，到 2014 年我国铁矿石进口量达到 9.33 亿吨。

1.3 钢铁生产基本流程

1.3.1 概述

钢铁生产是一项系统工程，其基本流程如图 1-2 所示。首先在矿山要对铁矿石和煤炭进行采矿和选矿，将精选炼焦煤和品位达到要求的铁矿石，通过陆路或水运送到钢铁企业的原料场进行配煤或配矿、混匀，再分别在焦化厂和烧结厂炼焦和烧结，获得符合高炉炼铁质量要求的焦炭和烧结矿。球团矿厂可直接建在矿山，也可建在钢铁厂，它的任务是将细粒精矿粉造球、干燥、经高温焙烧后得到ϕ9～16mm 球团矿。

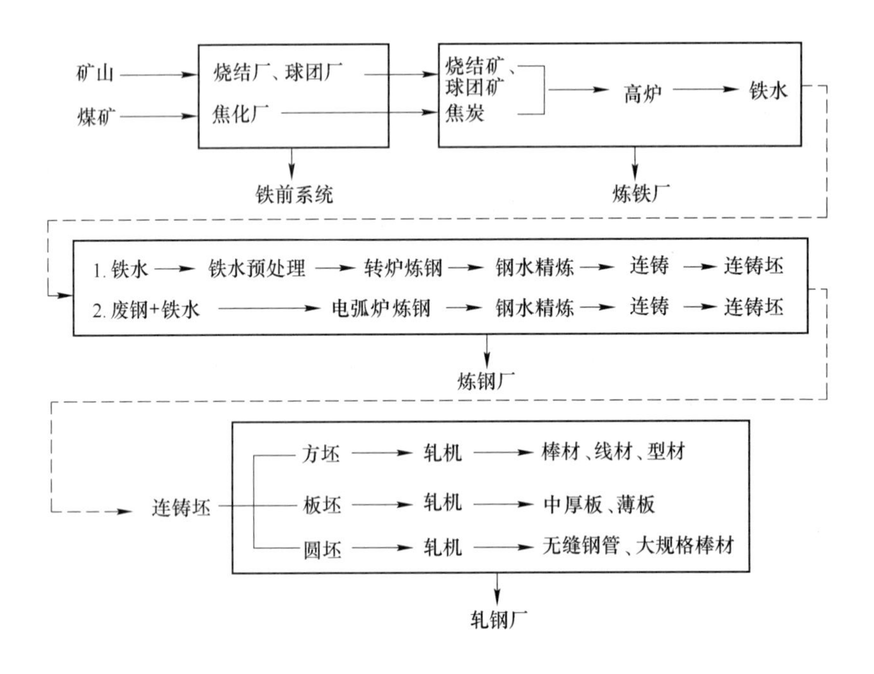

图 1-2 钢铁生产基本流程

高炉是炼铁的主要设备，使用的原料有铁矿石（包括烧结矿、球团矿和富块矿）、焦炭和少量熔剂（石灰石），产品为铁水、高炉煤气和高炉渣。铁水送炼钢厂炼钢；高炉煤气主要用来烧热风炉，同时供炼钢厂和轧钢厂使用；高炉渣经水淬后送水泥厂生产水泥。

炼钢，目前主要有两条工艺路线，即转炉炼钢流程和电弧炉炼钢流程。通常将“高炉—铁水预处理—转炉—精炼—连铸”称为长流程，而将“废钢—电弧炉—精炼—连铸”称为短流程。短流程无需庞杂的铁前系统和高炉炼铁，因而工艺简单、投资低、建设周期短。但短流程生产规模相对较小，生产品种范围相对较窄，生产成本相对较高。同时受废钢和直接还原铁供应的限制，目前，大多数短流程钢铁生产企业也必须建设高炉和相应的铁前系统，电弧炉采用废钢+铁水热装技术吹氧熔炼钢水，降低了电耗，提高了钢水品质，扩大了品种，降低了生产成本。

炼钢厂的最终产品是连铸坯。按照形状，连铸坯分为方坯、板坯、圆坯和 H 型钢连铸坯。在轧钢厂，方坯分别被棒材、线材和型材轧机轧制成棒材、线材和型材；板坯被轧制成中厚板和薄板；圆坯被轧制成大规格棒材，或被穿孔轧制成无缝钢管。

钢铁联合企业的正常运转，除了上述主体工序外，还需要其他辅助行业为它服务，这些辅助行业包括耐火材料和活性石灰生产，机修、动力、制氧、供水供电、质量检测、通讯、交通运输和环保等。

1.3.2 铁前系统

对钢铁联合企业而言，铁前系统主要包括烧结厂、焦化厂和炼铁厂。

1.3.2.1 烧结厂

烧结厂的主要任务是将粉状铁矿石（包括富粉矿、精矿粉等）和钢铁厂二次含铁粉尘，通过烧结机的烧结过程，加工成粒度符合高炉要求的人造富块矿——烧结矿。

在烧结混合料中，通过调整加入熔剂（如消石灰、石灰石、白云石、蛇纹石等）和燃料（如焦粉、无烟煤粉）的数量，通过烧结可以控制烧结矿的化学成分（如碱度、MgO、FeO 等）和冶金性能（如强度、还原性能和低温还原粉化性能等）。通过烧结还能去除烧结原料中 80%以上的硫。

目前，大中型钢铁企业烧结厂使用的烧结机主要是如图 1-3 所示的带式抽风烧结机。烧结机的大小一般用烧结机台车的有效烧结面积表示。武钢股份烧结厂现有 5 个烧结车间，可年产烧结矿 1800 万吨。其中一烧、四烧和五烧车间各建有 435m^{2}烧结机 1 台；二烧车间 1 台 280m^{2}烧结机，三烧车间 1 台 360m^{2}烧结机。

宝钢二期烧结工程

烧结机

图 1-3 带式抽风烧结机

1.3.2.2 焦化厂

焦炭是高炉炼铁不可缺少的燃料和还原剂，生产焦炭的设备是如图 1-4 所示的焦炉。

焦炭生产过程分为洗煤、配煤、炼焦、熄焦及煤气和化工产品回收处理等工序。用于炼焦的煤主要有气煤、肥煤、焦煤和瘦煤等。配煤是将上述各种结焦性不同的煤经洗选后按一定比例配合炼焦，目的是在保证焦炭质量的前提下，节约主焦煤，扩大炼焦用煤源，同时尽可能多地获得一些化工产品。炼焦过程是将配好的煤料装入焦炉的炭化室，在隔绝空气的条件下，由两侧燃烧室供热，随温度升高经干燥、预热、热分解、软化、半焦、结焦成具有一定强度的焦炭。然后由推焦机把焦炭从炭化室推出，再进行洒水熄焦，将焦炭温度降低到200℃以下。从环保和节能的角度出发，现代化的大型焦炉都采用如图1-5所示的干熄焦工艺。

图1-4 大型焦炉

图1-5 焦炉干熄焦设备

炼焦的副产品是高热值的焦炉煤气及作为化工原料的焦油、粗苯等。每生产1t焦炭，可产生焦炉煤气390~460m^3，煤焦油20~40kg，氨2.0~3.5kg，粗苯6~13kg。

焦炉的大小用炭化室孔数和炭化室高度表示，如武钢股份焦化厂10号焦炉为70孔7.63m大容积焦炉，年产焦炭100万吨。目前武钢焦化厂建有10座焦炉，年产焦炭660万吨，其中9号和10号7.63m焦炉为亚洲最大的焦炉，工艺装备达到世界最先进水平。

1.3.2.3 炼铁厂

高炉的主要任务是用铁矿石和焦炭冶炼出合格的铁水供转炉炼钢，同时产生大量高炉煤气供炼铁厂热风炉、烧结厂、炼钢厂、轧钢厂使用。在整个钢铁联合企业中，可以说炼铁厂是最核心的环节，具有“铁老大”之美誉。

走进炼铁厂，高耸的高炉炉顶、挺拔的热风炉组和修长的上料主皮带十分引人注目，见图1-6。高炉的大小用有效容积表示，武钢股份炼铁厂目前有7座大型和超大型高炉，高炉总容积将达到19936m^3，其中1号高炉2200m^3、2号高炉1536m^3、4号高炉2800m^3、5~7号高炉3200m^3、8号高炉3800m^3，具备年产生铁1600万吨的能力。

武钢5号高炉

宝钢3号高炉

图1-6 炼铁高炉

如图 1-7 所示，高炉炼铁系统是个庞大的系统集成，围绕高炉本体，有原料供料系统、炉顶装料系统、鼓风送风系统、煤气除尘系统、喷煤系统和渣铁处理系统同时协同工作。

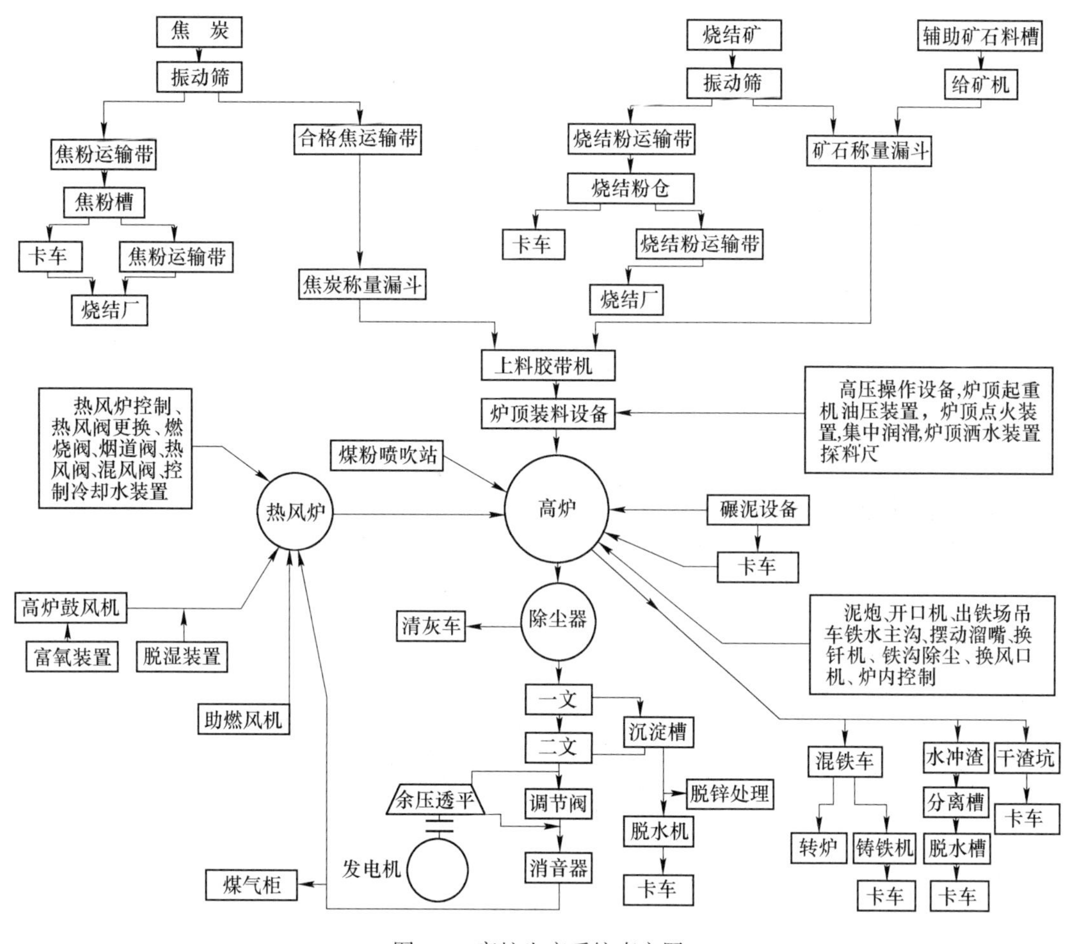

图 1-7 高炉生产系统直方图

高炉炼铁是个连续的生产过程，高温鼓风不间断地从高炉炉缸的风口吹入高炉，焦炭和煤粉在风口前燃烧产生煤气和热量，同时腾出空间使上部炉料连续下降。炉料通过炉顶装料设备按批次定时加入高炉。煤气从炉顶排出，经除尘系统除去灰尘并减压后供热风炉燃烧，多余的煤气经加压后储存在煤气柜中，供其他厂使用。

在高炉内，高温煤气从风口区域向上流动，透过料柱空隙到达炉顶。在这一过程中，煤气中的 CO 将铁矿石中的氧化铁逐渐还原成金属铁，而炉料向下运动过程中吸收煤气携带的热量，温度不断升高，当温度达到 1200~1400℃ 时铁矿石开始软化、熔融，直至熔化滴落（图 1-8），最终流入炉缸。当炉缸内铁水和炉渣积存到一定数量时，打开铁口将铁水和炉渣放出。超大型高炉一般设有 4 个铁口，正常情况下始终保持一个铁口在出铁。铁水和炉渣经过主铁沟撇渣器进行渣铁分离，渣子经渣沟流向水渣冲制箱粒化成水渣；铁水经过摆动溜嘴装入铁水罐或鱼雷式混铁车内，然后通过铁路运输送往炼钢厂炼钢。

1.3.3 炼钢厂

图 1-8 高炉炉内冶炼模型

炼钢厂的主要任务是将铁水脱硫、脱磷、脱碳和脱氧合金化，然后将钢水浇铸成钢坯。

整个炼钢生产通常包括铁水预处理、转炉吹炼（脱磷和脱碳）、精炼（脱硫、脱氧和合金化）和连铸几个工序。

（1）铁水预处理：炼钢厂进行的铁水预处理主要是预脱硫。通常高炉铁水含硫在 0.03%～0.07%，而钢水的硫含量一般小于 0.025%，有些钢种的硫要求控制在 0.005%以下。铁水预脱硫的任务就是将铁水的硫含量降低到 0.001%～0.010%，以减轻炼钢脱硫负担。武钢目前主要采用 KR 法和喷吹钝化颗粒镁脱硫工艺。

（2）转炉吹炼：转炉示意图和吹炼过程如图 1-9 和图 1-10 所示。先向转炉加入废钢，再兑入铁水，然后加石灰等造渣材料后降下氧枪吹氧，铁水中的硅、锰和磷被氧化进入炉渣，碳被氧化进入炉气中。吹炼终点时钢水碳含量可降低到 0.03%～0.20%，磷可降低到 0.015%以下。当碳含量和温度达到要求后出钢。

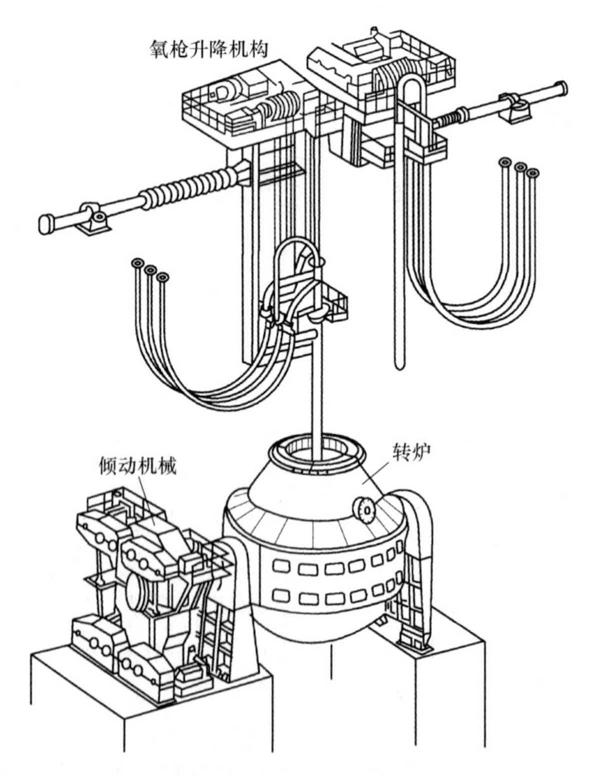

图 1-9 转炉示意图

（3）精炼：精炼的基本任务是进一步脱硫、脱氧去夹杂、合金化和调整温度。根据

图 1-10　转炉冶炼过程

生产品种的不同，各厂的精炼设备不尽相同，如 LF/VD、RH、CAS 等。

（4）连铸机：连铸的任务是将钢水浇铸成一定断面的连铸坯。根据最终轧钢产品的不同要求，连铸机分为板坯连铸机、方坯连铸机（包括大方坯和小方坯）、圆坯连铸机和异型坯连铸机。图 1-11 所示为板坯和小方坯连铸机。

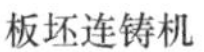
板坯连铸机　　小方坯连铸机

图 1-11　连铸机

(5) 薄板坯连铸连轧：薄板坯连铸机与普通板坯（或称大板坯）连铸机的主要区别是铸坯的厚度不同，普通板坯厚度在230~400mm，而薄板坯厚度一般在50~90mm。

普通板坯连铸机与热连轧机分别建在炼钢厂和轧钢厂，连铸坯需要离线精整，钢坯冷却后需重新加热才能轧制。因此，其生产周期长、能耗高。而薄板坯连铸机与热连轧机组建在同一车间，铸坯在线轧制，生产周期短能耗低。图1-12所示为薄板坯连铸连轧流程示意图。图1-13所示为邯钢年产250万吨CSP热连轧机组。

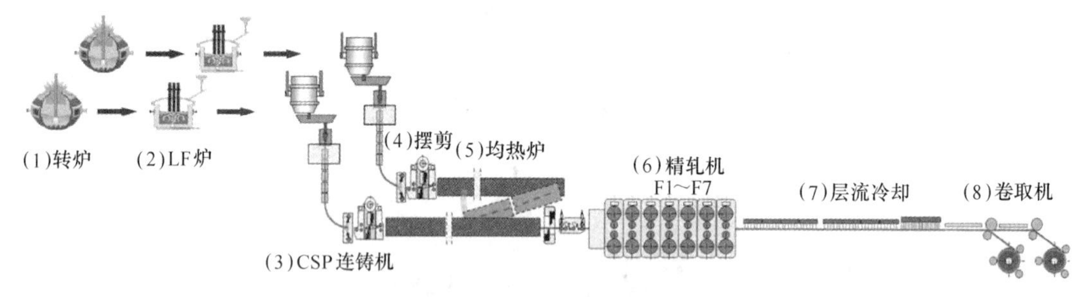

图1-12　薄板坯连铸连轧流程

图1-13　邯钢CSP热连轧机组

我国是薄板坯连铸连轧工艺发展最快的国家，到2014年底，我国已经投产14条薄板坯连铸连轧生产线（珠钢CSP、邯钢CSP、包钢CSP、鞍钢ASP（2条）、唐钢FTSR、马钢CSP、涟钢CSP、本钢FTSR、济钢ASP、通钢FTSR、酒钢CSP、唐山国丰ZSP、武钢CSP），这14条生产线产能约为3700万吨。

武钢股份公司目前有5个炼钢厂，其中条材总厂一炼钢分厂装备有2座120t转炉、1座1300t混铁炉、2套铁水脱硫站、2套钢包吹氩站、1座120t LF精炼炉、1座VD真空脱气炉、1套RH真空精炼装置及2台五机五流方坯连铸，设计年生产能力220万吨。条材总厂CSP分厂装备有2套铁水罐脱硫处理设施、2座150t顶底复吹转炉、2座150t LF

精炼炉、2 台 150t RH 真空装置，以及 2 台薄板坯连铸机、1 座 7 机架连轧机，设计年生产能力 248 万吨。炼钢总厂下设二、三、四分厂，二炼钢分厂装备有 3 座 80t 转炉、2 座 600t 混铁炉、3 套 KR 铁水脱硫站、3 套钢包吹氩站、2 套 RH 真空精炼炉、4 台板坯连铸机，设计年生产能力 230 万吨；三炼钢分厂主要装备有 3 座 250t 转炉、2 套铁水脱硫站、2 套 RH 真空精炼炉、3 台两机两流板坯连铸机，设计年生产能力 670 万吨；四炼钢分厂主要装备有 2 座 180t 转炉、2 套铁水脱硫站、2 座 LF 精炼炉、2 套 RH 真空精炼炉、2 台两机两流板坯连铸机，设计年生产能力 369 万吨。

1.3.4　轧钢厂

轧钢厂是钢铁联合企业生产最终产品——钢材的加工厂。轧钢是利用旋转的轧辊与钢坯间的接触摩擦将金属咬入轧辊缝隙间，同时在轧辊的压力作用下使金属发生塑性变形的过程。按产品形式有棒线材、型材、板材（包括中厚板、热轧薄板、冷轧薄板、镀层板和涂层板）、钢管等。

武钢股份公司目前有大型轧钢厂、棒材厂、轧板厂、热轧总厂、冷轧总厂和硅钢事业部等轧钢厂（图 1-14）。

（1）大型轧钢厂：大型轧钢厂拥有 1 套 960×1/760×4 型型钢轧机和 1 套全连续双线 44 架高速线材轧机。型钢年生产能力 105 万吨。高速线材轧机轧制速度可达 120m/s，设计年生产能力 70 万吨。

（2）棒材厂：棒材厂拥有 22 架轧机棒材生产线 1 套，主要产品为直径 10~40mm 的建筑用热轧带肋钢筋及圆钢棒材。设计年生产能力 80 万吨。

（3）轧板厂：轧板厂主要装备有 1 台立辊轧机、1 台二辊轧机、1 台四辊轧机、2 座推钢式加热炉、1 座步进式加热炉、2 座热处理常化炉。主要产品包括造船板、桥梁板、锅炉板、压力容器板、优质碳素钢、低合金钢、工程机械用钢、军工钢等。设计年生产能力 100 万吨。

（4）热轧总厂：热轧总厂下设一、二、三分厂。一分厂主要产品为硅钢冷轧材，拥有 1 套 1700mm 热连轧生产线，主要装备包括 1 台 4 架粗轧机、1 台 7 机架精轧机、3 台卷取机、1 台立辊除鳞机、4 座步进梁式加热炉等，设计年生产能力 350 万吨。二分厂主要产品为宽幅汽车板、管线钢、高强钢，拥有一套 2250mm 热连轧生产线，主要装备包括一台 2 架粗轧机、一台 7 机架精轧机、3 台卷取机、3 座共热步进式加热炉等，设计年生产能力 450 万吨。三分厂主要产品为硅钢冷轧材，拥有一套 1580mm 热连轧生产线，主要设备包括 1 台带电磁炉的 2 机架粗轧机组、1 台 7 机架精轧机、3 台卷取机、4 座步进梁式加热炉等，设计年产能力 330 万吨。

（5）冷轧总厂：冷轧总厂下设一、二、三、四分厂。主要装备有 1700mm 五机架连轧机组。该厂生产的产品有冷轧钢板卷带、热镀锌钢板卷、电镀锡钢板卷、彩色涂层板卷带、无取向电工钢带（片）等五大系列百余个品种。

（6）硅钢事业部：冷轧硅钢片厂是中国第一代冷轧硅钢产品的专业化生产厂，也是我国目前唯一的冷轧晶粒取向硅钢和高档无取向硅钢产品生产企业。20 世纪 70 年代末投产以来，经过不间断的技术改造与扩建，品种已达 9 大规格近 80 个牌号，是制造特大型及各类节能型电机、变压器、调压器、互感器、电抗器、磁放大器和电磁开关的优质铁芯材料。

武钢高铁专用轨道生产线

宽厚板生产线

图 1-14 轧钢厂

【本章小结】钢铁工业是基础的原材料工业，钢铁冶炼技术伴随着其他工业技术的发展而不断进步，焦炭代替煤和木炭、机械动力和电力代替水力和人力鼓风、蓄热室热风炉产生的热风代替冷风，这是近代冶铁技术有别于古代冶铁技艺的重要标志。大规模空气分离技术和超声速射流技术的应用，开启了氧气顶吹转炉炼钢法的崭新时代，成为第二次炼钢技术革命的重要标志。现代钢铁冶炼技术以设备大型化、生产自动化、智能化和连续化为主要特征。现代化大型钢铁联合企业包括烧结、球团、炼焦等铁前工序，高炉炼铁，转炉炼钢及钢水精炼和连铸，以及连铸坯的轧制，最终以棒线材、型材、中厚板、薄板和钢管等产品向市场供应。

思考题

1. 近代炼铁技术与古代冶铁技术相比有哪些本质区别？
2. 第一次炼钢技术革新的重要标志是什么？
3. 第二次炼钢技术革新的重要标志是什么？
4. 现代高炉炼铁由哪几个系统组成？
5. 现代钢铁联合企业包括哪些主要工序？

参考文献

[1] 杨宽．中国古代冶铁技术发展史［M］. 上海：上海人民出版社，2004.
[2] 陆达．中国古代的冶铁技术［J］. 金属学报，1966（1）.
[3] 中国百科网．中国近代冶金工业，http：//www.chinabaike.com/article/sort0525/sort0524/ 2007/20070717141851.html.
[4] 项钟庸，王筱留，等．高炉设计：炼铁工艺设计理论与实践［M］. 北京：冶金工业出版社，2007.
[5] 傅杰．电弧炉炼钢技术发展历史“分期”问题［J］. 钢铁研究学报，2006，18（5）.
[6] 刘浏，余志祥，萧忠敏．转炉炼钢技术的发展与展望［J］. 中国冶金，2001（2）：17~23.

2 采矿与选矿

【本章要点提示】 采矿是从地壳内和地表开采矿产资源的技术和科学。矿山地质是矿山开采的基础，是指矿床经过地质勘查证实具有工业价值之后，在拟建或已建矿区范围内，为保证和发展矿山生产所进行的全部地质工作。选矿对采矿过程得到的矿石，通过破碎和磨矿，利用不同矿物间的物理或物理化学性质的差异，借助各种选矿设备将矿石中的有用矿物与脉石矿物分离，并达到使有用矿物相对富集的过程。本章介绍矿山地质的主要内容和金属及非金属矿的采矿方法分类，介绍浮选、磁选、重力选矿以及电选法等常用的选矿工艺。重点介绍露天和地下采矿方法的主要作业内容和生产工艺，以及矿石的破碎和磨矿方法，浮选、磁选和重选的设备和工艺，分选效果评价等。

2.1 矿 山 地 质

矿山的开采规模、采掘方式、盈利水平等受矿产资源的储量、品位、矿床的产状和赋存条件、地质构造、水文地质、矿区的经济和自然地理条件等因素的制约。矿山地质工作是指在矿床开采过程中，根据矿山工作的需要，对矿床生产地段或矿区进行的直接为生产服务的地质工作。

2.1.1 矿山地质概述

2.1.1.1 *矿产、矿床和矿体*

(1) 矿产。矿产指埋藏在地壳内能为人类所利用的有用矿物资源或矿物集合体。一般可分为四大类：

1) 金属矿产，又可分为黑色金属、有色金属、稀有金属、贵金属、分散元素、放射性元素等；

2) 非金属矿产，按工业用途可分为冶金辅助原料、化工原料、特种非金属矿产（如钻石）、陶瓷及玻璃原料、建筑材料等；

3) 能源矿产，主要有煤、石油、天然气、油页岩、铀、钍、地热等；

4) 水气矿产，有地下水、矿泉水、二氧化碳气、硫化氢气、氦气、氡气等。

(2) 矿床。地壳内部或表面富集的有用矿物聚集体，其质和量适合于工业利用，并在现有技术经济条件下能够被开采利用的部位称为矿床。矿床的空间范围包括矿体和围岩。

(3) 矿体。矿体是矿石的堆积体，是构成矿床的基本单位，又是开采的直接对象。它有一定的大小、形状和产状。一个矿床可以有若干个矿体。

（4）围岩。围岩是指围绕在矿体周围无经济价值的岩石。

一个矿床可以是一个矿体，也可以是多个大小不等的矿体群，如图 2-1 所示。

2.1.1.2　成矿作用和矿床的成因

成矿作用是把地壳中的有用成分（元素或化合物）和其余成分分离开来，在局部集中富集形成矿床的地质作用。成矿作用可分为三类：

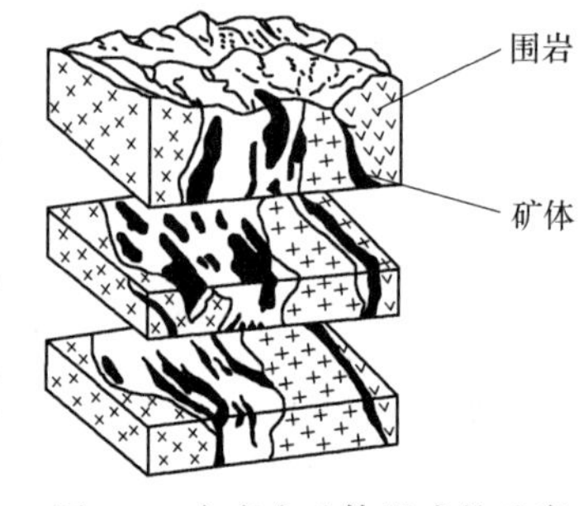

图 2-1　由多个矿体组成的矿床

（1）内生成矿作用。内生成矿作用是由内动力地质作用所引起的，直接或间接与岩浆活动有关。除与到达地表的火山作用外，内生成矿作用均是在地球内部，在较高的压力（深度）、温度及不同地质构造条件下形成的。内生成矿作用包括岩浆成矿作用和热液成矿作用两大类。

（2）外生成矿作用。外生成矿作用发生在地球表面，是由外动力地质作用所引起的。由外生成矿作用在地表常温常压下，以及大气圈、水圈、生物圈的相互作用下形成的矿床称为外生矿床。

（3）变质成矿作用。变质成矿作用发生在地壳的内部，多数是由内动力地质作用中的区域变质作用所引起的。由变质成矿作用使原内生和外生矿床在地表深处，受到温度、压力、气体和热液等新物化条件作用，使其成分、结构、构造发生变化而形成新的矿床，称为变质矿床。变质成矿作用可分为区域变质成矿作用和接触变质成矿作用。与变质成矿作用有关的矿床称为变质矿床，它可分为变质矿床和受变质矿床两类。

2.1.1.3　矿体的形状与产状

A　矿体的形状

按矿体的形状，可以把矿床分为层状矿床、脉状矿床、块状矿床三类。

按矿体的倾斜角度可分为水平矿体、缓倾斜矿体、倾斜矿体和急倾斜矿体。水平矿体的矿体倾角小于 5°，缓倾斜矿体的矿体倾角为 5°～30°，倾斜矿体的矿体倾角为 30°～55°，急倾斜矿体的矿体倾角大于 55°。

按矿体厚度可分为极薄矿体、薄矿体、中厚矿体、厚矿体和极厚矿体。极薄矿体的矿体厚度在 0.8m 以下，薄矿体的矿体厚度为 0.8～5m，中厚矿体的矿体厚度为 5～15m，厚矿体的矿体厚度为 15～50m，极厚矿体的矿体厚度在 50m 以上。

B　矿体的产状

矿（岩）层的产状是指矿（岩）层在空间的位置。确定矿（岩）层的空间位置是用矿（岩）层的走向、倾向和倾角来表示，称为产状要素，如图 2-2 所示。

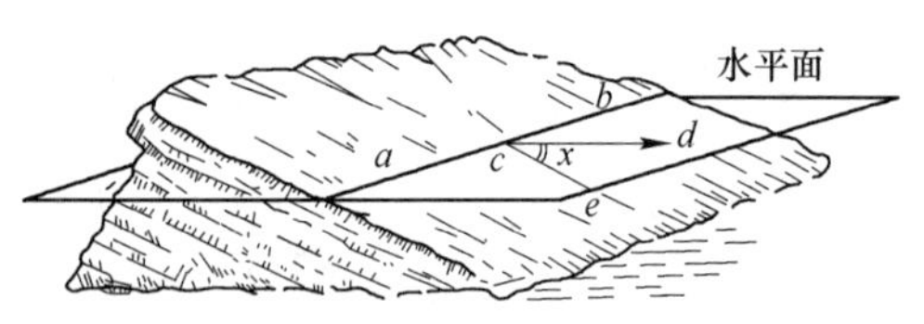

图 2-2　岩层的产状要素

ab—走向线；*ce*—倾斜线；*cd*—倾向；*x*—岩层倾角

矿（岩）层面与水平面的交线称为该矿（岩）层的走向线，即同一矿（岩）层面上等高的两点的连线。走向线的方向称为走向，表示矿（岩）层在空间的延伸方向，一般用方位角表示。

在矿（岩）层面上垂直矿（岩）层走向线的直线称为矿（岩）层的倾斜线，倾斜线在水平面上的投影，称为倾向线，倾向线所指的方向就是矿（岩）层的倾向。矿（岩）层的走向和倾向相差 90°。

倾斜线和倾向线的夹角，称为矿（岩）层的倾角。

2.1.1.4 决定矿床工业价值的因素

衡量矿床的价值，通常用品位来表示。品位又称矿石品位，是指矿石中有用组分的百分比含量，一般用重量百分比来表示。大多数矿石是以其中金属元素含量的重量百分比表示，也有以其中的氧化物等的重量百分比表示的。贵金属矿石的品位一般以 g/t 表示。

边界品位是矿产工业要求的一项内容，计算矿产储量的主要指标，它是划分矿与非矿界限的最低品位，即圈定矿体时单位个矿样中有用组分的最低品位。如铜矿的边界品位为 0.2%~0.3%，钼矿为 0.03%~0.05%等。

工业品位指在目前技术经济条件下能够为工业利用提供符合要求的矿石的最低平均品位，其产品的销售收入能够抵偿生产所发生的费用，此即经济平衡品位，它是单个勘探工程中有用组分含量的最低要求。工业品位的确定与矿床特征、开采条件、矿石类型及其选冶加工技术性能有着密切的关系，并随着科学技术的进步和市场的需求而变化。

2.1.2 矿岩性质

2.1.2.1 岩石的物理力学性质

岩石的物理力学性质与采矿工作有密切的联系，它影响着采矿方法的选择、采矿工程的布置和爆破工作的实施。岩石的物理力学性质主要有岩石的弹性、塑性、脆性、硬度、韧性、强度、密度、体积密度、碎胀性和特征阻抗等。

A 岩石的弹性、塑性、脆性

岩石的弹性是指受到外力作用的岩石，在除去外力后恢复原来的形状和体积的性质。弹性大的岩石，在爆破时不易破碎。岩石的塑性是指岩石在解除外力后发生变形而不被破碎的性质。岩石的脆性是指岩石受力后变形很小就发生碎裂的性质。

B 岩石的硬度和韧性

岩石的硬度是指岩石抵抗外物侵入的能力。硬度大的岩石往往比较脆，所以易于爆破。韧性又称为动力硬度，是指岩石抵抗外力保持整体状态的属性。它的大小与岩石的组织和构造有关，韧性大的岩石，凿岩爆破就比较困难。

C 岩石的强度

岩石的强度是完整的岩石开始被破坏时的极限应力值。在爆破工程中，岩石以承受冲击荷载为主，强度只是用来说明岩石坚固性的一个方面。由于受力性质不同，岩石的强度分为抗压强度、抗拉强度、抗剪强度三种。

D 岩石的密度和体积密度

岩石的密度是指单位体积的致密岩石（除去孔隙）的质量。体积密度是单位体积原岩（包括孔隙）的质量。岩石体积密度的大小与岩石的组成成分、密度、空隙大小和含水量有关。岩石的体积密度对爆破，特别是抛掷爆破的影响比较大，体积密度越大，所需炸药越多。

E 岩石的孔隙度

岩石的孔隙度是指岩体中空孔隙的体积与岩石体积之比，常用百分数来表示。孔隙度大的岩层，往往含水较多，因此要注意防排水工作。

F 岩石的碎胀性

岩石的碎胀性是指岩石破碎后，其体积比原岩石体积增大的性质。碎胀程度的大小常用碎胀系数（或松散系数）来表示。通常，坚硬而致密的岩石的碎胀系数比松软的岩石的碎胀系数要大。

G 岩石的特征阻抗

岩石的密度与纵波在岩石中传播速度的乘积称为做岩石的特征阻抗。特征阻抗的大小反映了岩体对波的传播阻力大小，所以又称为波阻抗。

2.1.2.2 矿岩的坚固性和稳固性

A 岩石的坚固性

岩石的坚固性是岩石抵抗各种物理力学能力的综合表现。不同的岩石具有不同的坚固性。同一种岩石由于其结构、构造和风化程度不同，其坚固性也有所不同。目前常采用普氏分级法表示岩石的坚固性，用f表示岩石的坚固性系数。数值是岩石或土壤的单轴抗压强度极限的1/10，即$f=R/10$（R为岩石的单轴抗压强度，MPa）。常见的岩石坚固性系数介于0.3~20，共分为十级，见表2-1。岩石的坚固性系数越大，其强度和硬度也较大，岩石越坚固，凿岩速度越慢，炸药消耗量越大。

表2-1 岩石的坚固性系数

岩石级别	坚固程度	代表性岩石	f
Ⅰ	最坚固	最坚固、致密、有韧性的石英岩、玄武岩和其他各种特别坚固的岩石	20
Ⅱ	很坚固	很坚固的花岗岩、石英斑岩、硅质片岩，较坚固的石英岩，最坚固的砂岩和石灰岩	15
Ⅲ	坚固	致密的花岗岩，很坚固的砂岩和石灰岩，石英矿脉，坚固的砾岩，很坚固的铁矿石	10
Ⅲa	坚固	坚固的砂岩、石灰岩、大理岩、白云岩、黄铁矿，不坚固的花岗岩	8
Ⅳ	比较坚固	一般的砂岩、铁矿石	6
Ⅳa	比较坚固	砂质页岩，页岩质砂岩	5
Ⅴ	中等坚固	坚固的泥质页岩，不坚固的砂岩和石灰岩，软砾石	4
Ⅴa	中等坚固	各种不坚固的页岩，致密的泥灰岩	3
Ⅵ	比较软	软弱页岩，很软的石灰岩，白垩，盐岩，石膏，无烟煤，破碎的砂岩和石质土壤	2
Ⅵa	比较软	碎石质土壤，破碎的页岩，黏结成块的砾石、碎石，坚固的煤，硬化的黏土	1.5
Ⅶ	软	软致密黏土，较软的烟煤，坚固的冲击土层，黏土质土壤	1
Ⅶa	软	软砂质黏土、砾石，黄土	0.8
Ⅷ	土状	腐殖土，泥煤，软砂质土壤，湿砂	0.6
Ⅸ	松散状	砂，山砾堆积，细砾石，松土，开采下来的煤	0.5
Ⅹ	流沙状	流沙，沼泽土壤，含水黄土及其他含水土壤	0.3

B 矿岩的稳固性

矿岩的稳固性是指矿石或岩石的空间允许暴露面积的大小和暴露时间长短的性能。矿岩稳固性不仅与矿岩的成分、结构、构造、节理状况、风化程度以及水文地质条件有关，还与开采过程所形成的实际状况有关（如巷道的方向及其形状、开采深度等）。稳固性和坚固性既有联系又有区别，一般在节理发育、构造破碎地带，岩石的破碎性虽好，但其稳定性却大为下降。

矿岩按稳固性分为极稳固、稳固、中等稳固、不稳固、极不稳固五级。（1）极稳固，指掘进巷道或开辟采场时，不允许有暴露面积，在巷道掘进时，须超前支护进行维护；（2）稳固，在这类矿岩石中，允许有较小的不支护的暴露空间，一般允许的暴露面积在$50m^2$以内；（3）中等稳固，是指不支护的暴露面积为$50\sim200m^2$；（4）不稳固，是指不支护的暴露面积为$200\sim800m^2$；（5）极不稳固，是指不支护的暴露面积$800m^2$以上。

2.1.2.3 矿岩的物理化学性质

（1）放射性。地球内部放射性元素含量很少，但分布很广，且多聚集在地壳上部的花岗岩中，向地心则逐渐减少，当剂量超过允许值时，也会影响人体健康。

（2）氧化性和自燃性。矿石的氧化性是指硫化矿石在水和空气的作用下，发生氧化还原反应，变为氧化矿石的性质。高硫矿石的含硫率在18%~20%以上时，即具有自燃性，在地面或地下储存时间过长就会被氧化。

（3）有害物质。在矿山开采过程中常产生粉尘并浮游在空气中，其中有些粉尘对人体危害很大。在矿山开采过程中还可能逸出一些对人体有毒有害的气体，如氡及其子体、SO_2、CO、CH_4、H_2S等。

2.1.3 地质构造

地质构造是地壳运动的产物。承受地壳运动的岩层或岩石，在地壳运动的力的作用下发生变形或变位留下的形迹，称为地质构造。地质构造的基本类型有水平构造、倾斜构造、褶皱构造和断裂构造等。

2.1.3.1 水平构造

原始岩层一般是水平的，在漫长的地质历史中，由于地壳运动、岩浆活动等的影响，岩层产出状况发生多样的变化。有的岩层虽然经过地壳运动使其位置发生变化，但仍保持水平状态，这样的构造称为水平构造。绝对水平的岩层是没有的，因而水平构造是指受地壳运动影响较轻微的某些地区或受强烈地壳运动影响的岩层的某一局部地段或大范围的均匀抬升或下降的地区。

2.1.3.2 倾斜构造

当地壳运动不仅使岩层形成时的位置发生变化，而且改变了岩层的水平状态，使岩层层面和水平面间具有一定的夹角时，称为倾斜构造。倾斜岩层往往是褶曲的一翼、断层的一盘或者是不均匀抬升或下降所引起，如图2-3所示。

2.1.3.3 褶皱构造

地壳运动不仅引起岩层的升降和倾斜，而且还可以使岩层被挤成各式各样的弯曲。岩层被挤压形成的一个弯曲称为褶曲。自然界中孤立存在的单个弯曲很少，大多是一系列波状弯曲而保持岩层的连续完整性，这一系列的波状弯曲称为褶皱。褶皱有各式各样，规模有大有小，反映了当时地质作用的强度和方式。

褶曲的基本类型有两种：背斜和向斜，如图2-4所示。一般说来，背斜是向上拱起的弯曲，中心部分岩层相对较老，而两侧由相对较新的岩层组成；向斜是向下弯曲且中心部分相对较新，两侧由相对较老的岩层组成。

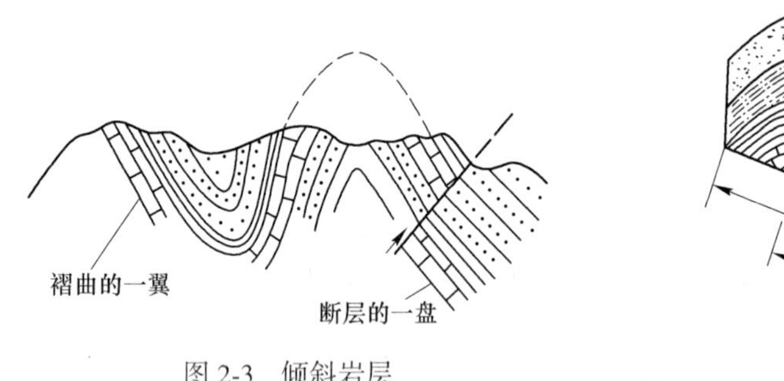

图2-3 倾斜岩层

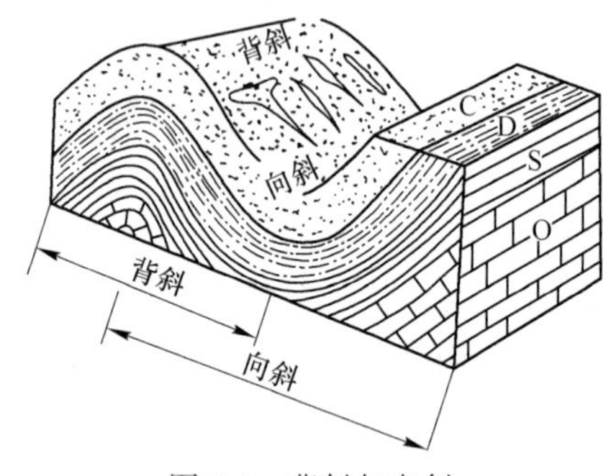

图2-4 背斜与向斜

2.1.3.4 断裂构造

断裂是指岩层受地壳运动的影响而发生脆性变形，产生裂缝或错动，使岩层失去连续完整性，形成断裂构造。

（1）裂隙。岩层断裂后，如果两侧岩块没有发生显著的位移称为裂隙，裂隙就是岩石中的裂缝。岩石中的裂缝可以在成岩过程中形成，也可以在成岩后受外力地质作用而生成。但更多而有意义的是地壳运动产生的构造裂隙。岩层破裂后的破裂面称为裂隙面，它的形状多样，可以是平坦的，也可以是弯曲的，产状可以是直立的、倾斜的或水平的。

岩石受张应力产生的裂隙称为张裂隙，它具有张开的裂口，裂隙面粗糙不平，延长不远。岩层剪应力产生的裂隙称为剪裂隙，又称为扭裂隙，常发生在与压应力方向呈45°夹角的平面上，即最大剪切面上。

（2）断层及断层要素。岩层或岩体受力破裂后，破裂面两侧的岩块如果发生了明显的位移，这种断裂构造称为断层。断层形态多种多样，规模有大有小。

断层的分类很多，根据断层两盘相对位移方向，把断层分为正断层、逆断层、平移断层、旋转断层等，如图2-5所示。

正断层：断层的上盘相对下降，下盘相对上升的断层。

逆断层：断层的上盘相对上升，下盘相对下降的断层。

平移断层：断层两盘沿断层面走向（水平方向）相对移动的断层。

旋转断层：两盘位移时做相对旋转运动的断层。

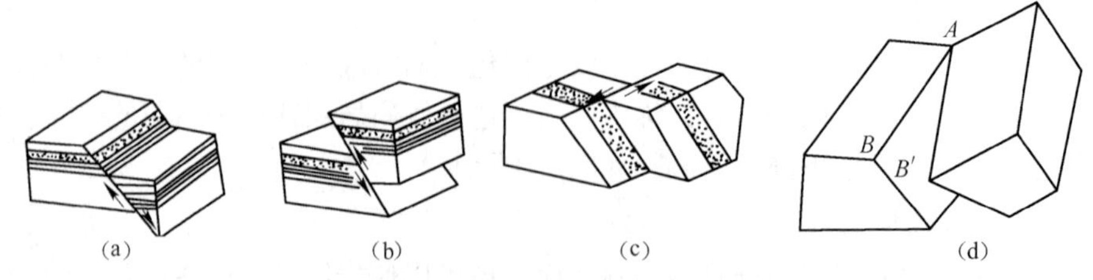

图2-5 断层类型

（a）正断层；（b）逆断层；（c）平移断层；（d）旋转断层之一

在实际中，常常不是某一条断层单独出现，而是若干条断层相互结合起来形成阶梯状断层、地堑、地垒等一定的组合形式。

地壳中有些地区断层特别发育，大大小小的断层组合在一起，延伸数十乃至数百千米，宽度可达数千米，这样的地区往往呈带状出现，称为断裂带。

2.1.4 矿床水文地质

专门研究地下水的起因、分布、埋藏和运动的规律，物理、化学性质，与岩石的相互关系的科学称为水文地质学。专门研究矿床地下水的规律及在矿床开发过程中治理地下水的科学称为矿床水文地质学。研究矿床水文地质的目的是为了充分而合理地利用地下水资源，有效地预防地下水对矿山生产建设的影响，确保矿产资源开采的安全。

2.1.4.1 地下水概述

地下水保存在风化壳或岩石的孔隙、裂隙及岩溶中，分布是有一定规律的。

地下水与地表水和大气降水之间存在着密切关系，它们在自然界中形成水的循环。

岩石（包括坚硬的和松散的）内部并不是致密的，而是有许多相互连通的孔隙、裂隙和洞穴。因而地下水在岩石中可以通过，这种岩石能被水透过的性能，称为岩石的透水性。能透水的岩层称为透水层，不能透水的岩层称为不透水层或隔水层。透水层和不透水层在自然界是相对的，当一种岩层较其顶底板岩层透水性都好时，其本身成为透水层，其顶底板岩层起隔水作用而为隔水层。充满了地下水的透水层，称为含水层。

2.1.4.2 地下水的分类

地下水存在于岩石的空隙中，并在其内进行运动。由于不同地区自然地理因素和地质条件的不同，使自然界中赋存和分布着不同类型的地下水。各种类型的地下水，其分布埋藏和运动规律均不相同。

A 按埋藏条件划分

（1）上层滞水。上层滞水是埋藏在离地表不深的饱气带中局部隔水层上的重力水。通常，上层滞水是在饱气带中的孔隙、裂隙或岩溶溶洞内及具有局部隔水层（黏性土）上形成。因此其分布范围有限，厚度小、水量少，对采矿生产几乎没有影响。

（2）潜水。潜水是埋藏在地表以下第一个稳定隔水层以上，且具有自由水面的重力水。潜水在自然界分布很广，一般埋藏在第四纪松散沉积层的孔隙中，以及坚硬基岩的裂隙及可溶岩的岩溶溶洞内。

（3）承压水。承压水是充满于两个隔水层间的含水层中的重力水，又称自流水。承压水的形成主要决定于构造条件，在适当的地质构造条件下，无论孔隙水、裂隙水和岩溶水都可以形成承压水。最适宜形成承压水的构造条件有向斜（或盆地）构造和单斜构造。

B 按含水层空隙性质分

（1）孔隙水。孔隙水是指存在于松散岩层中的水，其存在条件和特征决定于岩石的孔隙发育情况。

（2）裂隙水。埋藏在基岩裂隙中的地下水称为裂隙水。它主要分布在松散覆盖层下面的基岩中。按成因，岩石的裂隙可分为风化裂隙、成岩裂隙和构造裂隙三种类型。

（3）岩溶水。岩溶是发育在可溶性岩石地区的一系列独特的地质作用和现象的总称，又常称为“喀斯特”。埋藏于溶洞中的重力水，称为岩溶水，或称为喀斯特水，也称为溶洞水。岩溶水对矿山生产有严重的威胁，必须引起重视。

C 矿坑水及其对矿山生产的危害

矿坑充水的因素主要包括水的来源、涌水的通道和影响水量大小的因素等，它们是计算涌水量、预测突水、矿床疏干和矿井排水设计的重要依据。

矿坑充水的水源包括地下水、地表水、大气降水和废旧矿坑积水。

矿坑充水的原因是很复杂的，既受充水水源的影响，同时还受岩性、矿区地表地形和地质构造以及人为等因素的影响。

矿山建设和生产时期，地下水、地表水以及大气降水通过岩石的空隙，以滴水、淋水、涌水和突然涌水等方式流入露天矿坑和地下巷道中，这种水称为矿坑水。矿坑水除了增大建设投资和生产成本外，还给矿山安全生产造成危害。

2.1.5 矿山开采对矿山地质工作的要求

地质资料是矿山设计、建设和生产的依据，其完备程度和可靠性与矿山企业的建设和生产有直接关系，并直接影响着矿山企业的经济效益和安全生产。矿山设计时应有系统而完整的地质资料，工程地质资料应包括以下内容：

（1）矿区环境。矿区环境包括矿区位置及主要交通情况、自然地理及气象特征、经济概况及动力来源等。

（2）区域地质。区域地质包括区域地质构造特征，矿床在区域构造单元中的位置。

（3）矿区地质构造及矿床特征，具体包括：

1）矿区地层和岩石组成，褶曲和断裂构造的性质、分布及其对矿体产状的影响；较大断层、破碎带、滑坡、泥石流的性质和规模。

2）矿体产状、规模及其埋藏条件，矿体厚度及其沿走向、倾向的变化情况，矿体倾角及其变化情况，矿体出露情况及其埋藏深度。

3）上下盘围岩性质及其与矿体的接触关系，地表松散沉积物厚度及其覆盖情况。

4）矿体内部构造、废石夹层和包裹体的存在情况及其种类、产状、厚度、分布及数量。

（4）矿石质量特征。矿石质量特征包括矿石的主要及次要矿物成分，矿石组织结构；矿石的工业品位及其空间的分布规律；矿石组合分析及其化学分析的鉴定，以及对矿物中有益或有害成分的评价和叙述；矿石工业开采的经济价值。

（5）矿石和围岩的物理力学性质及开采技术条件。建筑材料和石材矿山，应根据需要确定矿石及围岩的抗压强度、硬度系数、松散系数，以及围岩和矿体的裂隙、节理发育分布规律和岩石的稳定性。

（6）矿床水文地质条件，具体包括：含水层和隔水层的岩性、层厚、产状；各含水层之间、地表水和地下水之间的水力联系；地下水的潜水位、水质、水量和流向；地面水流系统和有关水利工程的疏水能力以及当地历年降水量和最高洪水位；矿区内的小矿井、老井、老采空区、现有生产矿井中的积水层、含水层、岩溶带、地质改造等。

（7）矿石储量计算资料，具体包括：储量计算方法的选择及其依据，储量计算中各种参数的确定及其数值，各级储量的空间分布，储量计算结果。

2.2 采　矿

2.2.1 矿床露天开采

2.2.1.1 概述

矿床开采方式分为露天开采、地下开采和海洋开采。

A 露天开采特点

露天开采又分为原生矿床开采和砂矿床开采。

原生矿床露天开采是用一定的采掘运输设备，在敞露的空间里从地表开始进行开采作业。为了采出矿石，需将矿体周围及其上部覆盖岩石剥掉，通过露天沟道或地下井巷把矿石和岩石运至地表卸载点。

露天开采与地下开采比较，其突出优点有：受开采空间限制较小，采用大型机械设备可大大提高开采强度；劳动生产率高；开采成本低；矿石损失贫化小；对于高温易燃的矿体，露天开采比地下开采更为安全可靠；基建时间短，基建投资低；劳动条件好，作业比较安全。

露天开采的主要缺点是：穿爆、采装、汽车运输、卸载以及排岩等作业粉尘较大，易产生对大气、水域和土壤的污染；大量的剥离物运往废石场排弃，因此废石场占地较多；气候条件如严寒和冰雪、酷热和暴雨等，对露天开采作业有一定影响。

B 露天开采的基本概念

露天开采所形成的采坑、台阶和露天沟道的总和，称为露天采场。露天开采上部境界在同一标高上形成的闭合曲线，称为封闭圈。露天开采境界封闭圈以上为山坡露天矿，封闭圈以下为凹陷露天矿。

露天开采时，通常是把矿岩划分成一定厚度的水平分层，自上而下逐层开采，并保持一定的超前关系。在开采过程中各工作水平空间上呈阶梯状，每个阶梯就是一个台阶。台阶构成要素如图 2-6 所示。

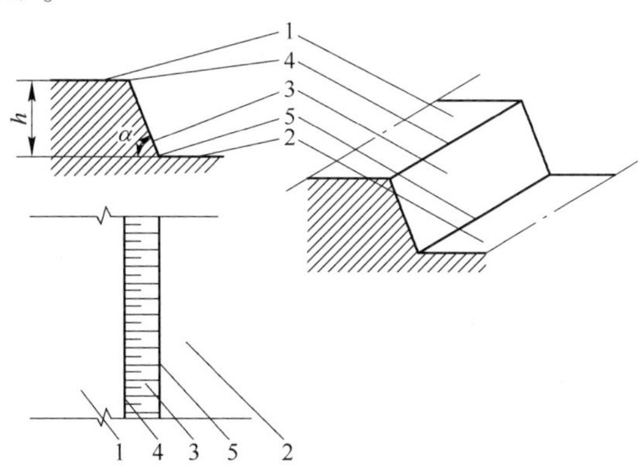

图 2-6　台阶构成要素

1—台阶上部平盘；2—台阶下部平盘；3—台阶坡面；4—台阶坡顶线；5—台阶坡底线；
α—台阶坡面角；h—台阶高度

开采时，将工作台阶划分成若干个条带逐条顺次开采，称每一条带为爆破带。挖掘机一次挖掘的宽度为采掘带。

由结束开采工作的台阶平台、坡面和出入沟底组成的露天采场的四周表面称作非工作帮，当非工作帮位于最终境界时，称作最终边帮或最终边坡（图 2-7 中的 *AC*、*BF*）。

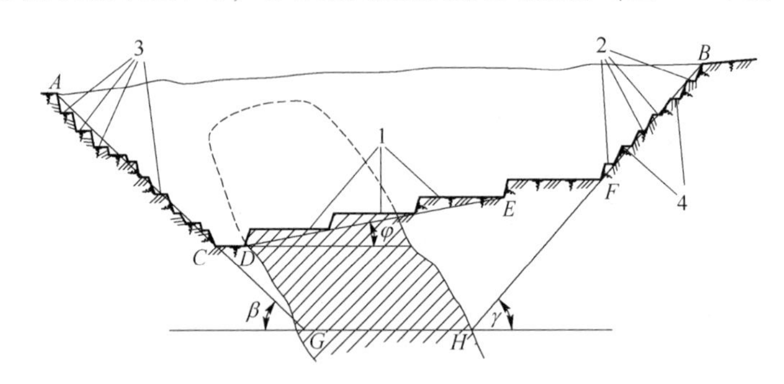

图 2-7　露天采场的构成要素

1—工作平盘；2—安全平台；3—运输平台；4—清扫平台

由正在进行开采和将要进行开采的台阶所组成的边帮称为工作帮（图 2-7 中的 *DE*）。通过非工作帮最上一台阶的坡顶线和最下一台阶的坡底线所作的假想斜面称为非工作帮坡面，非工作帮坡面位于最终境界时称为最终帮坡面或最终边坡面（图 2-7 中的 *AG*、*BH*）。最终帮坡面与水平面的夹角称为最终帮坡角或最终边坡角（图 2-7 中的β、γ）。通过工作帮最上一台阶的坡底线和最下一台阶坡底线所作的假想斜面称为工作帮坡面（图 2-7 中的 *DE*）。工作帮坡面与水平面的夹角称为工作帮坡角（图 2-7 中的 φ）。工作帮上进行采剥作业的平台称为工作平盘。

最终帮坡面与地面的交线为露天采场的上部最终境界线（图 2-7 中的 *A*、*B* 点）。最终帮坡面与露天采场底平面的交线为下部最终境界线或称底部周界（图 2-7 中的 *G*、*H*）。最终边帮上的平台，按其用途分为安全平台、运输平台和清扫平台。

露天矿开采时，为了采出矿石，一般需要剥离一定数量的岩石。剥离的岩石量与所采的矿石量之比称为剥采比。其单位可用 t/t、m^3/m^3 或 m^3/t 表示。

露天开采通常包括地面的场地准备、矿床的疏干和防排水、矿山基建及生产工作以及生产结束时地表的恢复利用等内容。

掘沟、剥离和采矿是露天矿在生产过程中的三个重要矿山工程。它们生产工艺基本上相同，一般包括穿孔爆破、装载和运输工作。此外，还有堆置岩石的排岩工作。

在凹陷露天矿，自上而下进行掘沟、剥离和采矿工作，上部水平顺次推进到境界，下部水平顺次开拓和准备出来，旧的工作水平相继结束生产，新的工作水平陆续投产。这是露天矿在整个开采期间的生产规律。掘沟、剥离和采矿三者之间是相互依存和相互制约的。为了保证露天矿正常持续生产，它们在空间和时间上必须保持一定的超前关系，使各项矿山工程有计划地进行。

2.2.1.2　穿孔爆破

金属露天矿采场内的矿岩，一般很难直接用采掘设备将它们从整体中分离出来，必须经过预先破碎。破碎矿岩的手段，主要是借助于穿孔爆破工作。

A　穿孔工作

露天矿穿孔工作，就是在露天采场矿岩体中钻凿炮孔。穿孔效率取决于钻机的钻进速度，而钻速则受岩石可钻性的影响。岩石的可钻性，是指在钻具的作用下，岩石破碎的难易程度。它主要取决于钻具的类型，同时还取决于岩石自身的物理力学特性等。

露天矿目前使用的穿孔方法，按钻进或能量利用方式，可分为机械穿孔和热力穿孔两大类。在机械穿孔中，有牙轮钻机、潜孔钻机、钢绳冲击式钻机以及凿岩台车之分。此外，化学穿孔、超声波穿孔以及高压水力穿孔等新型钻机也有应用。

B　爆破工作

在露天开采中，使用的爆破方法有浅孔爆破法、深孔爆破法、大爆破（或称硐室爆破）法等。在露天矿生产过程中，大量使用的是深孔爆破法，其中以微差爆破法使用最广。

多排孔微差爆破一次爆破量大，它具有降震、爆破方向可控、充分利用爆炸能量和改善爆破质量等优点。多排孔微差爆破参数如图 2-8 所示。

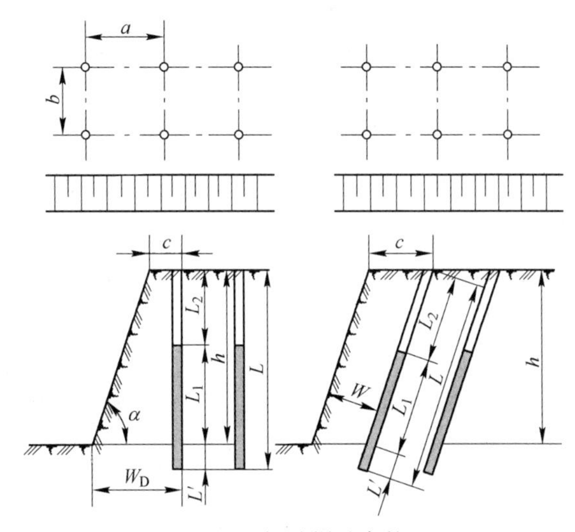

图 2-8　深孔爆破参数

h—台阶高度；L—钻孔深度；L_1—装药长度；L_2—充填长度；L'—超深；W_D—垂直孔底盘抵抗线；W—倾斜孔底盘抵抗线；c—台阶坡顶至孔口中心距；α—台阶坡面角；a—孔距；b—排距

C　露天矿临近边坡的控制爆破

随着露天矿的向下延深，边坡的稳定性问题也日益突出。为了保护边坡的稳定性，除了采取其他的有效措施以外，对临近边坡的爆破也要严加控制。临近边坡控制爆破的主要方法有预裂爆破、光面爆破和缓冲爆破。

预裂爆破，就是沿露天矿设计边坡境界线，钻凿一排较密集的钻孔，每孔装入少量炸药，在采掘带主爆孔未爆之前先行起爆，从而炸出一条有一定宽度（一般大于 1～2cm）并贯穿各钻孔的预裂缝。由于有这条预裂缝将采掘带和边坡分隔开来，因而后续采掘带爆破的地震波在预裂带被吸收并产生较强的反射，使得透过它的地震波强度大为减弱，从而降低地震效应，减少对边坡岩体的破坏，提高边坡面的平整度，保护边坡的稳定性。

临近边坡的光面爆破和预裂爆破基本相似，也是沿边坡界限钻凿一排较密集的平行钻孔，往孔内装入少量炸药，在采区钻孔起爆之后再行起爆，从而沿密集钻孔中心连线形成平整的岩壁面。

临近边坡的缓冲爆破，是在沿临近边坡界限布置若干排抵抗线和装药量都逐渐递减的缓冲孔，组成能衰减地震效应的缓冲层，并在正常采掘爆破之后起爆。它是控制爆破中最简单的方法。

2.2.1.3 采装工艺

采装工艺，是指在露天采场中用某种设备和方法把处于原始状态或经爆破破碎后的矿岩挖掘出来，并装入运输设备或直接倒卸至一定地点的作业，它通常是露天开采的中心环节。

A 采掘设备类型

采装工作所用的设备有单斗挖掘机、多斗挖掘机、吊斗铲、前装机和铲运机等。国内露天矿大多采用单斗挖掘机和前装机。

单斗挖掘机分为采矿和剥离两种类型。多电机传动，履带行走的采矿型挖掘机对采掘软岩和任何破碎块度的硬岩（$W\leqslant16$）均适宜。铲斗容积一般为 2~23m³、台阶高度为6~20m，任何生产能力的露天矿均可使用，通常适用于平装车。

前装机是由柴油发动机或柴油机—电动轮驱动、液压操作的一机多能装运设备。其优点有机动灵活、设备尺寸小、制造成本低等。

B 单斗挖掘机采装

单斗挖掘机工作面参数主要有台阶高度、采区长度、采掘带宽度和工作平盘宽度。单斗挖掘机工作面参数见图 2-9。

台阶高度的大小受挖掘机的工作参数，矿岩性质与埋藏条件、穿爆工作要求、矿床开采强度及运输条件等因素的影响，一般为 10~15m。

采区长度为划归一台挖掘机的台阶工作线长度。采区长度的具体值视需要与可能，根据穿爆与采装的配合，各水平工作线的长度、矿岩分布和矿石品级变化，台阶计划开采强度以及运输方式等条件来确定。采区的最小长度应满足挖掘机正常作业。

采掘带宽度是指挖掘机侧向装车时垂直采掘带移位一次的最大挖掘宽度。对于汽车运输工作面，由于汽车运输灵活，采掘带宽度已失去作为工作面控制参数的意义，故可不必确定采掘带宽度。但对于铁路运输工作面，采掘带宽度则是工作面的控制参数之一，应以充分发挥挖掘机效率为原则，合理确定。

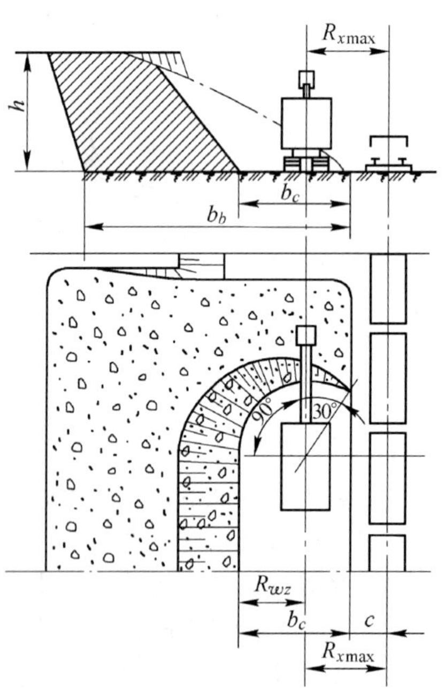

图 2-9 坚硬岩的采掘工作面

工作平盘是采装运输作业的场地。工作平盘宽度主要取决于爆堆宽度、运输设备规格、动力管线的配置方式以及作业的安全宽度等。仅按布置采掘运输设备和实现正常采装运输作业考虑所必需的工作平盘宽度，称为最小工作平盘宽度（$B_{\min}$）。

2.2.1.4 露天矿运输

露天矿运输的任务，是将采场采出的矿石运送到选矿厂、破碎站或储矿场，把剥离岩土运送到排土场，并将生产过程中所需的人员、机具设备和材料运送到作业地点。完成上述任务的运输网络构成露天矿内部运输系统。

大中型露天矿采用的运输方式有自卸汽车运输、铁路运输、带式运输机运输、提升机运输、重力运输和联合运输等。

自卸汽车运输目前在国内外得到了广泛应用，并呈继续发展的趋势。铁路运输至今在国内仍占较大比重，主要用于凹陷露天矿浅部和地面运输。

A 自卸汽车运输

自卸汽车运输既可作为单一运输方式，又可与其他运输设备或设施组成联合运输方式。自卸汽车运输的优点是：机动灵活，运输组织简单，便于采用近距离分散排土场或高段排土场，道路修筑及养护简单。但自卸汽车运输也有其不足，其吨公里运费高，受气候影响较大，深凹露天矿采用汽车运输会造成坑内的空气污染。

矿用运输公路按用途可分为生产公路和辅助公路，前者主要是在开采过程中用作矿岩运输的公路。按矿用公路性质和所在位置的不同，可分为运输干线、运输支线、辅助线路三类。按服务年限，生产公路又可分为固定公路、半固定公路、临时性公路。

矿用自卸汽车载重量与挖掘机斗容必须保持一定的比例关系。当运距在 1.0~1.5km 时，车厢与铲斗的合理容积比为（4~6）：1。

B 铁路运输

铁路运输是露天矿的主要运输方式之一，适用于储量大、面积广、运距长（超过 5~6km）的露天矿和矿山专用线路。铁路运输的优点是：运输能力大，设备和线路比较坚固耐用，运输成本低，对矿岩性质和气候条件的适应性强。其缺点是：基建工程量和投资大，建设速度慢，对地形及矿体赋存条件的适应性差，线路系统和运输组织工作复杂。

铁路按轨距分为标准轨与窄轨两类。标准轨距为 1435mm，小于标准轨距的铁路统称窄轨，一般轨距为 600mm、750mm 或 762mm、900mm。一般情况下，大型露天矿多采用标准轨，小型露天矿采用窄轨，中型露天矿依其具体情况而定。

根据露天矿生产工艺过程的特点，矿用铁路分为固定线路、半固定线路和移动线路三类。

C 带式运输机运输

带式运输机是一种连续式运输设备。这种运输方式的主要优越性为：运输能力大，爬坡能力强，易于实现自动控制，经济效益好。其缺点是：投资较大，对运输物料的特性（硬度、磨蚀性等）和块度要求严格，受气候影响较大。

带式运输机在采掘松软矿石的露天矿可作为单一运输方式，在采掘坚硬矿石时可与汽车组成联合运输方式。

D 联合运输

联合运输是指由两种或两种以上的运输方式分别完成各区段的运输（串联式联合运输）。

2.2.1.5 排岩工作

接受排弃岩土的场地称为废石场。将岩土运送到废石场以一定方式堆放的作业称为排岩工作。排岩工作也包含将贫矿和难选矿物暂时堆放到专设的废石场储存。

排岩工作的内容包括：废石场位置与排岩工艺的选择，废石场的建设与发展，废石场的稳固性分析，废石场的灾害控制与复垦等。

露天矿的排岩工艺是按运输方式和排岩设备的不同而划分的。常用的排岩工艺可分为：汽车运输—推土机排岩；铁路运输—挖掘机排岩（前装机排岩、排土犁排岩）；胶带排土机排岩；倒堆吊斗铲排岩；水力排岩等。

A 汽车运输—推土机排岩工艺

使用汽车运输的露天矿，一般均采用推土机排岩。其工艺过程主要有：汽车进入废石场排岩地段进行调车，汽车翻卸岩土，推土机推排，平整场地和整修废石场公路。

汽车运输—推土机排岩的排土线长度应根据同时翻卸的汽车数量确定。汽车运输的废石场一般为一个排岩台阶，当需要分段排弃时，平盘宽度应能保证顺利调车卸载。

由于汽车运输—推土机排岩机动灵活，其排岩台阶高度远比铁路运输大，即使是岩性较差也如此。因此，国内外露天矿广泛采用这种排岩工艺，并向大型化方向发展，即与之配合的推土机不断向大功率发展，运岩汽车也不断增大规格。

B 废石场建设与安全

山坡废石场初始排土线的修筑是先在山坡挖一单壁路堑，整平后铺上铁轨，形成铁路运输的初始排土线，若采用汽车运输排岩时，应根据调车方式确定初始排土线的路堑宽度。平地初始排土线的修筑需要分层堆垒和逐渐涨道。

废石场稳定性的影响因素较多，主要有废石场的地形坡度、排弃高度、基底岩层构造及其承压能力、岩土性质和堆排顺序。常见的失稳现象是废石场变形和泥石流。

常见的废石场变形有滑动、塑性变形、坡面散落和沉降等，这些变形对废石场的安全作业和正常的排岩工作影响较大。废石场变形的主要原因有：排岩台阶过高，岩土含水过多；没有根据岩土的渗水性、耐压能力、稳定性等特征性堆积岩土；废石场位于沼泽和岩土松散的基底上；疏干排水工作差等。

废石场环境公害主要有堆置岩土和进行的排岩工作而引起的大气污染，水质污染，以及泥石流和废石场周围地表的变形等。

2.2.1.6 露天矿防水与排水工作

防水与排水虽然是露天矿的辅助性生产工作，但它却是保证矿山安全正常生产的先决条件。露天矿的涌水来自大气降水、地表径流和地下涌水。露天采场，特别是凹陷露天采场本身就相当于一口大井，从客观上它具备了汇集大气降水、地表径流和地下涌水的条件。为此，露天矿防、排水工作的主要目的是：防止地表水流入采场，以减小采场排水量；降低矿石含水量，提高采掘效率以及维护边坡的稳定性。

防水的措施很多，其中矿床疏干就是一项防止地下涌水比较全面而彻底的防水方法。防水工作必须贯彻“以防为主、防排结合”的原则，并应与排水、疏干统筹安排。

虽有疏干或其他各种防水措施，但是仍可能会有少量的涌水和大气降水汇入作业区。排水是排除矿坑涌水所采取的方法和设施的总称。露天矿排水分为露天排水（明排）和地下排水（暗排）两种方式。这两种排水方式的选择，不仅要对比它们的直接投资和排水经营费用，而且还需要考虑到它们对采矿工艺和设备效率的影响，以及由此而引起的对矿山总投资和总经营费的影响。

2.2.1.7 矿床露天开拓

A 开拓系统

露天矿开拓就是建立地面到露天采场各工作水平以及各工作水平之间的矿岩运输通道，建立采矿场、受矿点、废石场、工业场地之间的运输联系，形成开发矿床的合理运输系统。

露天矿床开拓与运输方式和矿山工程的发展有着密切联系，而运输方式又与矿床地质地形条件、开采境界、生产规模、受矿点和废石场位置等因素有关。所以，露天矿床开拓问题的研究，实质上就是研究整个矿床开发的程序，综合解决露天矿场的主要参数、工作线推进方式、矿山工程延深方向、剥采的合理顺序和新水平准备，以建立合理的矿床开发运输系统。

按运输方式不同，露天矿开拓可以分为：公路运输开拓、铁路运输开拓、平硐溜井开拓、胶带运输开拓、斜坡提升开拓和联合开拓等。

公路运输开拓采用的主要设备是汽车。其坑线布置形式有直进式、回返式、螺旋式以及多种形式相结合的联合方式。

铁路运输开拓时因牵引机车爬坡能力小，每个水平的出入沟和折返站所需线路较长，转弯曲线半径很大，故不适用于采场面积小、高差较大的露天矿开拓，也不宜采用移动坑线或回返坑线。铁路运输开拓采用较多的坑线形式为直进式、折返式和直进—折返式。

公路—铁路联合开拓的基本形式有：地表用铁路运输开拓，采场内用公路运输开拓，转载站设在境界外不远的地方；采场内某一标高以上用铁路开拓，此标高以下用公路运输开拓，在采场内设转载站；山坡露天部分用公路运输开拓，把矿岩转载到下部，再用铁路运输。

平硐溜井开拓是借助于开凿的平硐和溜井（溜槽），建立露天矿工作台阶与地表的运输联系。合理地确定溜井位置和结构要素是其关键。

胶带运输开拓是利用胶带运输系统建立矿岩运输通道的开拓方法。

B 掘沟工程

开拓工程中，新水平准备程序很重要的工作是掘沟工程。掘沟速度在很大程度上决定着露天开采强度，并因此而影响露天矿生产能力。

露天矿的沟道按其用途分为两种，即用于开拓目的的出入沟和用于准备台阶工作线的开段沟。在平坦地面或地表以下挖掘的沟，都具有完整的梯形断面，称为双壁沟；在山坡挖掘的沟只有一侧有壁，另一侧是敞开的，故称单壁沟。

沟道的基本要素包括沟底宽度、沟深、沟帮坡面角、沟的纵向坡度和沟的长度。

按运输方式不同，掘沟方法分为汽车运输掘沟、铁路运输掘沟、联合运输掘沟和无运输掘沟。按挖掘机的装载方式不同，掘沟方法又分为平装车全段高掘沟、上装车全段高掘沟和分层掘沟。

2.2.2 矿床地下开采

2.2.2.1 概述

A 开采范围的划分

为了有计划、有步骤地开采矿床，必须根据开采技术条件、采矿技术装备水平和投资规模等因素，圈定适宜的开采范围。

划归一个矿山企业开采的矿床或其一部分称为矿田。划归一个矿井（坑口）开采的全部矿床或其一部分称为井田。矿田有时等于井田，有时包括数个井田。

在井田范围内，通常每隔一定的垂直距离，掘进一条或几条与走向几乎一致的主要运输巷道，将井田在垂直方向上划分为数个水平长条矿段，这种矿段称为阶段或中段。阶段的范围以井田边界为限，阶段高度等于上下两个阶段平巷间的垂直距离。缓倾斜矿体的阶段高度通常小于或等于20~30m，急倾斜矿体的阶段高度通常为50~60m，也有高达80~150m的。

阶段高度主要取决于矿体的赋存条件和使用的采矿方法。合理的阶段高度，应使开采每吨矿石的总费用最小，保证新阶段的准备时间最短（比阶段回采时间短）。

在阶段范围内，沿矿体走向把阶段划分成若干采区或矿块。它是进行采矿工作的基本单元，一般都有采区运输、通风、联络等通道，可独立地完成全部回采工作。采区的范围是：沿倾斜以上下两个阶段平巷为界，沿走向以采区天井为界（有时以间柱中心线或假想的垂直分界线为界）。采区的大小用采区长度、采区高度及采区的宽度尺寸表示。

根据采矿的要求，将采区划分为若干矿房和矿柱。矿柱又按其与矿房对应的位置分为顶柱、底柱和间柱。

B　开采顺序

井田中阶段的开采顺序一般是由上而下，即先采上部阶段，后采下部阶段。在某些特殊条件下也可采用由下往上的开采顺序。

阶段中，各采区沿走向的开采顺序是以主井或主平硐为标准的。主井或主平硐位于阶段的中部或附近时，则主井或主平硐把阶段划分为两翼，两翼可同时回采，也可以一翼采完后再采另一翼。前者称为双翼回采，后者称为单翼回采。主井或主平硐位于阶段的端部时，整个阶段均在主井或主平硐的一侧，此时阶段的回采称为侧翼回采。

采区沿走向的开采顺序是由主井或主平硐向井田边界方向回采，称为前进式回采；由井田边界向主井或主平硐方向回采，称为后退式回采。初期向井田边界前进式回采，当阶段采准完成后，又从井田边界开始后退式回采时，称为联合式回采。

当开采相邻较近的矿体时，特别是开采平行矿脉群时，应先开采上盘的矿体，后采下盘的矿体。

采区划分为矿房和矿柱后，先采矿房，后采矿柱，称为二步骤开采。而采区不划分矿房和矿柱时，阶段以采区为单位一次采完的称一步骤开采。

C　开采步骤

地下矿山开采的主要步骤有开拓工作、采准工作、切割工作和回采工作。

2.2.2.2　矿床开拓方法

A　开拓系统

为了开发地下矿床，从地表向地下掘进一系列井巷通达矿体，便于人员出入以及把采矿设备、器材等送到地下，同时把采出的矿石运往地表，使地表与矿床之间形成一条完整的运输、提升、通风、排水、动力供应等生产服务井巷，这些井巷的开掘工作称为矿床开拓。为开拓矿床而掘进的井巷称为开拓井巷。所有的开拓井巷在空间的布置体系就构成了该矿床的开拓系统。

开拓井巷分为主要开拓井巷和辅助开拓井巷。凡属主要运输、提升矿石和矿内通风的井巷均为主要开拓井巷；采矿时仅起辅助作用的井巷称为辅助井巷。

B　开拓方法

按井巷与矿床的相对位置可分为：下盘开拓、上盘开拓和侧翼开拓。

按井巷形式的不同可分为：竖井、斜井、平硐、斜坡道和联合开拓五大类。

平硐开拓适用于开采赋存于侵蚀基准面以上的矿体。它具有能充分利用矿石自重下放，便于通风、排水和多阶段出矿，施工简单易行，建设速度快，投资省、成本低和管理方便等特点。一般只要地形条件允许，采用平硐开拓多数是经济、合理的。

平硐开拓有沿矿体走向布置和垂直矿体走向布置两种方案。一般布置在下盘围岩，主平硐长度较短，硐口布置在工业场地开阔的地方。图 2-10 所示为下盘平硐开拓示意图。

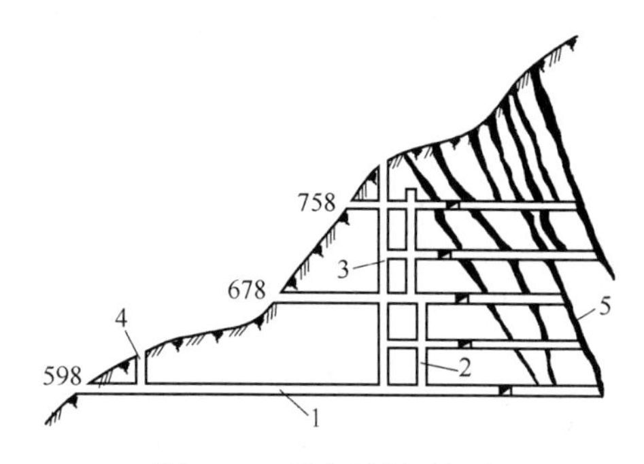

图 2-10　下盘平硐开拓法

1—主平硐；2—阶段溜井；3—副井；4—入风井；5—矿脉

平硐是行人、设备材料运输、矿渣运输和管线排水等设施的通道，同时还是矿井通风的主要巷道。因此，该平硐必须设有人行道、排水沟、躲避硐室和各种管线铺设的空间，以满足安全和多种功能的需要。

当矿体埋藏在地表以下倾角大于 45°，或倾角小于 15°而埋藏较深，常采用竖井开拓。按竖井与矿体的相对位置可分为下盘竖井、上盘竖井、侧翼竖井和穿过矿体竖井四种布置方案；按提升容器可分罐笼井、箕斗井和混合井；按用途可分主井和副井。图 2-11 所示为下盘竖井开拓示意图。

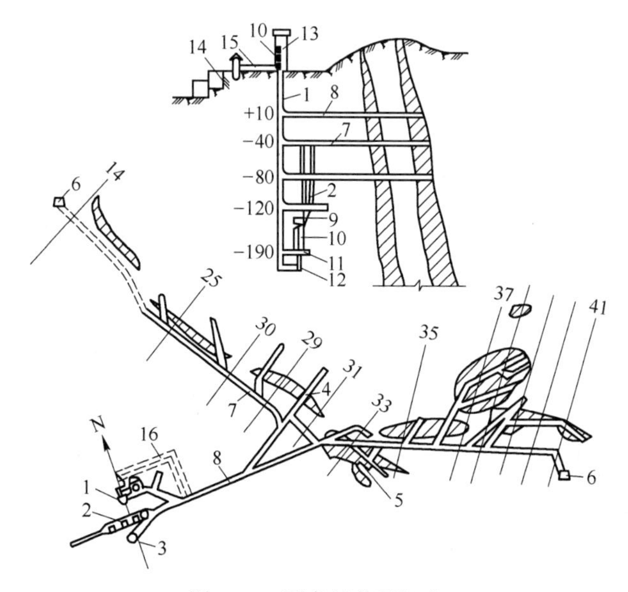

图 2-11　下盘竖井开拓法

1—混合井；2—阶段溜井；3—废石溜井；4—1 号盲井；5—2 号盲井；6—通风井；7—运输平巷（数字为阶段高）；8—石门；9—破碎站；10—矿仓；11，15—胶带运输机；12—粉矿回收井；13—井塔；14—选厂；16—水仓

斜井开拓适用于开采倾斜或缓倾斜矿体，特别是埋藏较浅的倾角为20°~40°的层状矿体。该法具有施工简便、投产快、工程量少和投资小等优点，在中小型矿山应用较为广泛。斜井井筒的倾角根据矿体产状、矿山规模和使用的提升设备确定，一般不大于45°。

按斜井和矿体的相对位置，通常有脉内斜井开拓、下盘脉外斜井开拓、侧翼斜井开拓三种开拓方式。图2-12所示为下盘脉外斜井开拓示意图。

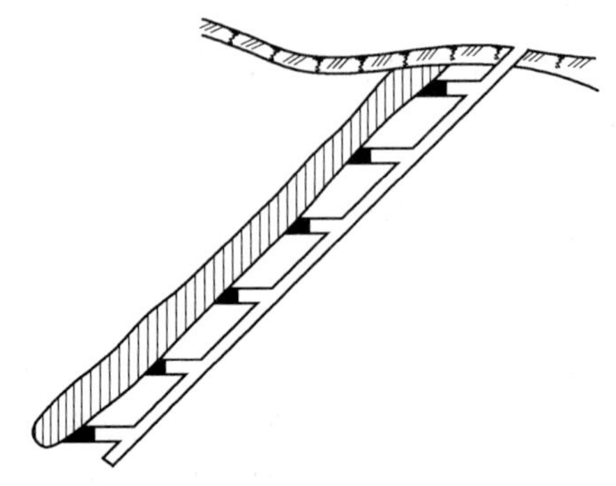

图2-12 下盘脉外斜井开拓示意图

斜坡道开拓是无轨运输方式的开拓方法。采场与地表通过斜坡道直接连通，矿、渣可用无轨运输设备直接由采场运至地面，人员、材料和设备等可通过斜坡道上下运输。

用上述任意两种或两种以上的方法对矿床进行开拓称为联合开拓法。常用的联合开拓法有：平硐竖井（明井或暗井）、平硐斜井（明井或暗井）、斜坡道竖井、斜坡道斜井、平硐斜坡道以及平硐、竖井或斜井与斜坡道联合开拓等。

2.2.2.3 采矿方法

A 采矿方法分类及其适用条件

依据回采时地压管理方法，将地下矿山的采矿方法划分为三大类，即空场采矿法、充填采矿法和崩落采矿法。

不同的采矿方法除满足其基本条件外，还依据矿体的产状和开采技术条件，派生出各种不同的采矿方法，详见表2-2。

表2-2 地下矿山采矿方法分类及其适用条件

类别	组别		适用条件
空场采矿法	全面采矿法		矿岩稳固，矿体倾角不大于30°，厚度一般不大于3~5m
	房柱采矿法		矿岩稳固，矿体为水平或缓倾斜，厚度一般不大于3~5m
	留矿法		矿岩稳固，矿体为急倾斜，薄或中厚矿体，矿石具有不结块和不自燃、不氧化性质
	分段采矿法		矿岩稳固，矿体为倾斜，厚度为中厚至厚矿体
	阶段采矿法		矿岩稳固，矿体为倾斜和缓倾斜，厚和极厚的矿体
充填采矿法	非胶结充填法	干式充填法	围岩不稳固的倾斜或急倾斜的薄或中厚矿体
		水力充填法	上向水平分层充填法适用于中厚、厚矿体，矿石较稳固，矿石价值高的矿体；下向水平分层充填法适用于矿岩均不稳固的贵重、稀有金属矿体
	胶结充填法		围岩不稳固，地表不允许陷落的贵重金属矿体，根据充填料不同，又可分为块石胶结充填法和尾砂胶结充填法
崩落采矿法	单层崩落法（即长、短壁崩落采矿法）		围岩不稳固，矿石较稳固的缓倾斜、薄和极薄的矿体，矿石价值较高，地表允许陷落
	分层崩落法		地表允许陷落，矿岩不稳固的急倾斜中厚矿体，矿石贵重，价值高
	无底柱分段崩落法		地表允许陷落，矿体中等稳固，围岩不稳固的厚矿体
	有底柱分段崩落法		地表允许陷落，矿体中等稳固，围岩不稳固的中厚至厚矿体
	阶段崩落法		地表允许陷落，矿体中等稳固，围岩不稳固的厚至极厚矿体

此外，溶浸采矿法在金属矿山（如铀矿、金矿、铜矿）有比较广泛的应用，在锌、锡和镍矿中也有应用。

B 空场采矿法

在回采过程中空区暂不处理的采矿法，称为空场采矿法。其特点是：依靠围岩自身稳固性和矿柱（及其他支护）维护回采空间，采场回采结束后再及时处理空区。因此，使用该法的基本条件是矿岩稳固。

该类采矿法在回采过程中，大部分将矿块划分为矿房与矿柱（图2-13），分两步骤回采；不留矿柱（一个矿体作为一个矿块），或仅留少量永久矿柱，属于单步骤回采。

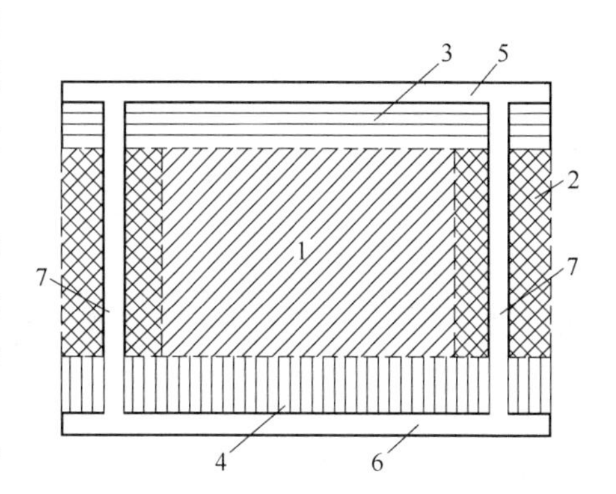

图2-13 矿块的划分
1—矿房；2—间柱；3—顶柱；4—底柱；
5—回风巷道；6—运输巷道；7—天井

根据回采过程中所留空区的高度不同，空场采矿法分为单层空场采矿法、分层空场采矿法（浅孔留矿采矿法）、分段空场采矿法和阶段空场采矿法。

根据矿块的不同划分，单层空场法分为全面单层空场法（简称全面采矿法或全面法）与房柱单层空场法（简称房柱采矿法或房柱法）。

房柱采矿法是将阶段矿体划分为盘区，盘区由若干个矿房与间柱组成。回采过程中主要留规则矿柱支撑顶板岩石的一种采矿方法。根据不同的崩矿孔深，房柱采矿法可分为浅孔崩矿房柱采矿法（浅孔房柱法）与深孔崩矿房柱采矿法（深孔房柱法）。

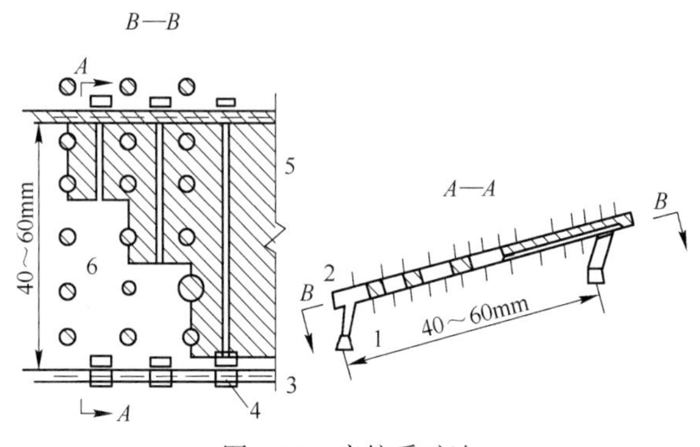

图2-14 房柱采矿法
1—阶段平巷；2—矿房溜井；3—切割平巷；
4—电耙硐室；5—切割上山；6—矿柱

房柱采矿法（图2-14）一般适用于开采矿石与围岩稳固或较稳固，矿体倾角30°以下，矿体厚度小于8～10m，矿石价值不高或品位较低的矿体。其优点主要是采准切割工作量小，回采工序劳动组织简单，凿岩、运搬与出矿可以同时进行，矿房生产能力大，劳动效率高，矿房内通风良好；缺点是采矿回收率低，开采面积大时地压活动频繁等。

房柱采矿法是在矿块内布置矿房和矿柱，回采矿房时留下规则的、不连续或连续的矿柱，借以支撑采空区顶板。一般采区沿矿体走向布置，在采区内垂直走向划分若干采场，采场由规则的矿房和矿柱组成。采区间应按设计留下不小于3m宽度的连续矿柱作为切顶矿柱。采区走向长度一般为60～80m，矿房跨度根据顶板围岩稳固情况确定，一般为8～15m，倾斜长度不超过60m。采场内的矩形矿柱（或圆形、椭圆形、方形）一般为3m×5m，矿柱沿倾斜间距一般为5～7m。多层矿体分别开采时，应自上而下逐层回采，上下矿房中的矿柱应相互对应。一般要求是，上层矿的采空区顶板已经冒落后，才能回采下层矿石。矿体厚度小于3m的采场，全厚一起回采；大于3m的采场，应采用分层或预切顶的方法回采。

留矿采矿法主要有浅孔留矿采矿法、深孔留矿采矿法和极薄矿脉留矿采矿法。留矿采矿法适用于矿岩中等稳固以上，厚度从极薄至厚的急倾斜矿体。要求矿体倾角变化小，矿石不结块，无氧化特性，不自燃。

浅孔留矿法的特点是工人直接在顶板大暴露面积下作业。使用浅孔落矿，自下而上的分层回采，每次采下的矿石靠自重放出三分之一左右，其余暂留矿房作为继续作业的工作台；矿房全部回采完毕，暂留在矿房中的矿石进行大量放矿；然后用其他方法回采矿柱和处理采空区，如图2-15所示。

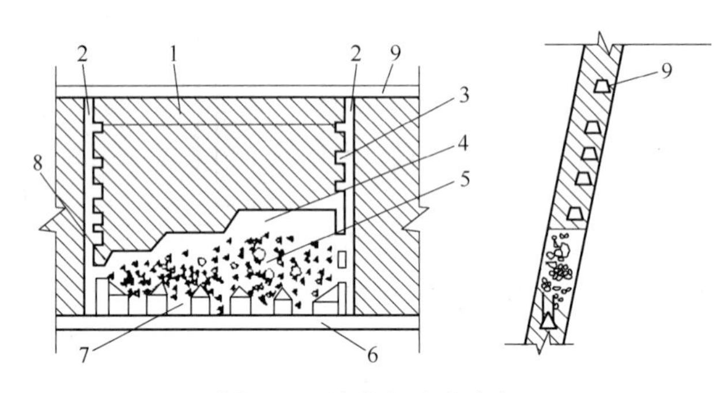

图2-15 浅孔留矿采矿法

1—顶柱；2—天井；3—联络道；4—回采工作面；5—崩落矿石；6—阶段运输巷；7—放矿漏斗；8—间柱；9—回风巷

C 充填采矿法

在回采过程中，用充填处理空区的采矿法，称为充填采矿法。充填处理空区的实质是：以充填材料充满空区，支撑两帮围岩，防止岩石移动，达到控制地压的目的。

根据一次充填空区的不同高度，充填采矿法分为单层充填采矿法、分层充填采矿法、分段充填采矿法与阶段充填采矿法。充填采矿法分为干式充填采矿法、水砂充填采矿法和胶结充填采矿法。

常用的充填材料（简称充填料）有废石（块石、碎石）、河砂、选厂尾砂、冶炼厂炉渣等，胶结充填料中还用水泥与石灰等胶凝材料。

利用运输机、矿车、管道（风力）输送干充填料充填空区，称为干式充填；使用管道水力输送湿充填料充填空区称为水砂充填或水力充填。

使用充填采矿法的基本条件是不允许围岩崩落以及矿石品位较高、矿床价值较大。

上向分层充填法（图2-16）的特点是：自下而上回采分层，在矿石顶板下的回采空间作业，以充填体作为工作底板。长工作面上向分层充填法的结构参数：矿块高度一般为30~60m；矿块长度一般为30~100m，矿体厚度小于10~15m，矿块沿走向布置。矿体厚度大于10~15m时，矿块垂直矿体走向布置，矿房宽为8~10m，个别达20m；间柱宽5~10m，垂直矿体走向布置的矿块取大值。沿走向布置矿块，间柱宽5~6m。如果矿体很薄，品位很高，可以不留矿石间柱，在回采过程中用混凝土浇筑隔墙，以隔离矿体和充填料。顶柱高度一般为3~5m；底柱高度一般为5~6m。有的矿山不留底柱，直接在阶段运输平

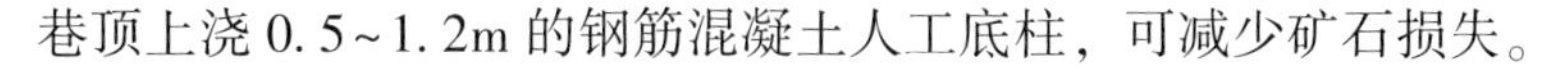

巷顶上浇 0.5~1.2m 的钢筋混凝土人工底柱，可减少矿石损失。

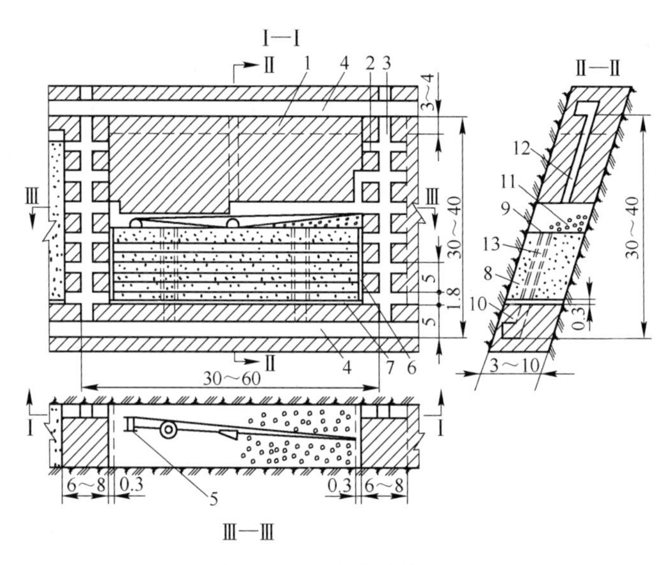

图 2-16 上向分层充填法

1—顶柱；2—联络道；3—人行天井；4—阶段运输平巷；5—电耙绞车；6—混凝土隔墙；7—钢筋混凝土假底；8—充填料；9—混凝土地板；10—漏斗；11—爆堆；12—充填井；13—顺路天井

在矿房中，自下而上按 1.8~3m 的分层高进行各分层的回采作业。分层回采多用浅孔崩矿，矿石稳固性好时，用上向浅孔崩矿；矿石稳固性差时，用水平浅孔崩矿。上向浅孔崩矿时，使用多台凿岩机打孔，一次崩矿面积大，大块产出率低，分层回采周期短。炮孔直径 38~45mm，孔深 2~3m，孔距 0.8~1.2m，排距小于孔距。多用电耙、装运机和铲运机出矿。

此外，为保护地表生态环境，同时提高充填法采矿的矿山生产能力，空场嗣后充填采矿法的应用也越来越广泛。空场嗣后充填采矿法一般将矿体间隔划分为矿房和矿柱，分两步回采，先采用空场法回采矿房，矿房回采完成后充填空区，再采用同样方式回采矿房两侧的矿柱。空场嗣后充填采矿法兼具空场法和充填法的优势。

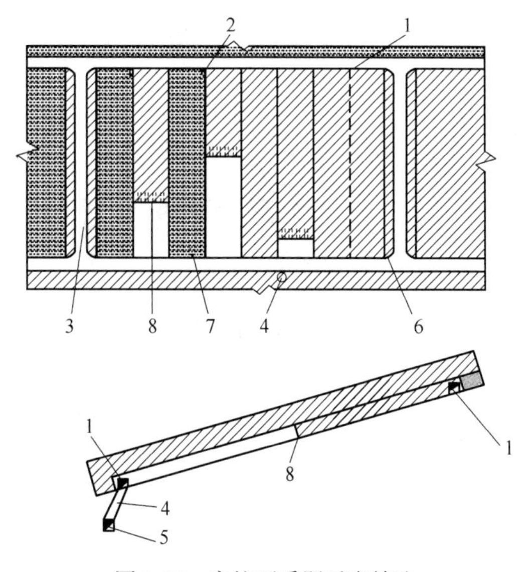

图 2-17 房柱开采嗣后充填法

1—盘区联络运输巷道；2—采场充填井；3—切割上山；4—溜井；5—底盘运输巷道；6—矿柱；7—充填体；8—炮孔

房柱开采嗣后充填法如图 2-17 所示。先将矿体按矿块或盘区划分为矿房矿柱，所划分的矿柱为连续矿柱。采用条带状开采，矿房矿柱均为 8~16m。先用与房柱法回采方式相同的回采工艺及设备回采矿房，然后用胶结充填料充填矿房，待充填后的形成的人工矿柱达到一定强度后再回采旁边矿柱，矿柱回采方式与矿房回采方式相同，矿柱回采后的空区同样采用胶结充填料充填。

D　崩落采矿法

在回采过程中，以崩落围岩处理空区的采矿法，称为崩落采矿法。该类采矿法属于单步骤回采。与前两类采矿法的主要区别是：在出矿过程中或出矿结束后，采场顶部自然或强制崩落的岩石逐渐下降，以达到充填空区和控制地压的目的。因此，围岩允许崩落是使用该类采矿法的基本条件。

根据不同的空区处理高度，崩落采矿法分为单层崩落采矿法、分层崩落采矿法、分段崩落采矿法和阶段崩落采矿法。前两种崩落采矿法在回采空间用浅孔崩矿，在支护支撑的岩石顶板或假顶下出矿；后两种在巷道用深孔崩矿，在崩落的岩石覆盖下出矿。分段崩落采矿法中应用较多的是无底柱分段崩落法。

无底柱分段崩落法的特点是：将阶段矿体划为分段，自上而下回采各分段，在分段巷道内崩矿和出矿，在崩落的岩石覆盖下出矿，以崩落围岩处理空区并控制地压。

无底柱分段崩落法如图 2-18 所示。先掘进设备井、溜井、通风天井、分段联络道和进路等，然后在矿块分段前端形成切槽。用在进路钻凿的上向扇形深孔崩矿，崩下矿石在崩落岩石覆盖下用无轨设备从进路端部装运至溜井，紧随矿石下降的覆盖岩石便充填空区。采准、凿岩和出矿分别在不同分段进行，互不干扰。

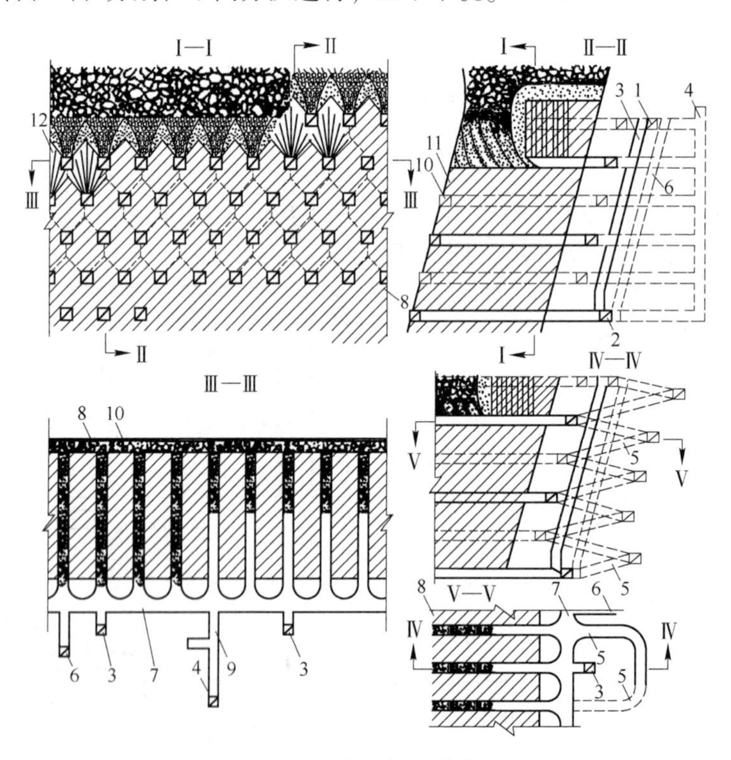

图 2-18　无底柱分段崩落法

1—上阶段脉外运输平巷；2—下阶段脉外运输平巷；3—溜井；4—设备井；5—斜坡道；6—人行天井；7—分段联络平巷；8—进路；9—设备井联络道；10—分段切割平巷；11—切井；12—上向扇形深孔

矿块高度一般为 50~70m，若矿岩稳固，矿体倾角陡急，形态规整，高天井掘进有一定把握，高度可取大值。有的矿山将矿块高度增大到 80~90m，国外有的高达 100~150m。

矿块长度等于相邻溜井的间距（以一个溜井的负担范围划分矿块），矿块宽度等于矿体厚度；若矿体厚度超过40~50m，则超厚部分按溜井负担范围再划分矿块。溜井间距根据出矿设备运距取定，适当考虑溜井承受磨损能力。使用装运机时，进路垂直走向布置时，溜井间距为40~60m；沿走向布置时，为60~80m。使用铲运机时，溜井间距增至150~200m。

分段高度主要根据凿岩技术和矿体赋存条件确定。在矿体形态不太复杂、含夹石不多而不需选别回采时，当采用重型凿岩机（有效孔深15~18m）时，分段高度为10~12m；采用中型凿岩机时，为7~8m。分段高度取大值，可降低采切比。但过大，不仅凿速低，深孔质量差，而且大菱形面积不能适应矿体和夹石形态的变化，使矿石的损失与贫化增大。近年来，有些黑色金属矿山采用15~24m的高分段。

进路间距对矿石的损失与贫化、采准工作量和进路本身稳定性均有一定影响。进路间距多为8~14m。

2.2.2.4 矿柱回采

A 矿柱回采特殊性

矿柱回采的特殊性主要表现在以下几个方面：

（1）地压控制。矿柱由于受到应力集中作用，矿房崩矿时的爆破及矿柱内已开掘的采准巷道的影响，它的整体性受到不同程度的破坏，矿柱稳固性不如矿房。

（2）崩矿。由于矿柱经常被各种巷道所切割，两侧都已采空，致使崩矿的自由面较多，崩矿的方向及顺序较难控制。

（3）出矿。用崩落法回采空场法的矿柱时，其出矿条件比矿房回采时差。

（4）通风。回采矿柱时，由于周围已采矿房空区或采准巷的存在，通风条件较差。

虽然矿房与矿柱分两步骤回采，但矿柱的存在影响矿房回采工作的安全与技术经济指标。因此，它们是相互制约有机联系的统一体，在设计时必须统一考虑矿房和矿柱的结构参数、采准巷道布置、回采方式和工艺，使用的回采设备，以及选取的主要技术经济指标等，并且明确规定回采矿房和矿柱在时间上和空间上的合理配合以及各回采步骤的产量分配。

B 矿柱回采方法

根据矿房空区处理的情况，空场法所留矿柱分为两种类型：一种是空区暂时未处理的，称为敞空矿房的矿柱；另一种是空区已用充填料充填，称为充填矿房的矿柱。充填法所留矿柱属于后种类型。

敞空矿房的矿柱基本上都是用崩落法回采；当围岩与矿石稳固性很好时，还可用空场法回采。回采充填矿房的矿柱时，根据不同的充填料与充填质量，既可用崩落法回采，也可用充填法回采。因此，矿房是否充填，是影响矿柱回采方法的重要因素。

C 房柱法的矿柱回采

用房柱法开采缓倾斜薄或中厚矿体时，矿柱一般占矿块储量的20%~30%，只能根据具体情况局部回采矿柱。对于连续矿柱，可局部回采成间断矿柱；对于间断矿柱，可进行缩采成小断面矿柱，或部分选择性回采成间距大的间断矿柱。采用后退式矿柱回采顺序，待崩下矿石全部运走后，再进行空区处理。回采矿柱时，应加强顶板的检查，并根据顶板岩石的情况采取支护措施。

D 留矿法的矿柱回采

用留矿法回采薄或极薄矿脉时，大多数矿山已不留间柱，底柱也逐渐被假底（水泥砌片石、混凝土等）所取代，因此矿柱所占比重逐渐减少。

用空场法回采矿柱时，在矿房最终放矿开始前，分别在顶柱、底柱与间柱中打上向炮孔，分次先崩顶底柱，后崩间柱。矿柱崩落的矿石与矿房一起从矿块底部漏斗放出。用崩落法回采矿柱时，为了减少出矿过程中矿石的损失与贫化，在矿房大量出矿结束后再崩矿柱。为了确保凿岩工作的安全，在矿房大量出矿开始前，打好回采间柱的炮孔，顶柱中钻凿下向炮孔。顶底柱与间柱同次分段爆破，先崩间柱，后崩顶底柱。

E 阶段空场法的矿柱回采

用空场法回采矿柱时，若矿岩极稳固，可先选择性地间隔回采同阶段相邻两个采空矿房的间柱，或先回采上下阶段对应两个矿房之间的阶段矿柱（当上阶段矿房处于敞空状态），使两个矿房崩通合并，在空场条件下将崩落矿石出完，再崩落其余矿柱并处理空区。

若矿房用分段凿岩阶段空场法回采，则其底柱用束状中深孔，顶柱用水平深孔，间柱用垂直上向中深孔崩矿。同次分段爆破，先崩间柱，后崩顶底柱。

F 充填矿房的矿柱回采

充填矿房的矿柱回采方法主要取决于充填材料的性质、充填体的强度及其稳固性。

在矿柱回采过程中，充填体能起人工矿柱的作用，因而扩大矿柱采矿方法选择范围。由于用胶结充填体控制围岩移动，一般不宜用崩落法回采矿柱，可采用阶段充填法、上向分层充填法或下向分层充填法回采矿柱。

在矿房用水砂充填或干式充填法回采时，或用空场法回采后用松散（水砂或干式充填）充填料充填空区时，由于松散充填料会涌进矿柱回采空间，不宜用空场法和上向分层充填法，也不宜用成本高的下向分层充填法；如地表允许崩落，矿石价值又不高，可用分段崩落法回采矿柱。

2.2.2.5 空区处理

A 空区的处理方法

矿山地压控制主要包括回采工作面维护与空区处理。采用充填法或崩落法回采时，在回采过程中，同时进行回采工作面维护与空区处理，采出矿石所形成的空区，逐渐被充填料或崩落岩石所充填。采用空场法回采时，在回采过程中仅进行回采工作面维护，待回采工作结束后，再进行空区处理。

空区处理的实质是，缓和岩体应力集中程度，转移应力集中的部位，或使应力达到新的相对平衡，以达到控制全矿的地压，保证矿山安全生产的目的。

空区处理的方法有崩落围岩、充填空区和封闭空区三种。

B 崩落围岩

崩落围岩处理空区的实质是，用崩落围岩充填空区，或形成缓冲保护岩石垫层，以防止上部大量岩石突然崩落时，气浪冲击和机械冲击对巷道、设备和人身的伤害；缓和应力集中，减少岩石的支撑压力。

在崩落围岩时，为减弱冲击气浪的危害，对离地表较近的空区，或已与地表相通的相邻空区，应提前与地表或与上述空区崩透，形成“天窗”。强制放顶工作一般与矿柱回采同次进行，且要求矿柱超前爆破。如不回采矿柱，则必须崩塌所有支撑矿（岩）柱，以保证强制崩落围岩的效果。

C　充填空区

在矿房回采之后，用充填料（废石、尾砂）充填空区。用充填料支撑围岩，可以减缓或阻止围岩的变形，以保持其相对稳定，因为充填材料可对矿柱施以侧向力，有助于提高其强度。

D　封闭空区

随着空区容积不断扩大，岩体应力的集中，有一个从量变逐渐发展到质变的过程。当集中应力尚未达到极限值时，矿石与围岩处于相对稳定状态。如果在此之前结束整个矿体的回采工作，而空区即使冒落也不会带来灾难，可将空区封留，任其存在或冒落。这是一种最经济又简便的空区处理方法，但其使用条件比较严格。

2.2.2.6　矿井通风

矿井通风是矿山企业持续、安全、正常、高效生产的先决条件。矿井通风的基本任务是采用安全、经济、有效的通风方法，供给井下足够的新鲜空气；稀释和排除有害气体和矿尘；调节井下气候条件，造成一个良好的工作环境，以保证井下职工安全和健康，提高劳动生产率。

A　矿井通风系统

矿井通风系统是向井下各作业地点供给新鲜空气，排出污浊空气的通风网路、通风动力和通风控制设施的总称。矿井通风系统与井下各作业地点相联系，对全矿井的通风安全状况具有全局性影响，是搞好井下通风防尘工作的基础。

B　统一通风与分区通风

一个矿井构成一个整体的通风系统称为统一通风。一个矿井划分成若干个独立的通风系统，风流互不干扰，称为分区通风。分区通风具有风路短、阻力小、漏风少，费用低以及网路简单、风流易于控制、有利于减少风流串联和风量分配合理等优点。

无论是采用统一通风或分区通风的矿井，每个通风系统至少应有一个进风井和一个回风井。一般，罐笼提升井兼作进风井，箕斗井和箕斗罐笼混合井不能作进风井，回风井则要专用。根据进、回风井的相对位置，可分为中央式、对角式、混合式三种布置方式。

C　矿井通风网路

矿井中风流的引进、分布、汇集和排出是通过许多彼此连接的井巷进行的。风流通过的井巷所组成的巷道网称为通风网路。由于井下各种井巷纵横交错，通风网路的联结形式十分复杂，但最基本的形式有串联通风网路、并联通风网路、角联通风网路三种。

D　矿井通风动力

为了将地面新鲜空气不断输送到井下，并克服井巷阻力而流动，使工作面获得所需风量，矿井通风系统中必须有足够的通风动力。矿井通风的动力有两种：自然风压（即自然通风）和扇风机风压（即机械通风）。

凡是利用自然条件产生通风压力促使矿井空气在井巷中流动的通风方法称为自然通

风。自然通风形成的原因主要是由于风流流过井巷时与岩石发生了热量交换，使得进、回风井里的气温出现差异，使进、回风井空气重率不同，因而两个井筒底部的空气压力不相等，其压差就是自然风压。在自然风压的作用下风流不断流过矿井形成自然通风。

利用矿井扇风机旋转产生的压力，促使矿井空气流动的通风称为机械通风。按矿井通风机服务范围不同可分为主要扇风机（服务全矿）、辅助扇风机（服务矿井的一定区域）和局部扇风机（服务于一个工作面）。按扇风机的结构原理不同，可分为离心式和轴流式扇风机两种。根据扇风机安装位置不同，主要扇风机的工作方式可分为抽出式、压入式、压抽混合式三种。

E 通风控制设施

建立矿井通风系统，除了开凿通风巷道构成通风网络，安装通风动力造成风流运动以外，还要在井上下必要的地点安设阻断风流、引导风流和控制风流的设施。用于引导风流、阻断风流和控制风量的装置，统称为通风控制设施。

通风控制设施可分为三大类：一类是通过风流的通风构筑物，包括主扇风硐、反风装置、风桥、导风板、调节风窗和风幛；另一类是阻断风流的通风构筑物，包括挡风墙、风门和空气幕等；第三类为通风系统的自动控制设备。

2.3 选　　矿

选矿是利用矿物的物理或物理化学性质的差异，借助各种选矿设备将矿石中的有用矿物和脉石矿物分离，并达到使有用矿物相对富集的过程。

直接与选矿有关的矿物性质主要有密度、导电性、磁性、润湿性等。另外，矿物的形状、粒度、颜色、光泽等也往往是某些特殊选矿方法的依据。

选矿的基本过程包括：矿石选前的准备作业、选别作业、选后的脱水作业所组成的连续生产过程。

选别作业最常用的分选方法有：浮游选矿法（简称浮选法）、磁选法、重力选矿法以及电选法、摩擦选矿法、光电选矿法和手选法等。

2.3.1 碎矿与磨矿

2.3.1.1 工艺要求

矿石入选前的准备作业包括矿石的破磨筛分、洗矿等。物料分选有严格粒度的要求，过粗的不能分选，因为矿石中的有用矿物和脉石还没有完全解离；过细的也以难回收，因为物理分选方法对微细粒的分选效率很低。例如重力分选难以回收小于 19μm 的矿粒，浮选对 10μm 以下的粒度也难回收。但是，只要破碎矿石，就会产生微粒，出现过粉碎的可能。没有充分的解离和发生了严重的过粉碎，都会使分选回收率和精矿品位偏低，这就不难理解碎矿和磨矿对物料分选厂的技术指标的重要性了。为选别作业准备好解离充分但过粉碎轻的入选物料，这就是碎矿和磨矿的基本任务。

分选厂中碎矿与磨矿作业的生产费用大约占选厂全部费用的 40%以上，碎矿和磨矿的投资占分选厂的 60%左右。碎矿和磨矿工段的设计和操作的好坏，直接影响到分选厂的经济指标。

2.3.1.2 设备

A 颚式破碎机

颚式碎矿机是一种古老的碎矿设备，最早出现于1858年，但是由于具有构造简单、工作可靠、制造容易、维修方便等优点，所以至今仍在冶金矿山、建筑材料、化工等部门获得广泛应用。颚式破碎机属于重型设备，常用来将待处理的大块原料破碎到适合于运输或给入中碎作业所需要的粒度，一般采用开路作业。

B 旋回破碎机

按照排矿方式的不同，旋回碎矿机又分为侧面排矿和中心排矿两种。

C 圆锥破碎机

圆锥碎矿机一般用于中碎或细碎，其工作原理与旋回碎矿机基本类似。

D 反击式破碎机

按照转子数目不同，反击式碎矿机可分为单转子和双转子反击式碎矿机两种。

E 辊式破碎机

辊式破碎机是一种最古老的碎矿设备，主要用作矿石的中、细碎作业。这种碎矿机具有占地面积大、生产能力低等缺点，只是在小型矿山，或者处理贵重矿石，要求泥化很小的重选厂（如钨矿）也有采用辊式碎矿机的。根据辊子多少，可以把辊式碎矿机分为两类，即对辊式和单辊式。

F 磨矿机

按照磨矿介质的不同分为球磨机、棒磨机、自磨机、砾磨机等。

2.3.2 浮选

2.3.2.1 浮选工艺

浮选即泡沫浮选，是依据各种矿物的表面性质的差异，从矿浆中借助于气泡的浮力，选别矿物的过程。其分选过程主要依据物料表面的物理化学性质的差异进行。在搅拌的悬浮液中，在不同药剂作用下，物料形成亲水或疏水表面，疏水物料与上升气泡有效接触，并黏附于气泡上升形成泡沫层，进而实现分离。浮选是最重要的分选方法，它可处理绝大多数的矿物。浮选按照产品的归属通常分为正浮选和反浮选。

浮选过程中将有用矿物浮入泡沫产品中，而将脉石矿物留在矿浆中，这种方法称为正浮选。

浮选过程中将脉石矿物浮入泡沫中，而将有用矿物留在矿浆中，这种方法称为反浮选。

浮选离不开浮选药剂。浮选药剂的添加和使用，可以加强或增大矿物表面之间性质差异。浮选药剂按其用途可分为捕收剂、起泡剂、活化剂、抑制剂、调整剂五类。人们通常也将pH值调整剂、活化剂、抑制剂、分散剂、絮凝剂等统归为调整剂。

硫化矿的捕收剂通常使用黄药、黑药、乙硫氮；氧化矿的捕收剂通常使用氧化石蜡皂、油酸、羟肟酸及胺等。

2.3.2.2 设备

浮选机是实现固体颗粒浮选分离的机械设备。一般而言，浮选机应具备以下功能：

（1）充气功能：生成大量的粒度合适和均匀的气泡；

（2）混合功能：产生合适的紊流以便固体颗粒与气泡能发生接触碰撞；

（3）运输功能：给矿矿浆能均匀的进入浮选机，尾矿矿浆能合理地排出，浮选精矿以泡沫产品方式溢出。

浮选机的发展从20世纪初至今，已有近一百年了。目前，国内外工业上所用的浮选机品种规格繁多。然而各种浮选机的差别，主要在于如下几个方面：（1）充气方式；（2）矿浆与气泡的混合方式；（3）槽体形状和深度；（4）矿浆在槽体内的运动方式、循环方式。

浮选机以气泡产生方式作为分类的标准，可分为三类：机械搅拌式浮选机、浮选柱、气体析出式浮选机。不属于此三类的浮选机归类于特殊浮选机。

2.3.3 磁选

2.3.3.1 磁选工艺

磁选是利用各种矿物的磁性差别，在不均匀磁场中实现分选的一种选矿方法。其分选过程主要取决于物料的磁性差异而实现分选。弱磁磁选机用以选别强磁性矿物，强磁磁选机可被用以分离弱磁性矿物及其他弱磁性物料。

强磁性矿物的物质比磁化系数$\chi_0 \geqslant 3.8\times10^{-5}\,m^3/kg$。在磁场强度为$(0.8\sim1.2)\times10^5$ A/m的弱磁场磁选机中可将其回收。属于这类矿物的有磁铁矿、磁赤铁矿（γ-赤铁矿）、钛磁铁矿、磁黄铁矿、锌铁尖晶石等，它们大都属于亚铁磁质。

弱磁性矿物的物质比磁化系数$\chi_0 = (1.26\sim75)\times10^{-7}\,m^3/kg$，在磁场强度为$(0.8\sim1.6)\times10^6$ A/m的强磁场磁选机中可以将其回收。赤铁矿、镜铁矿、褐铁矿、菱铁矿、钛铁矿、铬铁矿、水锰矿、硬锰矿、软锰矿、金红石、黑钨矿、黑云母、角闪石、绿泥石、绿帘石、蛇纹石、橄榄石、石榴石、电气石、辉石等都属于弱磁性矿物，它们中的大多数是顺磁性物质，少数属于反铁磁性物质。

非磁性矿物的物质比磁化系数$\chi_0 < 1.26\times10^{-7}\,m^3/kg$，在目前的技术条件下，还不能用磁选方法对这类矿物进行回收。自然界中存在的矿物，绝大部分属于非磁性矿物，例如方铅矿、闪锌矿、辉铜矿、辉锑矿、红砷镍矿、白钨矿、锡石、自然金、自然硫、石墨、金刚石、石膏、萤石、刚玉、高岭土、煤、石英、长石、方解石等都属于此类矿物，其中有一些是顺磁质，有一些是反磁质（如方铅矿、自然金、辉锑矿和自然硫等）。

应当指出的是，矿物的磁性受到很多因素的影响，来自不同产地、不同矿床的矿物，其磁性往往也不相同，有时甚至差别很大。这是由于它们的成矿条件不同、杂质含量不同、晶体结构不同等因素所致。所以对于一种具体的矿物，必须通过实际测定才能确定其磁性的强弱。

2.3.3.2 设备

在磁选实践中，由于所处理物料的磁性不同，粒度和其他物理性质不同，所以需要采用不同性能和结构的磁选设备。随着磁选技术的进步，磁力分选设备也不断发展和完善。目前国内外应用的磁选设备类型很多，规格也比较复杂。为便于选用，可对其进行粗略的分类。通常按磁场强弱将磁选设备分为弱磁场磁选机、强磁场磁选机和中等磁场磁选机。

弱磁场磁选机磁极表面的磁场强度 $H=72\sim160\text{kA/m}$，磁场力 $H_{grad}H=(2.6\sim5)\times10^9\text{A}^2/\text{m}^3$，用于分选强磁性物料；强磁场磁选机磁极表面的磁场强度 $H=480\sim1600\text{kA/m}$，磁场力 $H_{grad}H=(128\sim576)\times10^9\text{A}^2/\text{m}^3$，用于分选弱磁性物料；中等磁场磁选机磁极表面的磁场强度 $H=160\sim480\text{kA/m}$，用于分选中等磁性的物料，也可用于再选作业。

另一种分类法是按磁选过程所采用的分散介质种类，把磁选设备分为干式磁选机和湿式磁选机两种。干式磁选机以空气为介质，主要用于分选大块（粗粒）强磁性物料和细粒弱磁性物料。湿式磁选机以水或磁流体为介质，主要用于分选细粒强磁性物料和细粒弱磁性物料。

2.3.4 电选

2.3.4.1 电选工艺

电选是利用各种矿物的电性差别，在高压电场中实现分选的一种选矿方法。

分离过程取决于物料的电传导性质的差异，高强度的静电分离能够将导电物料从非导电物料中分离出来。

从历史上看，电选的发展经历了相当长的一段时间。早在 1880 年，就有人在静电场中分选谷物，也即使碾过的小麦在一个与毛毡摩擦而带电的硬橡胶辊下通过，麦糠等一些密度小的物质被吸到辊子上，从而与密度较大的颗粒分开。1886 年卡尔潘特（F. R. Carpenter）曾用摩擦荷电的皮带富集含有方铅矿和黄铁矿的干砂矿。1908 年在美国的威斯康星建成了一座利用静电场分选铅锌矿的选矿厂。当时由于条件限制，电选只能在静电场中进行，因而分选效率低，设备的生产能力小。直到 20 世纪 40 年代，由于科学技术的发展，特别是在电选中应用了电晕带电方法以后，分选效率大大提高，加之当时国际市场上对稀有金属的需求量急剧增加，促使人们重新注意研究和应用电选技术。

虽然电选的物料必须经过干燥、筛分、加热等预处理过程，但由于电选设备结构简单，操作容易，维修方便，生产费用较低，分选效果好，近 20 多年来已普遍应用于稀有金属矿石的精选，而且在有色金属矿石、非金属矿石，甚至在黑色金属矿石的分选中也得到了应用。另外，目前电选还用于分选陶瓷、玻璃原料，建筑材料的提纯，工厂废料的回收及除尘，物料分级及精选谷物、种子和茶叶等。

我国自 1958 年开始研究电选工艺和设备，并且在世界上首次将电选用于白钨矿和锡石的分选，后来又应用于金刚石、锆英石、钛铁矿、独居石等的精选。

目前，电选的发展趋势主要体现在研制新型、高效率、处理量大、多品种的电选设备；研究物料颗粒在电选过程中的行为，物料表面的处理技术及物料颗粒表面能级结构对电选过程的影响等。

2.3.4.2 设备

电选机是用来分离不同电性物料的分选设备。根据电场的特征，可将电选机分为静电场电选机、电晕电场电选机和复合电场电选机三类；根据使颗粒带电方法的特征，可分为接触带电电选机、摩擦带电电选机和电晕带电电选机三类；根据设备的结构特征，可分为筒式（辊式）电选机、箱式电选机、板型电选机和筛网型电选机四类。

目前国内外用于工业生产的电选机，有 90%以上是辊筒式电选机。

2.3.5　重力分选

2.3.5.1　重力分选工艺

重力分选是常用的分选方法之一。它除对微细粒级选别效果较差外，能够有效处理各种不同粒度的原料。它的设备结构简单，作业成本低廉，广泛地用于密度差较大的矿物的分选。在选煤工业中，它是一种主要的分选方法；在选别金、钨、锡矿作业中，它是一种传统方法；同时，重力分选也用于处理非金属矿石，如石棉、金刚石、高岭土等；对于那些主要以浮选法处理的有色金属（铜、铅、锌等）矿石，也可用重力分选法预先除去粗粒脉石或围岩，以达到初步富集的目的；另外，重力分选也可用来选别铁、锰矿石。

重力分选中通常使用的分选介质为水。但由于选矿的需要，采用密度比水大的介质作为分选介质时，人们习惯称为重介质选矿。重介质通常指密度大于 $1g/cm^3$ 的介质。这样的介质包括重液和重悬浮液两种流体。矿石在这样的介质中进行选别即称为重介质分选。通常所选用的重介质密度是介于矿石中轻矿物与重矿物两者的密度之间，在这样的介质中，轻矿物上浮，而重矿物则可沉降下来。选别是按阿基米得原理进行，完全属于静力作用过程。流体的运动和颗粒的沉降不再是分层的主要因素，而介质本身的性质倒是影响选别的重要因素。

为了有效分选，矿物与脉石之间必须存在明显的密度差。一般可据下式判别重选的可行性：

$$E = \frac{D_h - D_f}{D_l - D_f} \tag{2-1}$$

式中　E——重选效率因数；

D_h——重矿物的密度，g/cm^3；

D_l——轻矿物的密度，g/cm^3；

D_f——流体介质的密度，g/cm^3。

当 E 大于 2.5 时，不论是正值还是负值，重选都较易于进行，随着 E 值减小，重选效率下降；而当 E 小于 1.25 时，在工业上通常不能进行重选。

对于高品位矿石，可以采用拣选。其分选过程主要取决于物料的光学性质和辐射性质，通常还包括对高品位矿石的手选。

2.3.5.2　设备

在重选的工艺过程中，重选设备起着至关重要的作用，现代重选工艺的发展也是伴随着重选设备的不断进步而完善的。在按密度分选的重选工艺中，跳汰、溜槽和摇床是三种主要的重选设备。跳汰机根据设备结构和水流运动方式不同，大致可以分为：（1）活塞跳汰机；（2）隔膜跳汰机；（3）空气脉动跳汰机；（4）动筛跳汰机；（5）水力鼓动跳汰机。溜槽按结构和分选对象的不同，大致可分为粗粒溜槽和细粒溜槽两类。摇床是分选细粒物料时应用最为广泛的一种分选设备。由于在床面上分选介质流流层很薄，故摇床属于流膜分选设备。它是由早期的固定式和可动式溜槽发展而来的。直到 20 世纪 40 年代，它还是与固定的平面溜槽、旋转的圆形溜槽及振动带式溜槽划分为一类，统称淘汰盘。到了 50 年代，摇床的应用日益广泛，而且占据了优势，于是便以不对称往复运动作为特征，从众多溜槽中独立出来，自成体系。摇床的给料粒度一般在 3mm 以下，选煤时可达 10mm。摇床的分选过程，是发生在一个具有宽阔表面的斜床面上，床面上物料层的厚度比较薄。根据分选介质的不同，有水力摇床和风力摇床两种，但应用最普遍的是水力摇床。摇床主要用于处理钨、锡、有色金属和稀有金属矿石。多层摇床和离心摇床用以分选煤炭和黑色金属矿石，在金属选矿中，摇床常作为精选设备与离心分选机、圆锥选矿机等配合使用。

2.3.6 生物浮选

由于矿石的细、贫、杂，为处理成分复杂的矿物，实践中还形成了一系列新的工艺方法，如磁化焙烧法、化学浸出法、细菌浸出法以及水冶法等，极大地丰富了矿石的分选手段，并取得了良好效果。人们把这些方法称为化学选矿。

近年来生物选矿由于它的特殊功效越来越引起人们的关注，例如生物浮选法。生物浮选，是借助于微生物与矿物的作用来改变矿物表面的物理化学性质，然后用浮选获得有用矿物与脉石矿物分选的一种新的浮选技术。

生物浮选的出现大约只有 10 年的历史。迄今为止，仍处于实验室研究阶段，尚无工业生产应用的报道。然而，生物浸出技术，即首先通过微生物处理矿石，然后用湿法冶金工艺回收金属的方法，可以追溯至四五十年以前的从难选金矿石中生物浸出金的研究。该工艺已在 20 世纪 80 年代实现了工业应用，取得了很好的经济效益。生物浮选就是将生物浸出的理论和技术引进浮选发展而来。目前，生物浮选的研究主要集中在铜硫浮选分离和煤浮选脱硫领域。

2.3.7 分选效果评价

评价分选过程的效果，通常用以下主要概念进行：

（1）解离。解离指矿石中的有用矿物和脉石矿物完全脱离。通常情况下，即使将矿石磨碎至脉石矿物颗粒的大小，大部分脉石矿物可能被单体解离，但是有用矿物颗粒仍不能达到完全解离，仍有很多颗粒含有脉石矿物，形成连生体颗粒。这些连生体颗粒在分选过程中常以中矿产品产出，需要进一步粉碎予以单体解离。表示有用矿物解离程度的指标，称为单体解离度，以单体颗粒的有价矿物量对该产品中全部有价矿物量的百分数表示。

（2）品位。品位是给料或产品中有价成分（以金属或其氧化物或矿物表示）的质量分数（由化学分析测定）。给料的品位常以 α 或 f 表示，精矿品位以 β 或 c 表示，尾矿品位以 θ 或 t 表示。

（3）产率。产率是产品对给料计的质量分数，通常以 γ 表示。

（4）含量平衡。含量平衡指某一加工作业的给料的重量、金属量或其他参数与各产品的相关参数的总和相等，如：

$$Q_N\alpha = Q_K\beta + Q_X\theta \tag{2-2}$$

式中 Q_N，Q_K，Q_X——分别为给料（原矿）量、精矿量、尾矿量。

将式（2-2）换为相对量（产率）：

$$\gamma_N\alpha = \gamma_K\beta + \gamma_X\theta \tag{2-3}$$

式中 γ_N，γ_K，γ_X——分别为原矿、精矿、尾矿的产率。

$$\gamma_N = \gamma_K + \gamma_X = 100\% \tag{2-4}$$

将式（2-4）代入式（2-3），得

$$\gamma_K = \frac{\alpha - \theta}{\beta - \theta} \times 100\% \tag{2-5}$$

（5）回收率。回收率=精矿中有价成分质量分数/给料中有价成分质量分数×100%。总的回收率通常以 ε 或 R 表示，而部分回收率（某一作业）以 E 表示。分选厂的回收率有理论回收率及实际回收率之分。理论回收率是根据分选产品的化学分析品位，以给料及其分选产品中金属量的平衡方程及物料的重量平衡方程的联立求解计算而得，对于单金属两种产品的分选作业：

精矿中金属的理论回收率为：

$$\varepsilon_K = \frac{Q_K\beta}{Q_N\alpha} \times 100\% = \gamma_K \frac{\beta}{\alpha} \times 100\% = \frac{\beta(\alpha - \beta)}{\alpha(\beta - \theta)} \times 100\% \tag{2-6}$$

分选的实际回收率是由对给料（原矿）及精矿直接称重和它们的化学分析品位直接计算而得，即

$$\varepsilon_{K(实际)} = \frac{Q_{K(实际)} \cdot \beta}{Q_{N(实际)} \cdot \alpha} \times 100\% \tag{2-7}$$

理论回收率与实际回收率之差反映分选过程中产品的流失或称量、取样及化验的不准确。

（6）分选比。分选比是选得1t精矿产品所需给料的吨数，以 K 表示，由式(2-5)得

$$K = \frac{Q_N}{Q_K} = \frac{\beta - \theta}{\alpha - \theta} \tag{2-8}$$

（7）富集比。富集比精矿品位对给料品位的比值，即 $\frac{\beta}{\alpha}$。

【本章小结】矿山地质是矿山企业生产和建设的基础，矿山地质特点直接决定着开采规模、采掘方式和盈利水平等。矿山地质工作主要包括：研究矿体产状、矿石质量及影响采矿的地质条件；测定及检查矿石的损失与贫化，检查、验收矿石的质量和产量；及时解决水文地质、工程地质（如边坡稳定、采空区塌陷）等影响矿山安全生产的各种地质问题。根据矿体的赋存特点，从开采经济、政策、环境等各方面考虑矿山的开采方式是露天开采还是地下开采。露天开采主要包括掘沟、剥离、采矿和排岩等工作；地下开采主要包括开拓、采准、切割和回采工作。地下开采较露天开采相对复杂，采矿方法分类较多，此外，开采时需注意开拓系统和通风系统的建设、矿柱回采以及空区处理等工作。自然界的矿石中有价值的矿物组成通常与脉石伴生，选矿的主要任务是通过物理或化学的方法将有用的矿物与脉石分离开来，通过对矿石的破碎和磨矿，采用浮选、磁选、重选以及电选选矿等常用的方法来实现这一目的。

思 考 题

1. 矿体按倾角分哪几类？
2. 什么是岩石坚固性系数？
3. 断层分哪几类，各有何特点？
4. 露天开采通常包括哪些内容？
5. 露天矿临近边坡的控制爆破有哪些方法？
6. 露天矿主要运输方式有哪些？
7. 地下开采的主要步骤有哪些？
8. 地下开采的开拓方法有哪些？
9. 地下开采的采矿方法的分类依据是什么，如何分类？
10. 说明充填法的适用条件。
11. 简述房柱法的开采过程。
12. 简述无底柱分段崩落法的开采过程。
13. 试述破碎与磨碎的区别。
14. 辊式破碎机有哪些类型？试述主要类型的构造及工作原理。
15. 简述闭路磨矿和开路磨矿的特点和适用性。
16. 重介质在分选过程中起到什么作用？
17. 磁选设备有哪些分类？
18. 电力分选的作用机理是什么？
19. 浮选体系的组成是什么，哪些因素决定了浮选过程进行的方向和速度？

参 考 文 献

[1] 徐九华，谢玉玲，李建平，等，地质学［M］. 北京：冶金工业出版社，2011.
[2] 陈晓青. 金属矿床露天开采［M］. 北京：冶金工业出版社，2012.
[3] 王青，史维祥. 采矿学［M］. 北京：冶金工业出版社，2010.
[4] 王玉杰. 爆破工程［M］. 武汉：武汉理工大学出版社，2009.
[5] 解世俊. 金属矿床地下开采［M］. 北京：冶金工业出版社，2008.
[6] 王英敏. 矿井通风与防尘［M］. 北京：冶金工业出版社，2006.
[7] 谢广元. 选矿学［M］. 徐州：中国矿业大学出版社，2002.
[8] 王淀佐，卢寿慈，陈清如，等. 矿物加工学［M］. 徐州：中国矿业大学出版社，2003.
[9] 张一敏. 固体物料分选理论与工艺［M］. 北京：冶金工业出版社，2007.
[10] 魏德洲. 固体物料分选学［M］. 北京：冶金工业出版社，2009.

3 炼　焦

【本章要点提示】 本章概要地介绍了冶金焦炭性能、质量指标及标准；重点介绍了炼焦工艺过程与操作、焦炉炉体结构和炉型、配煤炼焦原理和方法；简要介绍了炼焦用煤的成因、性质及分类，选煤原理和方法等；最后简要评述了炼焦技术和工艺的最新发展趋势。

3.1 概　述

煤在焦炉内隔绝空气加热到1000℃，可获得焦炭、化学产品和煤气。此过程称为高温干馏或高温炼焦，一般简称炼焦。焦炭主要用于高炉炼铁，煤气可以用来合成氨，生产化学肥料或用作加热燃料。炼焦所得化学产品种类很多，主要有硫铵、吡啶碱、苯、甲苯、二甲苯、酚、萘、蒽和沥青等。

炼焦的主要产品焦炭，是炼铁原料，所以炼焦是伴随钢铁工业发展起来的。初期炼铁是用木炭，后来用煤块，但木炭和煤块强度低，不能满足高炉大型化对燃料强度的要求，使炼铁发展受到限制，人们才开始寻求焦炭炼铁，1725年焦炭炼铁获得成功。

初期的焦炉，都是炼焦和加热在一起进行，有一部分煤被烧掉。为了使炼焦和加热分开，缩短炼焦时间，出现了倒焰式焦炉。

由于炼焦化学产品焦油和氨找到了用途，促使人们设计出了燃烧室和炭化室完全隔开的焦炉，即副产品回收焦炉。燃烧室出来的废气温度很高，此部分废热没有回收，有的用来加热废热锅炉。这种没有废热回收的焦炉，叫做废热式焦炉。

为了减少耗热量，节省焦炉煤气，由未回收废热发展到回收废热的蓄热式焦炉。蓄热式焦炉在每个炭化室下方均有一个或两个蓄热室，蓄热室填有蓄热用的格子砖。当废气经过蓄热室时，废气把格子砖加热，格子砖蓄存了热量，当气流方向换向后，格子砖把蓄存的热量再传给冷的空气，使蓄存热量又带回燃烧室。

3.2 焦炭及其性质

3.2.1 焦炭在高炉炼铁中的作用

高炉用燃料包括焦炭和喷吹燃料两大类。焦炭在炼铁过程中的作用有：一是燃烧供给热量（热源）；二是作为料柱骨架（气窗）；三是作为还原剂；四是作为生铁形成过程中渗碳的碳源。

高炉对焦炭的要求是：含碳高、强度好、有一定的块度且块度均匀、有合适的反应性、灰分和杂质低。

3.2.2 焦炭性能

3.2.2.1 焦炭的化学组成

焦炭的化学组成包括水分、灰分、挥发分、硫、磷等：

（1）水分。焦炭的水分与炼焦煤料的水分无关，也不取决于炼焦工艺条件，主要受熄焦方式的影响。炼焦厂一般使用湿法熄焦方式，焦炭的水分约为2%~6%，因喷水、沥水条件及焦炭粒度不同而波动。干法熄焦时，焦炭在储存期间也会吸附空气中水汽，使焦炭水分达1%~1.5%。干焦炭比湿焦炭容易筛分。所以，要控制焦炭水分适量，以免焦粉量增大。另外焦炭水分要尽量稳定，有利于高炉生产。

（2）灰分。焦炭灰分的主要成分是SiO_2和Al_2O_3。焦炭灰分升高，固定碳含量就低，对高炉冶炼不利。高炉容积不同，对焦炭灰分要求不同，中小型高炉的焦炭灰分可在14%~15%，对于大型高炉应该更低些。

（3）挥发分。焦炭的挥发分是焦炭成熟程度的标志。焦炭的挥发分与炼焦煤料、炼焦最终温度有关。炼焦煤挥发分高，在一定的炼焦工艺条件下，焦炭挥发分也高。随着炼焦的最终温度升高，焦炭挥发分降低。焦炭挥发分过高，说明焦炭没有完全成熟，出现“生焦”；焦炭挥发分过低，说明焦炭过火，焦炭裂纹增多，易碎。

（4）硫。焦炭的硫含量是受炼焦煤料影响的，硫是生铁主要的有害杂质元素之一。

（5）磷。焦炭的磷含量很少，一般约为0.02%。焦炭含磷量的多少取决于炼焦煤料，煤中的磷几乎全部转入焦炭中。磷在高炉炼铁过程中，几乎全部进入生铁中，是生铁中的另一个主要的有害杂质元素。

3.2.2.2 焦炭的力学性能

（1）焦炭的机械强度。用焦炭的抗碎强度和耐磨强度两项指标说明焦炭的机械强度。焦炭在外力冲击下抵抗碎裂的能力称为焦炭的抗碎强度，M_{25}（或M_{40}）是焦炭的抗碎强度指标。

焦炭抵抗摩擦力破坏的能力，称为焦炭的耐磨强度，M_{10}是焦炭的耐磨强度指标。

焦炭的机械强度指标数值是用米库姆转鼓试验得来的。

焦炭的机械强度是在冷态下试验的结果，不能准确地反映焦炭在高炉内二次加热下的热强度。

（2）焦炭块度均匀系数。它是评价焦炭块度是否均匀的指标。一般表示为粒度值，要求为25~60mm，适当的焦炭粒度有利于改善料柱的透气性和透液性。

3.2.2.3 焦炭的热性质

目前，用于研究焦炭高温下热性质的方法有高温转鼓和焦炭的CO_2反应性两种。

高温转鼓试验只能反映出焦炭在高温下的热破坏，比常温转鼓试验更能接近于高炉内的情况，但国内外试验均表明，热转鼓试验还不能准确地解释焦炭劣化的真正原因。

焦炭反应性是焦炭在1100℃时与CO_2的反应能力，其好坏会显著影响高炉燃料比，焦炭与CO_2反应后的强度与高炉料柱透气性关系十分密切。

3.2.2.4 焦炭的显微结构

焦炭的显微结构就是焦炭气孔壁的结构，主要是由镶嵌型、粒状流动型和少量区域型所构成，还有少量丝质型、各向同性型及矿物等组成。

3.2.3 焦炭的质量指标

3.2.3.1 焦炭的工业分析及机械强度

焦炭由于用途不同，对其质量要求也不同。供高炉冶炼用的冶金焦的质量指标包括焦炭的工业分析、机械强度、粒度筛分组成、块度均匀系数等项。铸造用的铸造焦要求块度大、强度高、气孔率低和反应性低。而对气化用焦则应具有尽可能大的反应性、大气孔率、低耐磨性。

焦炭的工业分析包括水分、灰分、硫分、挥发分等项。机械强度包括抗碎强度指标 M_{25}（或 M_{40}）、耐磨指标 M_{10}，铸造焦还有落下强度指标 SI_4^{50}。

我国采用米库姆转鼓试验方法测定焦炭的机械强度。世界各国的转鼓试验在装置的尺寸、鼓内结构、试样粒度和重量、转鼓的转速和转数、筛孔、表示方法等不尽相同。

焦炭的筛分组成是计算焦炭块度大于 80mm、80~60mm、60~40mm、40~25mm 等各粒级的质量分数。利用焦炭的筛分组成可以计算出焦炭的块度均匀系数 k。k 可由下式算出：

$$k = \frac{w_{80\sim60} + w_{60\sim40}}{w_{+80} + w_{40\sim25}} \tag{3-1}$$

3.2.3.2 焦炭反应性（*CRI*）与反应后强度（*CSR*）

代表焦炭强度的 M_{25}(或 M_{40})、M_{10} 转鼓指数都是指焦炭的冷态特性，而焦炭在高炉中恰恰是在高达 1000℃以上的热态下使用。M_{25}(或 M_{40})、M_{10} 转鼓指数好的焦炭在高炉内不见得就表现出很好的冶金性能。例如采用土法生产的焦炭虽然 M_{25}(或 M_{40})、M_{10} 的指标很好，但在实际冶炼应用时其冶金性能却不一定好。因此，人们更看重的是焦炭在冶炼热态下的“高温强度”。这是因为焦炭强度在高炉下部被削弱的主要原因是高温下 CO_2 对焦炭的侵蚀作用，焦炭中的 C 为 CO_2 所氧化成 CO。焦炭中的 C 被用于直接还原而消耗，失去了高温强度，失去了支架的透气作用，使高炉无法运行操作。因此，现代化大高炉要求的优质焦炭应该是在高温下不易被 CO_2 所侵蚀的焦炭。

经过长期的生产实践和科学实验，人们研究出，可以用焦炭的反应性（*CRI*）和反应后强度（*CSR*）来作为评价焦炭高温强度的重要指标。我国采用的测定方法与日本新日铁相同，都是使实验条件更接近高炉情况。即在 1100℃恒定温度下用纯 CO_2 与直径 20mm 焦球反应，反应时间为 120min，试样重 200g，以反应后失重百分数作为反应性指数（*CRI*）。反应后的焦炭在直径 130mm、长 700mm 的 I 形转鼓中以每分钟 20r 转动 600r，以大于 10mm 筛上物与入鼓试样总重的百分数作为反应后强度（*CSR*）。

3.2.3.3 冶金焦质量标准

冶金焦是高炉焦、铸造焦、铁合金焦和有色金属冶炼用焦的统称。由于 90% 以上的冶金焦均用于高炉炼铁，因此往往把高炉焦称为冶金焦。我国制定的冶金焦质量标准（GB/T 1996—2003）就是高炉冶炼用焦炭的质量标准，见表 3-1。

表 3-1 冶金焦炭质量标准（GB/T 1996—2003）

<table>
<tr><th colspan="3" rowspan="2">指　标</th><th rowspan="2">等级</th><th colspan="3">粒度/mm</th></tr>
<tr><th>>40</th><th>>25</th><th>25~40</th></tr>
<tr><td colspan="3" rowspan="3">灰分 A_{d}/%</td><td>一级</td><td colspan="3">≤12.0</td></tr>
<tr><td>二级</td><td colspan="3">≤13.5</td></tr>
<tr><td>三级</td><td colspan="3">≤15.0</td></tr>
<tr><td colspan="3" rowspan="3">硫分 $S_{t,d}$/%</td><td>一级</td><td colspan="3">≤0.60</td></tr>
<tr><td>二级</td><td colspan="3">≤0.80</td></tr>
<tr><td>三级</td><td colspan="3">≤1.00</td></tr>
<tr><td rowspan="9">机械强度</td><td rowspan="6">抗碎强度</td><td rowspan="3">M_{25}/%</td><td>一级</td><td colspan="2">≥92.0</td><td rowspan="9">按供需双方协议</td></tr>
<tr><td>二级</td><td colspan="2">≥88.0</td></tr>
<tr><td>三级</td><td colspan="2">≥83.0</td></tr>
<tr><td rowspan="3">M_{40}/%</td><td>一级</td><td colspan="2">≥80.0</td></tr>
<tr><td>二级</td><td colspan="2">≥76.0</td></tr>
<tr><td>三级</td><td colspan="2">≥72.0</td></tr>
<tr><td colspan="2" rowspan="3">耐磨强度 M_{10}/%</td><td>一级</td><td colspan="2">M_{25}时：≤7.0；M_{40}时：≤7.5</td></tr>
<tr><td>二级</td><td colspan="2">≤8.5</td></tr>
<tr><td>三级</td><td colspan="2">≤10.5</td></tr>
<tr><td colspan="3" rowspan="3">反应性 CRI/%</td><td>一级</td><td colspan="2">≤30.0</td><td></td></tr>
<tr><td>二级</td><td colspan="2">≤35</td><td></td></tr>
<tr><td>三级</td><td colspan="2">—</td><td></td></tr>
<tr><td colspan="3" rowspan="3">反应后强度 CSR/%</td><td>一级</td><td colspan="2">≥55</td><td></td></tr>
<tr><td>二级</td><td colspan="2">≥50</td><td></td></tr>
<tr><td>三级</td><td colspan="2">—</td><td></td></tr>
<tr><td colspan="4">挥发分 V_{daf}/%</td><td colspan="3">≤1.8</td></tr>
<tr><td colspan="4">水分 M_{t}/%</td><td>4.0±1.0</td><td>5.0±2.0</td><td>≤12.0</td></tr>
<tr><td colspan="4">焦末含量/%</td><td>≤4.0</td><td>≤5.0</td><td>≤12.0</td></tr>
</table>

注：百分号为质量分数。水分只作为生产操作中控制指标，不作质量考核依据。

3.3 煤的成因性质及分类

3.3.1 煤的成因及种类

3.3.1.1 煤的成因

煤是由远古植物残骸没入水中经过生物化学作用，然后被地层覆盖并经过物理、化学、生物与地质作用而形成的可燃有机生物岩。煤生成过程中的成煤植物来源与成煤条件的差异造成了煤种类的多样性与煤基本性质的复杂性，并直接影响煤的开采、洗选和综合利用。

3.3.1.2 煤的种类

根据成煤植物种类的不同，煤主要可分为两大类，即腐殖煤和腐泥煤：

（1）腐殖煤：由高等植物形成的煤称为腐殖煤。腐殖煤是因为植物的部分木质纤维组织在成煤过程中曾变成腐殖酸这一中间产物而得名。它在自然界分布最广，储量最大。绝大多数腐殖煤都是由植物中的木质素和纤维素等主要组分形成的。

（2）腐泥煤：由低等植物和少量浮游生物形成的煤称为腐泥煤。腐泥煤包括藻煤和胶泥煤等。藻煤主要由藻类生成，山西浑源有不少藻煤，山东克州、肥城也有发现；胶泥煤是无结构的腐泥煤，植物成分分解彻底，几乎完全由基质组成。这种煤数量很少，山西浑源有少量存在。胶泥煤中的矿物质含量大于40%即称为油页岩，我国辽宁抚顺、吉林桦甸、广东茂名和山东黄县等地有丰富的油页岩资源。

由于储量、用途和习惯上的原因，除非特别指明，人们通常讲的煤，就是指主要由木质素、纤维素等形成的腐殖煤。

3.3.2 煤的分类

腐殖煤根据煤化度（煤的化学成熟程度，即煤化程度）的不同，它可分为泥炭、褐煤、烟煤和无烟煤四大类。各类煤具有不同的外表特征和特性，其典型的品种，一般肉眼就能区分。

3.3.2.1 泥炭

泥炭是植物向煤转变的过渡产物，外观呈不均匀的棕褐色或黑褐色。它含有大量未分解的植物组织，如根、茎、叶等残留物，有时肉眼就能看出。泥炭含水量很高，一般可达85%~95%。开采出的泥炭经自然风干后，水分可降至25%~35%。干泥炭为棕黑色或黑褐色土状碎块。

3.3.2.2 褐煤

褐煤是泥炭沉积后经脱水、压实转变为有机生物岩的初期产物，因外表呈褐色或暗褐色而得名。与泥炭相比，褐煤中腐殖酸的芳香核缩合程度有所增加，含氧官能团有所减少，侧链较短，侧链的数量也较少。由于腐殖酸的相互作用，腐殖酸开始转变为中性腐殖质。褐煤大多数无光泽，真密度1.10~1.40g/cm^3。褐煤含水较多，达30%~60%，空气干燥后仍有10%~30%的水分，易风化破裂。在外观上，褐煤与泥炭的最大区别在于褐煤不含未分解的植物组织残骸，且呈成层分布状态。

3.3.2.3 烟煤

烟煤的煤化度低于无烟煤而高于褐煤，因燃烧时烟多而得名。烟煤中已不含有游离腐殖酸，腐殖酸已全部转变为更复杂的中性腐殖质了。因此，烟煤不能使酸、碱溶液染色。一般烟煤具有不同程度的光泽，绝大多数呈明暗交替条带状。所有的烟煤都是比较致密的，真密度较高（1.20~1.45g/cm^3），硬度也较大。

烟煤是自然界最重要、分布最广、储量最大、品种最多的煤种，根据煤化度的不同，我国将其划分为长焰煤、不黏煤、弱黏煤、气煤、肥煤、焦煤、瘦煤和贫煤等（表3-2）。

表 3-2 烟煤的分类

类别	符号	数码	分类指标			
			V_{daf}/%	G	Y/mm	b/%
贫煤	PM	11	>10.0~20.0	≤5		
贫瘦煤	PS	12	>10.0~20.0	>5~20		
瘦煤	SM	13	>10.0~20.0	>20~50		
		14	>10.0~20.0	>50~65		
焦煤	JM	15	>10.0~20.0	>65	≤25.0	(≤150)
		24	>20.0~28.0	>50~65		
		25	>20.0~28.0	>65	≤25.0	(≤150)
肥煤	FM	16	>10.0~20.0	(>85)	>25.0	(>150)
		26	>20.0~28.0	(>85)	>25.0	(>150)
		36	>28.0~37.0	(>85)	>25.0	(>220)
1/3 焦煤	1/3JM	35	>28.0~37.0	>65	≤25.0	(≤220)
气肥煤	QF	46	>37.0	(>85)	>25.0	(>220)
气煤	QM	34	>28.0~37.0	>50~65	≤25.0	(≤220)
		43	>37.0	>35~50		
		44	>37.0	>50~65		
		45	>37.0	>65		
1/2 中黏煤	1/2ZN	23	>22.0~28.0	>30~50		
		33	>28.0~37.0	>30~50		
弱黏煤	RN	22	>20.0~28.0	>5~30		
		32	>28.0~37.0	>5~30		
不黏煤	BN	21	>20.0~28.0	≤5		
		31	>28.0~37.0	≤5		
长焰煤	CY	41	>37.0	≤5		
		42	>37.0	>5~35		

注：1. 当烟煤的黏结指数 G 测定值小于或等于 85 时，用干燥无灰基挥发分 V_{daf}(%) 和黏结指数来划分煤；当黏结指数 G 测定值大于 85 时，则用干燥无灰基挥发分 V_{daf}(%) 和胶质层最大厚度 Y(mm)，或用干燥无灰基挥发分 V_{daf}(%) 和奥亚膨胀度 b(%) 来划分煤类。

2. 当黏结指数 G>85 时，用 Y 和 b 并列作为分类指标，当 V_{daf}=28.0%时，b 暂定为 150%；V_{daf}>28.0%时，b 暂定为 220%。当 b 值和 Y 值有矛盾时，以 Y 值划分煤类为准。

3. 分类用的煤样如原煤灰分不大于 10%者，不需减灰；灰分大于 10%的煤样，需按 GB 474—2008 煤样的制备方法，用氯化锌重液减灰后用于分类。

在烟煤中，气煤、肥煤、焦煤和瘦煤都具有不同程度的黏结性。它们被粉碎后高温干馏时，能不同程度地“软化”和“熔融”成为塑性体，然后再固化为块状的焦炭。传统观念认为这四种煤是炼焦的主要原料煤，故称之为炼焦煤；除此以外的其他煤没有或基本没有黏结性，只能用于低温干馏、造气或动力燃料等，故称之为非炼焦用煤。随着煤准备与炼焦工艺的发展，扩大了炼焦用煤的资源。新的炼焦技术已能使用所有的烟煤，甚至无烟煤作为原料成分，不再仅仅局限于气、肥、焦、瘦这四种煤。

3.3.2.4 无烟煤

无烟煤是煤化度最高的一种腐殖煤，因燃烧时无烟而得名。无烟煤外观呈灰黑色，带有金属光泽，无明显条带。在各种煤中，它的挥发分最低，真密度最大（1.35~1.90g/cm^3），硬度最高，燃点高达360~410℃以上。

无烟煤主要用作民用、发电燃料；制造合成氨的原料；制造炭电极、电极糊和活性炭等炭素材料的原料；煤气发生炉造气的燃料；低灰低硫、可磨性好的无烟煤还适于作新法炼焦的原料、高炉喷吹和铁矿石烧结用燃料；生产脱氧剂、增碳剂等。

3.3.3 煤的组成与性质

3.3.3.1 煤的元素组成

煤是由有机物和无机物组成，但以有机质为主体。而煤的有机质主要由碳、氢、氧及少量的氮、硫、磷等元素构成。通常所说的元素分析是指煤中碳、氢、氧、氮和硫的测定。这五种元素是组成煤有机质的主体，煤的组成变化与煤的成因类型、煤的岩相组成和煤化度密切相关。煤的元素组成对研究煤的成因、类型、结构、性质和利用等都有十分重要的意义。

（1）碳：碳是煤中最重要的元素。煤的碳含量随煤化度的升高而增加，泥炭的碳含量为50%~60%，褐煤为60%~77%，烟煤为74%~99%，无烟煤为90%~98%。

（2）氢：氢是煤中第二个重要组成元素，在煤的有机结构中，氢结合在碳的链状或环状结构中。煤的氢含量随煤化度的升高而减少。

（3）氮：煤中的氮通常都是以有机氮的形式存在，主要由成煤植物中的蛋白质转化而来。煤的氮含量约为0.8%~1.8%，氮含量随煤化度的升高而略有下降。在干馏时，煤中的大部分氮转化为氨与吡啶类等。

（4）氧：氧是煤的主要元素之一。在整个煤的变质过程中，氧含量随煤化度的增加而迅速降低。从泥炭到无烟煤，煤的氧含量从30%~40%下降为2%~5%。

（5）硫：硫分是评价煤质的重要指标之一。在炼焦、气化、燃烧等各种用煤工艺中，硫都是一种有害的杂质。焦炭中的硫在高炉冶炼过程中会转入生铁中，而致使铁热脆，对钢铁产品极具危害。硫在煤中以有机硫和无机硫两种形式存在。无机硫主要存在于矿物质中，在洗选煤的过程中可除去一部分；有机硫存在于煤的有机质结构中，很难清除，一般用物理洗选的方法不能脱除。

（6）磷：煤中的磷主要是无机磷，也有微量的有机磷。炼焦时，煤中磷全部进入焦炭；炼铁时，焦炭中的磷几乎全部进入生铁，使钢铁冷脆。因此，磷是煤中的有害成分。我国的煤源一般含磷都很低，一般不会超过炼焦用煤的工业要求（<0.03%）。因此，我国通常不测定煤中的磷含量。

（7）矿物质：有原生矿物质和次生矿物质之分。原生矿物质是植物生长期间，从土壤中吸收的碱性物质和成煤过程中泥炭化阶段混入的黏土、沙粒、硫化铁等，前者无法除掉，后者可通过洗选除掉一部分。次生矿物质是指煤在开采过程中混入的顶板、底板和煤夹层中的煤矸石，这部分矿物质密度较大，可用重力洗选法将其除掉。矿物质在煤完全燃烧后以固体形式残留下来，称为灰分。在炼焦过程中，煤的灰分几乎全部残留在焦炭中。煤的灰分不仅降低焦炭的强度，而且给高炉冶炼带来不利。因此，灰分是衡量煤质的重要指标。

（8）水分：煤的水分分为内在水分和外在水分。内在水分的含量取决于煤岩的变质程度，一般说来，煤的变质程度越高，内在水分越少；外在水分的多少则取决于开采、破碎、洗选、储运等条件，内在水分和外在水分的和称为总水分。水分波动过大，将直接影响焦炉操作的稳定。

3.3.3.2 煤的工业分析

煤的工业分析包括水分、灰分、挥发分和固定碳含量四项测量。

（1）水分：湿煤样置于空气中水分不断蒸发，当与空气的相对湿度达到平衡时，所失去的水分称为“外在水分”。在此条件下仍留于煤样中的另一部分水分，称为“内在水分”，这两者之和称为“全水分”。因此在一定温度下将煤干燥，失去的重量即为全水分。

（2）灰分：称取一定重量的干试样，在一定温度（815℃±10℃）下灼烧至恒重，以残留物重量占试样重量的百分数作为干基灰分。

（3）挥发分：挥发分主要是煤中有机质热分解的产物。

其测定方法是：称取1g的风干煤样，放入带盖的瓷坩埚内，在高温（900℃±10℃）隔绝空气下，加热7min，煤受热分解，以气体状态析出的部分即为煤的挥发分与内在水分之和。

挥发分是评价煤质及煤分类的重要指标，挥发分随煤变质程度的升高而降低的规律十分明显，且其测法简单，易标准化，所以几乎所有国家都将可燃基挥发分作为煤工业分类的第一分类指标。

（4）固定碳：测定了空气干燥煤样中的水分、灰分和挥发分以后，所剩的部分即为固定碳。固定碳可以表征煤的变质程度。固定碳含量由下列公式计算而来：

$$(FC)_{ad} = 100 - (M_{ad} + A_{ad} + V_{ad}) \tag{3-2}$$

式中 $(FC)_{ad}$——空气干燥基固定碳，%；

M_{ad}——空气干燥基水分，%；

A_{ad}——空气干燥基灰分，%；

V_{ad}——空气干燥基挥发分，%。

3.3.3.3 煤的黏结性与结焦性

A 烟煤的热解过程

将烟煤在隔绝空气加热，随温度升高，烟煤发生错综复杂的变化。从现象看大体经历以下几个阶段：

（1）干燥和预热（常温至200℃）：水分蒸发，吸附在煤的气孔和表面上的二氧化碳和甲烷等气体逐渐析出。

（2）开始分解（200~350℃）：不同变质程度的煤开始分解的温度不同。此阶段的分解产物，主要是化合水、二氧化碳、一氧化碳、甲烷等气体及少量焦油蒸气。

（3）生成胶质体（350~450℃）：此时烟煤进一步分解，生成气态、液态和固态产物。由于气体产物不能立即析出，形成气、液、固三相共存的胶体。开始出现胶质体的温度，称作煤的软化温度，它随煤的变质程度加深而升高，胶质体有一定黏度，其中气体产物不能自由析出，因此出现膨胀现象。不同煤生成的胶质体数量、质量不同，膨胀情况也不同。

（4）胶质体固化与半焦形成（450~550℃）：随温度升高，胶质体中的液态产物逐渐分解呈气态析出，一部分与胶质体中固态产物相互凝聚、固化，生成固体的半焦。不生成胶质体或胶质体很少的，半焦多呈粉状；胶质体较多的，半焦呈块状。固化温度与软化温度之差，称为胶质体温度间隔。它越宽，处于胶质体状态的时间越长，胶质体热稳定性越好，胶质体中气、液、固三相之间的作用越充分，块状半焦内的结合情况越好。

（5）半焦收缩（550~650℃）：半焦进一步析出气体而收缩，同时产生裂纹。析出的气体以甲烷和氢气为主。

（6）生成焦炭（650~900℃）：半焦继续析出气体，因而半焦继续收缩，出现的裂纹逐渐扩大、加深、延长。析出的气体主要是氢气，且数量越来越少，最终生成比半焦结构致密的焦炭。不同煤生成的焦炭不同，半焦呈粉状的，焦炭也呈粉状；半焦呈块状的，半焦呈块状。但煤变质浅的，裂纹多，焦炭块小而不抗碎；煤变质深的，裂纹少，焦块大而不耐磨；只有中等变质程度的煤生成的焦炭，抗碎耐磨，块度适中。

B 煤的黏结性

煤的黏结性就是烟煤在干馏时黏结其本身或外加惰性物的能力。它是煤干馏时所形成的胶质体显示的一种塑性。在烟煤中显示软化熔融性质的煤称为黏结煤，不显示软化熔融性质的煤称为非黏结煤。黏结性是评价炼焦用煤的一项主要指标，还是评价低温干馏、气化或动力用煤的一个重要依据。煤的黏结性是煤结焦的必要条件，与煤的结焦性密切相关。炼焦煤中以肥煤的黏结性最好。

C 煤的结焦性

煤的结焦性是烟煤在焦炉或模拟焦炉的炼焦条件下，形成具有一定块度和强度的焦炭的能力。结焦性是评价炼焦煤的主要指标。炼焦煤必须兼有黏结性和结焦性，两者密切相关。煤的黏结性着重反映煤在干馏过程中软化熔融形成胶质体并固化黏结的能力。测定黏结性时，加热速度较快，一般只测到形成半焦为止。煤的结焦性全面反映煤在干馏过程中软化熔融直到固化形成焦炭的能力，测定结焦性时加热速度一般较慢。炼焦煤中以焦煤的结焦性最好。

3.4 选　　煤

3.4.1 选煤目的

选煤的目的，就是去除原煤中的杂质，将原煤加工成一定质量的品种煤，以符合各工业部门的要求。煤炭是由植物变成的，由于煤炭的地质成因和煤化程度不同，煤的化学性质和物理性质有很大的差别，在成煤过程中，植物经冲积、腐朽、泥炭化、煤化等作用，生成了煤炭。出于植物本身的不可燃物质和外来杂质带进了煤炭，又在开采煤炭时，将煤层中的夹矸也开采出来，一些顶板、底板岩石和采煤时的杂物也混进了原煤，增加了煤炭的杂质。并且，由于煤炭的开采方法的不同，对煤炭的粒度组成和混入的杂质也有不同的影响。因此，如果把煤比作工业的食粮，那么，由地下开采出来的原煤，还只能算是“稻谷”，在许多情况下，是不能直接利用的。原煤应该经过分选。

3.4.2 选煤方法

选煤主要是利用煤和矸石物理性质或物理化学性质的差别而进行分选的。根据密度不同（煤的密度小）、表面性质不同（煤粒表面疏水）、硬度和破碎性不同（煤易碎）、形状和摩擦力不同（一般煤呈块状，矸石扁平，滑动时矸石摩擦力大）或导电率不同（烟煤的电阻比矸石大）、吸收放射线的能力不同（煤弱）进行区分。

现在大量采用的是根据密度不同进行分选的重力选煤和按表面性质不同的浮游选煤。重力选煤主要对 0.5mm 或 0.3mm 以上的颗粒进行分选；浮游选煤主要对 0.5mm 或 0.3mm 以下的颗粒进行分选。

3.4.2.1 重力选煤

A 跳汰选煤

原煤（煤与矸石的混合物）在上、下交变的脉动水流中，按密度大小分选的过程称为跳汰选煤。实际上，输送精煤水平液流和煤、矸粒度的大小和形状对跳汰机选煤过程是有影响的，但是人们希望能根据密度大小进行分选，而且研究跳汰使之适应于按密度大小分选的要求，而减少粒度形状因素的影响，实际跳汰过程还是以垂直上、下的水流和按密度分选为主的。

原煤经过若干次水流上、下脉动的作用，密度小的精煤逐渐浮到上层，而密度大的矸石沉到下层，如图 3-1 所示。上层精煤由水流带走，矸石等重产品通过排渣机构排出。因此，跳汰过程主要有两个作用：一是分层，要求尽量按密度分层；二是排渣，力求精确地切割床层，将已分好层的物料分开。因而跳汰机的改进，主要是从这两个方面入手的。

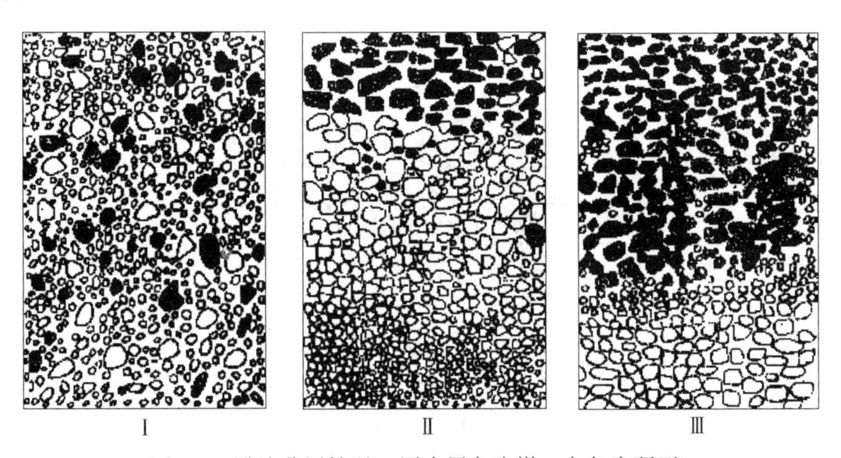

图 3-1 跳汰分层情况（图中黑色为煤，白色为矸石）
Ⅰ—原煤；Ⅱ—上升水流末期；Ⅲ—下降水流末期

B 重介质选煤

在试验原煤可选性时，利用重液进行浮沉试验，这样得到的选煤指标是最理想的，称之为理论值。但是，重液价格昂贵，回收复用困难，为了在工业上运用，使用一种密度高的矿物，磨细后与水掺混在一起，让它在水中悬浮，配成重悬浮液，这种重悬浮液具有重液的特性。如果重悬浮液密度为 1.5g/m^3，原煤投入重悬浮液中，那么，密度小于 1.5g/m^{3}的精煤浮起，密度大于 1.5g/m^3 的中煤与矸石沉下，这就是重介质选煤的原理。

3.4.2.2 浮游选煤

煤泥的浮选，是利用煤和矸石颗粒表面性质的不同而分选。浮游选煤是一种物理化学过程，煤粒的表面有疏水性质，而矸石的表面有亲水性质。疏水、亲水一般用接触角（θ）加以说明。图 3-2*a* 所示为水滴在物质表面上的情况，由 1~4 表面的疏水性逐渐增加，水滴扁平、表面易为水湿润，水滴呈团球状、表面不易被水湿润；如果以气泡与物质表面接触（图 3-2*b*），得到相反的情况：水滴扁平的、气泡呈圆球状，水滴圆球状的、气泡扁平。说明亲水的物质疏气，而疏水的物质又必亲气。

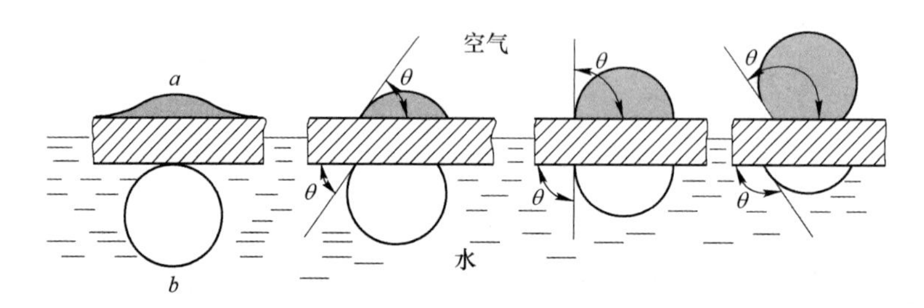

图 3-2 水滴和气泡在物质表面的接触情况

a—水滴在空气与固体界面上；*b*—气泡在水与固体界面上

因此，由于疏水性质使煤粒容易浮向气泡，亲水性质又使得矸石粒不易为气泡粘住。但是仅靠煤和矸石本身的表面性质不同还不能有效地进行分选，必须加一种药剂以增强煤粒表面的疏水性（捕集剂），添加一种药剂可以增加煤浆中气泡的产生和分散（起泡剂），然后在浮选机中增强充气，使煤粒粘在气泡上浮起，而矸石粒留在水中，完成浮选的过程如图 3-3 所示。

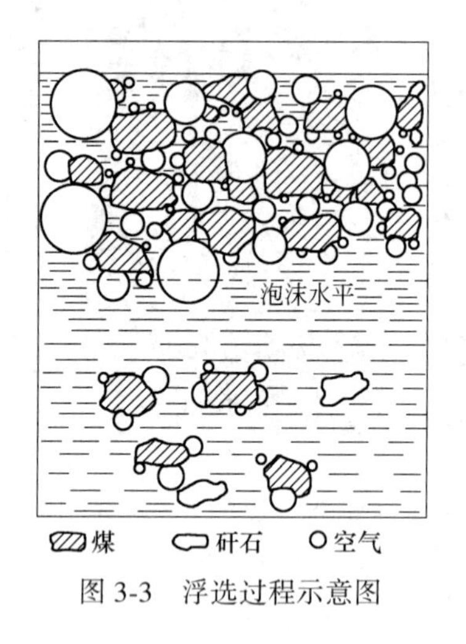

图 3-3 浮选过程示意图

3.5 配煤炼焦

3.5.1 配煤炼焦概述

我国新的煤分类方案中的 14 种煤，除了无烟煤、不黏煤、长焰煤、褐煤等四种以外，其他十种煤均可以配煤炼焦。一般都是以气煤（QM）、肥煤（FM）、焦煤（JM）、瘦煤（SM）、1/3 焦煤（1/3JM）、气肥煤（QF）等为主，其他几种只能少量配入。各种煤的性质不同，在配煤中的作用也不同。

配煤炼焦是指将多种不同牌号的煤按比例配合在一起作为炼焦的原料。不同牌号的煤，各有其特点，它们在配煤中所起的作用也不同，如果配煤方案合理，就能充分发挥各种煤的特点，提高焦炭质量。根据我国煤炭资源的具体情况，采用配合煤炼焦既可以合理利用各地区炼焦煤的资源，又是扩大炼焦用煤的基本措施之一。

3.5.2 备煤工艺

炼焦煤的备煤工艺必须适应炼焦煤的粉碎特性，使粒度达到或接近最佳粒度分布，由于煤的最佳粒度分布因煤种、岩相组成而异，因此不同煤和配合煤应采用不同的粉碎工艺。

3.5.2.1 先配合后粉碎工艺

先将各单种煤按一定配比配合后，再进行粉碎的一种备煤工艺，如图3-4所示。

图3-4 先配合后粉碎工艺

该工艺的优点有：工艺流程简单、设备较少，粉碎过程也是混合过程，粉碎后不需要设置混合设备；布置紧凑，操作方便，没有粉碎过的煤较易下料，故配煤盘操作容易；通过确定适宜的粉碎细度，可在一定范围内改善粒度分布，提高焦炭质量。

该工艺的缺点有：配煤准确度差，因煤料块度大，下料不均匀；不能根据不同的煤种进行不同的粉碎细度处理。

该工艺仅适用于煤料黏结性较好，煤质较均匀的情况，当煤质差异大、岩相不均匀时不宜采用。

3.5.2.2 先粉碎后配合工艺

先将各单种煤根据其不同特性分别粉碎到不同的细度，再进行配合和混合的工艺，如图3-5所示。

图3-5 先粉碎后配合工艺

这种工艺可以按煤种特性分别控制合适的细度，有助于提高焦炭质量或多用弱黏结性煤。但工艺复杂需多台粉碎机，配煤后还需设混合装置，投资大，操作复杂。

3.6 焦炉炉体结构及炉型

3.6.1 焦炉炉体结构

焦炉体积庞大，结构复杂，外形如图3-6所示，断面结构如图3-7~图3-9所示。

图 3-6 焦炉外形图

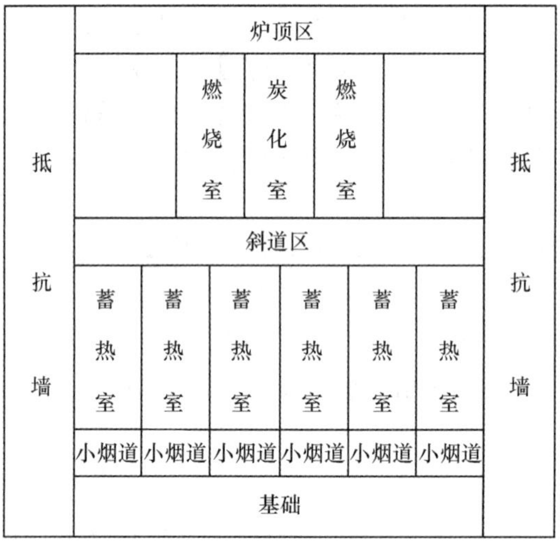

<table>
<tr><td rowspan="5">抵
抗
墙</td><td colspan="6">炉顶区</td><td rowspan="5">抵
抗
墙</td></tr>
<tr><td colspan="6">燃烧室 | 炭化室 | 燃烧室</td></tr>
<tr><td colspan="6">斜道区</td></tr>
<tr><td>蓄热室
小烟道</td><td>蓄热室
小烟道</td><td>蓄热室
小烟道</td><td>蓄热室
小烟道</td><td>蓄热室
小烟道</td><td>蓄热室
小烟道</td></tr>
<tr><td colspan="6">基础</td></tr>
</table>

图 3-7 JN 型焦炉炉体结构纵断面示意图

现代焦炉炉体主要由炭化室、燃烧室、蓄热室、斜道区、炉顶和基础部分组成。最上部是炉顶，炉顶之下为相间配置的燃烧室和炭化室，炉体下部有蓄热室和连接蓄热室与燃烧室的斜道区，每个蓄热室下部的小烟道通过交换开闭器与烟道相连。烟道设在焦炉基础内或基础两侧，烟道末端通向烟囱。

3.6.1.1 燃烧室和炭化室

燃烧室是煤气燃烧的地方，通过与两侧炭化室的隔墙向炭化室提供热量。装炉煤在炭化室内经高温干馏变成焦炭。燃烧室墙面温度高达 1300～1400℃，而炭化室墙面温度约 1000～1150℃，装煤和出焦时炭化室墙面温度变化剧烈，且装煤中的盐类对炉墙有腐蚀性。现代焦炉均采用硅砖砌筑炭化室墙。硅砖具有荷重软化点高、导热性能好、抗酸性渣

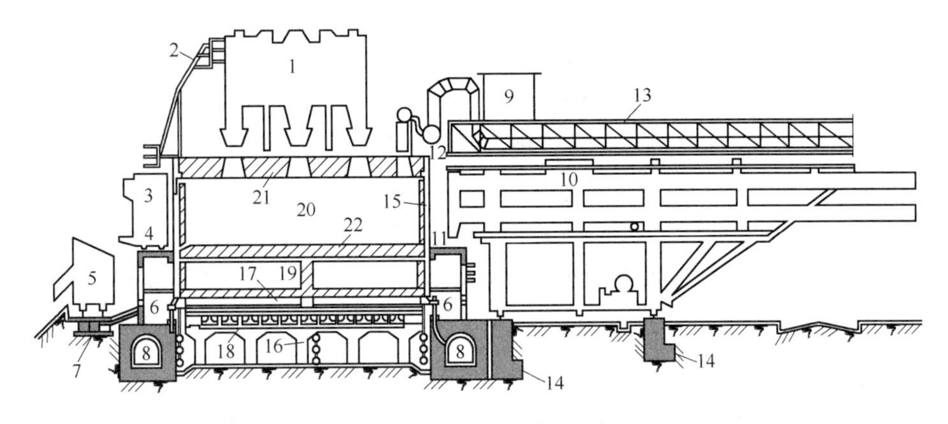

图 3-8　JN 型焦炉及其基础断面

1—装煤车；2—磨电线架；3—拦焦车；4—焦侧操作台；5—熄焦车；6—交换开闭器；7—熄焦车轨道基础；8—分烟道；9—仪表小房；10—推焦车；11—机侧操作台；12—集气管；13—吸气管；14—推焦车轨道基础；15—炉柱；16—基础构架；17—小烟道；18—基础顶板；19—蓄热室；20—炭化室；21—炉顶区；22—斜道区

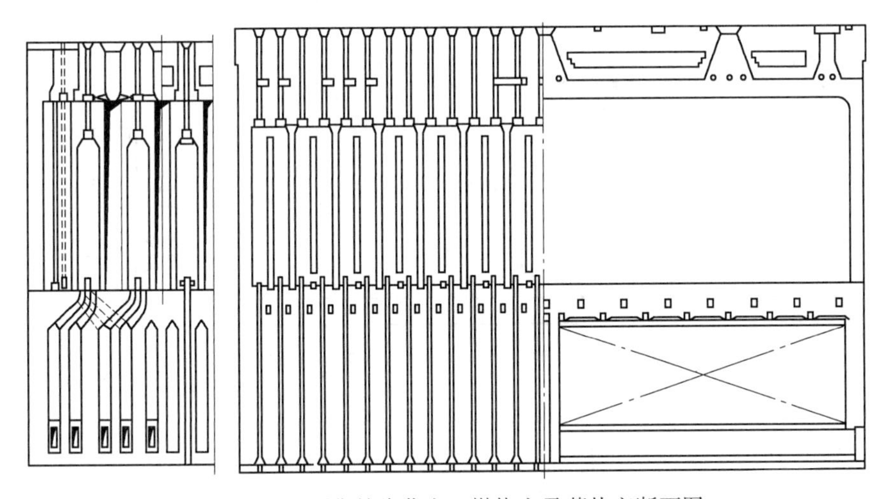

图 3-9　JN 型焦炉炭化室、燃烧室及蓄热室断面图

侵蚀能力强、高温热稳定性能好和无残余收缩等优良性能。砌筑炭化室的硅砖采用沟舌结构，以减少荒煤气窜漏和增加砌体强度。

燃烧室分成许多立火道，立火道的形式和数量因炉型不同而异，一般大型焦炉的燃烧室有 26~32 个立火道，中小型焦炉仅为 12~16 个。

炭化室的主要尺寸参数有长、宽、高、锥度和中心距。焦炉的生产能力随炭化室长度和高度的增加而成比例地增加。我国正在使用的焦炉中，炭化室高度一般在 4~6m 之间，有少部分新建焦炉的炭化室高度达到了 7.63m；炭化室长度一般为 13~16m，有少部分新建焦炉的炭化室长度达到了 18.8m；炭化室平均宽度一般为 0.4~0.6m。

3.6.1.2　蓄热室

为了回收利用焦炉燃烧废气的热量预热贫煤气和空气，在焦炉炉体下部设置蓄热室。现代焦炉蓄热室均为横蓄热室（其中心线与燃烧室中心线平行），以便于单独调节。蓄热室有宽蓄热室和窄蓄热室两种。宽蓄热室是每个炭化室下设一个，窄蓄热室则是每个炭化室下设两个。有些焦炉的蓄热室，沿炭化室长度方向，分成若干独立的小格，以便单独调节气流。蓄热室墙一般用硅砖砌筑，有些国家用黏土砖或半硅砖代替硅砖砌筑温度较低的蓄热室下部。在蓄热室中放置格子砖，以充分回收废气中的热量。格子砖要反复承受急冷急热的温度变化，故采用黏土质或半硅质材料制造。现代焦炉的格子砖一般采用异型薄壁结构，以增加蓄热面积和提高蓄热效率。蓄热室下部有小烟道，其作用是向蓄热室交替导入冷煤气和空气，或排出废气。小烟道中交替变换的上升气流（被预热的煤气或空气）和下降气流（燃烧室排出的高温废气）温度差别大，为了承受温度的急剧变化，并防止气体对小烟道的腐蚀，须在小烟道内衬以黏土砖。煤气和空气流经蓄热室和燃烧室的路径如图 3-10 所示。

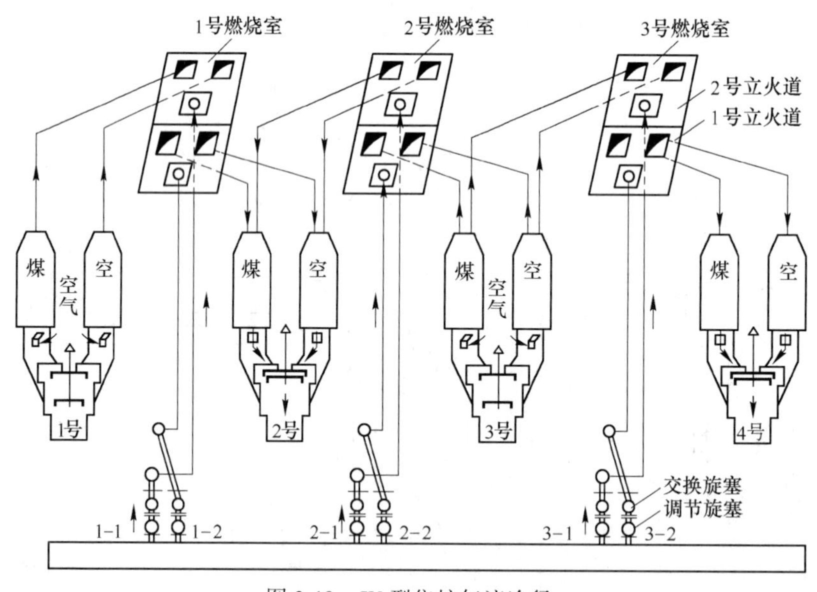

图 3-10　JN 型焦炉气流途径

3.6.1.3　斜道区

斜道区是位于燃烧室和蓄热室之间的通道。不同类型焦炉的斜道区结构有很大差异。斜道区布置着数量众多的通道（斜道、水平砖煤气道和垂直砖煤气道等），它们彼此距离很近，并且上升气流和下降气流之间压差较大，容易漏气，所以斜道区设计要合理，以保证炉体严密。为了吸收炉墙长向产生的膨胀，在斜道区各砖层均留膨胀缝。膨胀缝之间设置滑动缝，以利于膨胀缝之间的砖层受热自由滑动。斜道区承受焦炉上部的巨大重量，同时处在 1100～1300℃的高温区，所以也用硅砖砌筑。焦炉斜道区结构如图 3-11 所示。

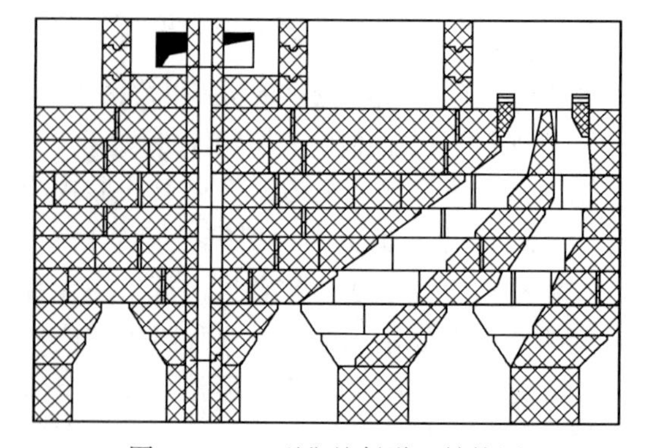

图 3-11　JN 型焦炉斜道区结构图

3.6.1.4　炉顶

位于焦炉炉体的最上部（图 3-12），设有看火孔、装煤孔和从炭化室导出荒煤气用的上升管孔等。炉顶最下层为炭化室盖顶层，一般用硅砖砌筑，以保证整个炭化室膨胀一致；也有用黏土砖砌筑的，这种砖不易断裂，但易产生表面裂纹。为减少炉顶散热，在炭化室顶盖层以上采用黏土砖、红砖和隔热砖砌筑。炉顶表面一般铺缸砖，以增加炉顶面的耐磨性。在多雨地区，炉顶面设有坡度，以便排水。炉顶厚度按保证炉体强度和降低炉顶温度的要求确定，现代焦炉炉顶一般为 1000～1700mm，中国大型焦炉的炉顶厚度为 1000～1250mm。

3.6.1.5 基础平台与烟道

基础位于炉体的底部，它支撑整个炉体，以及炉体设施和机械的重量，并把它传到地基上去。焦炉基础的结构形式随炉型和煤气供入方式的不同而异。

下喷式焦炉的基础一个地下室如图 3-13 所示。

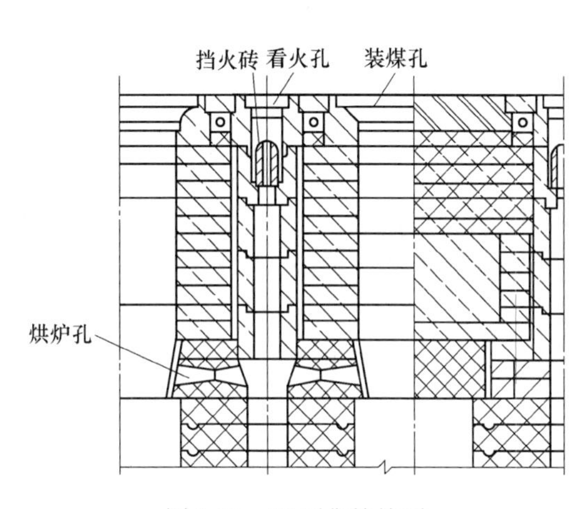

图 3-12 JN 型焦炉炉顶

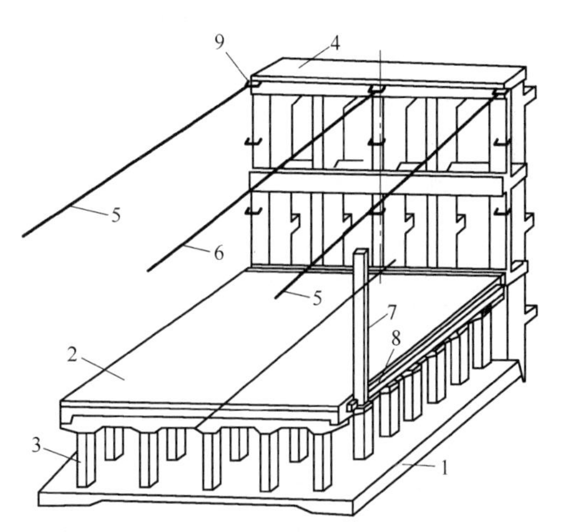

图 3-13 下喷式焦炉的基础结构形式

1—焦炉底板；2—焦炉顶板；3—支柱；4—框架式抵抗墙；5—焦炉正面线；6—纵轴中心线；7—直立标杆；8—横标杆；9—拉线卡钉

3.6.2 焦炉分类

现代焦炉分类方法很多，可以按照装煤方式、加热用煤气种类、空气和加热用煤气的供入方式、燃烧室火道形式以及拉长火焰方式等进行分类。

按装煤方式分类，可分为顶装焦炉和侧装焦炉。侧装焦炉又称捣固焦炉。捣固焦炉是先将装炉煤用捣固机捣成煤饼，然后从焦炉机侧将煤饼送入炭化室内。顶装焦炉是将装炉煤从炉顶经装煤孔装入炭化室，它又可以分为装煤车装煤焦炉、管道化装煤焦炉和埋刮板装煤焦炉。各国主要采用装煤车装煤焦炉炼焦。后两种焦炉用于预热煤炼焦。

按加热用煤气种类分类，可分为复热式焦炉和单热式焦炉。复热式焦炉既可以用贫煤气（热值较低）加热，又可以用富煤气（热值较高）加热，这种焦炉多用于钢铁厂和城市煤气。单热式焦炉又可分为单用富煤气加热的焦炉和单用贫煤气加热的焦炉。

按空气和加热用煤气的供入方式分类，可分为侧入式焦炉和下喷式焦炉。侧入式焦炉加热用的富煤气由焦炉机、焦两侧的水平砖煤气道引入炉内，空气和贫煤气则从交换开闭器和小烟道从焦炉侧面进入炉内。下喷式焦炉加热用的煤气（或空气）由炉体下部垂直进入炉内。

按气流调节方式分类，可分为上部调节式焦炉和下部调节式焦炉。上部调节式焦炉通过炉顶更换调节砖（牛舌砖）来调节空气和贫煤气量；下部调节式焦炉通过更换小烟道顶部的调节砖来调节煤气量和空气量。20 世纪 50 年代以前，焦炉炭化室高度只有 4m 左右，焦炉多为上部调节式。随着炭化室高度的增加，从炉顶调节越来越难，所以下部调节式焦炉逐步发展起来。日本新日铁 M 型焦炉、苏联 7m 大容积 ПВР 型焦炉和中国的 JNX 型焦炉，都是下部调节式焦炉。

按拉长火焰方式进行分类，可分为多段加热式焦炉、高低灯头式焦炉和废气循环式焦炉。多段加热式焦炉在立火道内沿高度方向分几次供应空气和贫煤气，进行多段燃烧以拉长火焰长度。高低灯头式焦炉采用不同高度的煤气灯头（烧嘴），以改变立火道内燃烧点的高度，从而使高度向加热均匀。炉内废气循环式焦炉其废气在立火道内循环，稀释可燃组成，达到拉长火焰的目的，改善高向加热。

3.6.3 我国焦炉炉型简介

我国焦炉炉型繁多，绝大多数是鞍山焦化耐火材料设计研究院设计的 JN 型焦炉，此外还有为数很少的前苏联 ПВР 型焦炉和引自日本的新日铁 M 型焦炉。

3.6.3.1 JN 型焦炉

JN 型焦炉种类繁多，有两分式、下喷式、侧入式及捣固式等不同类型，具有代表性的有 JN43 型焦炉、JN55 型焦炉和 JN60 型焦炉。

A JN43 型焦炉

JN43 型焦炉已形成系列，包括 JN43-58-1 型焦炉（又称 58 型焦炉）、JN43-58-2 型焦炉（又称 58-2 型焦炉）和 JN43-80 型焦炉。JN43 型焦炉是中国早期设计和建设的，其后又经多次改进。炉体结构特点是在每个炭化室（或燃烧室）下面有两个宽度相同的蓄热室。在蓄热室异向气流之间的主墙内设垂直砖煤气道，焦炉煤气道通过它供入炉内；在 JN43-58-1 型和 JN43-80 型焦炉上，同向气流之间的单墙，采用双沟舌 Z 形砖砌筑，而 JN43-58-2 型焦炉则采用标准砖砌筑。蓄热室下部小烟道顶部采用圆孔扩散式箅子砖，以使蓄热室气流分布均匀；小烟道两侧衬以黏土砖，以保护由硅砖筑的单主墙；小烟道底部和蓄热室封墙均砌有隔热砖，以减少散热。斜道出口处设有可更换的不同厚度的调节砖，以调节各立火道的煤气和空气量。JN43-58-2 型焦炉和 JN43-80 型焦炉的炉头火道，其斜道口宽度较中部立火道的斜道口宽度为大，以提高炉头温度。JN43 型焦炉炉体的斜道区全部用硅砖砌筑。燃烧室由 28 个立火道组成，每两个火道为一组，组成双联火道。每对立火道隔墙上部设有跨越孔，底部设有废气循环孔。JN43-58-1、JN43-58-2 和 JN43-80 型焦炉加热水平高度分别为 600mm、800mm 和 700mm，而炭化室墙厚分别为 105mm、100mm 和 95mm。JN43-58-1 型焦炉的炉头砌体为咬缝结构，JN43-58-2 型和 JN43-80 型焦炉采用直缝结构，直缝外用高铝砖砌筑。炉顶厚度为 1174mm。每个炭化室设有三个装煤孔和一个或两个上升管孔。JN43-58-1 型和 JN43-58-2 型焦炉炭化室的盖顶砖为黏土砖，JN43-80 型焦炉则为硅砖。在炭化室盖顶砖之上用黏土砖、红砖和隔热砖砌筑，以减少炉顶散热。炉顶表面层，JN43-58-1 型焦炉曾用耐热混凝土预制块砌筑；JN43-58-2 型和

JN43-80 型焦炉则用缸砖，以提高顶面的耐磨性。JN43-58-1 型焦炉在炉顶设有烘炉水平道，JN43-58-2 型和 JN43-80 型焦炉则将烘炉水平道取消，以减少炉顶漏气和降低炉顶表面温度。

20 世纪 90 年代，JN43 型焦炉中又添加了炭化室宽 500mm 的宽炭化室焦炉、宽炭化室捣固焦炉及 JN43 型下调式焦炉。下调式焦炉采用蓄热室分格，设有可调箅子砖孔。

B JN55 型焦炉

JN55 型焦炉炉体结构特点是，每个炭化室下面有两个宽度相同的蓄热室，在蓄热室异向气流之间的主墙内设垂直砖煤气道，单墙和主墙均用带沟舌的异型砖砌筑，以保持其严密性。斜道区用硅砖砌筑。斜道宽度为 130mm。边斜道（第 1、2、31、32 火道）出口为 110mm，中部斜道出口宽度为 80mm。这既可提高炉头火道温度，又可减少斜道区的砖型数量。燃烧室由 16 对双联火道组成。立火道底部设有废气循环孔，可使焦饼上下加热均匀。由于打开炭化室炉门时炉头下部比上部散热多，以及在炉头一对火道内设废气循环容易产生短路，故机、焦侧炉头第一对火道下部不设废气循环孔。机、焦侧边火道的宽度减小为 280mm（中部各火道宽度为 330mm），以减小边火道的热负荷，从而提高边火道温度。焦炉煤气煤嘴均为低灯头。沿炭化室高向炉墙厚度一致，炉头采用直缝结构，炉顶厚度为 1174mm。每个炭化室设有 4 个装煤孔和 2 个上升管孔。炭化室盖顶砖以上为黏土砖、红砖和隔热砖。炉顶表面层采用缸砖砌筑。

C JN60 型焦炉

JN60 型焦炉炉体结构特点是：

（1）蓄热室主墙宽度为 290mm，采用三沟舌结构；单墙宽度为 230mm，采用单沟舌结构。

（2）斜道宽度为 120mm。边斜道出口宽度为 120mm，中部斜道出口宽度为 96mm。这样既可大量减少砖型，又可提高边火道温度。

（3）有些焦炉采用高低灯头结构。

（4）炭化室墙的厚度上下一致，均为 100mm。炭化室墙面采用宝塔砖结构。炉头采用硅砖咬缝结构，炉头砖与保护板咬合很少。燃烧室由 16 对双联火道组成。在装煤孔和炉头处的炭化室盖顶用黏土砖砌筑，以防止急冷急热而过早地断裂。其余部分均用硅砖，以保持炉顶的整体性及严密性。

（5）炉顶装煤孔和上升管孔的座砖上加铁箍。炉头先砌并设灌浆孔，以使炉顶更为严密。炉顶由焦炉中心线至机、焦两侧炉头有 50mm 的坡度，以便排水。焦炉中心线处的炉顶厚度为 1250mm，机焦侧端部的炉顶厚度为 1200mm。各种 JN60 型焦炉中也有蓄热室分格下调式焦炉。

（6）JN 捣固焦炉。我国设计并已投产的捣固焦炉有炭化室高 3.2m、3.8m、4.3m 和 5.5m 四种。这四种焦炉均为双联火道废气循环下喷式焦炉，前两者炭化室宽 460mm，后两者炭化室宽为 500mm，炭化室锥度均为 10mm。捣固焦炉炭化室墙面第一层砖厚到 120mm，炉顶设上升管孔供排出荒煤气用，炉顶还设有排气孔供与消烟车对接以排出装煤烟气或供补充加煤用。

3.6.3.2 ПВР 型焦炉

我国在 20 世纪 50 年代初引进苏联 ПВР 式焦炉，建有多座。我国所建的 ПВР 型焦炉炭化室高 4.3m、长 14080mm、宽 407mm。ПВР 型焦炉结构特点是双联火道、废气循环、富煤气侧入。每个炭化室（或燃烧室）下有两个宽度相同的蓄热室。在每个燃烧室下方的两个蓄热室中，气流流动方向相同。每个燃烧室与其正下方两个蓄热室相连的斜道短，与两侧燃烧室下方蓄热室相连的斜道长。每个燃烧室在机侧和焦侧各有两个横砖煤气道，分别与该燃烧室中的单号立火道和双号立火道相通。每个立火道底部有两个斜道口和一个富煤气烧嘴。斜道口设有调节砖，以调节进入立火道的空气量或贫煤气量，更换不同孔径的烧嘴，可以调节进入立火道的富煤气量。每个燃烧室由若干个立火道组成，每两个立火道为一组。每对立火道隔墙上有跨越孔，下部有废气循环孔。燃烧室上部的炉顶区有烘炉水平道。

3.6.3.3 新日铁 M 型焦炉

新日铁 M 型焦炉炭化室高有 5.5m、6m、6.5m 等不同型号。我国宝钢所建新日铁 M 型焦炉炭化室高 6m、宽 450mm、长 15700mm。其炉体结构特点是沿高向分段加热，蓄热室分格，空气和贫煤气全下喷式供入。蓄热室沿机焦侧长向分为 16 格，其中两端各 1 个小格，中部 14 个大格，每格对应两个立火道，贫煤气和空气相间配置。在正常情况下，空气由管道强制送入分格蓄热室（送风机出故障时则由交换开闭器的风门吸入）。富煤气下喷供入炉内。每个蓄热室下有两个小烟道，一个与煤气蓄热室相连，另一个与空气蓄热室相连。小烟道在机、焦侧相通无中心隔墙。小烟道顶无箅子砖，当用自然风供给空气时，无法调节沿焦炉机、焦侧长向的空气分配。M 型焦炉蓄热室与两个燃烧室连通的斜道长度相等，阻力相同，便于炉内温度和压力制度的管理。燃烧室除边火道设置焦炉煤气低灯头外，其余各火道从机侧起高低灯头相间排列。高低灯头均竖立在立火道中央，四面不靠立火道墙。沿燃烧室长向的每个立火道隔墙中都有两个孔道，一个处于上升气流，另一个处于下降气流，每个孔道在不同高度上各开两个孔，与上升或下降气流立火道相通。用贫煤气加热时，贫煤气和空气由立火道底斜道口和立火道隔墙孔道的两个孔喷出，构成三段加热。用富煤气加热时，富煤气由高低灯头喷出，空气由斜道口和立火道隔墙孔道的两个孔喷出而构成三段加热。三段加热可拉长火焰，但炉体结构复杂，仅燃烧室部分用的异型砖就多达 529 种。炭化室下部墙厚 120mm，上部炉墙厚 100mm。炉头为咬缝结构，炉头肩部用黏土砖砌筑。

新日铁 M 型焦炉用贫煤气加热时，贫煤气经下喷管进入单数蓄热室的煤气小格，空气经空气下喷管进入单数蓄热室的空气小格，预热后进入与该蓄热室相连接的燃烧室的单数火道（从焦侧向机侧排列）燃烧。燃烧后的废气经跨越孔从与单数火道相连的双数立火道下降，经双数蓄热室各小格进入双数交换开闭器，再经分烟道、总烟道，最后从烟囱进入大气。换向后，气流方向相反。

用焦炉煤气加热时，对于第一种换向状态，焦炉煤气由焦炉煤气下喷管经垂直砖煤气道进入各燃烧室的单数火道，空气经单数交换开闭器上的风门进入单数蓄热室的各小格，预热后进入与该蓄热室相连接的燃烧室的单数立火道，与煤气相遇燃烧，燃烧产生的废气流动途径与贫煤气加热时相同。新日铁 M 型焦炉与我国 JN43 型焦炉不同，它是采用同位燃烧方式，而 JN43 型焦炉是相间燃烧方式。

3.7 焦炉三班操作

炼焦三班操作包括装煤、推焦、熄焦和筛焦。

装煤：装煤包括装煤车从煤塔取煤和装煤车往炉内装煤。

推焦：焦饼在炭化室加热到规定的结焦时间，焦饼中心温度达950~1050℃后，会产生一定的收缩，即可推焦。推焦是把成熟的焦炭推出炭化室的操作。

熄焦：熄焦是将赤热焦炭（950~1050℃）冷却到便于运输和储存温度（250℃以下）的操作过程。熄焦可分为湿法熄焦和干法熄焦两类。低水分熄焦作为湿法熄焦的一种，也开始广泛使用。

3.7.1 湿法熄焦

湿法熄焦是直接向红焦洒水将其熄灭至常温状态。整个操作分为接焦、熄焦、晾焦三个过程。

（1）接焦过程：熄焦车在出炉号对位时，来回移动一次，确认与拦焦车导焦槽对好后，才允许发送推焦信号。接焦前，熄焦车放焦闸门要紧闭，启闭风压不应低于0.4MPa。接焦时行车速度应与推焦速度相适应，使焦炭在车内均匀分布，便于均匀熄焦，防止红焦落地。

（2）熄焦过程：接焦完毕，熄焦车迅速将车开往熄焦塔内进行熄焦，接近熄焦塔时，车应减速，启动熄焦水泵开关，熄焦水喷出后，前后活动车身，均匀熄焦。

（3）晾焦过程：熄焦水泵停止喷水后，稍等片刻沥水，然后将熄焦车开到晾焦台，打开放焦闸门按顺序放焦，使焦炭晾焦时间大致相同。

熄焦后的焦炭卸在晾焦台上，停留30~40min，使水分蒸发并继续冷却。尚未熄灭的红焦应用水熄灭。

放焦有人工放焦和机械化放焦两种。现多采用机械化放焦。

3.7.2 干法熄焦

干熄焦起源于瑞士，从20年代到40年代开始研究开发干熄焦技术，进入60年代，实现了连续稳定生产，并逐步向大型化、自动化和低能耗方向发展。

干法熄焦是利用冷的惰性气体（燃烧后的废气），在干熄炉中与赤热红焦换热从而冷却红焦。吸收了红焦热量的惰性气体将热量传给干熄焦锅炉产生蒸汽，被冷却的惰性气体再由循环风机鼓入干熄炉冷却红焦。干熄焦锅炉产生的中压（或高压）蒸汽用于发电。

干法熄焦工艺流程比较复杂（图3-14），从炭化室中推出的950~1050℃的红焦经过拦焦机的导焦栅落入运载车上的焦罐内，运载车由电机车牵引至干熄焦装置提升机井架底部（干熄炉与焦炉炉组平行布置时需通过横移牵引装置将焦罐牵引至干熄焦装置提升机井架底部），由提升机将焦罐提升至井架顶部，再平移到干熄炉炉项。焦罐中的焦炭通过炉顶装入装置装入干熄炉。在干熄炉中，焦炭与惰性气体直接进行热交换，冷却至250℃以下。冷却后的焦炭经排焦装置卸到胶带输送机上，送筛焦系统。

180℃的冷惰性气体由循环风机通过干熄炉底的供气装置鼓入炉内，与红焦炭进行热交换，出干熄炉的热惰性气体温度约为850~980℃。热惰性气体夹带大量的焦粉经一次除尘器进行沉降，气体含尘量降到10g/m³以下，进入干熄焦锅炉换热，在这里惰性气体温度降至200℃以下。冷惰性气体由锅炉出来，经二次除尘器，含尘量降到1g/m³以下后由循环风机送入干熄炉循环使用。锅炉产生的蒸汽或并入厂内蒸汽管网或送去发电。

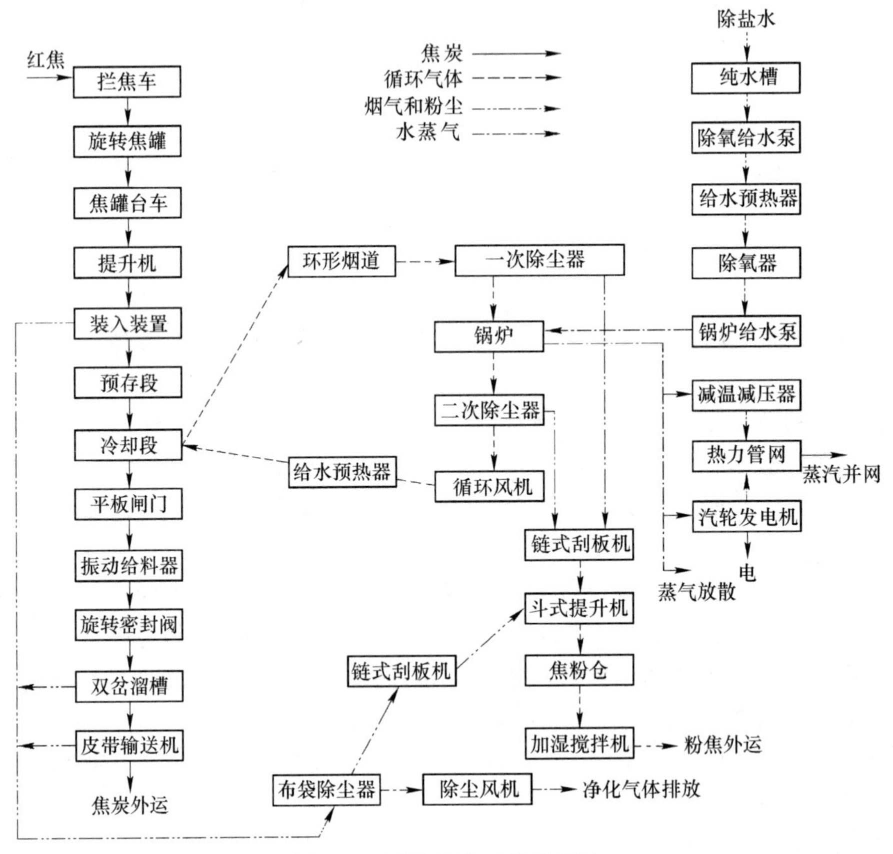

图3-14 干法熄焦工艺流程图

干熄焦的特点如下：

（1）回收红焦显热。出炉红焦的显热约占焦炉能耗的35%~40%，这部分能量相当于炼焦煤能量的5%。采用干熄焦可回收约80%的红焦显热，平均每熄1t焦炭可回收3.9MPa、450℃蒸汽0.45t，发达国家可产0.6t左右。

（2）减少环境污染。干熄焦的这个优点体现在四个方面：

1）炼焦车间采用湿法熄焦，每熄1t红焦炭就要将0.5t含有大量酚、氰化物、硫化物及粉尘的蒸汽抛向天空，这部分污染占炼焦对环境污染的三分之一。干熄焦则是利用惰性气体，在密闭系统中将红焦熄灭，并配备良好的除尘设施，基本上不污染环境。

2）由于干熄焦能够产生蒸汽（5~6t蒸汽需要1t动力煤），并可用于发电，可以避免生产相同数量蒸汽的锅炉对大气的污染，尤其减少了SO_2、CO_2向大气的排放。对规模为100万吨/年焦化厂而言，采用干熄焦，每年可以减少8万~10万吨动力煤燃烧对大气的污染。

3）改善焦炭质量。干熄焦与湿熄焦相比，焦炭M_{40}提高3%~8%，M_{10}改善0.3%~

0.8%。国际上公认：大型高炉采用干熄焦焦炭可使其焦比降低2%，使高炉生产能力提高1%。

在保持原焦炭质量不变的条件下，采用干熄焦可以降低强黏结性的焦煤、肥煤配入量10%~20%，有利于保护资源，降低炼焦成本。

4）投资和能耗较高。干熄焦与湿熄焦相比，确实存在着投资高及本身能耗高的问题，这是制约干熄焦技术发展的主要因素，也是一直想解决的问题。

3.7.3 低水分熄焦

低水分熄焦工艺是国外开发的一种熄焦新技术，可以替代目前在工业上广泛使用的常规喷淋式湿熄焦方式，它以能够控制熄焦后的焦炭水分，从而得到水分较低且含水量相对稳定的焦炭而得名。

在低水分熄焦过程中，熄焦水先以正常流量的40%~50%喷洒到熄焦车内红焦上（约10~20s）以冷却顶层的红焦，之后熄焦水以正常水量呈柱状水流喷射到焦炭层上，大量的水流迅速穿过焦炭层到达熄焦车倾斜底板。水流在穿过红焦层时产生的蒸汽快速膨胀并向上流动通过焦炭层，由下至上地对车内焦炭进行熄焦。根据单炉焦炭量和控制水分的不同，整个熄焦过程约需50~90s。熄焦后焦炭的水分可控制在2%~4%。

低水分熄焦工艺一般采用高位水槽供水，这样可使每次熄焦的供水压力和供水量都保持恒定，达到均匀熄焦和保持焦炭水分稳定的目的。

低水分熄焦工艺适合于采用一点定位的熄焦车。一点定位熄焦车的优点在于焦炭在熄焦车厢内的分布和焦炭表面的轮廓对每炉焦炭都是一样的，这样可以通过调节熄焦水的流量及其分布获得含水量更低的焦炭。低水分熄焦工艺已成功地将一点定位熄焦车内厚度高达2.4m的焦炭层均匀熄灭并将熄焦后的焦炭水分控制在2%以下，常规的喷洒熄焦工艺对于较厚的焦炭层不可能达到这样的效果。

低水分熄焦工艺在熄焦过程中，焦炭处于沸腾状态，因而对焦炭具有一定的整粒作用。在熄焦末期，焦炭层表面几乎是水平的。

低水分熄焦工艺特别适用于原有湿熄焦系统的改造。经特殊设计的喷嘴可按最适合原有熄焦塔的方式排列。管道系统由标准管道及管件构成，可安装在原有熄焦塔内。在采用一点定位熄焦车有困难的情况下，也可沿用传统的多点定位熄焦车，但获得的焦炭水分将比一点定位熄焦车略高约0.5%。

3.7.4 稳定熄焦

稳定熄焦是德国发明的一种湿法熄焦工艺，适用于用一点定位熄焦车，在熄焦过程中焦炭处于沸腾状态，可通过控制熄焦水的喷洒量与喷洒时间从而将焦炭的水分控制在3%~3.5%的范围内，与低水分熄焦有异曲同工之处，所不同的是熄焦车的结构和熄焦水与焦炭层的接触方式。

稳定熄焦采用的一点定位熄焦车的盛焦装置为一不漏水的方形罐体，悬空内衬的耐磨板在罐体的斜底与耐磨板间形成一夹层空间，设在斜底下端放焦口的挡板为内外两层，内层挡板用于将焦炭挡在罐体内，外层挡板则与罐体的外壳间形成密封防止熄焦过程中熄焦水外泄。在罐体的外部两端各设有一个与罐底夹层相通的注水口。

在熄焦过程中，大量的熄焦水从两个注水口直接注入罐底夹层内，并通过内衬耐磨板上均匀排列的开口进入焦炭层底部，与红焦接触后产生的大量蒸汽由下而上穿过焦炭层将焦炭熄灭。仅在熄焦刚开始时，设在熄焦塔内位于焦罐上方的喷洒管喷洒少量的水，用于熄灭顶层焦炭。熄焦时间和熄焦水流量均可在控制室内调节。

稳定熄焦工艺在我国尚无成功应用。

3.7.5 筛焦

不同用户对焦炭块度有不同的要求。60~80mm：用于铸造；40~60mm：用于大型高炉；25~40mm：用于高炉、耐火竖窑；10~25mm：用于烧结机燃料、小高炉、发生炉；5~10mm：用于铁合金；0~5mm：用于烧结。

为了适应不同用户的要求，必须将焦炭通过筛分进行分级。

我国钢铁企业的焦化厂，习惯上以大于25mm的焦炭产量计算冶金焦率。现代大型高炉要求焦炭粒度均匀，因此需用切焦机把大于要求粒度的焦块破碎成较小粒度的焦炭，这种工艺称为焦炭整粒。整粒后的焦炭，提高了焦炭强度和均匀性，有利于改善高炉料的透气性，降低焦比。

筛分后的焦炭，用胶带机直接送往用户或进焦仓装车外运。为应对高炉大修及市场异常情况，大型焦化厂、独立焦化厂和商品焦多的焦化厂还应设储焦场。

3.8 炼焦新技术简介

世界炼焦工业近几十年来取得了长足发展。大容积焦炉、捣固焦炉、干法熄焦等开发较早的先进工艺技术在工业化实际生产运行中日臻完善；日本的型焦工艺、德国的巨型炼焦反应器、美国的无回收焦炉、苏联的立式连续层状炼焦工艺等近30年来开发的新工艺、新技术则加快了工业化进程。

我国炼焦工业近30余年发展较快：以宝钢二期工程6m焦炉为代表的中国焦炉技术，达到国际水平；捣固焦技术及装置、干熄焦技术、配型煤炼焦技术正在加快推广；铸造型焦和热压型焦装置已建成，可以说与国际先进水平的差距正逐渐缩小。

3.8.1 无回收焦炉

针对传统的焦炉煤气处理及回收装置环保控制费用较高等问题，美国和澳大利亚在20世纪80年代后期相继推出了新设计的无回收焦炉，将废热用于生产蒸汽和发电。

无回收焦炉的优点如下：

(1) 炼焦工艺流程简单，设计和基建投资费用低；

(2) 取消煤气回收装置，不会产生焦油和酚水等污染物，环保有所改善；

(3) 负压操作，解决了炉门漏气，使其废物放散能降到最低水平；

(4) 废热得到利用送去发电。

美国弗吉尼亚州的Jewell Thompson焦炉（图3-15）内，煤层高约0.6m，长不足14m，宽不到4m，有效容积约30m^3。在Jewell Thompson焦炉基础上，美国阳光煤业公司经过逐步改进而设计的年产焦炭55万吨（已投产）焦炉尺寸为：宽3.7m，高4.6m，长

13.7m。澳大利亚的堪培拉煤焦公司在东澳大利亚两个厂建成年产焦炭 24 万吨的焦炉。1997 年 1 月 14 日开始在美国内陆钢铁公司的印第安纳哈博钢厂兴建一座年产焦炭 133 万吨的炼焦和发电联合工厂，炼焦部分由 4 座共 268 孔无回收焦炉组成。

从炼焦生产的普遍规律和无回收焦炉生产特点出发，无回收焦炉存在如下几个主要问题：

（1）煤耗高，炼焦煤煤源变窄。由于炉顶空间很大，煤在塑性阶段能自由膨胀，造成炉子上部焦炭结构疏松、质量差。这需要用挥发分低、结焦性好的煤料消除这种影响。

（2）部分煤和焦炭被烧损，成焦率下降。

（3）无回收焦炉仍有大气污染。

（4）加热控制手段简单，焦炭的均匀性差。

（5）炉龄短，维修量大。

（6）所产蒸汽和电能的出路也是需要考虑的问题。

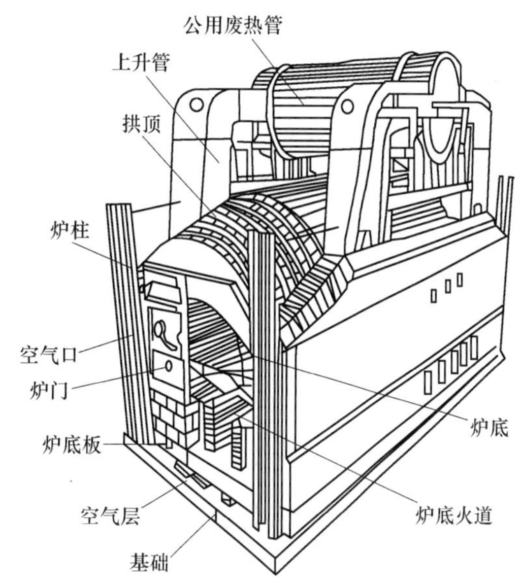

图 3-15　Jewell Thompson 无回收焦炉

3.8.2　大容积焦炉

近年来，国外焦化企业主要技改途径是用现代化的大容积焦炉取代老损焦炉。

德国考伯斯公司为曼内斯曼焦化厂建造了有效容积 70m^3 的大容积焦炉，炭化室高 7.85m，宽 0.55m，长 18m。

鲁尔煤业公司的凯泽斯图尔焦化厂投资 12 亿马克，历经 5 年设计建成煤处理量 7700t/d，有效容积 78.9m^3 的 200 万吨/年大容积焦炉，炉宽 0.61m，高 7.63m，长 18.8m，并配备一套世界上最大干熄焦装置，焦炭处理能力 250t/h。该座焦炉由于炭化室加宽，适应煤种较多，且推焦次数减少，污染降低。

从环保角度出发，德国提出了建设有效容积 225m^3 的超大炭化室设想：长 25m，高 12.5m，宽 0.85m。据有关资料估算，焦炉炭化室高度由 4.3m 提高到 6m、6.5m、7m，其生产能力可分别提高 60%、80% 和 100%。我国 5.0m、5.5m、6m 高的焦炉运行多年，已经商业化，高 8m 焦炉建立了 3 孔试验炉。独联体国家正在设计的大容积焦炉，炭化室容积达 62.4m^3（高 7.4m，宽 0.5m，长 18.74m）。

大容积焦炉存在的问题有：美国的大容积焦炉都出现了砌体过早损坏的现象，美国黑色冶金设计院确定炭化室高 6m 及以上焦炉平均使用寿命为 15 年；炭化室高 7m 的焦炉必须供应配煤组成较好的煤料，以保护砌体和保证正常生产操作；大容积焦炉不适用于煤预热，美国及英国钢铁公司的雷德卡尔冶金厂也证实了这一点。显然，大容积焦炉在各方面要求都比常规炭化室焦炉要高。

【**本章小结**】本章根据焦炭在炼铁过程中的四种作用：热源、料柱骨架、还原剂、渗碳的碳源，指出了高炉对焦炭的要求是：含碳高；强度好，有一定的块度且块度均匀；有合适的反应性；灰分和杂质低。介绍了冶金焦炭性能、质量指标及标准。对煤的成因、性质及分类，选煤原理和方法，配煤炼焦原理和方法，炼焦工艺过程与操作、焦炉炉体结构和炉型等内容进行了阐述。最后对炼焦技术和工艺的最新发展趋势进行了评述。

本章需要掌握的重点是：焦炭在炼铁过程中的四种作用及对应的冶金焦炭性能、质量指标，如抗碎强度指标 M_{25}(或 M_{40})、耐磨强度指标 M_{10}、焦炭反应性（*CRI*）、反应后强度（*CSR*）等要有量化的概念；了解焦炉本体和附属设备的种类和用途；理解炼焦煤在焦炉内形成焦炭过程及影响因素。

思考题

1. 按成煤植物的不同，煤可以划分为几大类，其主要特征有何不同？
2. 为什么要选煤，通过选煤可以得到哪些产品和副产品？
3. 煤的黏结性与结焦性概念有何异同？
4. 为何要进行煤的分类，煤的分类指标有哪几类？
5. 中国炼焦煤的煤种分布有什么特点？
6. 什么是煤的胶质体，其来源是什么？
7. 炼焦煤在焦炉内是如何形成焦炭的？
8. 影响焦炭质量的因素有哪些，它们如何影响？
9. 焦炭在炼铁过程中作用是什么？
10. 高炉对焦炭的要求有哪些？
11. 什么是焦炭的抗碎强度指标 M_{25}（或 M_{40}）和耐磨强度指标 M_{10}？
12. 什么是焦炭反应性指数（*CRI*）、反应后强度（*CSR*）？
13. 干熄焦的特点有哪些？

参考文献

[1] 虞继舜．煤化学［M］．北京：冶金工业出版社，2000.
[2] 吴寿培．采煤选煤概论［M］．北京：煤炭工业出版社，1992.
[3] 吴式瑜，岳胜云．选煤基本知识［M］．北京：煤炭工业出版社，2003.
[4] 郭树才．煤化学工程［M］．北京：冶金工业出版社，1991.
[5] 于振东，蔡承祐．焦炉生产技术［M］．沈阳：辽宁科学技术出版社，2003.

4 铁矿粉造块

【本章要点提示】 本章主要介绍铁矿石的分类及各种铁矿石的特点，铁矿粉造块的目的和意义，铁矿粉造块方法和工艺流程；对铁矿石烧结重点介绍烧结矿分类、烧结设备、烧结工艺流程、烧结生产技术经济指标、烧结矿质量评价；球团矿生产部分重点介绍竖炉生产球团矿的流程及主要设备，链箅机—回转窑生产球团矿的流程。

4.1 概　　述

自然界中存在的铁矿石，按矿物组成大致可分为：磁铁矿、赤铁矿、褐铁矿和菱铁矿等。

（1）磁铁矿：主要含铁矿物为 Fe_3O_4，化学式也可写成 $Fe_2O_3 \cdot FeO$，理论含铁量72.4%。由于受地表水和大气的氧化作用，部分磁铁矿已氧化成赤铁矿，但这部分赤铁矿仍保留了原来的磁铁矿结晶形态，所以称为假象赤铁矿。一般当 $TFe/FeO<3.5$ 时称为磁铁矿，当 $TFe/FeO>7.0$ 时称为假象赤铁矿，介于两者之间称为半假象赤铁矿。磁铁矿比较致密，外观和条痕（在无釉白色瓷板上擦划后留下的粉末痕迹）均为铁黑色。

（2）赤铁矿：主要矿物为 Fe_2O_3，理论含铁量70%。这种矿石在自然界中常形成巨大的矿床，其储藏量和开采量都占首位，是一种比较优良的炼铁原料。赤铁矿有原生的（称原生赤铁矿），也有再生的（称假象赤铁矿）。

具有金属光泽的结晶态片状赤铁矿称为镜铁矿。自然界中结晶态赤铁矿比较少见。结晶态的赤铁矿呈铁黑色或钢灰色，非结晶态赤铁矿呈红色或暗红色，但无论是哪种形态的赤铁矿，其条痕均为砖红色。

（3）褐铁矿：褐铁矿是含结晶水的氧化铁矿，其化学式为 $nFe_2O_3 \cdot mH_2O$，但绝大部分含铁矿物是以 $2Fe_2O_3 \cdot 3H_2O$ 形式存在。褐铁矿理论含铁量随矿物中结晶水含量的不同变化在55%~66%。褐铁矿呈浅褐色，也有呈深褐色或黑色，条痕为褐色。

（4）菱铁矿：菱铁矿为碳酸盐铁矿石，化学式为 $FeCO_3$，理论含铁量48.3%，受热分解析出 CO_2，自然界中有工业开采价值的菱铁矿很少。

按含铁量（也称含铁品位）高低分类，铁矿石可分为富矿（实际含铁品位大于理论品位的70%时）和贫矿（实际含铁品位低于理论品位的70%时）。在生产中通常把粒度为10~45mm的富矿称为块矿，块矿可以直接加入高炉炼铁；把粒度小于8~10mm的富矿粉称为粉矿。贫矿因其品位低，脉石（主要是 SiO_2、Al_2O_3等）含量高，必须经过选矿（细磨后磁选或浮选）以提高其品位。选矿后的产品称为精矿。由于选矿前必须将矿石破碎、细磨至氧化铁晶粒与脉石分离的粒度（称为单体分离），因此，精矿的粒度很细，一般

-0.074mm（-200 目）可达到 50%～90%。

为了保障高炉稳定顺行、降低焦比、提高生产效率，目前大中型高炉炼铁生产使用的含铁物料主要是品位高于 55%的块状铁矿石（烧结矿、球团矿和富块矿）。钢铁生产中的烧结和球团工艺统称为铁矿石造块。烧结矿是将不能直接加入高炉冶炼的粉矿、精矿、二次含铁粉尘与石灰石、白云石等熔剂和燃料（焦粉、无烟煤粉）混合均匀后经烧结机烧结，得到具有一定粒度组成的人造富矿。球团矿是由铁精矿粉加黏结剂（膨润土或消石灰）经混匀、造球、干燥和焙烧固结后得到的粒度均匀（9～16mm）的球形人造富矿。

4.2 铁矿粉混匀作业

在生产烧结矿的含铁物料中，精矿粉和粉矿占 90%以上。对大多数钢铁生产企业来说，采购的精矿粉和粉矿可能来自不同国家的多个矿业公司，其初始化学成分和颗粒组成往往波动很大。铁矿粉混匀的目的是均匀同一种铁矿粉或不同种类铁矿粉之间的化学成分（主要是 TFe 和 SiO_2）和粒度组成，使各种铁矿粉按烧结配料要求在原料场混匀，得到混匀矿（简称匀矿）。匀矿成分中，TFe 波动可降低到±0.5%～0.3%，SiO_2 波动降低到±0.05%，从而使烧结矿化学成分稳定，以稳定高炉操作，达到增产、节焦、长寿的目的。根据大高炉生产经验，烧结矿品位波动从 1.0%降至 0.5%，高炉产量提高 1.5%～2.0%，焦比降低 1.0%～1.5%。

（1）一次料场：外来铁矿粉经过卸船机或翻车机卸下后由皮带机转运，用如图 4-1 所示的堆取料机堆放在一次料场的指定地点，分类存放，并取样分析化学成分和粒度组成，为匀矿配矿提供准确数据。

图 4-1 一次料场斗轮式堆取料机

（2）混匀配料槽：混匀配料槽的作用是实现各种被混匀的铁矿粉按匀矿成分要求的比例配料。混匀配料槽的关键设备是槽下的定量给料装置。每个配料槽有一台圆盘给料机和一条称量皮带运输机，带有反馈系统的电子秤灵敏地发出信号，以调节圆盘机的变速电机，实现准确配料。

（3）混匀料场：混匀料场是进行混匀作业的场地。混匀料场至少有两条堆场，一条正在堆料，另一条正在取料，由轮式堆料机和混匀矿取料机轮换作业。

每个混匀配料槽输出的原料经皮带机运输至混匀料场，由堆料机把铁矿粉逐层平铺在混匀料场上（图 4-2）。混合料层堆积的层数越多，则混匀效率越高。

图 4-2 混匀料场堆料作业

混匀料场的储存能力一般为烧结厂 7~10 天的匀矿需要量。如图 4-3 所示，混匀矿取料机垂直切取料堆，由皮带运输机送往烧结厂配料车间。

图 4-3 混匀料场取料作业

4.3 铁矿石烧结生产

4.3.1 烧结矿生产使用的原材料

烧结生产使用的原材料包括含铁物料、熔剂和燃料。烧结生产使用的含铁物料包括：（1）精矿粉匀矿（-0.074mm 占 50%~90%）；（2）粉矿和破碎粉（热爆裂性较差的富块矿、碳酸铁矿和含结晶水较高的褐铁矿等需要破碎成粉矿进行烧结）匀矿；（3）钢铁厂二次含铁粉尘（高炉除尘灰、轧钢皮、转炉尘泥等）。

烧结生产使用的熔剂主要有消石灰、石灰石粉、白云石粉、蛇纹石粉等，主要用来调节烧结矿碱度（$R=CaO/SiO_2$）和 MgO 含量。

烧结生产使用的燃料是焦粉和无烟煤粉，其作用是通过焦粉或煤粉的燃烧，在烧结料层中产生一定量的液相，将粉状烧结混合料黏结成块。

4.3.2 烧结矿种类

（1）非熔剂性烧结矿（酸性烧结矿、低碱度烧结矿）：烧结配料中不加熔剂或只加少量熔剂，烧结矿的碱度 $R<0.5$。高炉用酸性烧结矿时需要大量加石灰石。

（2）自熔性烧结矿：烧结混合料中添加较多数量的熔剂，使烧结矿碱度控制在 $R=1.0\sim1.3$。高炉使用自熔性烧结矿时可不加或只加少量石灰石。

（3）高碱度烧结矿：烧结混合料中加入过量熔剂，使烧结矿碱度远高于正常高炉渣碱度。高碱度烧结矿的碱度 R 通常为 1.6~2.5，其高低决定于：1）高炉中球团矿和块矿等酸性炉料的入炉比例；2）烧结矿本身的冶金性能。

目前，大、中型高炉炼铁生产基本上都使用高碱度烧结矿+酸性球团矿+块矿或高碱度烧结矿+酸性球团矿的炉料结构。

4.3.3 烧结机结构

烧结矿生产有鼓风烧结和抽风烧结两种方法，但目前大量采用的是带式抽风烧结法。烧结机的大小（或生产能力）可用烧结机的有效烧结面积表示，如 $90m^2$、$130m^2$、$290m^2$ 和 $450m^2$ 等。图 4-4 为带式抽风烧结机结构示意图，图 4-5 为正在生产中的带式抽风烧结机。

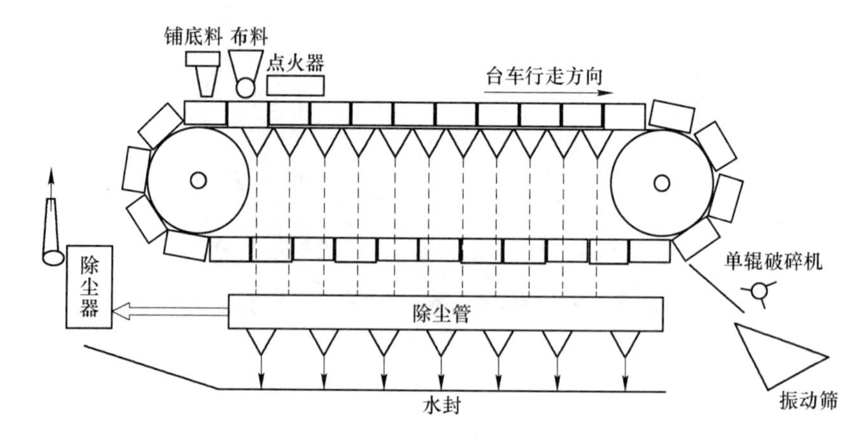

图 4-4 带式抽风烧结机示意图

图 4-5 $400m^2$带式抽风烧结机

带式抽风烧结机由铺底料机、布料器、点火器、行走台车、传动装置、风箱、破碎机、振动筛、降尘管、除尘器、抽风机等组成。

（1）铺底料机：将整粒系统筛出的12~25mm的烧结矿粒布到烧结台车的炉箅上。铺设底料后，台车箅条烧坏明显减少，抽出的灰尘量也明显减少，并改善烧结料层的透气性，减轻料层底部过湿层对烧结矿质量和烧结机产量的影响。

（2）布料器：将烧结混合料均匀地布到台车上，要求料层高度均匀，并尽量减少粒度偏析。现在大多采用辊式布料器布料。

（3）点火器：利用混合煤气燃烧的火焰点燃混合料中的燃料（焦粉或无烟煤粉），使其燃烧，并在下部风箱抽风负压的作用下逐层向下燃烧。点火温度一般控制在1150℃左右。

（4）烧结台车：单个烧结台车如图4-6所示，烧结机由数十个台车连接而成。烧结机有效抽风面积是台车宽度与烧结机有效长度的乘积。台车由车架、拦板、走轮、箅条和活动滑板组成。台车材质为铸钢或球墨铸铁，箅条材质为耐热合金。箅条间有效抽风面积占台车面积的12%~15%。

图4-6 烧结台车

（5）风箱：风箱安装在台车正下方，并用管道与降尘管（大烟道）相连。降尘管兼有集气和除尘作用。在降尘管内废气流速下降，并改变流向，大颗粒灰尘在重力和惯性力作用下与废气分离。

（6）除尘器：由降尘管排出的废气经电除尘器进一步除尘后才能由抽风机排放。

（7）剪切式单辊破碎机和振动筛：剪切式单辊破碎机作为一次破碎设备，用来破碎从台车上卸下的热烧结块。破碎的烧结块经热振动筛筛除-5mm的粉末。筛下物作为一次热返矿送入一次圆筒混料机。

（8）烧结矿冷却设备：烧结矿从热振动筛卸出时温度高达600~1000℃，需要经过冷却才能进行整粒和皮带运输至高炉矿槽。常见的烧结矿冷却设备有带式抽风冷却机和环形鼓风冷却机（图4-7）。

4.3.4 烧结生产工艺流程

烧结生产工艺流程如图4-8所示。

4.3.4.1 配料与混料

将铁矿粉（精矿、粉矿）匀矿，以及颗粒尺寸符合要求的其他含铁原料、熔剂、燃料等输送到各自的配料槽，通过皮带电子秤将各种原料按预定比例配料，并送入配料主皮带。主皮带上的原料经过转运进入圆筒混料机进行混料作业。

图 4-7 武钢三烧 396m²环形鼓风冷却机

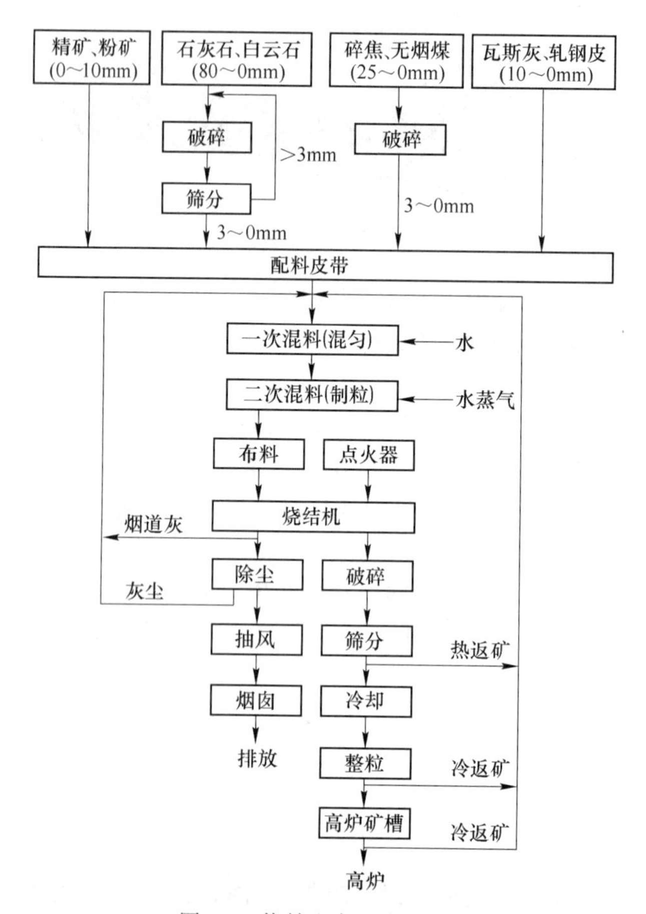

图 4-8 烧结生产工艺流程

混料作业由如图 4-9 所示的圆筒混料机完成。混料作业分一次混料和二次混料，一次混料主要起均匀成分作用，二次混料主要作用是制粒和提高料温。通过混料作业，一方面将不同成分的烧结原料变成成分均匀的烧结混合料；另一方面将粉状物料制成 ϕ3~5mm 的松散料球，以保证烧结时烧结料层具有良好的透气性。二次混料筒混料时通入蒸汽的目的是将混合料温度提高到烧结条件下料层的露点温度以上，以避免烧结料层下部水蒸气凝结造成过湿。

图 4-9　圆筒混料机

4.3.4.2　布料

布料器安装在烧结机头部（图 4-4），在布料器前面是铺底料机。烧结混合料布入台车之前，先用铺底料机在台车箅条上铺一层烧结矿返矿。底料铺好后，通过布料器将烧结混合料均匀布入烧结台车内。根据料层透气性和抽风负压的大小，台车上料层厚度可达到 500~800mm。

4.3.4.3　点火与烧结

点火器内煤气燃烧产生的高温将上部料层中的燃料点燃，并产生热量。在台车下风箱抽风产生的负压作用下，热量向下传递，使下部料层逐渐升温、燃烧，形成如图 4-10 和图 4-11 所示的料层分布和温度分布。

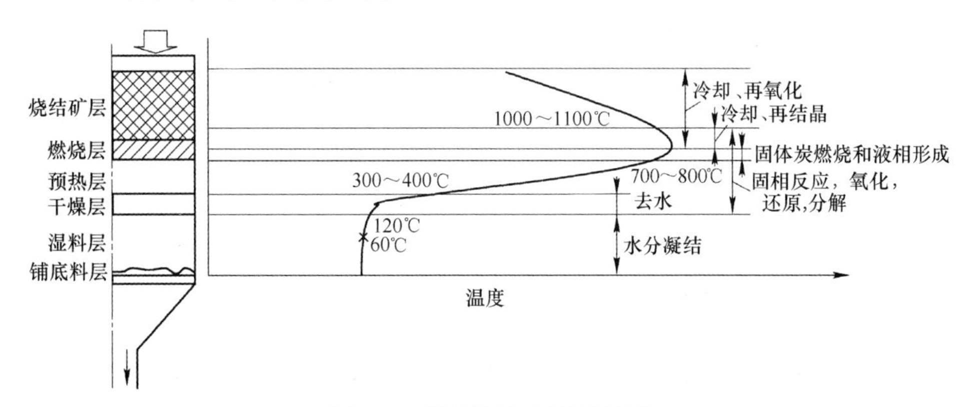

图 4-10　抽风烧结过程料层结构

从烧结料层横截面看（图 4-10），可以把整个烧结料层从上向下分为烧结矿层、燃烧层、预热层、干燥层和湿料层。最高温度在燃烧层中部，可达到 1250~1350℃，高温持续时间约 1~1.5min。在烧结混合料中，燃料的质量比仅占 5%~7%，体积比约占 10%。因此，每个燃料颗粒周围被大量矿粉和熔剂包围。在燃烧层内，燃料颗粒燃烧产生的高温使

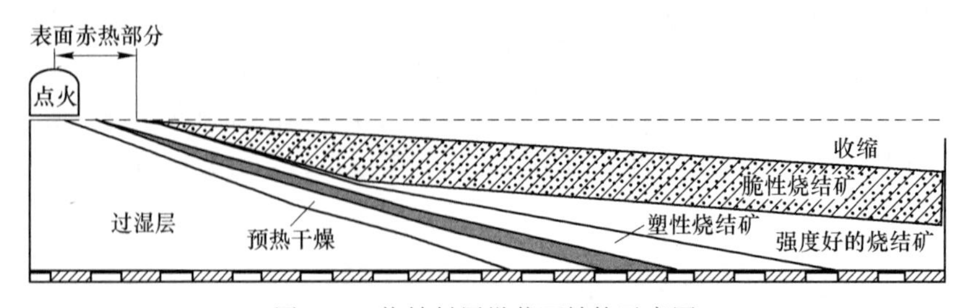

图 4-11 烧结料层纵截面结构示意图

周围物料熔融，形成液相。由于液相的浸润作用，将周围未熔化的矿粒黏结起来。在冷却时液相中的矿物结晶，或形成玻璃质（冷却速度较快时），而将全部烧结料结合成块。

燃烧层下面是预热层，从上面抽入的高温废气将料层预热到燃料的着火点（700～800℃）。在高温作用下，料层内发生分解、氧化、脱硫反应，以及不同矿物间的固相反应：

分解反应：
$$CaCO_3 \cdot MgCO_3 = CaO + MgO + 2CO_2 \qquad (4\text{-}1)$$
$$2FeCO_3 + 1/2O_2 = Fe_2O_3 + 2CO_2 \qquad (4\text{-}2)$$
$$2Fe_2O_3 \cdot 3H_2O = 2Fe_2O_3 + 3H_2O \qquad (4\text{-}3)$$
氧化反应：
$$2Fe_3O_4 + 1/2O_2 = 3Fe_2O_3 \qquad (4\text{-}4)$$
$$3FeO + 1/2O_2 = Fe_3O_4 \qquad (4\text{-}5)$$
脱硫反应：
$$2FeS_2 + 11/2O_2 = Fe_2O_3 + 4SO_2 \qquad (4\text{-}6)$$
$$2FeS + 7/2O_2 = Fe_2O_3 + 2SO_2 \qquad (4\text{-}7)$$
固相反应：
$$2Fe_3O_4 + SiO_2 = 2FeO \cdot SiO_2 + 2Fe_2O_3 \qquad (4\text{-}8)$$
$$CaO + Fe_2O_3 = CaO \cdot Fe_2O_3 \qquad (4\text{-}9)$$
$$2CaO + Fe_2O_3 = 2CaO \cdot Fe_2O_3 \qquad (4\text{-}10)$$
$$2CaO + SiO_2 = 2CaO \cdot SiO_2 \qquad (4\text{-}11)$$
$$2MgO + SiO_2 = 2MgO \cdot SiO_2 \qquad (4\text{-}12)$$
$$2CaO + FeO + SiO_2 = 2CaO \cdot FeO \cdot SiO_2 \qquad (4\text{-}13)$$
$$CaO + MgO + SiO_2 = CaO \cdot MgO \cdot SiO_2 \qquad (4\text{-}14)$$

氧化物矿物（Fe_2O_3、Fe_3O_4、CaO、SiO_2、MgO、Al_2O_3等）之间通过固相反应生成新的低熔点复杂化合物，化合物与化合物之间形成熔点更低的共熔体，为燃烧层液相的形成创造了条件。

干燥层主要是进行烧结混合料中水分的蒸发，温度在120～350℃之间。从干燥层蒸发的水蒸气进入湿料层。当湿料层料温低于60℃时，水蒸气会在湿料层中凝结，使料层过湿泥泞而失去透气性。

当台车行走到烧结机尾部时，烧结过程结束，红热的烧结块滑落到单辊破碎机上被剪切破碎。破碎后的烧结矿经热振动筛筛除-5mm的粉末后送冷却机冷却，并进行整粒。

4.3.4.4 整粒

从烧结机上卸下的热烧结矿经环式冷却机冷却后需要进行破碎和筛分分级，这一工序称为整粒，见图4-12。通过整粒，将烧结矿按粒度分成25～40mm、12～25mm和5～12mm三级送高炉矿槽。

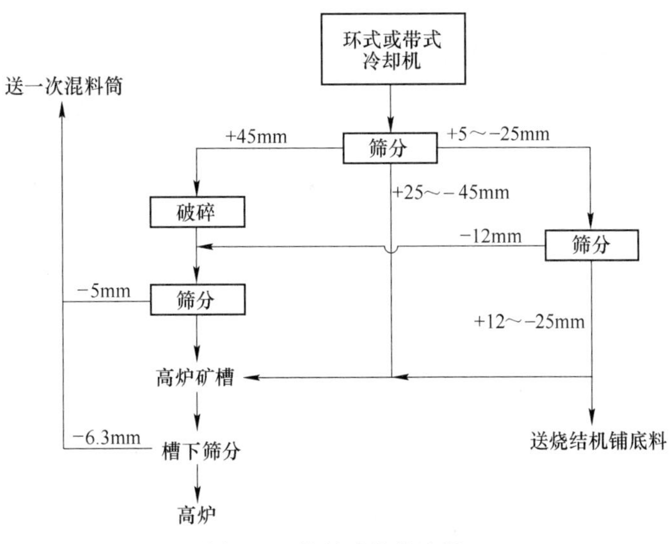

图 4-12　烧结矿整粒流程

4.3.5　烧结生产技术经济指标

（1）利用系数：单位时间内每平方米有效烧结面积的产量，单位为 t/(m^2·h)。利用系数=成品烧结矿台时产量（Q）/ 烧结机有效烧结面积（A）。烧结机成品烧结矿台时产量按下式计算：

$$Q = 60 \cdot K \cdot \rho \cdot A \cdot d \tag{4-15}$$

式中　K——烧结矿成品率，%，一般为 50%~70%，K = 成品烧结矿量 / 烧结混合料量；

ρ——烧结混合料堆密度，t/m^3；

A——有效烧结面积，m^2，F = 台车宽度(B) × 烧结机长度(L)；

d——垂直烧结速度，m/min，d = 料层厚度(h)/ 烧结时间(t)；

t——烧结时间，min，t = 烧结机长度(L)/ 台车运行速度(v)。

因此，成品烧结矿台时产量也可表达成：

$$Q = 60 \cdot K \cdot \rho \cdot B \cdot h \cdot v \tag{4-16}$$

（2）成品烧结矿台时产量：每台烧结机每小时生产的成品烧结矿量，单位为 t/(台·时)。

（3）成品率：成品烧结矿（扣除热返矿）占烧结混合料量的比例，%。

（4）烧成率：混合料扣除烧损后的质量（即成品矿+返矿）占混合料质量分数，%。

（5）作业率：设备年开动小时总计/（年日历天数×24）×100%。

4.3.6　烧结矿质量

烧结矿质量评价一般包括化学成分、筛分指数和粒度组成、转鼓指数、还原性、低温还原粉化指数和熔滴性能。

4.3.6.1　烧结矿化学成分

烧结矿化学成分主要包括：TFe、FeO、CaO、SiO_2、MgO、Al_2O_3、K_2O、Na_2O、S、

P 和 R（$=CaO/SiO_2$）等。目前，高炉使用的高碱度烧结矿的碱度 $R>1.6$，TFe≥55%。

4.3.6.2 筛分指数和粒度组成

筛分指数是测定烧结矿中粒度-6.3mm 部分的粉末数量占烧结矿总量的百分比，代表烧结矿粉末量的多少，因此也称为粉末率。粒度组成是测定烧结矿各粒级数量，可以看出烧结矿的颗粒均匀程度和粒度主要分布范围，用 800mm×500mm×100mm 方孔筛测定。

烧结矿试样总量 100kg，每次取 20kg 烧结矿样用往复式摇筛进行筛分，分 5 次筛完。摇筛方型筛孔尺寸分别为 40mm、25 mm、16 mm、10 mm、6.3mm。筛分后分别称量+40mm、40~25mm、25~16mm、16~10mm、10~6.3mm 和-6.3mm 的各级烧结矿的质量。用质量分数表示各级烧结矿的粒度组成，-6.3mm 烧结矿的质量百分比称为粉末率。

4.3.6.3 转鼓指数和抗磨指数

转鼓指数是评价烧结矿耐冲击和耐磨性能的重要指标。转鼓指数的测定方法是取 10~40mm 的烧结矿试样 15kg，试样（单位为 kg）要求按 16~10mm（Q_4）、25~16mm（Q_3）、40~25mm（Q_2）三种筛分级别的比例配制而成。具体配制方法为：

40~25mm 部分：$15 \times \dfrac{Q_2}{Q_2 + Q_3 + Q_4}$

25~16mm 部分：$15 \times \dfrac{Q_3}{Q_2 + Q_3 + Q_4}$

16~10mm 部分：$15 \times \dfrac{Q_4}{Q_2 + Q_3 + Q_4}$

将配制好的试样装入如图 4-13 所示的标准转鼓内。转鼓内设有两个成 180°对称布置的提升板。转鼓以 25r/min 的转速转动 200 转后取出烧结矿，用 6.3mm×6.3mm 的方孔筛进行筛分，以+6.3mm 部分的质量分数 $TI_{+6.3}$表示转鼓指数，代表烧结矿抵抗冲击和摩擦的能力；以-0.5mm 的质量分数 $TI_{-0.5}$表示抗磨指数，代表物料抵抗磨损能力的相对量度。

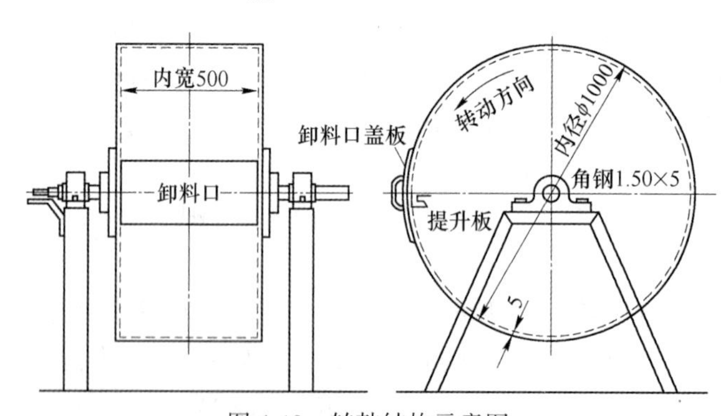

图 4-13 转鼓结构示意图

4.3.6.4 还原性

烧结矿还原性是测定铁矿石中氧化铁被 CO 还原能力的量度。实验室采用图 4-14 所示的装置测定铁矿石中的氧化铁在 900℃时被 CO 还原后失去氧的质量与还原前氧化铁中的总氧量之比。

取粒度 10~12.5mm 的烧结矿样 500g，烘干后置于 ϕ75mm×800mm 的耐热不锈钢反应

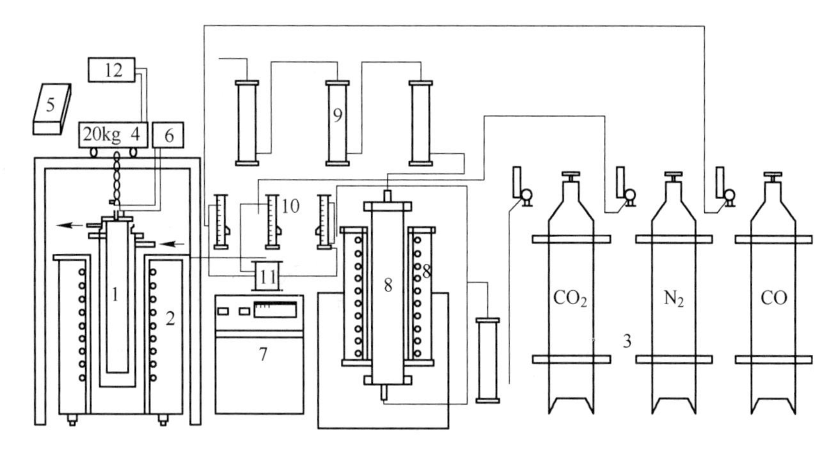

图4-14　还原实验装置示意图

1—反应管；2—还原炉；3—气瓶；4—电子天平；5—记录仪；6—数显温度计；7—温控仪；8—转化炉；9—清洗瓶；10—流量计；11—混气室；12—数显重量

器内，在氮气保护下升温至900℃恒温后通入还原气体（$CO/N_2=30/70$）还原180min，用电子秤连续测定还原过程中的试样质量。按下式计算还原度：

$$R_{180}=\left(\frac{0.11W_1}{0.430W_2}+\frac{m_1-m_{180}}{m_0\times 0.430\times W_2}\times 100\right)\times 100\% \tag{4-17}$$

式中　R_{180}——还原180min后铁矿石的还原度，%；

W_1，W_2——分别为还原前试样中FeO和TFe的含量，%；

m_0——试样的质量，500g；

m_1——900℃恒温后，通入CO前试样的质量，g；

m_{180}——还原时间180min时试样的质量，g。

4.3.6.5　低温还原粉化指数

铁矿石在高炉上部400~600℃区域主要发生$3Fe_2O_3+CO = 2Fe_3O_4+CO_2$。纯赤铁矿还原成磁铁矿时体积膨胀4%，导致铁矿石破裂粉化，影响高炉上部透气性，同时增加了粉尘的吹出量。铁矿石低温还原粉化性是评价铁矿石冶金性能优劣的重要指标之一。

实验按GB13242—92的静态法进行测定。取粒度10~12.5mm的试样（500±1）g，在$N_2/CO/CO_2=60/20/20$的气氛下于（500±10）℃还原60min。将试样取出称量，计m_0。然后用如图4-15所示的小转鼓以30r/min的转速转动10min。倒出试样后用6.3mm、3.15mm、0.5mm方孔筛进行筛分，分别称量+6.3mm、6.3~3.15mm、3.15~0.5mm各级试样的质量，分别以m_1、m_2和m_3表示。低温还原粉化指数（$RDI_{+3.15}$）和磨损指数（$RDI_{-0.5}$）用下式计算：

$$RDI_{+3.15}=\frac{m_1+m_2}{m_0}\times 100\% \tag{4-18}$$

$$RDI_{-0.5}=\frac{m_0-(m_1+m_2+m_3)}{m_0}\times 100\% \tag{4-19}$$

4.3.6.6　铁矿石软熔—滴落性能

铁矿石软熔—滴落性能用来模拟高炉内软熔带的形成与铁矿石性能之间的关系。测定铁矿石熔滴性能的装置称为熔滴实验炉，这种装置能在模拟高炉温度、气氛及荷重的条件下将矿石加热、还原，直到形成液态的渣铁。铁矿石熔滴实验装置可以测定上述过程中的温度、压缩量、压差及还原度等参数。铁矿石熔滴实验设备装置示意图见图4-16。

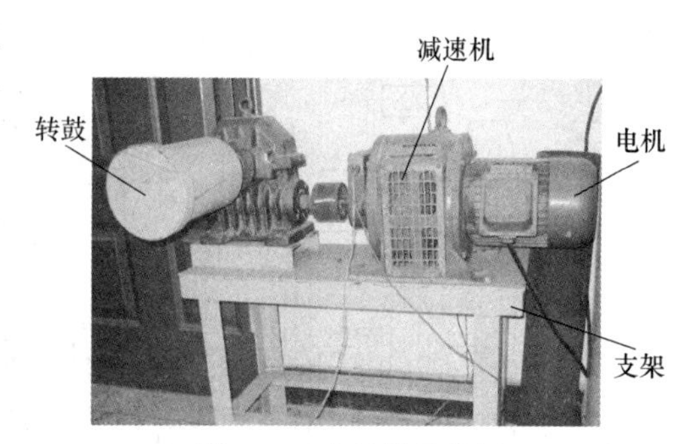

图4-15 小转鼓示意图

试样在荷重（2kg/cm^2）条件下通入成分为$CO/N_2=30/70$的煤气，以5~10℃/min的速率升温，测定铁矿石在荷重状态下的软化开始温度T_A、软化终了温度（压差最高点温度）T_S和滴落开始温度T_m。国内普遍采用压差陡升温度表示矿石熔化开始温度（即软化终了温度），第一滴液滴落下温度表示滴落开始温度，以熔化开始和滴落开始的温度差（$\Delta T=T_m-T_S$）表示熔滴温度区间，以最高压差表明熔滴区的透气性状况。

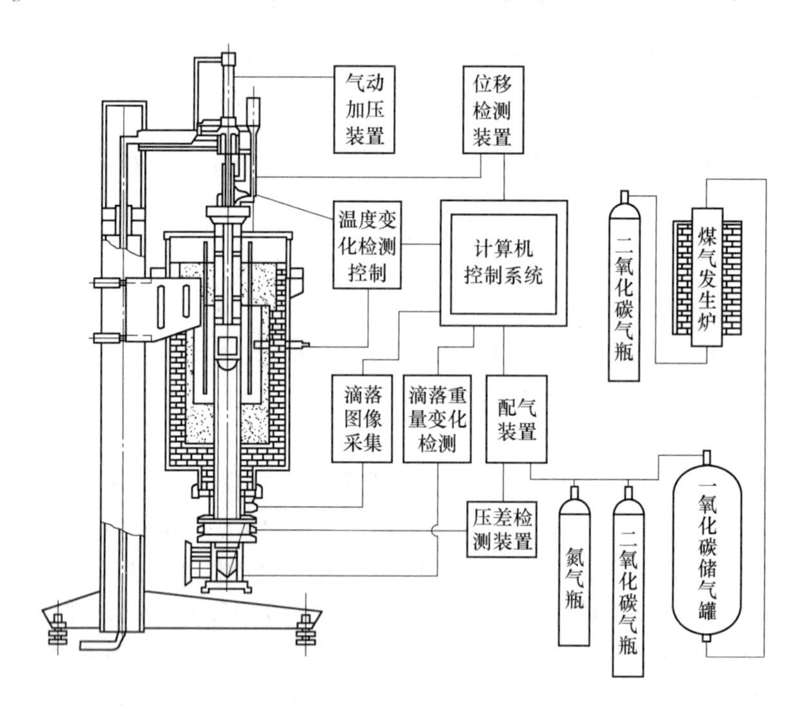

图4-16 铁矿石熔滴实验装置示意图

4.4 球团矿生产

高炉炼铁使用的球团矿是TFe>60%、粒度均匀（9~15mm）、抗压强度高（1500~3000N/球）、还原性好的氧化球团。氧化球团的生产方法主要有竖炉工艺、链箅机—回转窑工艺和带式焙烧工艺。目前，我国主要采用竖炉和链箅机—回转窑生产氧化球团矿。图4-17和图4-18分别为竖炉球团厂和链箅机—回转窑球团厂外观。

图 4-17 竖炉球团厂

图 4-18 链算机—回转窑球团厂

4.4.1 竖炉球团生产工艺

4.4.1.1 配料与混料

竖炉球团生产工艺流程如图 4-19 所示。使用的主要原材料是磁铁精矿粉，用膨润土或消石灰作黏结剂。膨润土的主要矿物是蒙脱石（SiO_2 66.7%，Al_2O_3 28.3%，H_2O 5%），具有良好的膨胀吸水和黏结能力，能提高精矿粉的成球能力，提高生球落下强度和爆裂温度。作为黏结剂的膨润土加入量一般为 0.8%~2.5%。

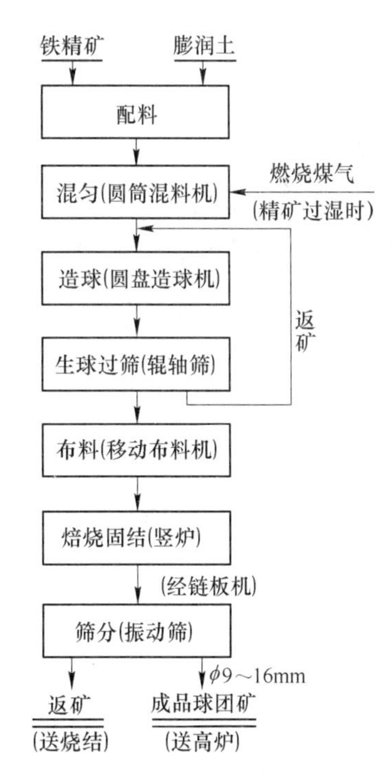

图 4-19 竖炉球团生产工艺流程

精矿粉与黏结剂的混匀在圆筒混料机内完成。由于精矿粉水分含量高于造球需要的最佳水分含量（8%~10%），需要在混料工序用煤气燃烧的高温废气对过湿精矿粉进行适度脱水。

4.4.1.2 造球

造球作业用如图 4-20 所示的圆盘造球机完成。混合料用皮带机连续送入造球盘后通过滚动形成母球，并逐渐长大形成生球。生球达到一定尺寸后自动滚出造球盘，再经皮带机输送到如图 4-21 所示的辊轴筛，筛除直径偏小的不合格生球。

4.4.1.3 焙烧固结

球团焙烧在如图 4-22 所示的竖炉中完成。球团竖炉的大小用矩形炉口的面积表示，如 8m²、10m²、16m²等。一座 10m²竖炉的年产量可达到 50 万吨。竖炉内气流如图 4-23 所示。生球用布料器从炉口布料，经烘床干燥，进入氧化带、高温焙烧固结带和冷却带完成球团矿的焙烧固结过程。

图 4-20 圆盘造球机

图 4-21 辊轴筛对生球进行过筛

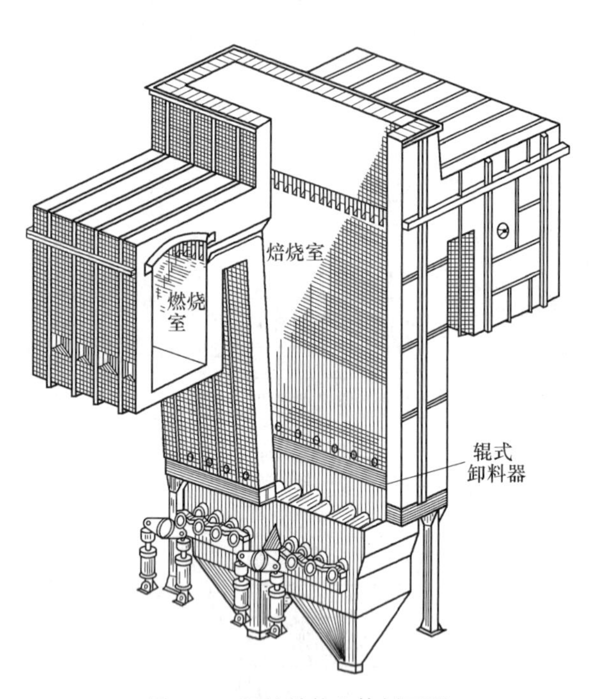

图 4-22 竖炉结构立体剖面图

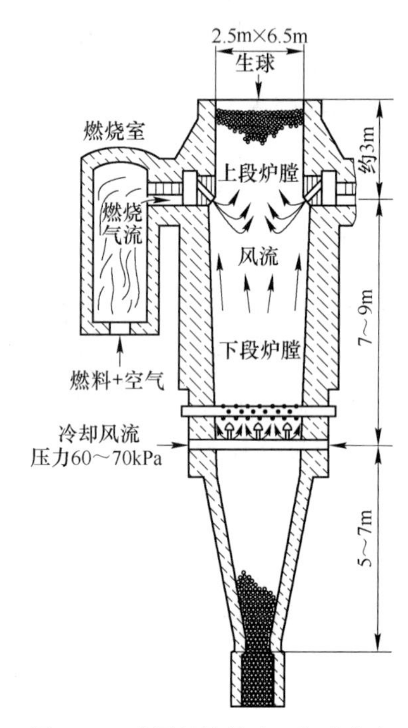

图 4-23 球团竖炉尺寸、气流分布

干燥带主要完成生球水分的蒸发和干燥。竖炉炉口废气温度达到 400～650℃，生球内部水分快速蒸发并向外迁移。在球团内部水分快速蒸发过程中形成很高的蒸汽压力，当蒸汽压力大于球壳抗张强度时生球发生爆裂。用消石灰作球团黏结剂时，爆裂温度低于 400℃，炉口爆裂严重，炉顶产生大量粉尘，炉内产生大量碎片，竖炉内气体阻力大，产量低，球团矿质量差；用膨润土代替消石灰作球团黏结剂后，生球抵抗爆裂的温度大幅度提高，生球在炉口基本不爆裂，竖炉内气体阻力小，产量大，球团矿质量好。

氧化带温度 950～1100℃。在这一区域 Fe_3O_4 氧化成 Fe_2O_3，保持足够氧化时间，使整个球团充分氧化。

焙烧固结带温度为1150~1300℃。由Fe_3O_4氧化而来的新生态Fe_2O_3晶体发生再结晶长大，形成强大的晶桥，球团强度迅速提高。球团经高温焙烧固结后进入冷却带，被下部鼓入的冷风冷却。

4.4.2 链箅机—回转窑球团矿生产工艺

链箅机—回转窑最初用于焙烧水泥熟料，以降低热耗。由于它在水泥工业中取得了明显的效果而引起了球团业的兴趣。目前，大型链箅机—回转窑的单机生产能力已经达到250万~500万吨/年。

图4-24所示为链箅机—回转窑的窑体，图4-25所示为链箅机—回转窑法球团矿焙烧工艺示意图。与竖炉法相比，链箅机—回转窑法可根据球团在升温焙烧过程中强度变化的特点，把热工工艺制度分别置于三个设备上来进行。在链箅机上实现生球的干燥和预热，在回转窑中进行高温焙烧，在冷却机中进行冷却。按照不同的温度要求，使设备比较容易实现既定的热工制度并得到保证。

图4-24 链箅机—回转窑的窑体

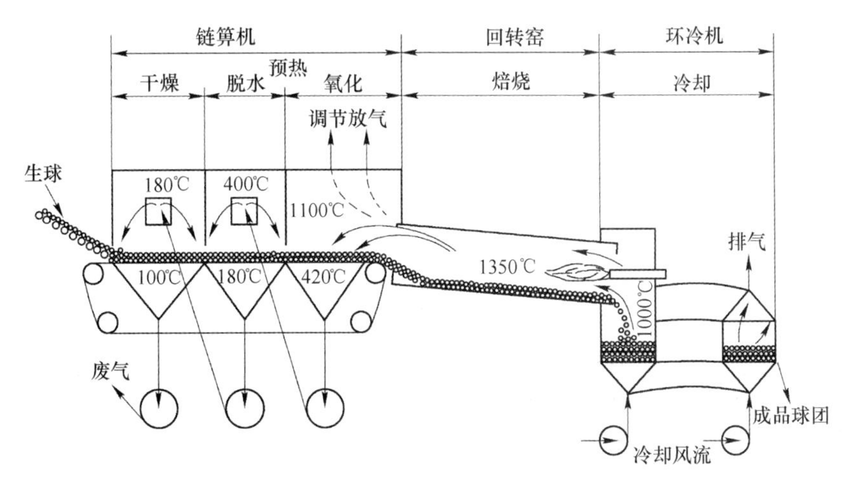

图4-25 链箅机—回转窑法工艺设备转运功能示意图

链箅机—回转窑法对原料的适应性比竖炉法更强。它不但适应于磁铁矿，在一定程度上还能适用于赤铁矿、褐铁矿和菱铁矿。

由于球团的干燥和预热是在链箅机上进行的，布料平整，料层静止，在正确的热工制度下，不会产生球团的粉碎；球团的焙烧阶段是在窑内进行，窑内温度可以达到焙烧所要求的温度，使球团得到充分固结；同时，由于球团得到均衡的翻滚，保证了球团焙烧的最终质量要求，而且总体质量也很均匀。

【本章小结】 烧结和球团是主要的铁矿粉造块方法。目前，烧结主要采用的是带式抽风烧结法，带式抽风烧结机由铺底料机、布料器、点火器、行走台车、传动装置、风箱、破碎机、振动筛、降尘管、除尘器、抽风机等组成。匀矿、熔剂和燃料经过配料、混料、布料、点火、抽风烧结和整粒等烧结作业流程后即可得到烧结矿。衡量烧结矿质量的主要指标包括化学成分、筛分指数和粒度组成、转鼓指数、还原性、低温还原粉化指数和熔滴性能。高炉使用的球团矿是氧化球团，氧化球团具有品位高、粒度均匀（9~15mm）、抗压强度高（1500~3000N/球）、还原性好的特点。竖炉工艺和链箅机—回转窑工艺是我国生产氧化球团的主要方法。

思考题

1. 名词解释：磁铁矿、赤铁矿、粉矿、精矿、烧结矿、球团矿、高碱度烧结矿。
2. 简述铁矿粉混匀作业的目的及其工艺流程。
3. 比较说明烧结矿和球团矿生产的主要原料。
4. 详述带式抽风烧结法的工艺流程及主要设备。
5. 简要介绍烧结生产的主要技术经济指标及烧结矿质量评价指标。
6. 简述竖炉生产球团矿的流程及主要设备。
7. 简要介绍链箅机—回转窑生产球团矿的流程。

参考文献

[1] 姜涛．烧结球团生产技术手册［M］．北京：冶金工业出版社，2014.
[2] 周传典．高炉炼铁生产技术手册［M］．北京：冶金工业出版社，2002.
[3] 张一敏．球团矿生产技术［M］．北京：冶金工业出版社，2005.
[4] 王艺慈．烧结球团 500 问［M］．北京：化学工业出版社，2009.
[5] 范晓慧．铁矿烧结优化配矿原理与技术［M］．北京：冶金工业出版社，2013.
[6] 龙红明．铁矿烧结原理与工艺［M］．北京：冶金工业出版社，2010.
[7] 傅菊英，朱德庆．铁矿氧化球团基本原理、工艺及设备［M］．长沙：中南大学出版社，2005.
[8] 陈耀铭，陈锐．烧结球团矿微观结构［M］．长沙：中南大学出版社，2011.
[9] 张一敏．球团矿生产知识问答［M］．北京：冶金工业出版社，2005.
[10] 薛俊虎．烧结生产技能知识问答［M］．北京：冶金工业出版社，2003.
[11] 储满生，陈立杰，柳政根，等．高炉冶炼钒钛磁铁矿合理炉料结构的研究［J］．河南冶金，2013，21（6）：1~5.
[12] 陈伟庆．冶金工程实验技术［M］．北京：冶金工业出版社，2004.
[13] 梅耶尔 K. 铁矿球团法［M］．杉木，译．北京：冶金工业出版社，1986.

5 高炉炼铁

【本章要点提示】 本章主要介绍高炉炼铁的工艺过程，高炉炼铁对原燃料基本要求，炼铁产品的成分和副产品的特性和用途，高炉生产技术经济指标；着重介绍高炉本体结构，高炉炉顶装料设备、热风炉、高炉喷煤、煤气除尘、渣铁处理等炼铁系统附属设备的结构和作用，以及高炉冶炼的基本原理等。

5.1 概　　述

高炉炼铁在现代钢铁联合企业中占据极为重要的地位。首先，高炉冶炼的产品——生铁是炼钢的原料；其次，高炉冶炼产生的煤气是钢铁联合企业中的二次能源。高炉是铁矿石、焦炭和能源的巨大消耗者，一座日产 1×10^4t 生铁的高炉，每天需要消耗铁矿石约 1.6×10^4t、焦炭约 3000t、煤粉约 2000t，产生炉渣约 3000t，每天要将 $1.1\times10^7 m^3$ 左右的空气由鼓风机加压至 0.4MPa 左右鼓入炉内，从炉顶排放出约 $1.4\times10^7 m^3$ 高炉煤气。由此可见，高炉炼铁对整个联合企业的均衡生产有着举足轻重的作用。

现代高炉生产过程是一个庞大的生产体系，除高炉本体外，还有供料系统、炉顶装料系统、送风系统、喷吹系统、煤气净化系统、渣铁处理系统。图 5-1 为武钢 6 号高炉（$3200m^3$）和宝钢 3 号高炉（$4350m^3$）雄姿。

(a)

(b)

图 5-1　高炉雄姿

（a）武钢 6 号高炉；（b）宝钢 3 号高炉

5.2 高炉炼铁基本概念

5.2.1 高炉炼铁的原料和产品

图 5-2 为高炉炼铁原料和产品的流向图。高炉使用的原料包括铁矿石（烧结矿、球团矿和块矿）、焦炭、煤粉、热风和少量熔剂；产品包括铁水、高炉煤气和高炉渣。

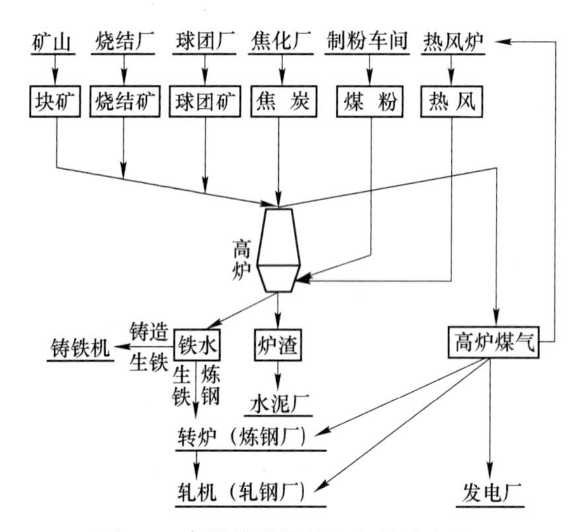

图 5-2 高炉炼铁原料和产品流向图

5.2.1.1 原料

（1）铁矿石：烧结矿、球团矿和块矿的典型化学成分见表 5-1。在大型高炉炉料结构中，高碱度烧结矿一般占 70%~80%、酸性的球团矿和块矿占 20%~30%。熔剂通常为石灰石，用来调节炉渣碱度。高炉渣的碱度（$R=CaO/SiO_2$）在 1.0~1.25 之间，当碱性炉料（高碱度烧结矿）与酸性炉料（球团矿和块矿）比例合适时，高炉中可不加或只加少量石灰石。根据入炉综合品位，冶炼 1t 生铁需要消耗铁矿石 1.5~1.7t。

表 5-1 几种铁矿石化学成分 （%，R 除外）

品　种	w(TFe)	w(FeO)	$w(SiO_2)$	w(CaO)	w(MgO)	$w(Al_2O_3)$	R
宝钢烧结矿	59.47	7.55	4.25	8.20	1.27	1.09	1.93
鞍钢烧结矿	58.49	7.90	4.60	9.70	2.30	0.50	2.11
巴西球团矿	65.81	1.61	3.67	0.47	0.73	0.49	0.13
国产球团矿	63.21	0.17	6.01	1.22	0.48	0.76	0.20
巴西块矿	66.62	4.23	7.94	0.70	0.23	1.11	0.09
南非块矿	62.89	2.11	6.49	0.59	0.03	2.36	0.09

（2）燃料：高炉使用的燃料包括焦炭和煤粉。焦炭在高炉风口区域燃烧产生大量热量和煤气（$CO+N_2$）。煤气中的 CO 将铁矿石中的氧化铁还原成金属铁，燃烧产生的热量将渣铁熔化成铁水和液态炉渣。焦炭在高炉内始终呈固态，它能够将整个高炉的料柱支撑

起来，保持高炉内部具有良好的透气性。煤粉从高炉风口喷入炉内，在风口区域燃烧产生热量和煤气，可代替部分焦炭。但煤粉无法代替焦炭的另一个重要作用——支撑料柱。目前，冶炼 1t 生铁大约需要消耗焦炭 250~350kg，消耗煤粉 150~250kg。

（3）热风：空气通过高炉鼓风机加压后成为高压空气（简称鼓风），经过热风炉换热，将鼓风的温度提高到 1100~1300℃，再从高炉风口进入炉缸，与焦炭和煤粉燃烧产生热量和煤气。热风带入高炉的物理热占高炉热量总收入的 20%左右。在鼓风中加入氧气可提高鼓风中的氧含量（称为富氧鼓风）。采用富氧鼓风可提高风口燃烧温度，有利于高炉提高喷煤量和高炉利用系数。冶炼 1t 生铁大约需要鼓风 1100~1400m^3（标态）。

5.2.1.2　产品

（1）铁水：铁水的主要化学成分为 Fe、C、Si、Mn、P、S 等，温度 1450~1550℃。按照 Si 含量的不同，将高炉铁水分为炼钢生铁（$w[Si]<1.25\%$）和铸造生铁（$w[Si]\geq 1.25\%$）。铁水中 C 呈饱和状态，炼钢生铁中 C 含量在 3.7%~4.3%之间。表 5-2 为我国生铁产品国家标准。

表 5-2　我国生铁产品国家标准　　（%）

铁　种		炼钢生铁（GB/T 717）			铸造生铁（GB/T 718）					
牌　号		炼 04	炼 08	炼 10	铸 14	铸 18	铸 22	铸 26	铸 30	铸 34
代　号		L04	L08	L10	Z14	Z18	Z22	Z26	Z30	Z34
w(Si)		≤0.45	>0.45~0.85	>0.85~1.25	>1.25~1.6	>1.6~2.0	>2.0~2.4	>2.4~2.8	>2.8~3.2	>3.2~3.6
w(Mn)	一组	≤0.4			≤0.5					
	二组	>0.4 ~1.0			>0.5~0.9					
	三组	>1.0~2.0			>0.9~1.3					
w(P)	特级	≤0.10								
	一级	>0.10~0.15			≤0.06					
	二级	>0.15~0.25			>0.06~0.1					
	三级	>0.25~0.40			>0.1~0.2					
	四级				>0.2~0.4					
	五级				>0.4~0.9					
w(S)	特类	≤0.02								
	一类	>0.02~0.03			≤0.03					≤0.04
	二类	>0.03~0.05			≤0.04					≤0.05
	三类	>0.05~0.07			≤0.05					≤0.06

（2）高炉煤气：高炉煤气主要化学成分（体积分数）为 CO 20%~26%、CO_2 16%~22%、N_2 54%~60%、H_2 约 3%。高炉煤气发热值 2900~3500kJ/m^3，属低热值煤气。冶炼每吨生铁产生高炉煤气 1400~1600m^3。

（3）高炉渣：高炉冶炼 1t 生铁产生 250~400kg 炉渣。高炉渣主要成分为 $w(SiO_2)$ = 35%~38%、$w(CaO)$ = 38%~45%、$w(Al_2O_3)$ = 8%~15%、$w(MgO)$ = 8%~12%、$w(MnO)$ = 0.3%~1.0%、$w(FeO)$ = 0.5%~0.8%、$w(S)$ = 0.7%~1.1%、R = 1.05~1.25。在这一成分范围内，高炉渣的熔化温度最低（1300~1350℃），在炉缸温度下具有良好的流动性。高炉渣经高压水淬冷粒化后是生产水泥的良好原材料。

5.2.2 高炉内型

高炉内型是用耐火材料砌筑而成的，供高炉冶炼的内部空间的轮廓。现代高炉都是五段式炉型（图5-3），从下至上分别为：炉缸、炉腹、炉腰、炉身、炉喉。h_1 ~ h_5 分别表示炉缸至炉喉各部分的高度，h_0 为死铁层深度，h_f 为风口高度，H_u 为高炉有效高度；d_1、d 和 D 分别表示炉喉、炉缸和炉腰直径；α 和 β 分别表示炉腹角和炉身角。若用 V_1 ~ V_5 分别表示炉缸至炉喉各部分的容积，则高炉有效容积 $V_u \approx V_1 + V_2 + V_3 + V_4 + V_5$。

高炉有效容积 V_u 代表高炉的大小或生产能力。一般将 $V_u > 3000\text{m}^3$ 的高炉称为超大型高炉，1500~2500m^3的高炉称为大型高炉，600~1000m^3的高炉称为中型高炉，300m^3以下的高炉称为小型高炉。我国第一座超大型高炉是1985年9月15日建成投产的宝钢1号高炉4063m^3。截至2014年，4000m^3级高炉达到18座，最大高炉有效容积为5800m^3。一座4000m^3级高炉日产生铁量达到10000t以上。

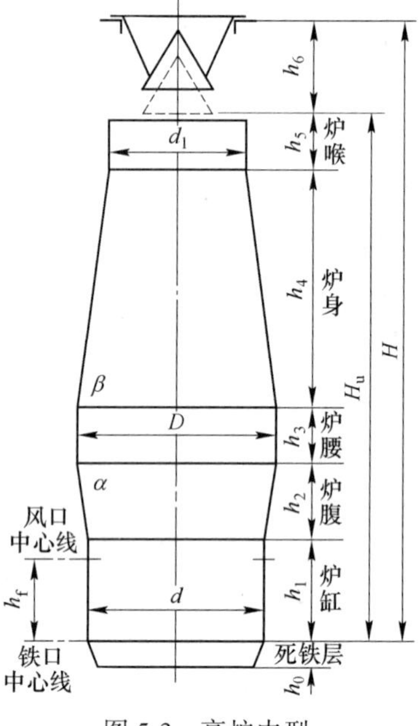

图5-3 高炉内型

5.2.3 高炉生产主要技术经济指标

(1) 有效容积利用系数（η_u）：每立方米高炉有效容积每天生产的铁水量（单位为t/(m³·d)），目前大型和超大型高炉的利用系数已经达到2.3~2.8 t/(m³·d)。

$$\eta_u = \frac{\text{高炉每天出铁量}\ P}{\text{高炉有效容积}\ V_u} \tag{5-1}$$

(2) 焦比（K）：高炉冶炼1t生铁消耗的焦炭量（单位为kg/t）。

$$K = \frac{\text{每天装入高炉的焦炭量}}{\text{高炉每天出铁量}} \tag{5-2}$$

(3) 煤比（M）：冶炼每吨生铁向高炉喷吹的煤粉量（单位为kg/t）。

$$M = \frac{\text{每天喷入高炉的煤粉量}}{\text{高炉每天出铁量}} \tag{5-3}$$

将焦比与煤比之和称为燃料比。目前，大型和超大型高炉冶炼1t生铁的燃料比在470~520kg之间，喷煤量可达到150~250kg。

(4) 喷煤率：将煤比占燃料比的比值称为喷煤率。我国某些大型和超大型高炉的喷煤率可达35%~50%。

(5) 综合焦比（K_Σ）：将喷入高炉的煤粉折算成相应数量的焦炭后计算的焦比。

$$K_\Sigma = \frac{\text{每天装入高炉的焦炭量} + \text{每天喷入高炉的煤粉量} \times \text{置换比}}{\text{高炉每天出铁量}} \tag{5-4}$$

煤粉置换比通常小于1.0，一般在0.75~0.90之间。

(6) 冶炼强度（I）：每立方米高炉有效容积每天消耗的（干）焦炭量（单位为t/

($m^3 \cdot d$))。

$$I = \frac{\text{高炉每天消耗的焦炭量}}{\text{高炉有效容积}} \tag{5-5}$$

(7) 综合冶炼强度(I_Σ):将喷入高炉的煤粉折算成相应数量的焦炭后计算的冶炼强度(单位为 $t/(m^3 \cdot d)$)。

$$I_\Sigma = \frac{\text{高炉每天消耗的焦炭量} + \text{高炉每天消耗的煤粉量} \times \text{置换比}}{\text{高炉有效容积}} \tag{5-6}$$

目前,大型高炉和超大型高炉的综合冶炼强度达到 1.1~1.4$t/(m^3 \cdot d)$,中、小型高炉的综合冶炼强度达到 1.3~1.8$t/(m^3 \cdot d)$。有效容积利用系数(η_u)与综合冶炼强度(I_Σ)和综合焦比(K_Σ)之间有如下关系:

$$\eta_u = \frac{I_\Sigma}{K_\Sigma} \tag{5-7}$$

(8) 休风率:高炉休风时间占规定日历作业时间的比例(%)。规定日历作业时间=日历时间-计划大中修时间和临时休风时间。

(9) 生铁合格率:合格生铁产量占高炉生铁总产量的比例(%)。

5.3 高炉炼铁工艺设备

5.3.1 高炉本体

高炉本体是高炉炼铁的核心设备,现代大型和超大型高炉一代炉龄在不中修的情况下可达到 15~20 年,单位炉容产铁量可达到 12000t 以上。

高炉本体主要由钢结构(炉体支承框架、炉壳)、炉衬(耐火材料)、冷却设备(冷却壁、冷却板等)、送风装置(热风围管、支管、直吹管、风口)和检测仪器设备等组成。图 5-4 为宝钢 3 号高炉($4360m^3$)炉体结构图。

5.3.1.1 钢结构

高炉钢结构包括炉体支承结构和炉壳。

炉体支承结构采用如图 5-5 所示的大框架自立式结构。其特点是大料斗、小料斗和旋转布料器的重量由炉壳支承,上升管、大小料钟和受料漏斗等重量通过炉顶框架支承在炉顶平台上(第 7 层平台)。对于无料钟炉顶,旋转溜槽、中心喉管等重量由炉壳支承。料罐、受料漏斗、密封阀、上升管等设备重量通过炉顶框架支承在炉顶平台上,炉顶平台的所有重量再由大框架传递给基础。大框架自立式结构的优点是风口平台宽敞,炉前操作方便,利于风口平台机械化作业。新建的大、中型和超大型高炉都采用这种结构。

高炉炉壳用高强度钢板焊接而成,起承重、密封煤气和固定冷却器的作用,图 5-6 为高炉炉壳及钢结构立体图。

5.3.1.2 炉衬

高炉炉衬由耐火砖砌筑而成,由于各部分内衬工作条件不同,采用的耐火砖材质和性能也不同。如炉身中上部炉衬主要考虑耐磨,炉身下部和炉腰主要考虑抗热震破坏和碱金属的侵蚀,炉腹主要考虑高 FeO 的初渣侵蚀,炉缸、炉底主要考虑抗铁水机械冲刷和耐

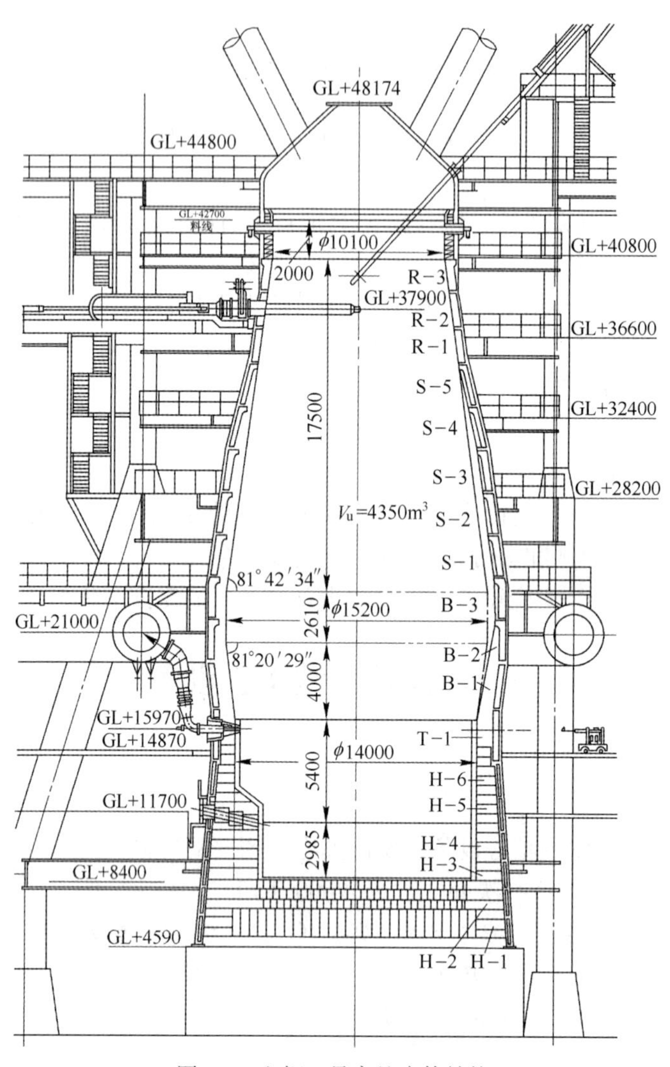

图 5-4 宝钢 3 号高炉本体结构

火砖的温差热膨胀。目前，大型高炉上部以碳化硅和优质硅酸盐耐火材料为主，中部以抗碱金属能力强的碳化硅砖或高导热的炭砖为主，高炉下部以高导热的石墨质炭砖为主，图 5-7 为炉缸、炉底砌筑结构示意图。

5.3.1.3 冷却设备

冷却设备的作用是降低炉衬温度，提高炉衬材料抗机械、化学和热产生的侵蚀能力，使炉衬材料处于良好的服役状态。高炉使用的冷却设备主要有冷却壁、冷却板和风口。冷却壁紧贴着炉衬布置，冷却面积大；而冷却板水平插入炉衬中，对炉衬的冷却深度大，并对炉衬有一定的支托作用。

（1）冷却壁：冷却壁分光面冷却壁和镶砖冷却壁，见图 5-8。光面冷却壁主要用于冷却炉缸和炉底炭砖，镶砖冷却壁主要用于冷却炉腹、炉腰、炉身各部位的炉衬。

冷却壁基体可用高韧性球墨铸铁、铸钢或纯铜浇铸而成，内部水冷管为低碳钢管。镶砖冷却壁在基体的砖槽内再砌入耐火砖，镶砖也可用散状耐火材料捣打成型。

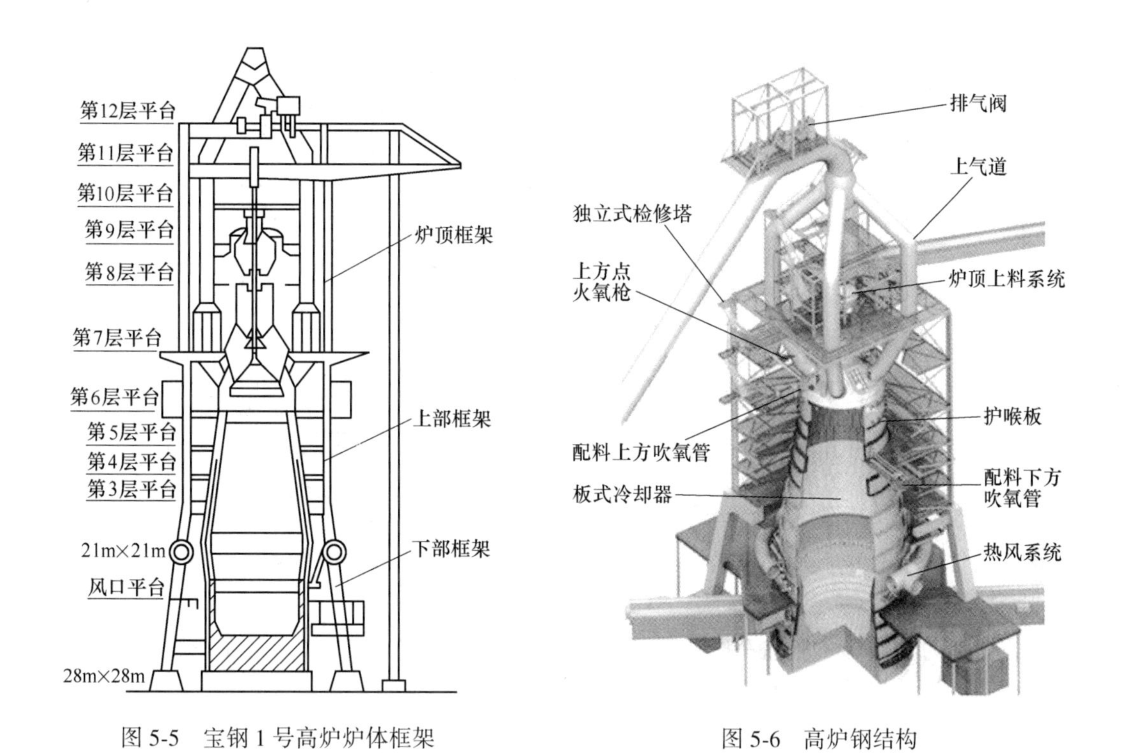

图 5-5　宝钢 1 号高炉炉体框架

图 5-6　高炉钢结构

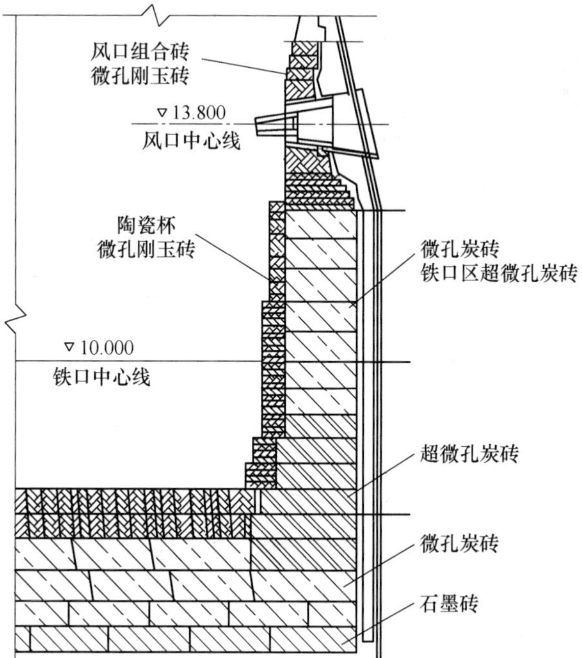

风口组合砖
微孔刚玉砖
▽13.800
风口中心线
陶瓷杯
微孔刚玉砖
微孔炭砖
铁口区超微孔炭砖
▽10.000
铁口中心线
超微孔炭砖
微孔炭砖
石墨砖

图 5-7　炉缸、炉底砌筑结构

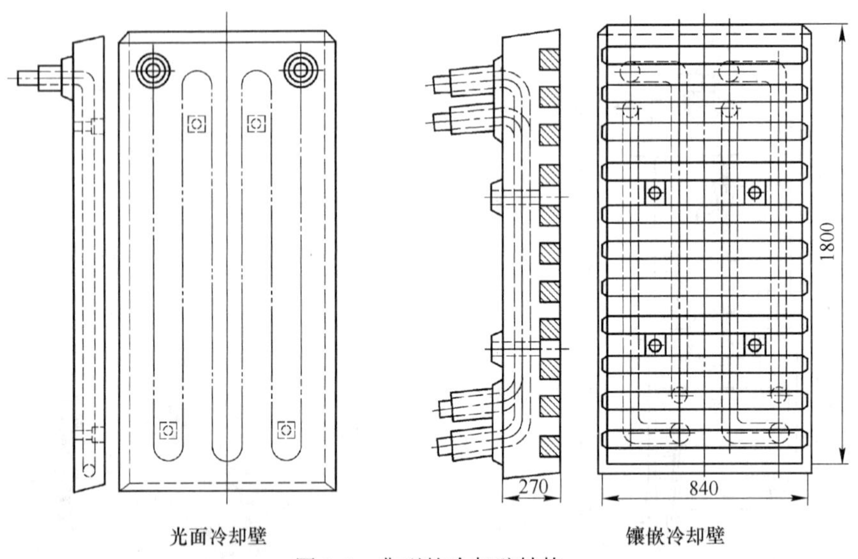

图 5-8　典型的冷却壁结构

图 5-9 为不同结构的镶砖冷却壁，结构（a）和（c）带凸台，用在炉腰和炉身，对炉衬耐火砖起支托作用；结构（b）和（d）用在炉腹。

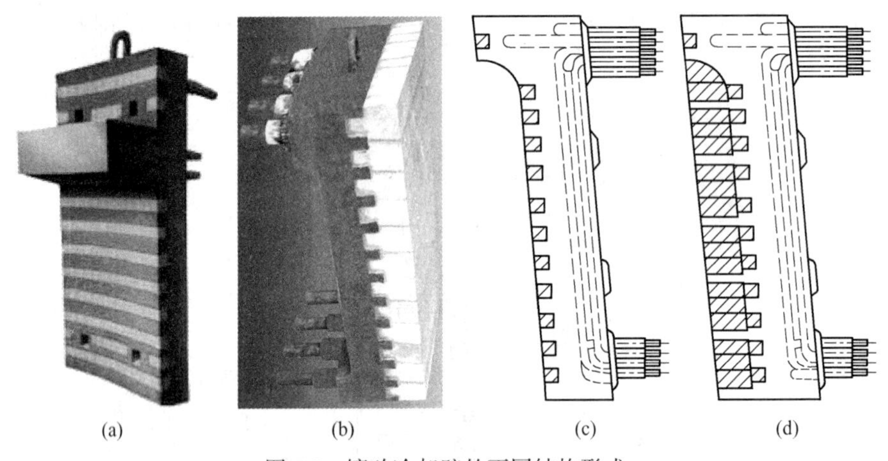

图 5-9　镶砖冷却壁的不同结构形式

（2）冷却板：冷却板用纯铜制造，结构如图 5-10 所示。冷却板安装时水平插入炉衬砖层中，对炉衬具有一定支托作用。

（3）风口：风口是鼓风进入炉缸的入口。风口装置由大套、二套和小套组成，见图 5-11。一般将风口小套简称风口。风口由纯铜制造，其结构见图 5-12。风口区域是高炉温度最高的区域，鼓风温度本身高达 1100～1300℃，为了保证风口得到良好冷却，风口环流水道内流速达到 8～14m/s。

5.3.1.4　送风装置

如图 5-11 所示，送风装置包括热风围管、支管、直吹管、风口大套、风口二套和小套。热风围管与连接热风炉的热风总管相连，在热风围管上均匀分布着数十套送风支管（图 5-13），直吹管将送风支管和风口小套紧密连接在一起。

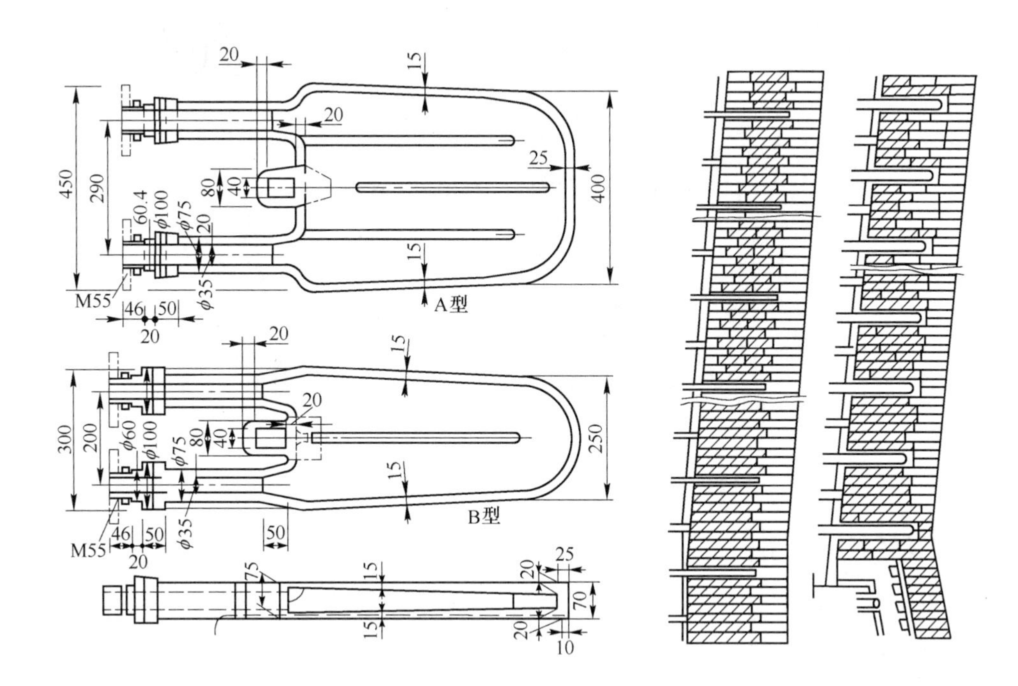

图 5-10 冷却板结构及其安装

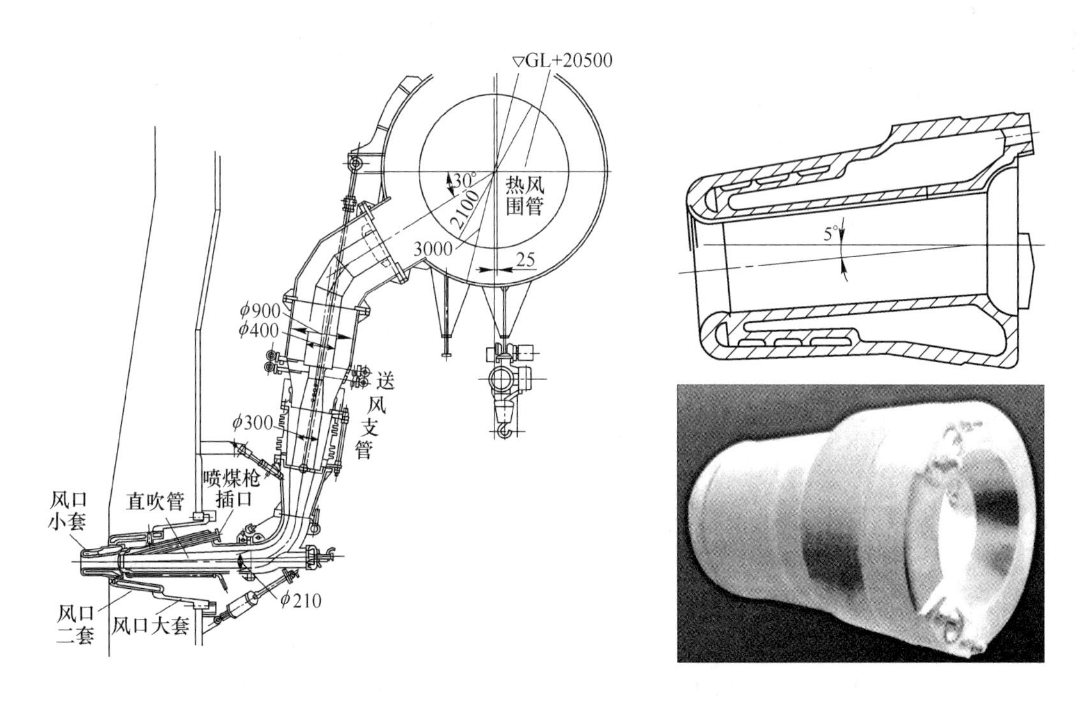

图 5-11 风口装置结构

图 5-12 贯流式风口

图 5-13 热风围管和送风支管

5.3.2 炉顶装料设备

炉顶装料设备的任务是将铁矿石和焦炭按冶炼工艺要求有规律地从炉顶装入高炉。目前，大多数中小型高炉使用如图 5-14 所示的双料钟炉顶装料设备。大型和超大型高炉使用如图 5-15 和图 5-16 所示的无料钟炉顶装料设备。

(1) 双料钟炉顶装料设备：料车将铁矿石或焦炭通过斜桥拉到炉顶，倒入旋转布料器内。当打开小料钟时，炉料落入大料斗内，然后开大料钟均压阀向大料斗充压，使大料钟上下压力一致。当探料尺下降到规定料线高度时，提起探料尺，打开大料钟，将炉料布入炉内。在下一次打开小料钟时，需要将大料斗内的压力通过均压放散阀放散。

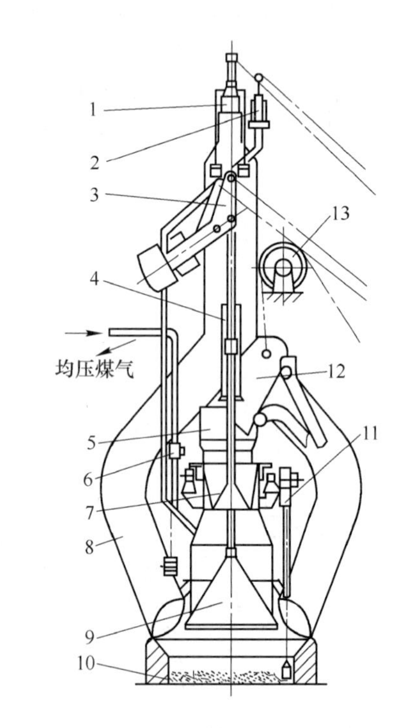

图 5-14 双料钟炉顶装料设备

1—炉顶放散阀；2—均压放散阀；3—平衡杆；4—料钟拉杆；5—受料漏斗；6—大料钟均压阀；7—小料钟；8—煤气导出管；9—大料钟；10—料面；11—探料尺；12—料车；13—卷扬绳轮

(2) 无料钟炉顶装料设备：无料钟炉顶分并罐（图 5-15）和串罐（图 5-16）两种方式。目前，武钢股份公司高炉主要采用并罐无料钟炉顶，而宝钢股份公司等炼铁厂高炉主要采用串罐无料钟炉顶装料设备。

以串罐无料钟炉顶为例，炉料通过上料皮带机将铁矿石或焦炭分批装进上罐，装料过程中上罐旋转以消除集中堆尖。当接到下罐装料信号时，开上密封阀，开挡料闸阀，上罐内的铁矿石（或焦炭）卸入下罐。关上密封阀后对下罐充煤气均压，使下密封阀上下压力一致后打开下密封阀。当接到向高炉布料信号后，启动溜槽旋转，同时打开节流阀放料，铁矿石（或焦炭）通过中心喉管和旋转

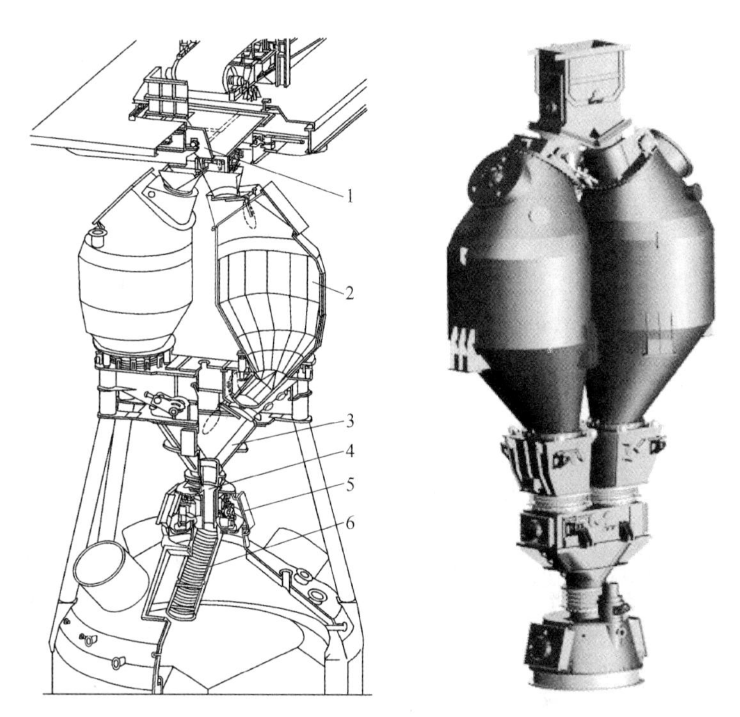

图 5-15 并罐无料钟炉顶装料设备

1—受料斗；2—料罐；3—叉形管；4—中心喉管；5—气密箱；6—旋转溜槽

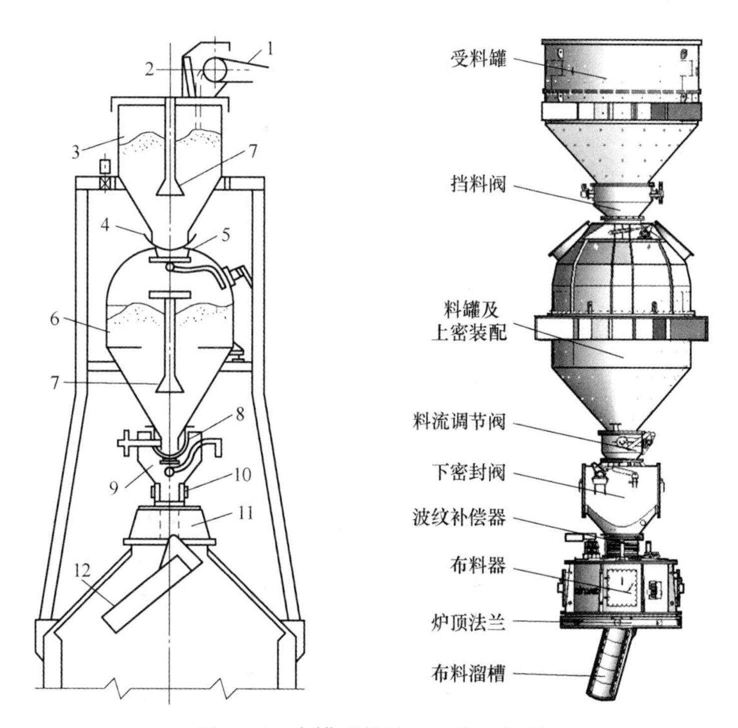

图 5-16 串罐无料钟炉顶装料设备

1—上料皮带；2—挡板；3—上部料罐；4—上闸阀；5—上密封阀；6—下部称量料罐；7—导料器；8—节流阀；9—下密封阀；10—中心喉管；11—气密箱；12—旋转溜槽

溜槽将铁矿石（或焦炭）布入炉内。一般每批炉料设定十几个倾角档位，旋转溜槽的倾角可以按预定的档位调整，保证将炉料布到指定位置。

5.3.3　热风炉

对现代高炉炼铁来说，热风炉是高炉本体以外最重要的设备之一。热风炉向高炉连续不断地输送温度高达1100~1300℃的热风。对每一座热风炉来说，它本身是燃烧和送风交替工作，因此，每座高炉必须配备3~4座热风炉同时工作才能满足高炉生产要求。图5-17和图5-18为不同形式热风炉的外观照片。

内燃式　　外燃式

图5-17　热风炉外观

图5-18　Kalugin顶燃式热风炉外观

5.3.3.1 热风炉结构

按结构形式分类，蓄热式热风炉有内燃式、外燃式和顶燃式（包括球式热风炉）三类，它们的结构如图 5-19~图 5-21 所示。

蓄热式热风炉由燃烧室、蓄热室和拱顶三部分组成。燃烧室是煤气燃烧产生热量的空间；蓄热室内填充由耐火材料做成的格子砖，用来储存煤气燃烧产生的大量热量。

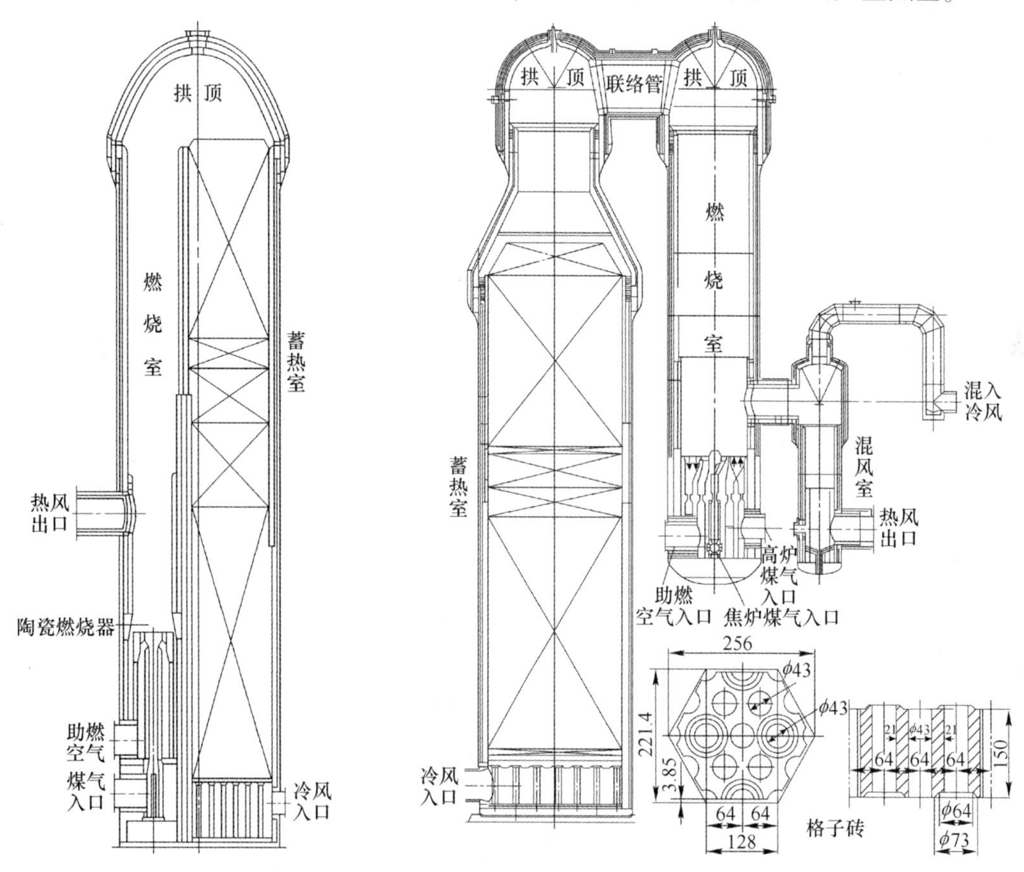

图 5-19 内燃式热风炉结构

图 5-20 新日铁式外燃式热风炉结构

5.3.3.2 蓄热式热风炉工作过程

蓄热式热风炉工作过程由燃烧期、换炉和送风期组成。

（1）燃烧期：将煤气和助燃空气通过陶瓷燃烧器混合后在燃烧室内燃烧产生大量热量，高温烟气在通过蓄热室格子砖时将热量储存在格子砖中。当拱顶温度和烟道废气温度达到规定值（例如分别达到 1450℃和 250℃）时，燃烧期结束，转为送风期。

（2）换炉：关闭各燃烧阀和烟道阀，打开冷风阀和热风阀，完成从燃烧期向送风期过渡。

（3）送风期：冷风从蓄热室下部进入，并向上流动通过蓄热室格子转，格子砖放出储存的热量将冷风加热，冷风变为热风从热风出口流出，通过热风总管送往高炉。当拱顶温度下降到规定值时，送风期结束。通过换炉操作转为燃烧期。送风期开始阶段的风温高于送风后期的风温，但高炉需要的风温在一段时间内希望是恒定的。因此，在实际操作中通常在送风初期往热风中兑入一部分冷风。随着送风时间的延长，兑入的冷风数量逐渐减少，直至关闭混风阀。这样，可以保证在整个送风期内热风炉送出的风温不变。

3~4座热风炉交替进行燃烧和送风作业，向高炉连续不断地输送热风。

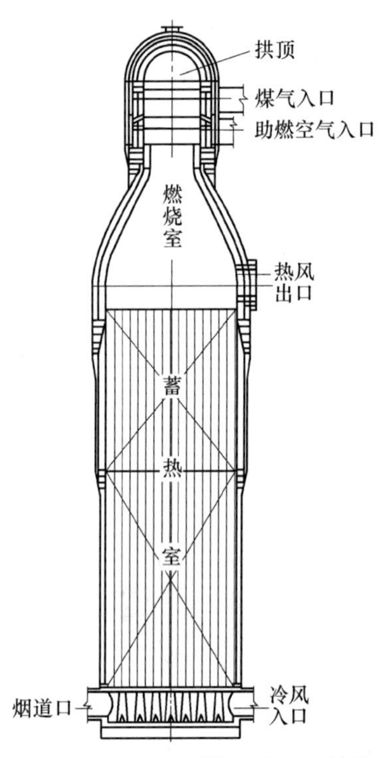

图 5-21 Kalugin 顶燃式热风炉结构

5.3.4 喷煤设备

在世界范围内，优质炼焦煤资源十分稀缺，而无烟煤、非结焦烟煤和褐煤资源十分丰富。我国煤炭资源结构中，炼焦煤占煤炭总储量的27%左右，优质炼焦煤资源不足煤炭总储量的6%。高炉喷吹煤粉代替部分焦炭，一方面可以合理利用煤炭资源，另一方面降低了高炉生产成本。因此，高炉喷煤是现代高炉炼铁不可缺少的重要环节。图5-22为高炉炼铁系统煤粉喷吹站实景图。

图 5-22 高炉喷煤站

大型、超大型高炉的磨煤、喷吹车间设在热风炉附近，每座高炉的磨煤喷吹设备自成一体，其工艺流程如图5-23所示。原煤经中速磨干燥细磨后，通过气力输送到煤粉仓，再倒入喷吹罐，然后通过混合器将煤粉输送到高炉炉前的煤粉分配器（图5-24）。每个高炉设2个分配器，其中一个分配器给高炉单号风口输送煤粉，另一个分配器向高炉双号风口输送煤粉。

5.3.5 除尘设备

从炉顶排出的煤气是一种高压（0.20~0.25MPa）荒煤气，含尘量（标态）达到10~20g/m^3。在作为二次能源利用之前，必须将含尘量（标态）降低到10mg/m^{3}以下。高炉

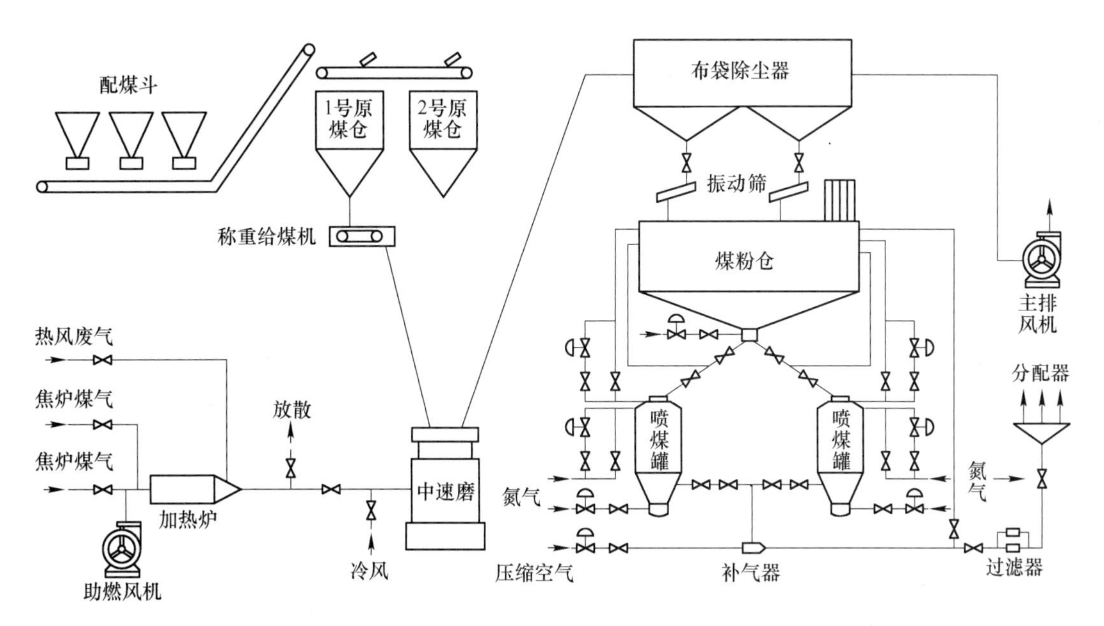

图 5-23 高炉喷煤工艺流程

图 5-24 煤粉分配器

煤气通过上升管和下降管，首先进入重力除尘器去除大颗粒灰尘（俗称瓦斯灰），然后再进行精除尘。精除尘有湿法除尘和干法除尘两种流程。

5.3.5.1 湿法除尘

大型和超大型高炉炉顶煤气压力高达 0.2～0.25MPa，通常采用如图 5-25 所示的双文氏管串联除尘工艺。文氏管喉口直径可以调节，当煤气以 60～90m/s 的流速通过喉口时，强烈的紊流使煤气中细小的灰尘被水润湿、凝聚，最后沉降进入灰泥捕集器中。通过一级文氏管后，煤气含尘量（标态）可降低到 50mg/m^3 以下，这时的煤气称为半净煤气。二级文氏管在进一步将灰尘（标态）降低到 5～10mg/m^3 的同时，通过两层塑料环填料层对净煤气进行脱水（脱除机械水）。高压调压阀组的作用是将高压净煤气减压至常压，煤气的静压能转变为热量和噪声。为了回收煤气的静压能，可以在高压调压阀组上并联一套煤气余压发电透平（TRT），将煤气静压能转变为电能。

5.3.5.2 干法除尘

干法除尘分为静电除尘和布袋除尘。在大型高炉上主要采用静电除尘，图 5-26 为武钢 5 号高炉干法电除尘工艺流程，图 5-27 为干式电除尘器。该设备主要由蓄热缓冲器和卧式圆筒形电除尘器组成。蓄热缓冲器为格子砖蓄热体，其作用是减缓高炉煤气温度变化幅度和升温速度。卧式圆筒形电除尘器由三段电场、C形集尘电极板（阳极）、芒刺形放电极（阴极）、轴回转式集尘电极捶打装置，以及旋转式刮灰器和螺旋输送排灰机等组成。

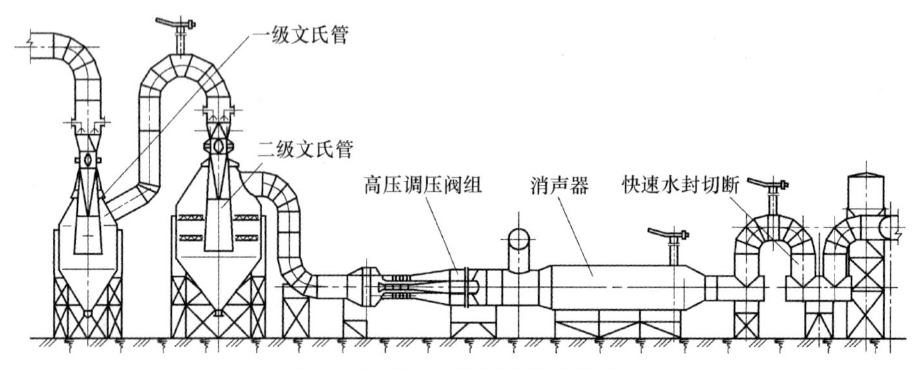

图5-25　高压高炉湿法除尘流程

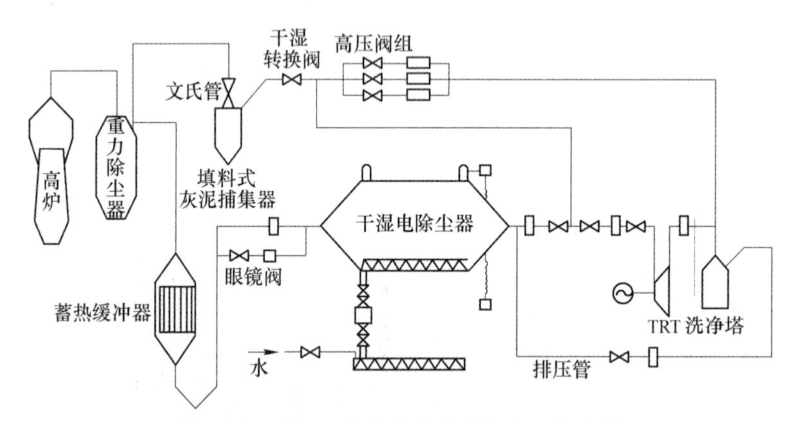

图5-26　武钢5号高炉干法电除尘工艺流程

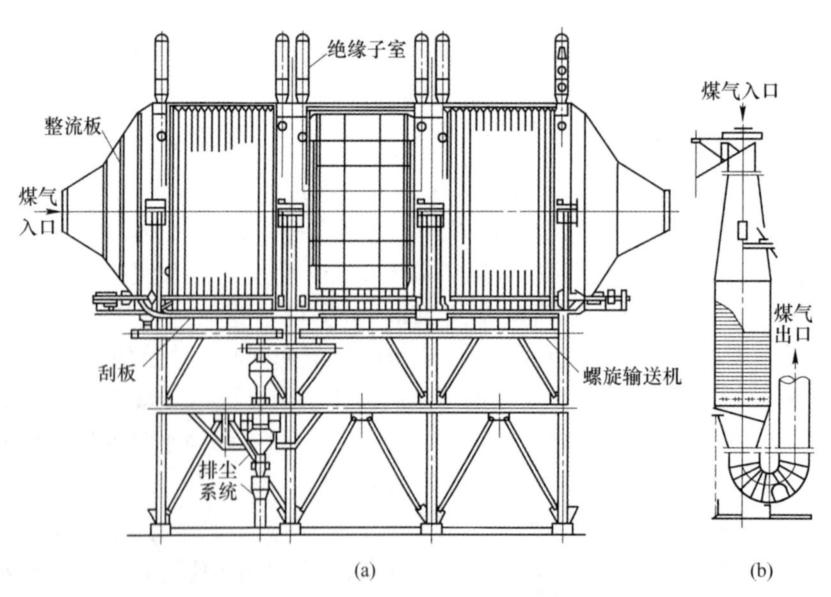

图5-27　干式电除尘器和蓄热缓冲器

（a）干式电除尘器；（b）蓄热缓冲器

电除尘器工作原理是在阴阳两极间施加6万伏特直流电压，形成一个足以使气体电离的电场。在该电场内煤气发生电离产生大量阴离子，带阴离子的气体一部分聚集在灰尘上，使灰尘带负电，而被阳极吸引，沉积在阳极上的灰尘失去电荷后便可以用振动法使灰尘颗粒下落。

高炉布袋除尘（图5-28）是利用耐高温的滤袋对煤气中的灰尘进行捕获的一种干式除尘方法。高炉出来的荒煤气经重力除尘器粗除尘后，经布袋除尘器箱体的下端进气口进入箱体（图5-29），较大的尘粒靠自重落到下部灰斗内，较小的尘粒及微粒阻留在过滤室滤袋表面，经过滤后的净煤气由管网送至用户。布袋除尘器随着过滤工况的进行，粉尘滤附于布袋表面逐渐增厚，滤袋阻力逐渐增加，当滤袋阻力值达到上限时，可由系统控制自动开启净煤气反吹阀，将净煤气送入静压箱进行反吹滤袋，使滤袋由膨胀状态变成吸瘪状态，使吸附在滤袋内表面的粉尘抖落到箱体下部的灰斗内，灰斗内的粉尘经排灰阀排出。当滤袋阻力值达到下限时，由控制系统自动关闭净煤气反吹阀，停止反吹清灰，除尘器又投入净化过滤运行。一座高炉一般配备5~8个布袋除尘器箱体，反吹作业逐个轮流进行。

图5-28 高炉布袋除尘

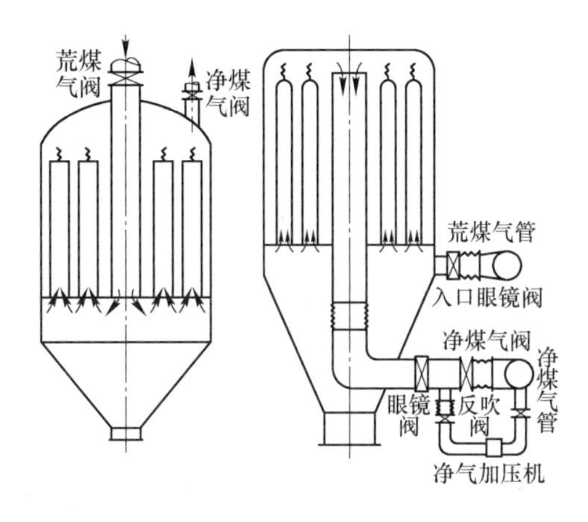

图5-29 布袋除尘器结构

布袋除尘器内布袋（图 5-30）的除尘能力用布袋的过滤负荷（单位时间内单位滤袋面积滤过的煤气量）表示，通常在 30～60m³/(m²·h)。布袋材质必须耐高温、耐腐蚀和易清灰，目前高温滤料有美塔斯（METAMAX）耐温 204～240℃、莱顿（RYTON）耐温 190～220℃、P84（聚酰亚胺）耐温 260℃、玻纤针刺毡耐温 260～300℃。我国自主研发的氟美斯系列高温滤料产品，将几种高温纤维如 P84、Procon、Basofil 等以不同比例与玻璃纤维混梳理成网，将两层纤维网与玻纤基布复合针刺成毡，将针刺毡用含氟的助剂处理后形成的氟美斯针刺毡，耐温可达 260℃，瞬时达 300℃。

图 5-30　布袋

5.3.6　渣铁处理

大型高炉每天出铁 12 次以上，对设计 4 个铁口的超大型高炉，通常用对角线出铁的原则操作，即按 1、3、2、4 号铁口顺序开铁口。高炉始终有一个铁口在出铁。铁口打开后，铁水和熔渣从铁口流入主沟，通过撇渣器使渣铁分离，铁水经摆动溜嘴流入铁水罐内，渣子则经渣沟流入水渣处理系统。图 5-31 和图 5-32 分别为武钢 5 号高炉和宝钢 3 号高炉出铁场平面布置，图 5-33 为 INBA 法水渣处理系统。

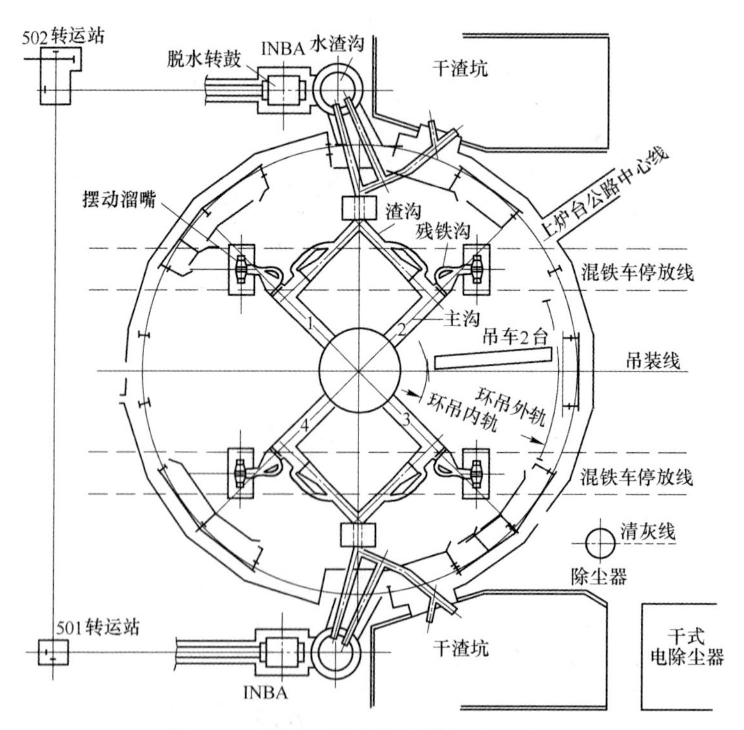

图 5-31　武钢 5 号高炉出铁场平面布置

熔渣被高压水冲成水渣后，经脱水转鼓脱水，由皮带运输机送往转运站，再用汽车拉走。当水渣处理系统检修时，将熔渣临时放入备用干渣坑。

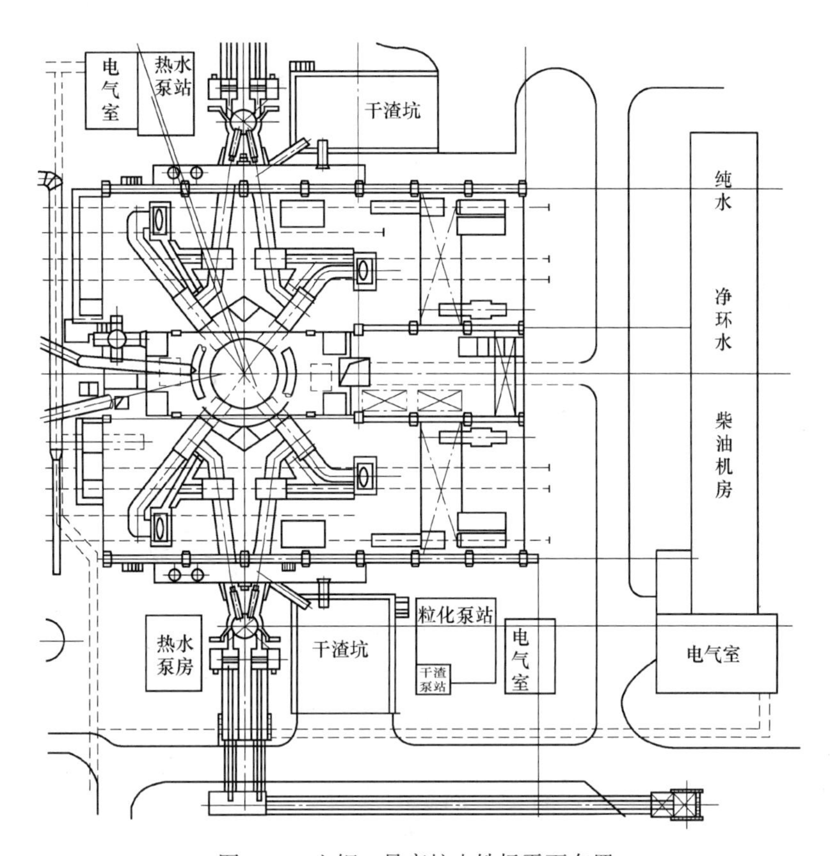

图 5-32 宝钢 3 号高炉出铁场平面布置

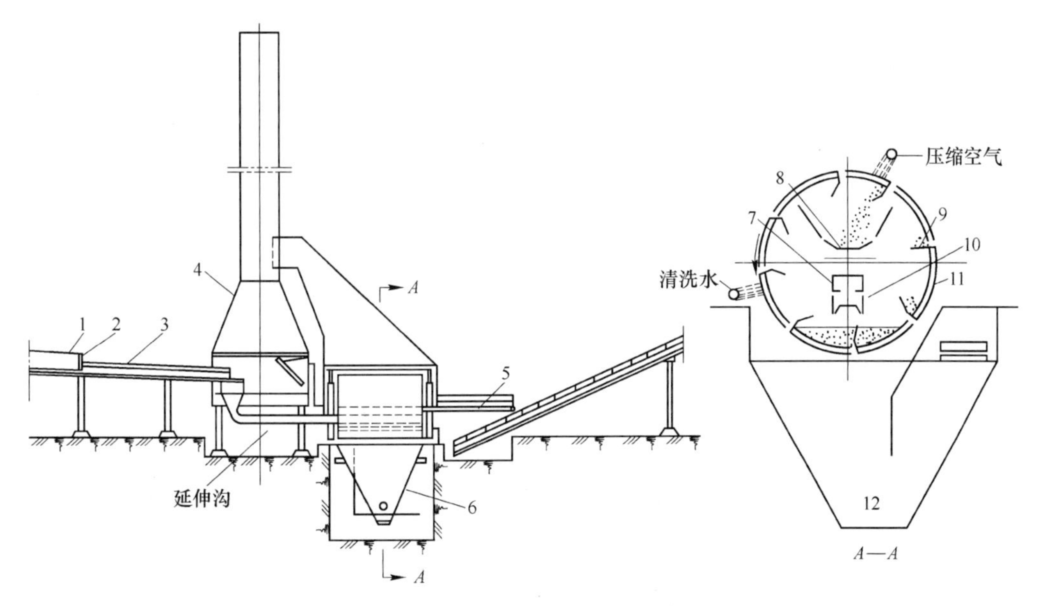

图 5-33 INBA 法水渣处理系统

1—熔渣沟；2—吹制箱；3—水渣沟；4—水渣槽；5—排渣皮带；6，12—集水槽；7—分配器；8—排料皮带；9—提升叶片；10—缓冲槽；11—脱水转鼓

5.4 高炉冶炼原理

5.4.1 炉料在炉内的分布状态

矿石和焦炭分批装入炉内，因此，矿石与焦炭在高炉内呈有规律的分层分布。热风在风口区域与焦炭和煤粉燃烧产生高温煤气，高温煤气在向高炉上部流动过程中将氧化铁还原成金属铁，使铁矿石实现 Fe-O 分离；煤气携带的热量将铁和渣熔化并过热，实现铁与渣的分离。在这一过程中，高炉内部形成如图 5-34 所示的炉料分布状态。

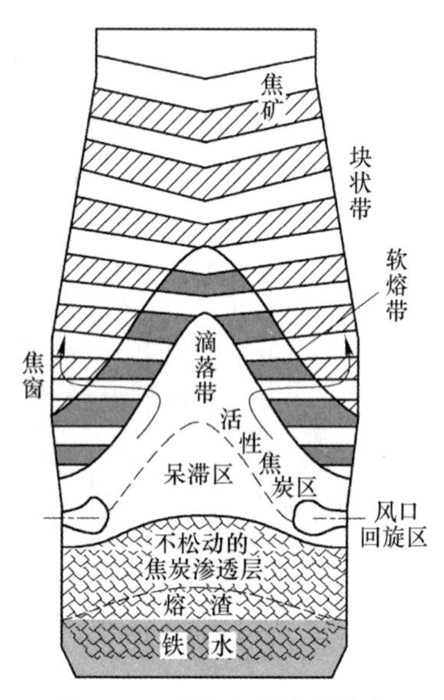

图 5-34 高炉内部炉料分布

(1) 块状带：t<1100~1200℃，矿石和焦炭呈有规律的分层分布。

(2) 软熔带：矿石在高温下开始软化熔融（1200~1400℃），焦炭仍然呈固态。软熔带上缘矿石开始软化收缩（1150~1200℃），软熔带下缘渣铁开始熔融滴落（1400℃左右）。

软熔带结构：由熔融状的矿石层和固态的焦炭层组成。从炉缸上升的煤气穿过“焦窗”进入块状区。

(3) 滴落带：由焦炭和不断向下滴落的液态渣铁组成，焦炭起到支撑料柱的作用。整个滴落带包括活性焦炭区和呆滞区。

(4) 风口回旋区：温度为 1100~1300℃的热风从炉缸周围的风口以 100~200m/s 风速吹入炉缸，在鼓风动能作用下，风口前端形成一个回旋区向炉缸中心延伸，在回旋区内，焦炭燃烧产生大量热量和气体还原剂 CO，同时产生空间使炉料下降。风口回旋区内燃烧掉的焦炭主要由活性焦炭区补充，也使活性焦炭区变得比较松动。

(5) 死料柱：风口回旋区以下填充在炉缸内的焦炭，由于很少更新，故称为死料柱。在上部料柱和鼓风压力作用下，死料柱浸渍在渣铁液中，甚至直接接触炉底炭砖。

5.4.2 炉缸燃烧反应

炉缸燃烧反应发生在风口回旋区。由热风炉送至高炉的鼓风经热风围管、送风支管和直吹管均匀分送到炉缸四周的每个风口（图 5-35）。

鼓风以 100~200m/s 的速度从风口吹入充满焦炭的炉缸区域，在风口前形成一个近似球形的燃烧空间，称为风口回旋区。在风口回旋区内，气流夹带着焦炭以 4~20m/s 的速度做回旋运动，并发生剧烈的燃烧反应。

焦炭在风口前燃烧：(1) 产生大量热量和气体还原剂；(2) 腾出空间，使炉料下降。

5.4.2.1 风口前碳素的燃烧反应

焦炭和煤粉中的碳与鼓风中的氧燃烧产生 CO_2，同时放出 33356kJ/kg（碳）的热量。

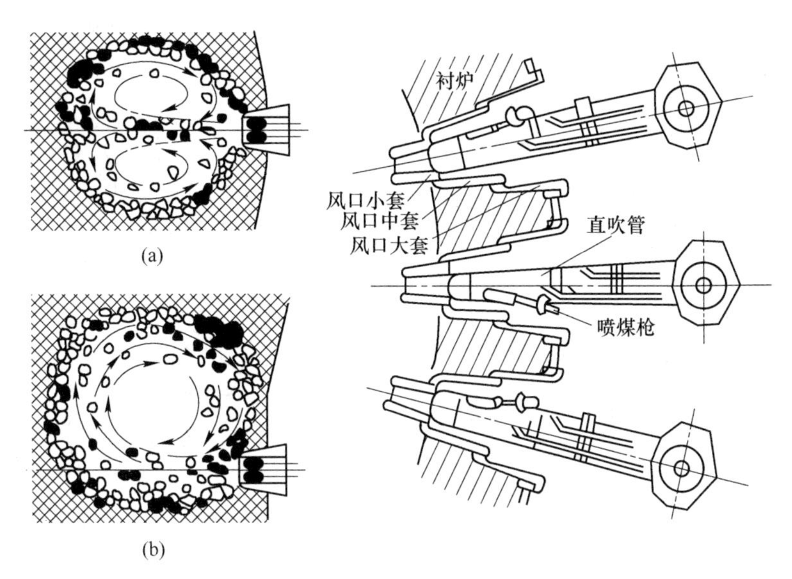

图 5-35　风口装置结构及风口回旋区

（a）回旋区水平剖面；（b）回旋区纵剖面

在高温下 CO_2 继续与碳反应产生 CO，同时吸收 13794kJ/kg（碳）热量。

$$C + O_2 + 79/21N_2 = CO_2 + 79/21N_2 + 33356kJ/kg(碳) \quad (5\text{-}8)$$

$$CO_2 + C = 2CO - 13794kJ/kg(碳) \quad (5\text{-}9)$$

因此，实际在炉缸内发生的燃烧反应为：

$$2C + O_2 + 79/21N_2 = 2CO + 79/21N_2 + 9781.2kJ/kg(碳) \quad (5\text{-}10)$$

若忽略鼓风中的水分，这时炉缸煤气成分由 34.7% CO 和 65.3% N_2 组成。实际生产时，鼓风中始终含有一定量的水分，因此，炉缸中还会发生如下燃烧反应：

$$H_2O + C = CO + H_2 - 10356kJ/kg(碳) \quad (5\text{-}11)$$

若鼓风湿分为 φ（体积百分比），则炉缸煤气成分与鼓风湿分的关系如图 5-36 所示。

当高炉喷吹煤粉时，煤粉挥发分中的 H_2 进入到炉缸煤气中，将提高炉缸煤气中的 H_2 含量。

5.4.2.2　燃烧带对高炉冶炼的影响

燃烧带是包括风口回旋区及其外围 100～200mm 的焦炭疏松层（称为中间层）。实践中常以 CO_2 降至 1%～2%的位置定为燃烧带界限。大型高炉的燃烧带长度在 1000～1500mm。

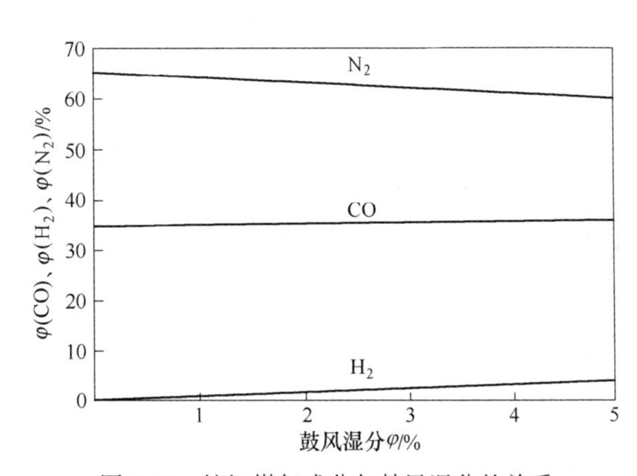

图 5-36　炉缸煤气成分与鼓风湿分的关系

（1）燃烧带是炉内焦炭燃烧的主要场所，而焦炭燃烧所腾出来的空间是促使炉料下降的主要因素。生产中高炉的燃烧带上方总是比其他地方松动，且下料快（称为焦炭松动区或活性焦炭区），燃烧带内燃烧的焦炭的

80%来自风口上方。因此，当燃烧带投影（图 5-37）面积占整个炉缸截面积的比例大时，炉缸活跃面积大，料柱比较松动，有利于高炉顺行。

（2）燃烧带是炉缸煤气的发源地，燃烧带的大小影响煤气流的初始分布。燃烧带伸向中心，则中心气流发展，炉缸中心温度升高；相反，燃烧带小，边缘气流发展，中心温度较低，对各种反应进行不利。炉缸中心不活跃和热量不足，对高炉顺行极为不利。

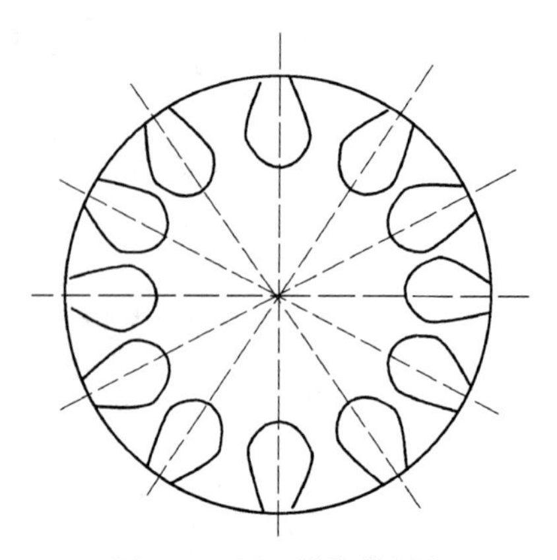
图 5-37　风口燃烧带投影

5.4.2.3　鼓风动能（*E*）

单位时间内进入高炉的鼓风质量所具有的动能称为鼓风动能（单位为 kg · m/s），它是选择风口直径的主要依据。鼓风动能大，燃烧带加长，有利于吹透中心。

$$E = \frac{1}{2}mv^2 = 4.37 \times 10^{-12} \times \frac{Q_0^3 \cdot T^2}{n^3 \cdot S^2 \cdot P^2} \tag{5-12}$$

式中　m——单位时间吹入一个风口的鼓风质量，kg · s/m；

v——实际风速，m/s；

Q_0——吹入高炉的实际总风量（标态），m^3/min；

T——风温，K；

n——进风风口数，个；

S——一个风口的进风面积，m^2；

P——鼓风压力，kg/cm^2。

5.4.2.4　理论燃烧温度（$t_{理}$）

风口前燃烧所能达到的最高温度，即假定风口前炭素燃烧放出的热量全部用来加热燃烧产物时所能达到的最高温度。风口前理论燃烧温度可达 1800～2400℃，它代表风口区最高温度，其数值表示了传热推动力的大小，但它并不代表炉缸铁水温度和生铁含硅量的高低。表 5-3 给出了不同容积的高炉要求的风口理论燃烧温度。

表 5-3　风口理论燃烧温度与高炉有效容积的关系

有效容积/m^3		1000	2000	3000	4000	5000
$t_{理}$/℃	下限	2115	2170	2300	2300	2350
	上限	2240	2300	2420	2420	2470

5.4.3　高炉内铁氧化物的还原反应

高炉冶炼的主要目的是从铁氧化物中还原出金属铁，它是高炉冶炼最基本的化学反应。除铁以外，高炉冶炼也能将少量的硅、锰、磷还原出来，并溶解在铁水中。高炉冶炼的还原剂有固体还原剂焦炭，以及气体还原剂 CO 和 H_2，后者来自风口回旋区的燃烧反应。

在炉料中，铁的氧化物有三种存在形式：Fe_2O_3、Fe_3O_4和 FeO，其中 FeO 在温度低于

570℃时会分解成 α-Fe 和 Fe_3O_4。也就是说，FeO 只有在温度高于 570℃的区域才能稳定存在。因此，铁的还原顺序为：

t >570℃ $Fe_2O_3 \rightarrow Fe_3O_4 \rightarrow FeO \rightarrow Fe$

t <570℃ $Fe_2O_3 \rightarrow Fe_3O_4 \rightarrow Fe$

5.4.3.1 用 CO 作还原剂还原铁氧化物——间接还原反应

t <570℃的区域，发生如下还原反应：

$$3Fe_2O_3 + CO = 2Fe_3O_4 + CO_2 \quad \Delta G^\ominus = -52124.6 - 41T \ \ J/mol \tag{5-13}$$

$$1/4Fe_3O_4 + CO = 3/4Fe + CO_2 \quad \Delta G^\ominus = -9823 + 8.57T \ \ J/mol \tag{5-14}$$

t >570℃的区域，发生如下还原反应：

$$3Fe_2O_3 + CO = 2Fe_3O_4 + CO_2 \quad \Delta G^\ominus = -52124.6 - 41T \ \ J/mol \tag{5-15}$$

$$Fe_3O_4 + CO = 3FeO + CO_2 \quad \Delta G^\ominus = 35371.16 - 40.25T \ \ J/mol \tag{5-16}$$

$$FeO + CO = Fe + CO_2 \quad \Delta G^\ominus = -22781 - 24.24T \ \ J/mol \tag{5-17}$$

除还原反应（5-16）为吸热反应外，其他间接还原反应均为放热反应。间接还原反应为可逆反应，煤气中必须有过量的 CO 才能保证氧化铁的还原反应正常进行下去。图 5-38 为 CO 还原氧化铁平衡相图，从图 5-38 可见，当还原温度为 900℃时，煤气中 CO>30%才能将 Fe_3O_4还原成 FeO；当煤气中 CO>70%时才能将 FeO 还原成金属铁。

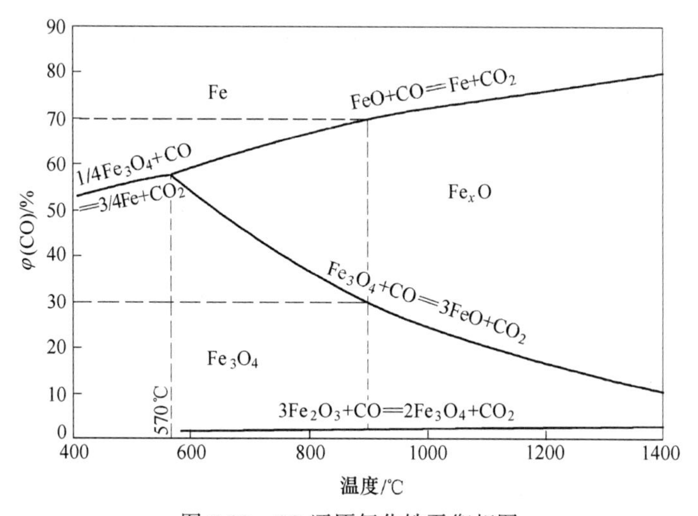

图 5-38 CO 还原氧化铁平衡相图

5.4.3.2 用 H_2作还原剂还原氧化铁

t <570℃的区域，发生如下还原反应：

$$1/4Fe_3O_4 + H_2 = 3/4Fe + H_2O \quad \Delta G^\ominus = 35530 - 30.39T \ \ J/mol \tag{5-18}$$

t >570℃的区域，发生如下还原反应：

$$3Fe_2O_3 + H_2 = 2Fe_3O_4 + H_2O \quad \Delta G^\ominus = -15549.6 - 74.46T \ \ J/mol \tag{5-19}$$

$$Fe_3O_4 + H_2 = 3FeO + H_2O \quad \Delta G^\ominus = 71937.8 - 71.73T \ \ J/mol \tag{5-20}$$

$$FeO + H_2 = Fe + H_2O \quad \Delta G^\ominus = 23408 - 16.13T \ \ J/mol \tag{5-21}$$

H_2还原氧化铁的反应为可逆反应，图 5-39 为 H_2与 CO 还原氧化铁平衡相图比较。

t >810℃时 H_2还原氧化铁的能力大于 CO；t <810℃时 CO 还原氧化铁的能力大于 H_2。

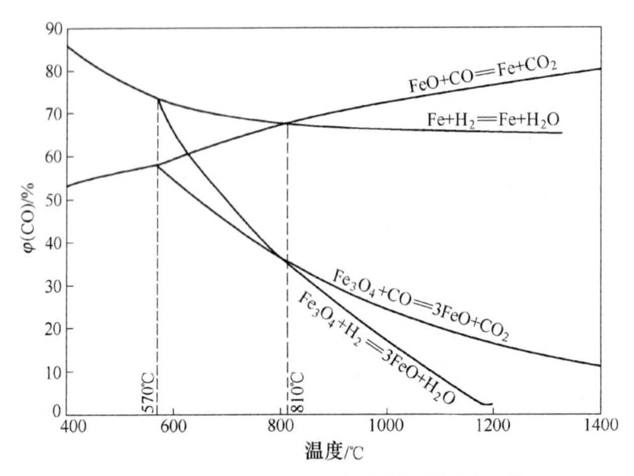

图 5-39 CO 和 H_2还原氧化铁平衡图比较

当高炉喷吹煤粉，特别是喷吹烟煤时，炉缸煤气中 H_2的含量可达到 4%~8%。

5.4.3.3 用固体碳还原氧化铁——直接还原反应

在高炉内温度高于 900~1000℃的区域，间接还原反应产生的 CO_2不能稳定存在，即发生焦炭溶损反应：

$$C + CO_2 \longequal 2CO \qquad \Delta G^{\ominus} = 170544 - 174.3T \quad J/mol \tag{5-22}$$

在温度高于 1000℃以上的区域，煤气中几乎不存在 CO_2。这时高炉内发生如下还原反应：

$$FeO + CO \longequal Fe + CO_2 \qquad \Delta G^{\ominus} = -22781 + 24.24T \quad J/mol \tag{5-23}$$

$$+ \quad CO_2 + C \longequal 2CO \qquad \Delta G^{\ominus} = 170544 - 174.3T \quad J/mol \tag{5-24}$$

$$FeO + C \longequal Fe + CO \qquad \Delta G^{\ominus} = 147763 - 150T \quad J/mol \tag{5-25}$$

直接还原反应（5-25）是强吸热反应。

5.4.3.4 直接还原度（r_d）

铁矿石进入高炉后，氧化铁的还原按照以下规律进行：

$$Fe_2O_3 \xrightarrow{\text{间接还原}} Fe_3O_4 \xrightarrow{\text{间接还原}} FeO \xrightarrow[\text{直接还原}]{\text{间接还原}} Fe$$

Fe_2O_3通过间接还原反应还原成 Fe_3O_4和 FeO，从 FeO 还原到金属铁的反应有以下三种方式：

间接还原： $$FeO + CO \longequal Fe + CO_2 \tag{5-26}$$

直接还原： $$FeO + C \longequal Fe + CO \tag{5-27}$$

氢还原： $$FeO + H_2 \longequal Fe + H_2O \tag{5-28}$$

铁的直接还原度是以直接还原方式得到的金属铁量与还原反应式（5-26）~式（5-28）得到的总铁量之比，即：

$$r_d = \frac{\text{通过直接还原反应得到的铁量}(Fe_{\text{直}})}{\text{由直接、间接和}\ H_2\ \text{还原得到的铁的总和}(Fe_{\text{生铁}})} \tag{5-29}$$

高炉内冶炼每吨生铁需要的总热量主要消耗于直接还原反应的吸热和熔化渣铁并使之

过热所需要的热量。而高炉的热收入主要来自风口前燃料（焦炭和煤粉）的燃烧和鼓风带入炉缸的物理热。因此，降低铁的直接还原度，可降低高炉炼铁的燃料比（或焦比）。目前高炉炼铁的直接还原度（r_d）在0.4~0.6之间。稳定高炉操作、减少炉况波动、提高铁矿石的还原性、富氧喷吹烟煤等措施都能降低铁的直接还原度。

5.4.4 高炉内非铁元素的还原反应

高炉内非铁元素的还原，主要包括Si、Mn、P等的还原。由于SiO_2、MnO、P_2O_5都比FeO难还原，因此，它们都是在高炉下部高温区，主要是在滴落带熔化成液态渣子后被焦炭中的碳还原出来，并溶解进入铁水中。非铁元素的还原都是强吸热的直接还原反应。

铁矿石中的磷可被100%还原进入铁水中，因此，必须严格控制铁矿石的磷含量。铁矿石中的锰，有40%~60%可被还原进入铁水中。一般铁矿石中P_2O_5和MnO的含量并不高，因此，磷和锰的直接还原对高炉燃料比的影响并不大。但铁矿石中含有大量的SiO_2，硅的还原对炉缸铁水温度和燃料比影响很大。炉缸温度越高，越有利于硅的还原，铁水中硅含量就越高。目前，高炉冶炼炼钢生铁时的硅含量一般均控制在0.4%~0.6%，低硅生铁冶炼时可控制到0.2%~0.3%。

5.4.5 炉渣和生铁的形成

$2FeO \cdot SiO_2$的熔点为1205℃，$2FeO \cdot SiO_2$与SiO_2和Fe_3O_4形成的多元系低共熔点分别为1178℃和1142℃。因此，当炉料下降到1200℃左右的区域时，铁矿石开始软化熔融，这也就是软熔带开始形成；当炉料下降到1400℃左右的区域时，渣子已具有良好的流动性，开始向下滴落，形成含FeO较高的初渣。初渣流经充满焦炭的滴落带，FeO逐渐被还原，同时吸收焦炭和煤粉燃烧产生的灰分，最终进入炉缸，形成终渣。

纯铁的熔点为1538℃。在块状带，铁矿石中的氧化铁通过间接还原和直接还原反应逐渐被还原成海绵铁。CO在海绵铁气孔内壁吸附，被新生态的金属铁催化分解出烟炭，这种烟炭可使海绵铁渗碳，使金属铁的熔点下降。当炉料下降到1200~1400℃的软熔带区域时，海绵铁中的渣子开始软化熔融，与金属铁分离。这一过程增加了金属铁被焦炭直接渗碳的机会。在滴落带，液态的金属铁流经焦炭填充层时大量渗碳，直至碳达到饱和，形成熔点1150~1250℃左右的生铁。生铁的饱和含碳量可用下式计算：

$$w[C] = 1.28 + 0.00142T - 0.304w[Si] - 0.31w[P] + 0.024\,w[Mn] - 0.037\,w[S] \tag{5-30}$$

按上式计算：炼钢生铁$w[C]=3.8\%\sim4.2\%$，铸造生铁$w[C]<3.75\%$，硅铁$w[C]<2\%$，锰铁（75Mn-Fe）$w[C]>7\%$。

5.4.6 铁水脱硫

硫在一般结构钢中是有害元素。钢液凝固时S在枝晶间偏析，在γ-Fe晶界上富集，形成熔点1190℃的FeS，FeS与Fe的共晶点只有988℃，热轧时在晶界上产生热裂现象，造成内部裂纹。炼钢时在钢中加入锰，凝固时以MnS形式析出。MnS熔点高于1600℃，热轧后延伸成长条状，造成钢材各向异性。我国国家标准（GB/T 717—1998）规定：炼

钢生铁含 $w[S]\leqslant 0.07\%$，优质炼钢生铁硫 $w[S]\leqslant 0.03\%$。

铁水中的硫，80%来自焦炭和煤粉。高炉中铁水脱硫反应如下：

$$(CaO)+[FeS]+C = (CaS)+[Fe]+CO-148892kJ/mol \tag{5-31}$$

上述反应主要发生在炉缸内铁滴穿过渣层时。脱硫反应是强吸热反应，同时需要较高的炉渣碱度，反应本身需要消耗焦炭。因此，当高炉冶炼硫负荷高时，通过高炉本身的炉渣脱硫，将增加高炉焦比，降低高炉产量。加拿大多米尼翁钢铁公司的对比试验表明，高炉铁水采用炉外脱硫后，高炉渣碱度可以从1.2降低到1.06，焦比可降低36kg/t，利用系数提高13%；美国学者J. C. Agarwal的研究结果表明，若将高炉铁水硫含量从0.03%放宽到0.07%，而将铁水进行炉外脱硫处理，将铁水硫含量从0.07%降至0.015%，综合成本可下降4.44美元/吨。铁水炉外脱硫增加的费用，仅占高炉节约费用的83%左右。转炉用低硫铁水冶炼时，炉渣碱度可从4.0下降至3.0，石灰用量降低20kg/t，渣量减少25kg/t，金属收得率提高0.6%，吨钢成本降低3.41美元/吨。

铁水预处理脱硫将在第6章详述。

【本章小结】 本章介绍了高炉炼铁原燃料和产品的性能，给出了高炉冶炼的主要经济技术指标，对高炉本体包括高炉内型、高炉炉衬、金属结构、冷却设施、炉顶装料装置等，以及送风系统、喷吹系统、渣铁处理系统和煤气净化除尘系统等附属设备进行了阐述，最后对高炉冶炼过程的基本原理进行了概述。本章需要掌握的重点是高炉炼铁所用的原燃料、产品和副产品的种类和特点，对高炉冶炼的主要技术经济指标，如对有效容积利用系数、焦比、煤比、燃料比、冶炼强度等要有量化的概念，了解高炉本体和附属设备的种类和用途，理解高炉内各区域的分布以及生铁的形成过程。

思考题

1. 高炉炼铁的生产工艺流程由哪几部分组成？
2. 高炉生产需要哪些原燃料？
3. 高炉生产有哪些产品和副产品？
4. 何谓高炉本体和高炉内型？
5. 高炉大小如何表示，何谓高炉有效高度及有效容积？
6. 常用的高炉冷却设备有哪些？
7. 高炉炼铁的主要技术经济指标有哪些？
8. 双钟式炉顶和无料钟炉顶装料设备的装料操作方式有何不同？
9. 热风炉的基本任务是什么？
10. 简述蓄热式热风炉的工作原理。
11. 热风炉有哪几种类型，一般高炉配备几座热风炉？
12. 高炉喷煤的意义是什么？
13. 高炉煤气清洗的质量要求是什么？
14. 常用的高炉煤气除尘设备有哪些？
15. 什么叫炉内块状带、软熔带和滴落带？
16. 风口前碳的燃烧在高炉过程中所起的作用是什么？

17. 什么是铁的直接还原，什么是铁的间接还原，如何计算高炉内铁的直接还原度？
18. 高炉内铁氧化物的还原特点有哪些？
19. 高炉内非铁元素的还原行为如何？
20. 高炉渣是怎样形成的？
21. 高炉渣的主要成分是什么？
22. 炼钢生铁与铸造生铁在化学成分上有什么区别？

参 考 文 献

[1] 王筱留．钢铁冶金学（炼铁部分）[M]．第2版．北京：冶金工业出版社，2000.
[2] 王筱留．高炉生产知识问答 [M]．北京：冶金工业出版社，2004.
[3] 张树勋．钢铁厂设计原理（上册）[M]．北京：冶金工业出版社，2007.
[4] 周传典．高炉炼铁生产技术手册 [M]．北京：冶金工业出版社，2008.
[5] 郝素菊，张玉柱，蒋武锋．高炉炼铁设计与设备 [M]．北京：冶金工业出版社，2011.
[6] 石秀华，吴汉军．铁矿石资源的中国价格研究 [J]．科技进步与对策，2010，27（24）：116~118.
[7] 张文中．对炼铁厂高炉精料的探讨 [J]．中国高新技术企业，2008（10）：95.
[8] 项钟庸，王筱留，等．高炉设计——炼铁工艺设计理论与实践 [M]．北京：冶金工业出版社，2007.
[9] 成兰伯．高炉炼铁工艺及技术 [M]．北京：冶金工业出版社，1990.
[10] 中国冶金设备总公司．现代大型高炉设备及制造技术 [M]．北京：冶金工业出版社，1996.
[11] 章天华，鲁世英．现代钢铁工业技术——炼铁 [M]．北京：冶金工业出版社，1986.

6 炼　钢

【本章要点提示】 本章主要介绍现代炼钢生产的两种基本方法：以铁水为主要原料的转炉炼钢法和以废钢为主要原料的电弧炉炼钢法；重点介绍了铁水“三脱”预处理的原理和方法，转炉炼钢原理、工艺和操作制度，电弧炉炼钢工艺，钢水的炉外精炼方法、中间包冶金和钢水的连续浇铸等。

6.1 钢铁制造流程

钢具有很好的力学性能和加工性能，可以进行拉拔、锻压、轧制、冲压、焊接等深加工，因此钢材比生铁的用途更广泛。除约占不到生铁总量10%的铸造生铁用于生产生铁铸件外，90%以上的生铁要冶炼成钢。钢是国民经济发展中十分重要的基础原材料，其产量仅次于水泥，2014 年我国粗钢产量已达 8.23 亿吨。

现代炼钢工艺主要有两种流程，即以氧气转炉炼钢工艺为中心的钢铁联合企业生产流程和以电炉炼钢工艺为中心的生产流程。习惯上人们把前者称为长流程，把后者称为短流程，如图 6-1 所示。

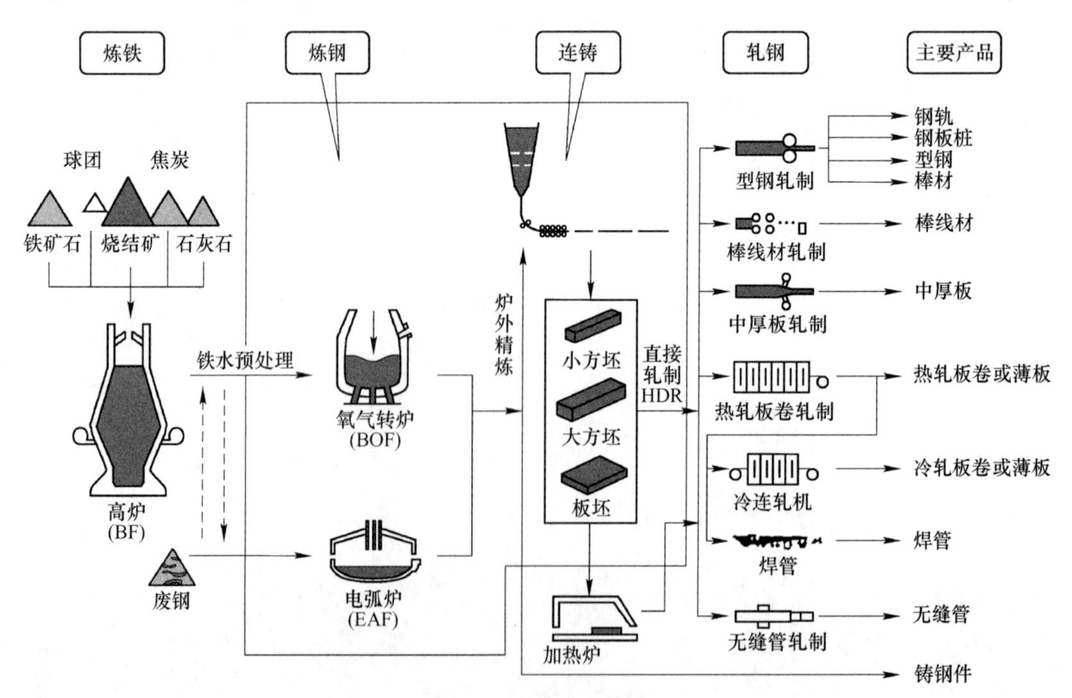

图 6-1　钢铁制造流程图

长流程工艺：从炼铁原材料（如烧结矿、球团矿、焦炭等）准备开始，原料入高炉经还原冶炼得到液态铁水，经铁水预处理（如脱硫、脱硅、脱磷）后兑入顶底复吹氧气转炉，经吹炼去除杂质，将钢水倒入钢包中，经炉外精炼（如 RH、LF、VD 等）使钢水纯净化，然后钢水经凝固成型（连铸）成为钢坯，再经轧制工序最后成为钢材。由于这种工艺生产单元多，生产周期长，规模庞大，因此称之为钢铁生产的长流程工艺。

短流程工艺：将回收再利用的废钢经破碎加工、分拣后，经预热后加入到电弧炉中，电弧炉利用电作为能源熔化废钢，去除杂质（如磷、硫）后出钢，再经炉外精炼（如 LF/VD）获得合格钢水，后续工序同长流程工序。由于这种工艺流程简捷，生产环节少，生产周期短，因此称之为钢铁生产的短流程工艺。

6.2 铁水预处理

6.2.1 铁水预处理技术概述

铁水预处理指铁水在进入转炉吹炼前，为除去铁水中的硫、硅、磷等有害元素所进行的预处理，简称铁水的“三脱预处理”，目的是简化后续炼钢过程，提高钢的质量。

铁水预处理按需要可以分别在炼铁工序或炼钢工序进行，如铁水沟、盛铁水容器（铁水罐或鱼雷罐）或转炉中进行。

硫是钢中有害元素之一，钢中含硫量高易引起热脆，且降低钢的强度，恶化钢材横向力学性能和深冲性能。由于转炉吹炼过程脱硫效果不好（一般脱硫率为 20% ~30%），人们便尝试在铁水兑入转炉前进行预脱硫处理。铁水预脱硫技术在 20 世纪 60 年代氧气顶吹转炉炼钢工艺发展后得到迅速推广，工艺已趋成熟，在实际生产中大量应用。铁水预脱硫工艺可分为铺撒法（含倒包法）、机械搅拌法、吹气搅拌法、喷吹法等。目前最常用的铁水预脱硫方法有钝化颗粒镁（或石灰、电石）喷吹法和 KR 搅拌法。

铁水脱硫条件比钢水脱硫优越，其主要原因如下：（1）铁水中 [C]、[Si] 含量高，提高硫的反应能力；（2）铁水中 [O] 含量低，提高渣铁之间的硫分配比。因此，铁水脱硫费用比钢水脱硫费用低，其费用比值为高炉脱硫：铁水预处理脱硫：转炉脱硫：炉外精炼脱硫=2.6：1 ：16.9：6.1。

工业上应用的铁水炉外脱硫剂主要有：电石（CaC_2）、石灰（CaO）、金属镁以及以它们为基础的复合脱硫剂。

继铁水预脱硫之后，为适应冶炼纯净钢（特别是低磷钢和超低磷钢）的需要，人们尝试进行铁水预脱磷。但脱磷之前必须先脱硅，脱硅是适应铁水预脱磷的需要，也可减少转炉炼钢石灰消耗量和渣量。目前，铁水预脱硅、铁水预脱磷均采用氧化方法，前者常在高炉炉前铁水沟、铁水罐（或鱼雷罐）中喷吹氧化剂将铁水中的硅脱至 0.2%以下，后者则常在铁水罐（或鱼雷罐）中喷吹氧化剂脱除磷。日本在预脱磷工艺方面先后开发了几种转炉双联法，如 SRP 法（住友金属，1987 年），ORP 法（新日铁，1989 年），NRP 法（NKK）。

6.2.2 铁水预脱硫

6.2.2.1 脱硫剂

A 石灰（CaO）

CaO 脱硫反应如下：

$$CaO + [S] \xlongequal{} CaS(s) + [O] \qquad \Delta G^{\ominus} = 109070 - 29.27T \quad J/mol \tag{6-1}$$

$$CaO(s) + [S] + [C] \xlongequal{} CaS(s) + CO(g) \qquad \Delta G^{\ominus} = 86670 - 68.96T \quad J/mol \tag{6-2}$$

$$2CaO(s) + [S] + \frac{1}{2}[Si] \xlongequal{} CaS(s) + \frac{1}{2}(2CaO \cdot SiO_2) \; \Delta G^{\ominus} = -251930 + 83.36T \; J/mol \tag{6-3}$$

CaO 脱硫有如下特点：

（1）在一定硅含量的铁水中，CaO 有较强的脱硫能力。1350℃时，用 CaO 脱硫，反应平衡常数值可达 6.489，反应达平衡时，铁水中的含硫量可达 0.0037%。

（2）脱硫渣为固体渣，对铁水容器内衬耐火材料侵蚀轻微，扒渣方便，但由于其脱硫能力较 CaC_2差，故耗量较大，渣量较多，且固体渣包裹着大量铁珠，铁损较大（约 7~15kg/t 铁）。

（3）石灰粉流动性差，在料罐中易“架桥”堵料，且石灰粉极易吸潮，吸潮后，其流动性更为恶化，潮解生成的 $Ca(OH)_2$不但影响脱硫效果，而且污染环境。因此，石灰粉最好在干燥氮气保护下密封储存在单独料仓内。

（4）CaO 脱硫过程是暴露在大气下进行的，铁水中的［Si］会被氧化生成（SiO_2），（SiO_2）将与 CaO 作用生成（$2CaO \cdot SiO_2$），相应地消耗了有效 CaO 量，降低了脱硫效果。因此，用 CaO 脱硫，最好能在惰性气体或还原性气氛下进行。

（5）石灰粉资源广，价格低，易加工，使用安全。

B 电石（CaC_2）

CaC_2脱硫反应如下：

$$CaC_2(s) + [S] \xlongequal{} CaS(s) + 2[C] \qquad \Delta G^{\ominus} = -359245 + 109.45T \quad J/mol \tag{6-4}$$

用电石脱硫有如下特点：

（1）在高碳系铁水中，CaC_2分解出的钙离子与铁水中的硫有极强的亲和力，因此，CaC_2有很强的脱硫能力，在一定铁水条件下，用 CaC_2脱硫，脱硫反应的平衡常数可达 6.90×10^5。理论上，反应达到平衡时，铁水中含硫量可达 4.9×10^{-7}%。

（2）用 CaC_2脱硫，其脱硫反应是放热反应，有利于减少铁水的温降。

（3）脱硫产物 CaS，其熔点为 2450℃，故脱硫后，在铁水面上形成疏松的固体渣，有利于防止回硫，且对鱼雷罐内衬侵蚀较轻，扒渣作业方便。

（4）由于电石粉的强脱硫能力，故耗量少，渣量也较少。

（5）电石粉极易吸潮劣化，在大气中与水分接触时，迅速产生如下反应：

$$CaC_2 + H_2O = CaO + C_2H_2(g) \tag{6-5}$$

$$CaC_2 + 2H_2O = Ca(OH)_2 + C_2H_2(g) \tag{6-6}$$

上述反应降低了电石粉的纯度和反应强度，且反应产生的 C_2H_2（乙炔）是易爆气体。因此在运输和保存电石粉时要采用氮气密封，以防止上述反应的产生。另外，电石粉和其他脱硫剂混合使用时，也会吸取其他脱硫剂的潮气而产生上述反应，电石粉应单独储存在料仓内，在开始喷吹前再与其他脱硫剂混合。

（6）价格昂贵，运输及保存困难，故喷吹成本高。

C 钝化颗粒镁（Mg）

金属镁的熔点为651℃，沸点为1110℃。铁水预脱硫的温度一般为1250~1450℃，金属镁在此温度范围内会发生气化现象，脱硫反应式为：

$$Mg(s) \longrightarrow Mg(l) \longrightarrow Mg(g) \longrightarrow [Mg]$$

$$Mg(g) + [S] = MgS(s) \qquad \Delta G^{\ominus} = -42367 + 180.67T \quad J/mol \tag{6-7}$$

$$[Mg] + [S] = MgS(s) \qquad \Delta G^{\ominus} = -372648 + 146.29T \quad J/mol \tag{6-8}$$

镁气泡脱硫反应（6–7）主要发生在粗脱硫阶段，铁水的深脱硫主要依靠反应（6–8）。铁水通过镁脱硫，可将硫含量降低到0.001%~0.005%的范围。

铁水用镁脱硫的特点如下：

（1）镁能对铁水进行深度脱硫，可将铁水硫脱至0.005%以下。

（2）脱硫形成的MgS很稳定，其熔化温度为2000℃，且密度低（2.82t/m^3）而容易上浮进入渣中。

（3）镁在铁水中有一定的溶解度，铁水经镁饱和后能防止回硫，这部分饱和的镁在铁水处理后的运送过程中仍能起到脱硫的作用。

（4）镁用量少，脱硫过程对铁水化学成分基本无影响。

（5）镁脱硫过程中形成的渣量少，不但有助于减少铁损，而且有利于环境保护。

（6）镁加入铁水中脱硫时，由于镁猛烈地蒸发为过热蒸气，容易造成铁水喷溅和镁蒸气在铁水罐外燃烧或爆炸，因此必须控制合适的镁的蒸发速度。实际应用中通常将颗粒镁表面进行钝化处理，以减缓镁的蒸发速度。

（7）在一般铁水温度范围内，镁蒸气压力为0.47~1.12MPa，如此之高的蒸气压力使反应区搅拌良好，脱硫反应的动力学条件得到很大的改善，有利于加快脱硫反应的速度。

6.2.2.2 铁水脱硫方法

A KR法脱硫

KR搅拌式脱硫法（图6-2）是日本新日铁于1963年开始研究，1965年应用于工业生产的一种铁水炉外脱硫技术。脱硫设备由扒渣机、搅拌器和脱硫剂输送系统三个主要部分组成。

KR（Knotted Reactor）脱硫法，将以一种外衬耐火材料的十字形搅拌头，插入装有铁水的铁水罐中以90~120r/min的转速旋转，使铁水产生漩涡。经过称量的脱硫剂由给料器加入到铁水表面，并被漩涡卷入铁水中，脱硫剂在不断地搅拌过程中与铁水中的硫发生反应，达到脱硫的目的。

KR 法脱硫特点：（1）脱硫效率高；（2）脱硫剂耗量少；（3）铁水温降小；（4）作业时间短；（5）金属损耗低；（6）耐火材料消耗低。

武钢炼钢总厂二分厂从日本引进 KR 脱硫技术于 1979 年建成投产，采用无碳脱硫剂（90% CaO +10% CaF_2），耗量约为 4.7kg/t 铁水，经脱硫处理后，铁水含硫量小于 0.005%的炉次比例在 98%以上，脱硫效率达 92%以上。

图 6-2 KR 脱硫法

B 喷吹法脱硫

喷吹法脱硫是 20 世纪 70 年代发展起来的炉外处理技术之

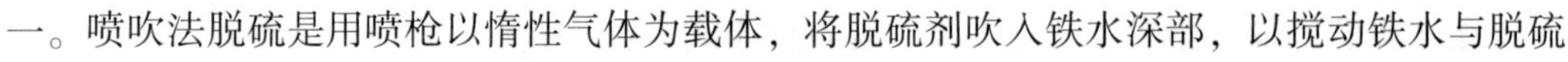

一。喷吹法脱硫是用喷枪以惰性气体为载体，将脱硫剂吹入铁水深部，以搅动铁水与脱硫剂充分混合的脱硫方法。该法可以在鱼雷罐车（图 6-3）或铁水罐内进行，主要分为混合喷吹法和复合喷吹法。

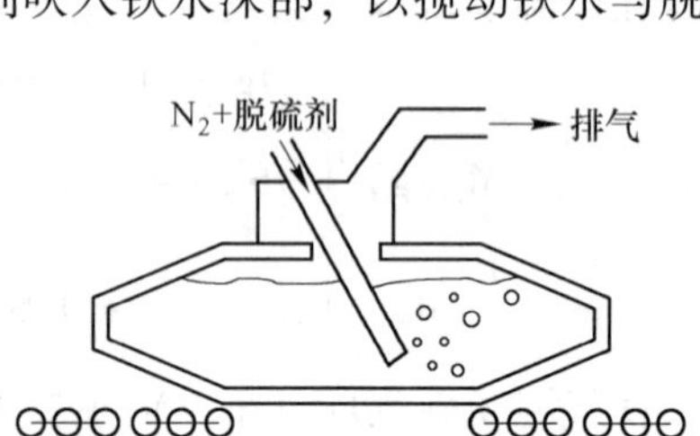

图 6-3 鱼雷罐车喷吹脱硫示意图

喷吹脱硫法具有脱硫反应速度快、效率高、操作灵活方便，处理铁水量大，设备投资少等优点。因而，它已成为铁水脱硫的主要方法。

目前，最常用的铁水预处理脱硫方法是喷吹钝化金属颗粒镁脱硫工艺（图 6-4）和 CaO/Mg 复合喷吹铁水脱硫工艺（图 6-5）。

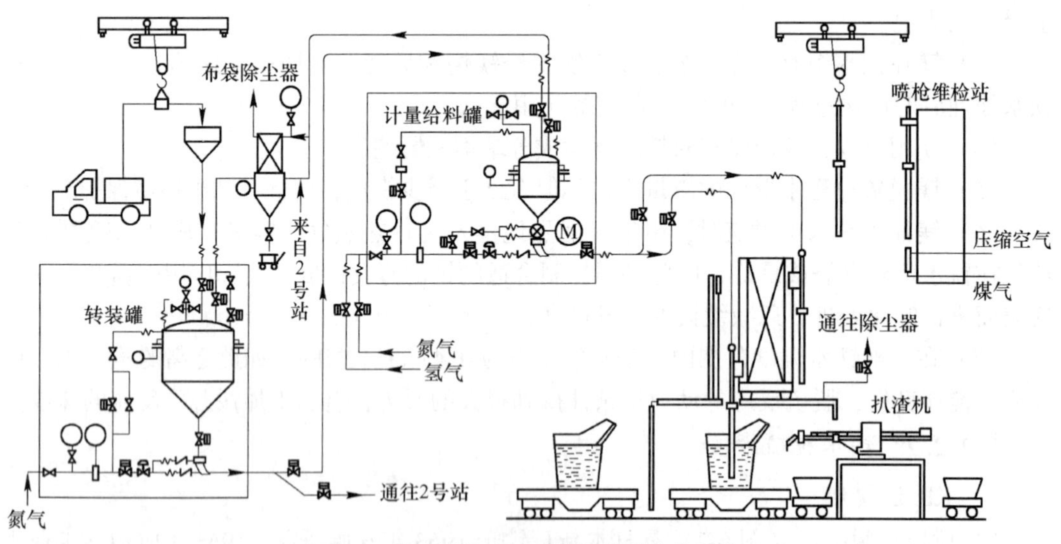

图 6-4 铁水罐单吹钝化颗粒镁脱硫的工艺

6.2.3 铁水预脱硅

铁水预脱硅的目的为：

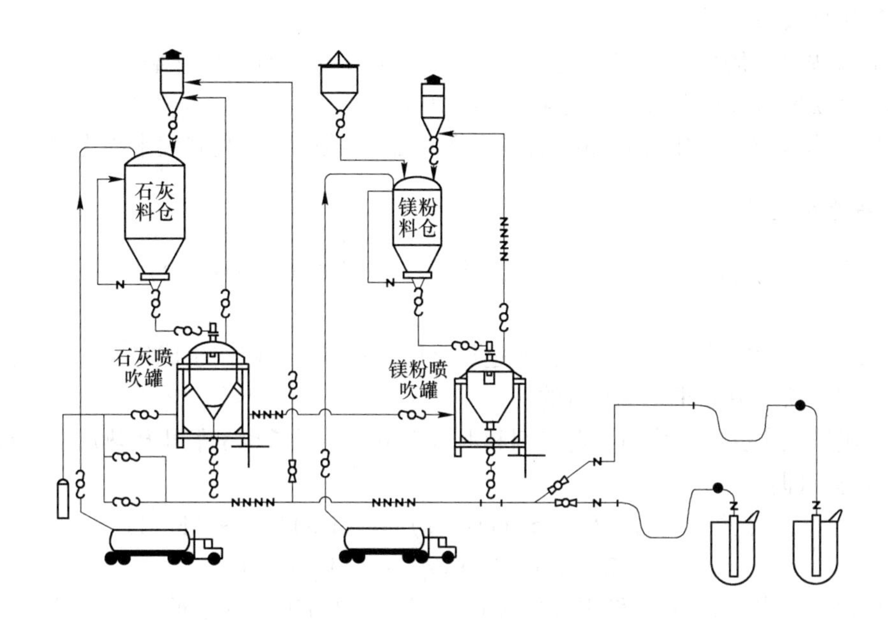

图 6-5 CaO/Mg 复合喷吹铁水脱硫工艺

(1) 减少转炉炼钢石灰消耗量，减少渣量和铁损。

(2) 铁水预脱磷的需要。由于铁水中硅的氧势比磷的氧势低得多，当脱磷过程中加入氧化剂后，硅与氧的结合能力远远大于磷与氧的结合能力，所以硅比磷优先氧化。因此当铁水中的硅含量较高时，将有一部分脱磷剂用于脱硅而使脱磷反应滞后。

脱硅剂均为氧化剂，主要有高碱度烧结矿粉、烧结粉尘、铁矿石粉、铁锰矿、轧钢皮和氧气等。

脱硅是氧化反应，且在低温下容易进行。它是用氧化剂中的固态氧或是气体氧与铁水中硅的氧化反应，即：

$$[Si] + 2/3(Fe_2O_3)(s) = SiO_2 + 4/3Fe(l) \qquad \Delta G^\ominus = -287800 + 60.38T \quad J/mol \tag{6-9}$$

$$[Si] + 1/2(Fe_3O_4)(s) = SiO_2(s) + 3/2Fe(l) \qquad \Delta G^\ominus = -275860 + 156.49T \quad J/mol \tag{6-10}$$

$$[Si] + 2(FeO)(s) = SiO_2(s) + 2Fe(l) \qquad \Delta G^\ominus = -356020 + 130.47T \quad J/mol \tag{6-11}$$

$$[Si] + O_2(g) = SiO_2 \qquad \Delta G^\ominus = -821780 + 221.16T \quad J/mol \tag{6-12}$$

二氧化硅是稳定的酸性氧化物。由于硅比磷容易氧化，脱磷前必须先脱硅。高炉脱硅后的铁水中含硅量越高，脱磷处理操作也就越困难。所以，对于铁水脱磷而言，脱硅处理是相当重要的。一般来讲，脱磷铁水的硅含量应小于 0.15%。

铁水预脱硅的方法有高炉铁水沟投入法、顶喷法、铁水罐（或鱼雷罐）喷吹法：

(1) 高炉铁水沟投入法：在高炉出铁沟撇渣器位置或铁水流入铁水罐处，投入脱硅剂。此法脱硅效率较低，约 50%。

（2）顶喷法：脱硅剂（如氧化铁皮、石灰粉和少量萤石粉）靠载气（N_2）从喷粉罐中流出，经喷枪射入到铁水中，脱硅效率约 70%。

（3）铁水罐（或鱼雷罐）喷吹法：顶喷吹法+氧枪吹氧，脱硅效率约为 80%。

6.2.4　铁水预脱磷

铁水预脱磷的目的为：（1）生产低磷钢和超低磷钢的需要；（2）优化工艺，实现少渣炼钢。

铁水预脱硅预脱磷的基本原理：通过氧化反应和渣化反应而生成稳定的硅酸盐和磷酸盐，以达到从铁水中去硅去磷的目的。

铁水脱磷剂主要由氧化剂、造渣剂和助熔剂组成。脱磷也是氧化放热反应，且在低温下容易进行，即：

$$2[P] + 5(FeO)(s) = P_2O_5(s) + 5Fe(l) \quad (6\text{-}13)$$

$$2[P] + 5/2O_2(g) = P_2O_5(s) \quad (6\text{-}14)$$

磷氧化后生成的 P_2O_5 不稳定（容易回磷），必须与钙、钠之类的碱性氧化物结合生成磷酸盐类产物，才能稳定地存在于渣中，即：

$$P_2O_5(s)+3CaO(s) = (3CaO \cdot P_2O_5) \quad (6\text{-}15)$$

所以，脱磷要求渣有一定的碱度。一般来讲，脱磷的渣碱度应在 2.0 以上。渣的碱度在 2.0~3.0 时，随着渣碱度的增加，磷在渣中的分配系数急剧上升；渣的碱度大于 3.0 后，磷在渣中的分配系数提高缓慢，渣的碱度过高，也会影响渣的流动性。

脱磷的最佳热力学、动力学条件是：（1）降低反应温度，1300℃低温有利于脱磷反应进行；（2）提高钢水、炉渣的氧化性，有利于脱磷反应；（3）提高钢中磷的活度和增加渣量，有利于脱磷反应；（4）适当的炉渣碱度；（5）对熔池进行强力搅拌。

铁水预脱磷方法主要有机械搅拌法、喷吹法和转炉双联法。

（1）机械搅拌法：在铁水罐中加入脱磷剂，然后通过装有叶片的机械搅拌器使铁水搅拌均匀，也可同时吹入氧气。处理时间为 30~60min，脱磷率为 60%~85%。

（2）喷吹法：将脱磷剂用载气经喷枪吹入铁水深部，使粉剂与铁水充分接触，在上浮过程中将磷去除。该法常向罐内喷入苏打灰配合添加烧结矿脱磷。喷吹法又可分为铁水罐喷吹法和鱼雷罐喷吹法：

1）铁水罐喷吹法：将脱磷剂用喷枪喷入铁水罐内的铁水中的进行脱磷。

2）鱼雷罐喷吹法：将脱磷剂用喷枪喷入鱼雷罐内的铁水中的进行脱磷。

（3）转炉双联法，如图 6-6 所示，其又可分为：

1）SRP（Simple Refining Process）法：20 世纪 80 年代后期由日本住友金属开发，两台复吹转炉中的一台作为脱磷炉，另一台作为脱碳炉。脱碳炉产生的炉渣可作为脱磷炉的脱磷剂，从而减少石灰消耗，达到稳定而快速的脱磷效果。

2）ORP（Optimizing Refining Process）法：新日铁名古屋制铁所于 1989 年开发，采用在铁水包内脱硫、在转炉内脱磷，排渣后进行脱碳的工艺。

3）NRP（New Refining Process）法：JFE 于 1999 年开始采用该工艺，在高炉经过脱硅的铁水被送入转炉型的脱磷炉后，加入块状的渣料，在复吹的条件下进行脱磷操作。

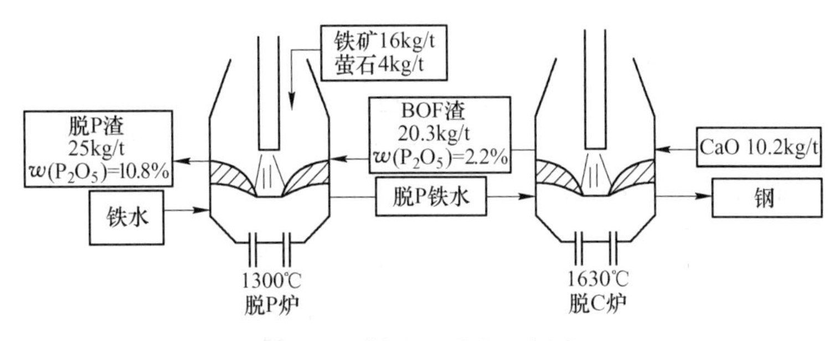

图 6-6 转炉双联法示意图

6.3 转 炉 炼 钢

6.3.1 转炉炼钢概述

炼钢就是将铁水、废钢等含铁物料冶炼成具有所要求化学成分和洁净度的钢水，并通过浇注和轧制后使其具有一定的物理化学性能和力学性能。为此，转炉炼钢过程中必须完成去除杂质(硫、磷、氧、氮、氢和夹杂物)、调整钢液成分和钢液温度三大任务。

转炉炼钢以铁水和废钢为主原料，向转炉熔池吹入氧气，使杂质元素氧化，杂质元素氧化放热提高钢水温度，一般在 25～35min 内完成一次吹炼的快速炼钢法。

1952～1953 年，30t 氧气顶吹转炉分别在 Linz 和 Donawitz 建成投产，故转炉炼钢常简称 LD 法。

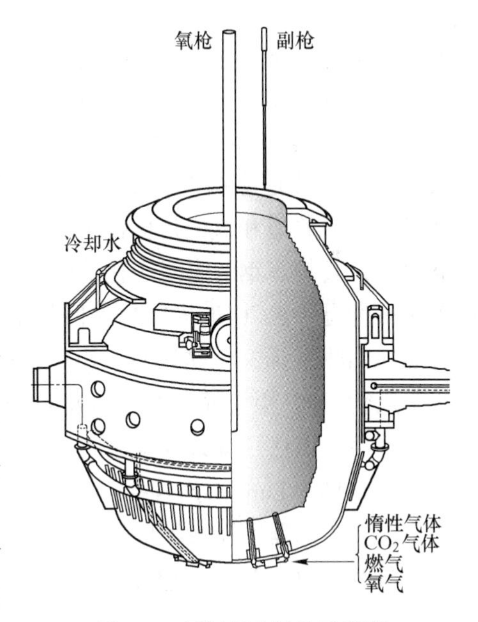

图 6-7 氧气复吹转炉示意图

目前转炉炼钢是世界上最主要的炼钢生产方法。转炉炼钢法的发展经过了顶吹（LD 法）、底吹（如 Q-BOP 法）和复吹（图 6-7）。目前主要为顶底复吹转炉，顶吹氧气，底吹 N_2/Ar 切换气体，吹炼前期吹 N_2，后期吹 Ar。也有极少数钢厂底吹 CO_2。

6.3.2 转炉炼钢设备

转炉炼钢由转炉炉体及耐火内衬、转炉倾动机构、熔剂供应系统、铁合金加料系统、供氧系统、煤气回收系统、钢包及钢包台车、渣罐及台车、出钢挡渣系统等部分组成，见图 6-8。

转炉作为反应容器，用于装铁水和废钢。转炉炉体由炉壳、托圈、耳轴和耳轴轴承座四部分组成。转炉倾动机构的作用是转动炉体，见图 1-9。

熔剂供应系统一般由储存、运送、称量和向转炉加料等几个环节组成。熔剂通过皮带运输机运送到转炉的高位料仓，称量后加入到转炉。熔剂用于炼钢的造渣、保护炉衬和冷却钢水，主要有石灰、轻烧白云石和生白云石、萤石、矿石和氧化铁皮等。

铁合金供应系统一般由储存、运送、称量和向钢包加料等几个环节组成。铁合金通过皮带运输机运送到中位料仓，称量后加入到钢包。铁合金用于钢水的脱氧和合金化。转炉炼钢常用的铁合金有锰铁、硅铁、硅锰合金和铝等。

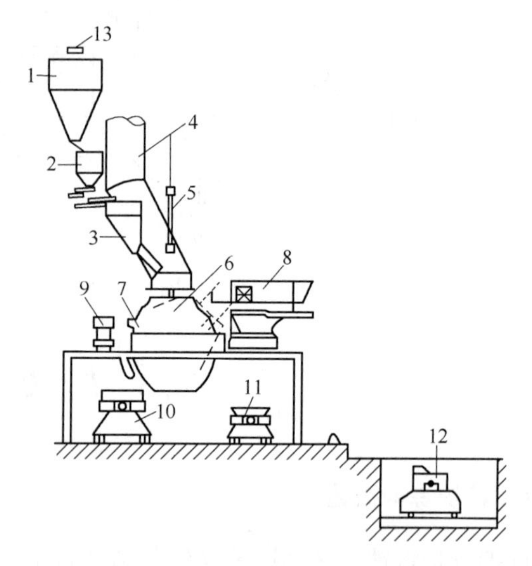

图 6-8 氧气顶吹转炉的设备及附属设备

1—料仓；2—称量料仓；3—批料漏斗；4—烟罩；5—氧枪；6—转炉炉体；7—出钢口；8—废钢料斗；9—往钢包加料运输车；10—钢包；11—渣罐；12—铁水罐；13—运输机

供氧系统一般是由制氧机、加压机、中间储气罐、输氧管、控制闸阀，测量仪表及喷枪等主要设备组成。供氧系统是炼钢工艺中的关键技术，送氧管道和氧枪是炼钢工艺的关键设备之一，见图 1-9。

目前，转炉炼钢的煤气净化回收主要有两种方法，一种是湿法（OG 法）净化回收系统，另一种是干法（LT 法）净化回收系统。

煤气回收系统，简称为 OG（Oxygen Converter Gas Recovery），该系统主要是由烟罩、一级文氏管、90°弯头脱水器、二级文氏管、风机等组成，主要用于烟气净化回收，对转炉烟气采用未燃法、湿式处理方式。

干法（LT，Lurgi-Thyssen）除尘工艺系统主要由蒸发冷却器、电除尘器、风机、切换站、煤气冷却器等设备组成。

钢包及钢包台车：钢包用于盛装钢水；钢包台车将钢水运送到不同的加工、处理工位。

渣罐及台车：渣罐用于盛装热炉渣；钢渣台车将热炉渣运送到不同的加工、处理地点。

出钢挡渣系统：目前一般采用挡渣帽挡前期渣，挡渣塞挡后期渣。有的钢厂已改为滑动水口挡前期渣和后期渣，并配有红外下渣检测系统以提高挡渣效果。

6.3.3 转炉炼钢过程

6.3.3.1 一炉钢冶炼过程

上炉出完钢后，加改质剂调整炉渣黏度，溅渣护炉后倒完残余炉渣，然后堵出钢口。加入底石灰，以减缓废钢对炉衬的冲击。

装入废钢和铁水后，摇正炉体，下降氧枪至规定枪位，开始吹炼。加入石灰保证炉渣碱度，加入轻烧白云石保证炉渣 MgO 含量。

当氧流与熔池面接触时，硅、锰、碳开始氧化，称为“点火”。点火后约几分钟，初渣形成并覆盖于熔池面。随着硅、锰、磷、碳的氧化，熔池温度升高，火焰亮度增加，炉渣起泡，并有小铁粒从炉口喷溅出来，此时应适当降低枪位。

吹炼中期脱碳反应激烈，渣中（FeO）降低，致使炉渣熔点增高和黏度加大，并可能出现稠渣（“返干”）现象。此时应适当提高枪位，并可加入氧化铁皮（或矿石），也可考虑加入萤石，但要防止“喷溅”。

吹炼末期，[C] 降低，脱碳反应减弱，火焰变短而透明。确定吹炼终点，并提枪停止供氧（称为“拉碳”）、倒炉测温取样，若碳温合适，则出钢，否则补吹后出钢。

出钢过程中加入脱氧剂和铁合金进行脱氧合金化，在出钢末期加挡渣塞（或关闭滑动水口）挡后期渣。

6.3.3.2 钢渣成分变化

吹炼前 1/3~1/4 时间，硅、锰迅速氧化到很低的含量。在碱性操作时，硅氧化较彻底，锰在吹炼后期有回升现象。

在硅、锰氧化的同时，碳也被氧化。当硅、锰氧化基本结束后，随熔池温度升高，碳的氧化速度迅速提高。[C] <0.15%后，脱碳速度趋于下降。

开吹后不久，随硅含量的降低磷被大量氧化。

硫含量在开吹后下降不明显，吹炼后期气化脱硫速度加快。

6.3.3.3 炉渣碱度变化

点火后约几分钟，由于硅、锰的氧化，其产物 SiO_2 和 MnO 含量较高，加上少量的溅渣层上的低熔点渣进入渣中，初渣形成并覆盖于熔池面，此时炉渣碱度较低。

随着温度的升高，石灰逐步熔化，CaO 含量逐渐提高，而 SiO_2 含量相应降低，碱度逐渐升高。

6.3.3.4 吹炼过程中元素的氧化规律

硅：硅和氧的亲和力很强，在吹炼初期就大量氧化。在吹炼初期，一般在 5min 以内就被氧化到很低，一直到吹炼终点，也不发生硅的还原。生成的 SiO_2 进入渣中。

$$[Si]+2[O] = (SiO_2) \text{（熔池内间接氧化）} \tag{6-16}$$

$$[Si]+O_2 = (SiO_2) \text{（氧气直接氧化）} \tag{6-17}$$

锰：[Mn] 在吹炼初期迅速氧化，但不如 [Si] 氧化得快。在开始吹炼时，铁水中 [Mn] 含量较高，[Mn] 氧化反应为放热反应，低温有利于反应进行。

$$[Mn]+[O] = (MnO) \text{（熔池内间接氧化）} \tag{6-18}$$

$$[Mn]+1/2O_2 = (MnO) \text{（氧气直接氧化）} \tag{6-19}$$

在吹炼中期，熔池温度升高，（MnO）被 C 还原。吹炼终点钢中锰含量称为残锰或余锰。

$$[C]+(MnO) = [Mn]+CO(g) \tag{6-20}$$

碳：在现代氧气转炉炼钢中主要的冶炼反应是除去铁水中的碳，该脱碳反应贯穿于整个炼钢过程。碳的氧化在炼钢过程中具有多方面的作用：

（1）熔池中排出的CO使钢液产生沸腾现象，使熔池受到激烈的搅拌，起到均匀熔池成分和温度的作用；

（2）大量的CO气泡通过渣层是产生泡沫渣和气—渣—金三相乳化的重要原因；

（3）上浮的CO气泡有利于钢中［N］和夹杂物的排出，从而提高钢的质量。

脱碳反应与炼钢过程中其他反应有着密切的联系。熔渣的氧化性、钢中氧含量等也受脱碳反应的影响。

脱碳反应有：

熔池内碳的间接氧化反应

$$[C]+[O]=\!=\!=CO(g)\quad \Delta G^{\ominus}=-22186-38.39T\quad J/mol \tag{6-21}$$

氧射流冲击区的直接氧化反应

$$[C]+1/2O_2(g)=\!=\!=CO(g)\quad \Delta G^{\ominus}=-139394-41.27T\quad J/mol \tag{6-22}$$

磷：磷在钢液中存在的稳定形式是Fe_2P、其次是Fe_3P。在转炉炼钢过程中，最主要的方法是氧化性脱磷。脱磷反应如下：

$$2[P]+5[O]=\!=\!=(P_2O_5) \tag{6-23}$$

$$2[P]+5(FeO)+3(CaO)=\!=\!=(3CaO\cdot P_2O_5)+5[Fe] \tag{6-24}$$

$$2[P]+5(FeO)+4(CaO)=\!=\!=(4CaO\cdot P_2O_5)+5[Fe] \tag{6-25}$$

磷在渣中的存在形态为$3CaO\cdot P_2O_5$，而$4CaO\cdot P_2O_5$次之。

脱磷热力学分析如下：

（1）钢渣界面上产生的脱磷反应为放热反应，降低熔池温度利于脱磷。

（2）碱性CaO能和酸性P_2O_5结合，高碱度渣有利于脱磷，一般$R\geqslant3.0$可保证顺利脱磷。但碱度过高时渣中会有很多CaO、MgO微粒悬浮在液体渣中，降低炉渣流动性，使炉渣变黏稠，降低脱磷效果。

（3）没有（FeO）是不能脱磷的，渣中（FeO）是脱磷的首要因素。

初期渣

$$(P_2O_5)+3(FeO)=\!=\!=(3FeO\cdot P_2O_5) \tag{6-26}$$

高（FeO）促进CaO在渣中的溶解，在$R\geqslant3.0\sim4.0$范围内，提高（FeO）对脱磷有利。

（4）增加渣量可增大脱磷量，多次扒渣对脱磷有利。

硫：硫在液态铁中以元素存在，有人认为以FeS形式存在。

炼钢脱硫反应是吸热反应，钢渣间的脱硫反应方程见式（6-1）。因此，有利于脱硫的热力学条件是：（1）高温；（2）低的钢水氧含量［O］和低的炉渣氧化性（FeO）；（3）炉渣高碱度和较高的渣量。

转炉吹炼过程温度很高，炉渣碱度很高，渣量也比较大，但钢水氧含量［O］和炉渣（FeO）很高，不利于脱硫。因此，总体来说，在转炉强氧化性气氛冶炼条件下，转炉的脱硫能力很弱，转炉冶炼过程的脱硫率一般只能达到25%～30%，其中氧化渣脱硫占90%左右，气化脱硫占10%左右。

6.3.4　转炉炼钢五大操作制度

氧气顶底复吹转炉炼钢工艺包括五大操作制度：装入制度、供氧制度、造渣制度、温度制度、终点控制与出钢脱氧合金化。

6.3.4.1 装入制度

装入制度就是确定转炉合理的装入量，合适的铁水废钢比。

装入量指炼一炉钢时铁水和废钢的装入数量，它是决定转炉产量、炉龄及其他技术经济指标的主要因素之一。由于转炉炼钢一般不依靠外来热源，而是依靠铁水的物理热和铁水中杂质元素氧化反应放热，因此铁水和废钢的合理配比需根据炉子的热平衡计算确定。通常，铁水配比在75%~90%，其值取决于铁水温度和成分、炉容比、冶炼钢种、原材料质量和操作水平等。

确定转炉金属料装入量时，应考虑以下因素：

（1）合适的炉容比（V/t）。炉容比是指转炉内自由空间的容积即有效容积（V）与金属装入量（t）之比，一般转炉炉容比为0.7~1.05m^3/t。

（2）合适的熔池深度。熔池深度指熔池在平静状态时金属液面到炉底最低点的距离。为了保护炉底、安全生产和保证冶炼效果，熔池深度应大于氧气射流对熔池的最大穿透深度。

目前国内外氧气转炉控制装入量的模式有三种，即定量装入、定深装入和分阶段定量装入。

6.3.4.2 供氧制度

供氧制度就是使氧气流股最合理地供给熔池，创造良好的物理化学反应条件。其主要内容包括确定合理的喷头结构、供氧强度、氧压和枪位控制。

氧枪喷头氧气的出口马赫数通常为2.0左右，使氧气以两倍左右的声速（超声速：$P_{出口}/P_{进口}<0.528$）喷出拉瓦尔喷管，射入转炉炉膛内，是具有化学反应的逆向流中非等温超声速湍流射流运动。

供氧强度：供氧强度是单位时间内每吨金属氧耗量。供氧强度的大小根据转炉的公称吨位、炉容比来确定。提高供氧强度，可以缩短吹氧时间，提高转炉产量。一般供氧强度为3.0~5.0$m^3/(t \cdot min)$。

氧压：为保证射流出口速度达到超声速，并使喷头出口处氧压稍高于炉膛内炉气压力。一般转炉的氧气工作压力为0.8~1.2MPa。

枪位控制：枪位的变化主要根据不同吹炼时期的冶金特点进行调整。枪位与氧压的配合有三种方式：恒压变枪位、恒枪位变压、变枪位变压。在我国，多半采用恒压变枪位操作。

6.3.4.3 造渣制度

造渣制度是确定合适的造渣方法、渣料的种类、渣料的加入数量和时间以及加速成渣的措施，以达到去除磷硫、减少喷溅、保护炉衬、减少终点氧及金属损失的目的。

炉渣碱度是炉渣去除硫、磷能力大小的主要标志。一般而言，对于冶炼普通铁水，转炉终渣碱度在3.0~4.0之间。

石灰加入量：根据铁水中Si、P含量及终渣碱度R来确定。

采用白云石或轻烧白云石代替部分石灰造渣，提高渣中（MgO）含量，减少炉渣对炉衬的侵蚀，具有明显效果。

萤石的主要成分为CaF_2，并含有SiO_2、Fe_2O_3、Al_2O_3、$CaCO_3$和少量磷、硫等杂质。

萤石作为助熔剂的优点是化渣快，效果明显。

常用的造渣方法有单渣法、双渣法和双渣留渣法。单渣法：整个吹炼过程中只造一次渣，中途不倒渣、不扒渣，直到吹炼终点出钢。双渣法：整个吹炼过程中需要倒出或扒出约1/2~2/3炉渣，然后加入渣料重新造渣。双渣留渣法：将双渣法操作的高碱度、高氧化性、高温、流动性好的终渣留一部分在炉内，然后在下一炉钢吹炼第一期结束时倒出，重新造渣。

6.3.4.4　温度制度

炼钢中的一个重要任务就是将钢水温度升至出钢温度。转炉炼钢中的温度控制是指吹炼过程熔池温度和终点钢水温度的控制。过程温度控制的目的是使吹炼过程升温均衡，保证操作顺利进行；终点温度控制的目的是保证合格的出钢温度。

吹炼任何钢种对终点温度范围均有一定的要求。出钢温度过低，浇注时将会造成断浇，甚至使全炉钢回炉处理。出钢温度过高，钢中气体和非金属夹杂物增加，炉衬和氧枪寿命降低，甚至造成浇注时漏钢。

6.3.4.5　终点控制与出钢合金化

终点控制是转炉吹炼末期的重要操作。终点控制主要是指终点温度和成分的控制。

转炉吹炼终点控制可分为自动控制和经验控制两大类。

(1) 出钢。出钢是转炉炼钢过程的最后一个环节，当钢水成分和温度达到出钢要求后，便可摇炉将钢水通过出钢口倒入钢包中。在出钢操作中应注意：红包出钢、保持适宜的出钢时间、挡渣出钢。

(2) 脱氧及合金化。在转炉炼钢中，到达吹炼终点时，钢水含氧量一般比较高，为了保证钢的质量和顺利浇注，必须对钢水进行脱氧。同时，为了使钢达到性能要求，还需向钢水中加入一种或几种合金元素，即合金化操作。

不同的钢种，由于其允许含氧量的不同，所以在脱氧时采用的脱氧剂种类和用量也不完全一样，常见的脱氧剂有FeMn、FeSi、Al等。

6.3.5　转炉长寿技术

现在国内外转炉炉衬普遍采用镁碳砖。镁碳砖具有抗渣性能强、导热性好的优点。

转炉炉衬由工作层、填充层和永久层耐火材料组成。工作层直接与高温钢水、氧化性炉渣和炉气接触，持续承受物理和化学因素造成的损蚀和侵蚀。炉衬损坏原因应大致分为以下四类：机械冲击和磨损、耐火材料高温溶解、高温溶液渗透、高温下气相挥发。

溅渣护炉是维护炉衬的主要手段，其基本原理如下：利用高速氮气射流冲击熔渣液面，将MgO饱和的高碱度炉渣喷溅涂敷在炉衬表面，形成一层具有一定耐火度的溅渣层，如图6-9所示。

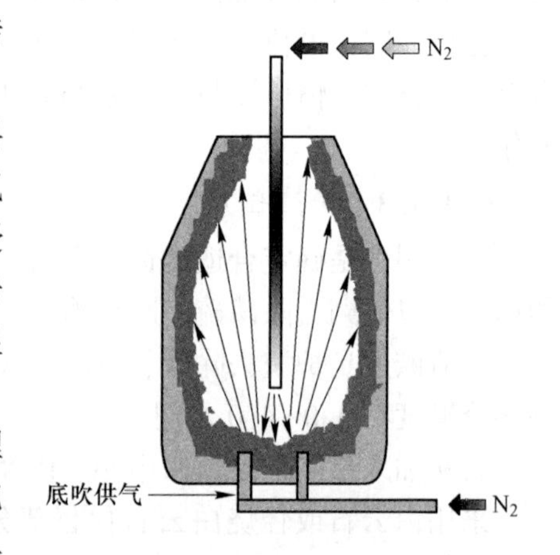

图6-9　溅渣护炉示意图

溅渣护炉工艺特点为：（1）操作简便；（2）成本低；（3）时间短，一般只需 3~4min；（4）溅渣层均匀覆盖在整个炉膛内壁上，基本上不改变炉膛形状；（5）工人劳动强度低，无环境污染；（6）炉膛温度较稳定，炉衬砖无急冷急热的变化；（7）利于提高钢产量和平衡、协调生产组织。

采用溅渣护炉技术后，转炉炉龄一般可达到 10000 炉以上。

6.3.6 转炉炼钢新技术

20 世纪 70 年代后，随着计算机应用技术的飞速发展及数学模型的研制与开发，加上采用副枪监测、炉气分析和声呐噪声分析，使得计算机控制炼钢技术取得突破性进展。基于神经网络、模糊控制的（预报-控制模型）专家系统模型在近几年的发展也是相当迅速。

模型是用物理化学或数学方法对实际过程进行描述的一种工具，是实现计算机控制转炉炼钢的核心，可分为静态模型和动态模型。

静态模型：转炉冶炼的静态模型以终点碳和终点温度控制模型为中心，用于检测铁水温度、成分和重量，各种辅助原料成分和重量，氧气流量和枪位。根据目标终点碳含量和温度的要求确定吹炼方案、供氧时间和原辅料加入量。

动态模型：动态模型是炼钢工艺过程中的关键部分，用于计算动态过程吹氧量、推算终点碳含量、推算终点钢水温度、计算动态过程冷却剂加入量以及用实际数值对计算结果进行修正。

同世界先进国家相比，我国转炉动态控制模型的开发与应用还存在许多不足，采用炉气分析法对无副枪转炉进行终点控制，适合我国大批中、小型无副枪转炉的控制特点，具有广阔的应用前景。

炉气分析技术：通过在转炉烟道上安装气体取样器、烟气处理、质谱仪分析等系统，可实时在线准确地分析炉气成分，并通过模型连续计算转炉吹炼过程中熔池成分与温度的变化，实现吹炼过程的终点控制。

动态控制的各种方法都不能直接测量熔池的信息，直接检测熔池钢水的手段是用副枪。副枪检测结果的可靠性与检测时间、检测位置有密切关系。

副枪技术：在转炉吹炼末期，通过副枪测定炉内钢水成分、温度，校正静态模型的计算误差，并根据监测值预报终点。通常采用副枪终点动态控制技术，碳的控制精度为±0.015%，温度为±12℃；碳温同时命中率不低于 85%。

6.4 电弧炉炼钢

6.4.1 电弧炉炼钢概述

通常所说的电炉炼钢是指电弧炉（EAF，Electric Arc Furnace）炼钢，特别是碱性电弧炉炼钢（炉衬用镁质耐火材料），电弧炉采用电能作为主要热源进行炼钢。

传统电弧炉炼钢原料以冷废钢为主，配加 10%左右的生铁。现代电弧炉炼钢除废钢和生铁块外，使用的原料还有直接还原铁（DRI，Direct Reduced Iron；热压块，HBI，Hot Briquetted Iron）、铁水、碳化铁等。

按电流特性，电弧炉可分为交流电弧炉（图6-10）和直流电弧炉（图6-11）。交流电弧炉以三相交流电作电源，利用电流通过3根石墨电极与金属料之间产生电弧的高温来加热、熔化炉料。直流电弧炉是将高压交流电经变压、整流后转变成稳定的直流电作电源，采用单根顶电极和炉底底电极。

图6-10 三相交流电弧炉

图6-11 直流电弧炉

通常用电弧炉的额定容量、公称容量来表示电弧炉的大小。一般认为，电弧炉的公称容量40t以下的为小电炉，50t以上的为大电炉。

1981年，国际钢铁协会提议按电弧炉的额定功率分类电弧炉。对于50t以上的电弧炉分为以下几类：额定功率100~200kV · A/t为低功率电弧炉，200~400kV · A/t为中等功率电弧炉，400~700kV · A/t为高功率电弧炉，700~1000kV · A/t为超高功率（UHP, Ultra High Power）电弧炉。对于UHP技术，近年来有炉子容量趋大、功率水平提高的趋势，国外个别电弧炉的功率水平已超过1000kV · A/t，将其称为超超高功率（SUHP, Super Ultra High Power）电弧炉。

交流电弧炉超高功率化后可加速废钢熔化、缩短熔化时间，改善热效率和总效率。但随着电炉功率越来越高，同时也出现了电弧稳定性差、电源闪烁、炉壁热点等问题，从而使直流电弧炉得到了发展。直流电弧炉比交流电弧炉的单位电耗、电极单耗和耐火材料单耗都低，并且直流电弧炉不存在“冷点”问题。直流电弧炉的超高功率化已成为世界电炉发展的趋势。

6.4.2 电弧炉炼钢设备

电炉炼钢设备主要包括机械设备和电气设备。

电弧炉的炉体由金属构件和耐火材料砌筑成的炉衬两部分组成，金属构件包括炉壳、炉门、出钢机构、炉盖圈和电极密封圈等。目前电炉以偏心底出钢（EBT, Eccentric Bottom Tapping）方式为主。

为了便于电弧炉出钢和出渣，炉体应能倾动。倾动机构就是用来完成炉子倾动的装置，偏心底出钢电炉要求向出钢方向能倾动12°~15°以出尽钢水，向炉门方向倾动10°~15°以利出渣。电弧炉设备如图6-12所示。

电极升降机构由电极夹持器、横臂、立柱及传动机构组成，其任务是夹紧、放松、升降电极和输入电流。

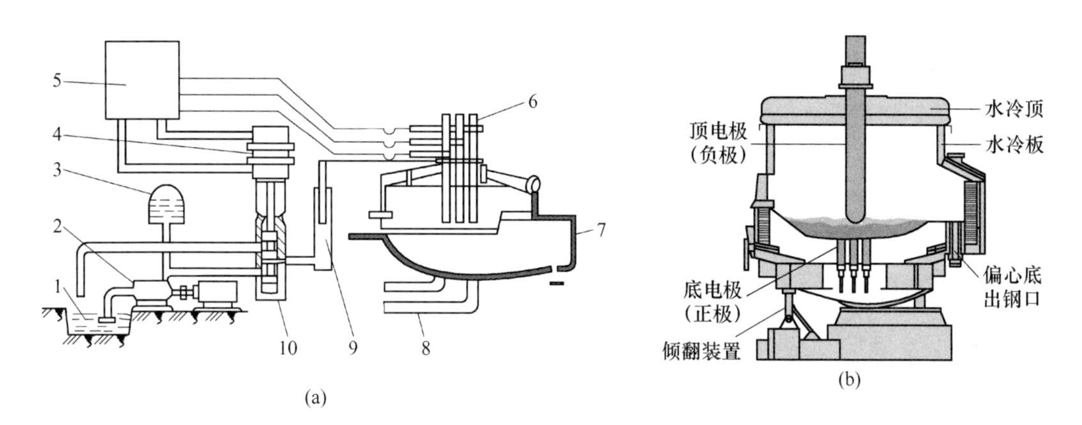

图 6-12 电弧炉设备示意图

（a）三相电弧炉；（b）直流电弧炉

1—储液槽；2—液压水泵；3—压力罐；4—伺服阀线圈；5—电气控制系统；6—电极；7—偏心底出钢电弧炉；8—吹气管；9—电极升降装置；10—伺服阀

6.4.3 碱性电弧炉氧化法冶炼工艺

电炉冶炼工艺可分为氧化法、返回氧化法和不氧化法三种类型。氧化法的特点是在冶炼过程有氧化期，能去碳、脱磷、去除气体和夹杂，氧化法是最主要的炼钢方法。

传统电弧炉氧化法冶炼可分为补炉、装料、熔化期、氧化期、还原期和出钢等阶段。现代电弧炉冶炼已经取消还原期。

6.4.3.1 补炉

电弧炉炉衬指炉壁、炉底和炉顶。电弧炉炉衬在熔炼过程中，除受到炉渣的化学侵蚀外，还受原料及钢水的机械冲刷和电弧辐射的影响，而逐步被熔损。为了延长炉体寿命，保证熔炼的正常进行，防止意外事故的发生，出钢后应根据情况进行补炉。

喷补本着快补、热补的原则，补炉材料的烧结温度极高，镁砂约为 1600℃，白云石约为 1540℃。由于补炉操作一般在停电情况下进行，材料的烧结全靠出钢后炉内余热，故应抓紧时机，趁炉体还处于高温状态迅速投补。正常情况下，补炉后炉膛温度应高于 1200℃，在特殊情况下，也不应低于 1000℃。

6.4.3.2 配料

配料是电炉炼钢工艺中不可缺少的组成部分，它是根据冶炼钢种的技术条件要求，合理搭配各种原料，在满足冶炼结束后钢液的成分要求和操作工艺要求的前提下，尽可能降低炼钢原料的成本。配料的主要任务在于确定炉料的化学成分及其配比，以保证冶炼钢种的化学成分。配料原则：合理利用返回料，尽量采用便宜的合金，尽可能减少原材料的消耗。一般钢种主要是配好碳，对于高合金钢还要配好主要合金元素。

碳：为保证氧化期的氧化脱碳，要求炉料熔化后钢中的碳含量应高于成品规格下限的 0.3%~0.4%，熔化期碳含量有 0.2%~0.3%的损失（吹氧助熔约 0.3%），则一般要求配碳量高出钢种规格下限 0.5%~0.7%。

硅：由炉料带入，要求炉料熔清后钢液中 $w[Si] \leqslant 0.15\%$。

锰：由炉料带入，要求炉料熔清后钢液中 $w[Mn] \leqslant 0.2\%$。

磷：碱性电弧炉氧化法冶炼能去除钢中的磷，炉料中的磷最好不大于0.06%。

硫：碱性电弧炉氧化法冶炼各期均可脱硫，炉料中硫最好不大于0.08%。

铬：从炉料中带入，在炉料熔清后钢液中的铬应不大于0.03%，铬含量过高，经氧化生成的Cr_2O_3进入炉渣，使炉渣变黏，不利于脱磷脱碳反应，并增大氧气、矿石消耗，延长冶炼时间。用铬含量高的炉料冶炼非铬钢种也是一种浪费。

镍、钼、铜：由炉料带入，在钢液中不易氧化。冶炼含镍、钼、铜的钢种时，配入的镍含量应控制在规格下限。对于一般钢种要求分别不大于0.01%。

6.4.3.3　装料

装料对熔化时间、合金元素烧损和炉衬寿命有很大影响。装料应做到快和密实，以缩短冶炼时间和减少热损失。

炉料在炉内必须装得足够密实，最好一次装完，或者先多装再补装的方法装料。为了使炉内炉料密实，装料时应大、中、小料合理搭配，一般小料占15%~20%、中料占40%~50%，大料占40%左右。布料原则为：下致密、上疏松；中间高、四周低、炉门口无大料，保证穿井快、不搭桥。

现代电炉装料方式有料斗（或称料篮、料罐、料筐）顶装料和皮带装料两种方式。

如图6-13所示，我国目前一般采用炉顶装料，事先将炉料装在料篮里，然后用吊车吊起由炉顶部位一次装入，这是一种最快的装料方法，一般只用3~5min；采用炉顶装料的块度可比炉门装料的大一些，炉门装料最大允许的块度随炉门大小而定；采用料篮装料，大块废钢、松散炉料均可装入炉内；并且炉料在装炉后仍能保持它在料篮中的布料位置，比炉门装料能更好地利用炉膛空间，实现合理布料，因而被广泛采用。

图6-13　电弧炉装料作业

皮带装料主要用于Consteel、Contiarc炉等连续型电炉，炉料通过送料机连续加入预热装置内或者通过预热器后直接加入电炉进行冶炼。

6.4.3.4　熔化期

熔化期的主要目的是将固体炉料熔化成液体，以便在氧化期和还原期改变钢液成分，去除有害杂质（硫、磷、碳、氧、氮和氢）和非金属夹杂物。在熔化期还应减少钢液的吸气，去除部分硫、磷，去除炉料中的硅、锰、铝等元素。

熔化期是指从通电开始到炉料全部熔清为止。熔化期占总冶炼时间的50%~70%，耗电量占全炉总电耗的60%~80%。

熔化期任务：在保证炉体寿命的前提下，将块状的固体炉料快速熔化，并加热升温至氧化温度；造好熔化期炉渣，以便稳定电弧，早期去磷，减少钢液吸气与挥发。

炉料的熔化过程：通电后电极同固体炉料起弧，使炉料熔化，而电极逐渐下降，直到电极同炉底液体钢渣直接起弧为止。然后电极开始随液面的升高而缓慢抬升，直到炉料全部熔清。炉内炉料的熔化过程大致分为起弧、穿井、电极抬升、熔化末了四个阶段，如图6-14所示。

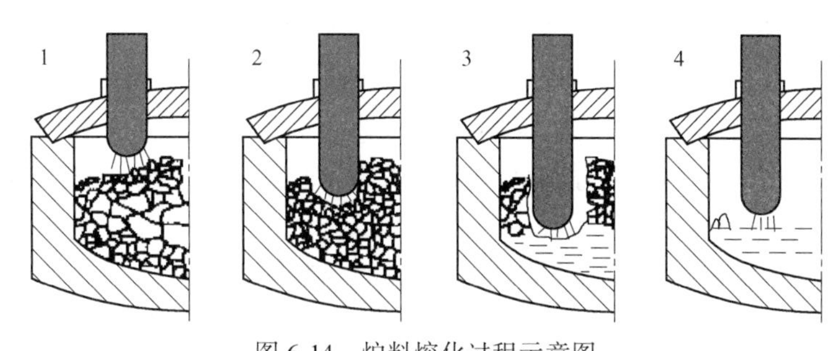

图6-14 炉料熔化过程示意图

1—起弧阶段；2—穿井阶段；3—电极抬升阶段；4—熔化末了阶段

熔化期操作：主要是合理供电、适时吹氧和尽快造渣。这些操作相互配合达到快速熔化，并保证钢液成分达到氧化期的要求。

6.4.3.5 氧化期

电弧炉炼钢氧化期的任务主要是：去磷、氧化调整钢液含碳量和升温、去除钢中气体（N、H）和去除钢液中氧化物夹杂。

氧化期脱碳：脱碳是炼钢中的一个重要过程，碳的氧化产生CO气体，CO气泡使钢液沸腾并增大钢渣界面，可加速脱磷。溶解在钢液中的H和N向CO气泡扩散并随之排出，有利于清除钢液中的气体。非金属夹杂物在沸腾钢液中碰撞聚合成更大夹杂，并上浮到渣面被炉渣吸收，CO气泡上浮过程中黏附氧化物夹杂，这有利于夹杂物的去除。而且，沸腾所起的搅拌作用，可使熔池中钢液的温度均匀。因此，炼钢工艺规定，炉料的平均含碳量应超过钢的规定含碳量，以便在氧化期中将这部分多余的碳氧化掉。

根据输入熔池氧的来源，碳的氧化分矿石氧化法、吹氧氧化法和综合氧化法三种：

（1）矿石氧化法。矿石氧化法是一种间接氧化法。它是利用铁矿石中含有80%~90%的高价氧化铁（Fe_2O_3、Fe_3O_4），加入到熔池后转变成低价氧化铁（FeO），FeO进入钢液作为氧化剂氧化钢中的碳。其反应式如下：

$$(Fe_2O_3) + [Fe] = 3(FeO) \tag{6-27}$$

$$(Fe_3O_4) + [Fe] = 4(FeO) \quad 或 \quad (Fe_3O_4) = (Fe_2O_3) + (FeO) \tag{6-28}$$

$$(FeO) = [Fe] + [O] \tag{6-29}$$

$$[C] + [O] = CO \tag{6-21}$$

$$(FeO) + [C] = [Fe] + CO \tag{6-30}$$

（2）吹氧氧化法。吹氧氧化法是一种直接氧化法，即直接向钢液熔池吹入氧气，氧化钢液中碳、磷等元素。吹氧脱碳的反应式如下：

$$[C] + 1/2O_2(g) = CO(g) \quad \Delta G^{\ominus} = -139394 - 41.27T \quad J/mol \tag{6-22}$$

吹氧脱碳是放热反应，能迅速提高熔池温度。

（3）综合氧化法。综合氧化法就是向熔池加入矿石和吹入氧气，即吹氧—矿石脱碳法。这是目前生产中常用的一种方法。

综合氧化法操作：氧化前期加矿石、后期吹氧。在氧化顺序上，先脱磷再脱碳；在温度控制上，先低温后高温；在造渣上，先大渣量脱磷，后薄渣层脱碳；在供氧上，先加矿石再吹氧。

6.4.3.6 还原期

还原期也叫精炼期，通常是指氧化末期扒渣完毕到出钢这段时间。主要任务是脱氧、脱硫、调整钢液的化学成分和调整钢液温度到出钢温度。传统电炉冶炼工艺中，还原期的存在显示了电炉炼钢的特点，而现代电炉冶炼工艺的主要差别是将还原期移至炉外进行。

炼钢氧化期向钢液中吹入大量的氧来完成脱磷、脱碳、去夹杂、脱气等任务，氧化期结束后，残留在钢中的氧对钢质量极为有害。所以在还原期要脱去这部分氧。

电炉炼钢脱氧方法有三种：沉淀脱氧、扩散脱氧和综合脱氧。

（1）沉淀脱氧。沉淀脱氧又叫直接脱氧，是直接向钢水中加入脱氧剂（如 Si、Mn、Al、Ti 等）与氧反应，生成不溶于钢的稳定氧化物，由于生成物密度比钢液小而上浮进入炉渣，以达到脱氧的目的。这种方法脱氧速度快，操作简单，但脱氧反应在钢液中进行，如果脱氧产物不能及时排出，将危害钢的质量。

（2）扩散脱氧。扩散脱氧又叫间接脱氧，是通过对炉渣进行脱氧，破坏氧在渣钢间分配的平衡，使钢中的氧不断向渣中扩散，从而达到脱氧的目的。此法是电炉炼钢特有的基本的脱氧方法。

与沉淀脱氧法比较，扩散脱氧法的特点是：反应在渣中进行，钢液受污染少，钢质量好；脱氧速度慢，时间长。

（3）综合脱氧。综合脱氧是在还原过程中交替使用沉淀脱氧和扩散脱氧的一种联合脱氧方法，即氧化末期、还原前期用沉淀脱氧（预脱氧），还原期用扩散脱氧，出钢前用沉淀脱氧（终脱氧）。此法充分发挥了沉淀脱氧反应速度快和扩散脱氧不污染钢水的优点。目前国内大部分钢种都采用综合脱氧。

6.4.4 废钢预热技术

20 世纪末，人们全面开发了电炉炼钢节能技术。电炉炼钢产生的高温废气温度约 1200~1400℃，烟气的热量可占到电弧炉热量总收入的 20%左右，可利用高温废气对废钢进行预热从而达到降低电耗的目的。目前废钢预热方法主要有：（1）炉料连续预热法；（2）双壳电炉预热法；（3）竖式电炉预热法。

6.4.4.1 炉料连续预热法

炉料连续预热法的代表是 Consteel 工艺：用封闭式振动型传送带将废钢连续送入电炉内，而高温废气则逆向流经废钢上面对其进行预热，如图 6-15 所示。

Consteel 电炉由炉料连续输送系统，废钢预热系统，电炉熔炼系统，燃烧室及余热回收系统等四部分组成。

Consteel 电炉的工作原理：在连续加料的同时，利用炉子产生的高温废气对炉料进行连续预热，可使废钢入炉前的温度达到 600℃左右，而预热后的废气经燃烧室进入余热回收系统。

Consteel 电炉实现了废钢连续预热、连续加料、连续熔化，提高了生产效率，降低了能耗，减少了渣中的氧化铁含量，提高了钢水的收得率。另外，在预热区，Consteel 自控

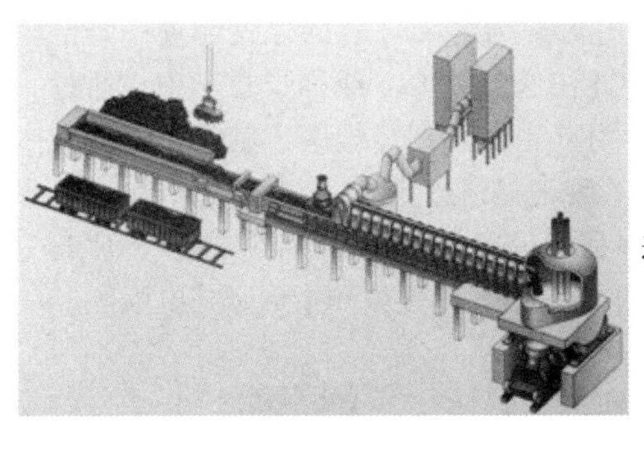

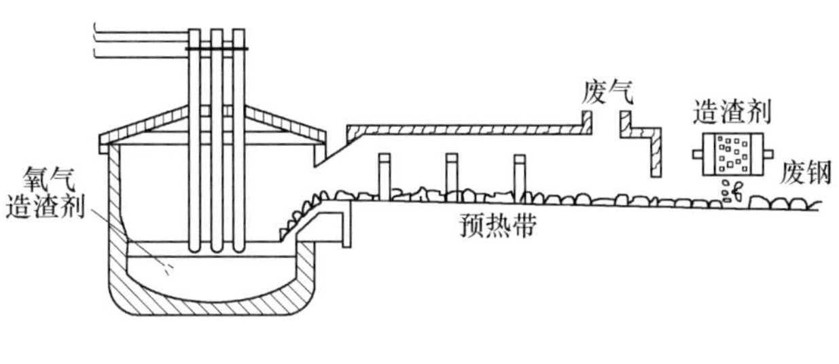

图 6-15 炉料连续预热示意图

系统能够自动调整空气量，使排出的烟气中所含的碳氢化合物充分二次燃烧，且烟气所携带的粉尘大量沉积在废钢表面，当进入熔化池后被再熔化，减少了炼钢炉排放的烟气量，改善了环境，并使系统能够回收更多的能量。冶炼过程熔池始终保持沸腾，降低了钢中气体含量，提高了钢的质量。容易与连铸相配合，实现多炉连浇。

应该说，这种炉料连续预热式电炉是高效、节能，及环保型电炉炼钢设备。

6.4.4.2 双壳电炉预热法

双壳电炉具有一套供电系统和两个炉壳（即“一电双炉”），一套电极升降/旋转装置交替对两个炉壳供热熔化废钢（也有少数炉子采用两套电极升降/旋转装置），见图 6-16。双壳电炉自 1992 年开发到 1997 年已有 20 多座投产，其中大部分为直流双壳炉。

双壳电炉预热法采用一个电源两个炉子，用一个炉子炼钢，将其产生的废气导入另一个装有废钢的炉内进行预热，然后交替作业，既解决了料篮预热法引起的环境污染问题，又可进行 1000℃以上的高效预热，还节省了出钢、补炉及第一次装料等非通电时间，提高了生产效率。

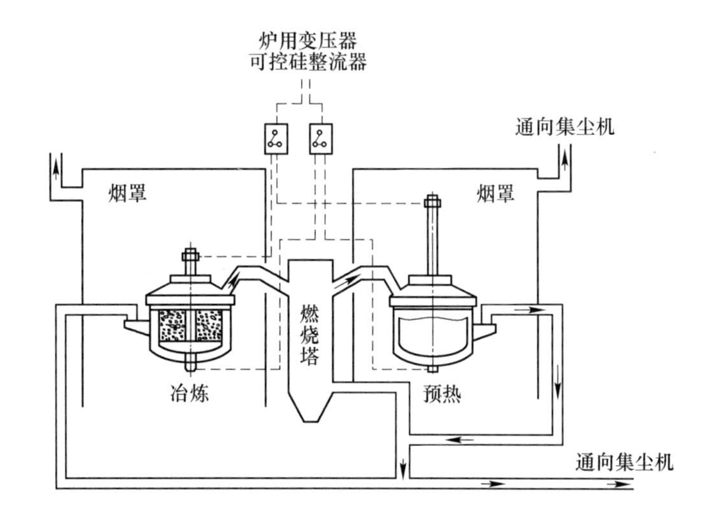

图 6-16 双壳电炉设备示意图

6.4.4.3 竖式电弧炉预热法

竖炉炉体为椭圆形，在炉体相当炉顶第四孔（直流炉为第二孔）的位置配置一竖窑烟道，并与熔化室连通。主要特点是：（1）废钢放置在这个竖炉（或称竖井）中，通过电炉熔炼时所产生的上升热废气进行预热；（2）废钢事先加入到竖炉中，然后直接进入电炉炉膛；（3）竖炉中的废钢料柱可以对预热废钢的废气起到过滤作用。

竖炉按其形式可分为单炉体（包括非指形竖炉和指形竖炉）、双炉体和指形竖炉三种。图6-17和图6-18分别为英国Sheerness CO-steel钢厂单炉体竖炉和指形竖式电弧炉。

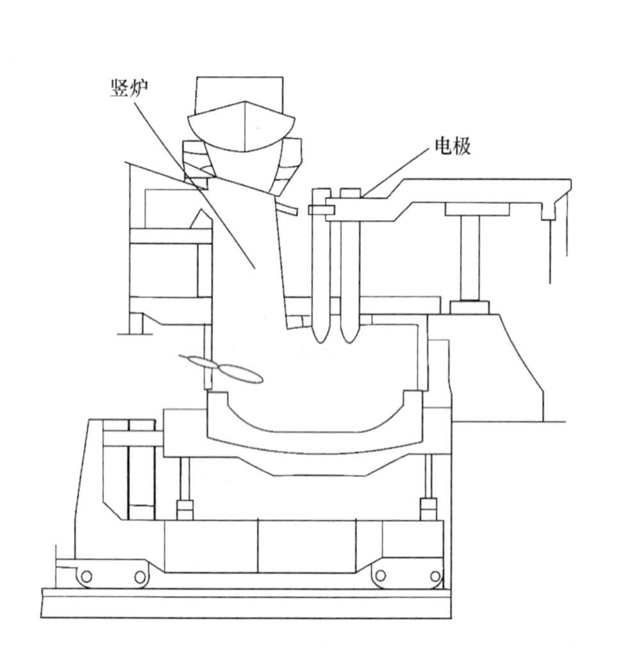

图6-17 单炉体竖式电弧炉设备示意图

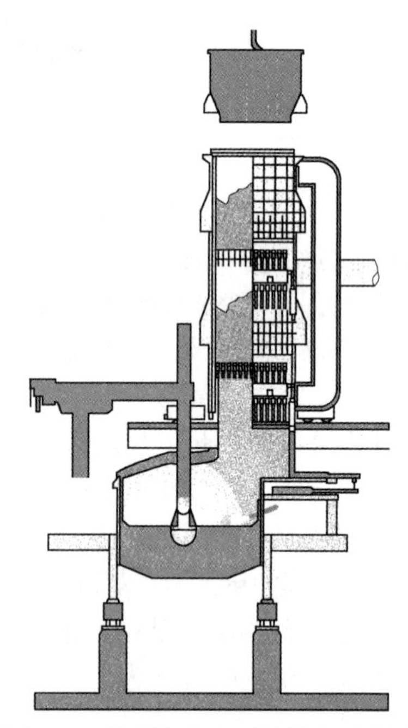

图6-18 指形竖式电弧炉设备示意图

6.5 炉 外 精 炼

6.5.1 炉外精炼概述

炉外精炼就是按传统工艺，将在常规炼钢炉中完成的精炼任务，如去除杂质（包括不需要的元素、气体和夹杂），成分和温度的调整和均匀化等任务，部分或全部地移到钢包或其他容器中进行。因此，炉外精炼也称为二次精炼或钢包冶金。凡是在初炼炉（如转炉、电炉）以外进行的，旨在进一步扩大品种提高钢的质量、降低钢的生产成本所采用的冶金过程统称为炉外精炼。

炉外精炼主要有以下作用：（1）提高质量扩大品种的主要手段；（2）优化冶金生产流程，提高生产效率、节能、降耗、降低成本的主要方法；（3）炼钢-炉外精炼-连铸-热装轧制工序衔接。

炉外精炼有以下任务：（1）钢水成分和温度的均匀化；（2）精确控制钢水成分和温度；（3）脱氧、脱硫、脱磷、脱碳；（4）去除钢中气体（氢、氮）；（5）去除夹杂物及夹杂物形态控制。

炉外精炼采用的基本手段有：(1) 渣洗；(2) 加热；(3) 搅拌；(4) 真空；(5) 喷吹；(6) 喂丝。

在现代炼钢生产过程中，为获得高质量的产品，从转炉和电弧炉中出来的钢水几乎都要经过炉外精炼处理，使最后的产品达到所要求的最大限度的纯净度，符合不同品种的质量要求和提高钢液的可浇性，并且在生产率、节能和降低原材料消耗方面得到明显的经济效应，在改善环境、降低劳动强度等方面获得良好的社会效益。

6.5.2 炉外精炼方法分类

炉外精炼是指从初炼炉（转炉、电弧炉）出来的钢水，在另一冶金设备（如钢包、AOD）中进行精炼的技术。它可提高钢的质量，缩短初炼炉的冶炼时间，降低成本，可生产出一般初炼炉达不到的高质量钢。近 30 年来，炉外精炼发展迅速，具体方法有 30 多种，各自的侧重点不同，如脱硫、脱碳、脱氮、脱氧，减少非金属夹杂物，改变夹杂物形态，均匀浇铸温度和微调成分等。炉外精炼方法分类见表 6-1 和图 6-19。

表 6-1 主要炉外精炼方法的分类、开发及适用情况

分 类	名 称	开发年份与国别	适 用 性
合成渣渣洗	液态合成渣洗（液态） 固态合成渣洗 预熔渣渣洗	1933 法国	脱氧、脱硫、去除夹杂物
钢包吹氩精炼	GAZAL（钢包吹氩法） CAB（带盖钢包吹氩法） CAS	1950 加拿大 1965 日本 1965 日本	去夹杂，均匀成分和温度
真空脱气法	BV（倒桶法） VC（真空浇注） SLD（倒包法） VD（真空罐内钢包脱气法） DH（提升脱气法） TD（出钢过程中的真空脱气法） 连续真空处理法（CVD） VSR（真空渣洗精炼法） RH（真空循环脱气法） RH-OB RH-KTB RH-PB RH-PTB RH-MFB	1952 联邦德国 1952 联邦德国 1952 联邦德国 1952 联邦德国 1956 联邦德国 1962 联邦德国 1971 苏联 1974 苏联 1959 联邦德国 1972 日本 1986 日本 1987 日本 1994 日本 1992 日本	脱氢，脱氮，脱氧，去除夹杂物
带有加热装置的炉外精炼	ASEA-SKF（真空电磁搅拌+电弧加热） VAD（真空埋弧加热去气法） LF	1965 瑞典 1967 美国 1971 日本	钢水升温、脱氧、脱硫

续表 6-1

分 类	名 称	开发年份与国别	适 用 性
低碳钢液的精炼	VOD（真空吹氧脱碳法） AOD（氩、氧混吹脱碳法） CLU（汽、氧混吹脱碳法） VODC（转炉真空吹氧脱碳法）	1965 德国 1968 美国 1973 法国 1976 联邦德国	降碳保铬，适用于超低碳不锈钢和低碳钢的精炼
喷粉及特殊材料添加	IRSID（钢包喷粉） ABS（弹射法） TN（蒂森法） SL（氏兰法） WF（喂线法）	1963 联邦德国 1973 日本 1974 联邦德国 1976 瑞典 1976 日本	脱氧、脱硫，去除夹杂物

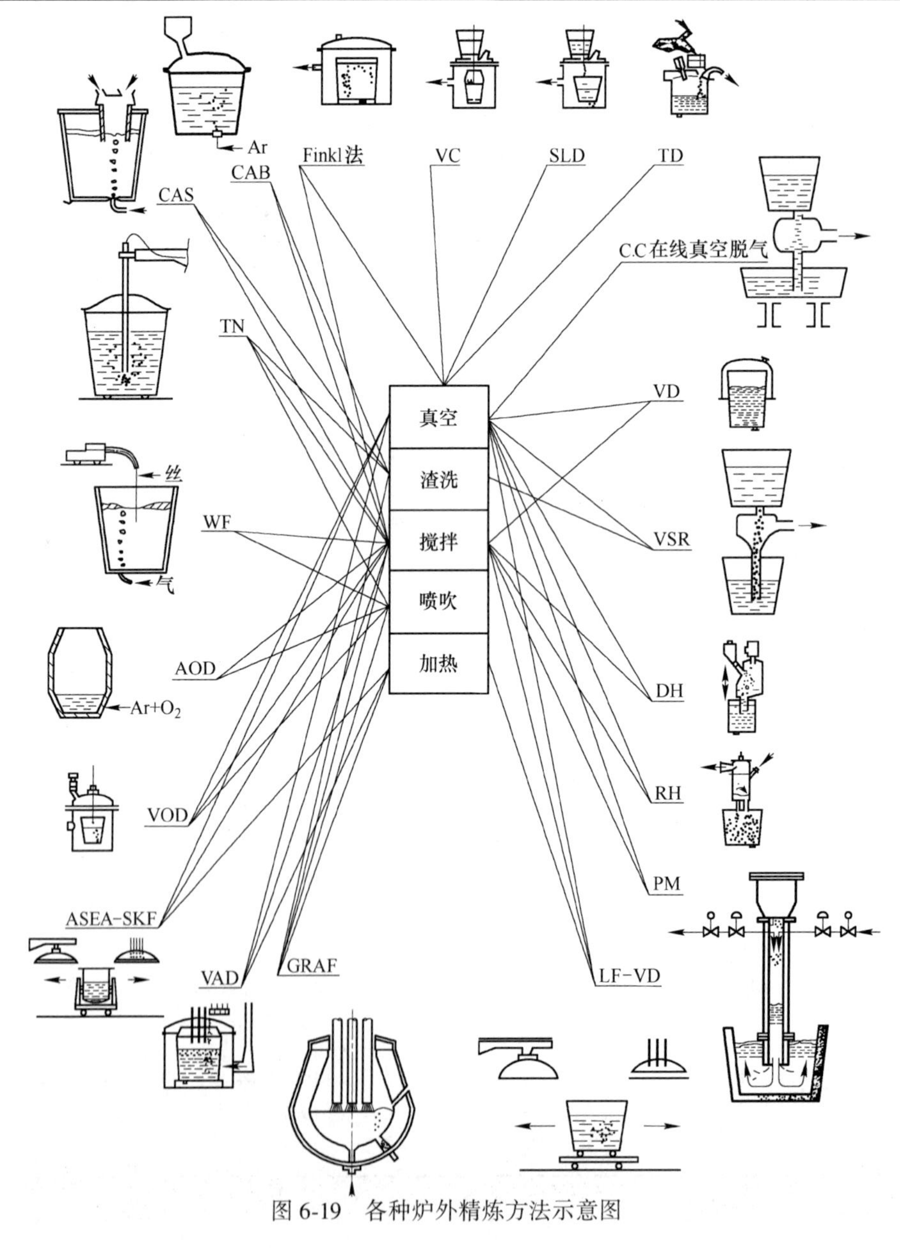

图 6-19 各种炉外精炼方法示意图

6.5.3 几种常用的炉外精炼方法

6.5.3.1 渣洗

渣洗就是在转炉或电弧炉出钢过程中通过钢液对合成渣的冲洗，以进一步提高钢水质量的一种炉外精炼方法。目前转炉和电弧炉在出钢过程中普遍采用预熔精炼渣渣洗，预熔精炼渣是将石灰和铝矾土预先熔化，冷却破碎后直接用于炼钢生产。渣洗过程没有固定的设备和装置。

渣洗除了可以快速脱硫以外，还能有效地脱氧和去除夹杂，从而减轻出钢过程中二次氧化的有害作用。

用于渣洗的合成渣一般为 $CaO\text{-}Al_2O_3$ 渣系。其熔点低于被渣洗钢液的熔点，为1400℃以下；具有较好的流动性。预熔渣是还原性的，渣中 FeO 含量很低。

6.5.3.2 钢包吹氩精炼法

钢包内喷吹惰性气体（氩气）的搅拌工艺（底吹或顶吹法），又称“钢包吹氩”技术，是最普通也是最简单的炉外处理工艺。其主要冶金功能是均匀钢水成分、温度、促进夹杂物上浮。通常钢包吹氩的气体搅拌强度（标态）为 $0.003 \sim 0.01 m^3/(t \cdot min)$。

钢包吹氩的作用：(1) 调温：主要是冷却钢液。对于开浇温度有比较严格要求的钢种或浇注方法，用吹氩的办法将钢液温度降低到规定的要求。(2) 混匀：在钢包底部适当位置安放透气砖吹氩，可使钢包中的钢液产生环流，用控制气体流量的方法来控制钢液的搅拌强度。实践证明，这种搅拌方法可促使钢液的成分和温度迅速地趋于均匀。(3) 净化：搅动的钢液增加了钢中非金属夹杂碰撞长大的机会。上浮的氩气泡不仅能够吸收钢中的气体，还会黏附悬浮于钢液中的夹杂，把这些黏附的夹杂带至钢液表面被渣层所吸收。

钢包吹氩的两种形式：(1) 底吹：大多数炉外精炼的吹氩方式是通过安装在钢包底部一定位置的透气砖，将氩气吹入钢液；(2) 顶吹：吹氩喷枪插入钢包内的钢液中，在接近包底处将氩吹入钢液。

钢包吹氩精炼最常见的有 CAS 和 CAS-OB 两种方法。

A CAS

提高钢包吹氩强度，有利于熔池混匀和夹杂物上浮。而吹氩强度过大，会使钢液面裸露，造成二次氧化。为解决这一问题，采用强吹氩工艺将渣液面吹开后，在封闭的浸渍钟罩内迅速形成氩气保护气氛，避免了钢水的氧化，这一吹氩工艺通常称为 CAS (Composition Adjustment by Sealed Argon Bubbling) 法，如图 6-20 (a) 所示。CAS 法不仅提高了吹氩强度，而且钟罩内氩气气氛使合金收得率提高，又使钢包吹氩工艺增加了合金微调的功能。

CAS 法优点如下：(1) 均匀钢水成分和温度，且控制快速、准确，操作方便；(2) 提高合金收得率，且稳定；(3) 净化钢液，去除夹杂物，提高连铸坯的质量；(4) 基建、设备投资少，操作费用低。

B CAS-OB

为了解决精炼过程中钢水温降的问题，日本又在 CAS 设备上增设加铝丸和顶吹氧枪设备，通过溶入钢水内的铝氧化发热，实现钢水升温，通常称为 CAS-OB（Oxygen Blowing）工艺，如图 6-20（b）所示。

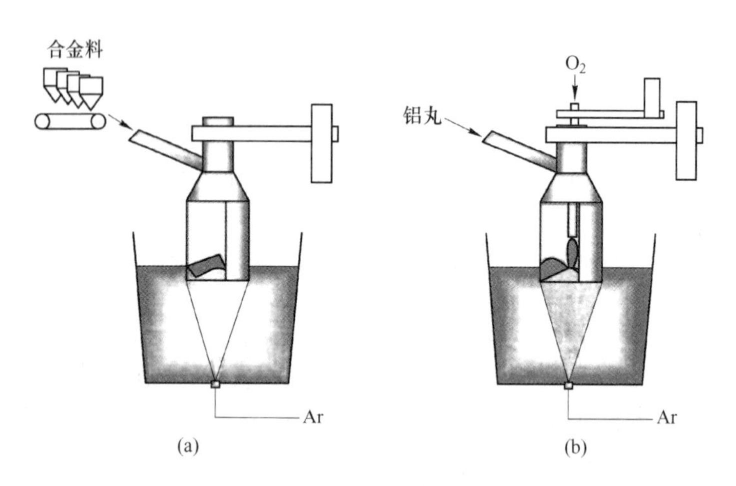

图 6-20　CAS 与 CAS-OB 工作原理图
（a）CAS 调节成分；（b）OB 升温

6.5.3.3　LF

LF（Ladle Furnace）又称钢包精炼炉，于 20 世纪 70 年代初由日本开发成功，并大量推广，成为当代最主要的炉外精炼设备，如图 6-21 所示。

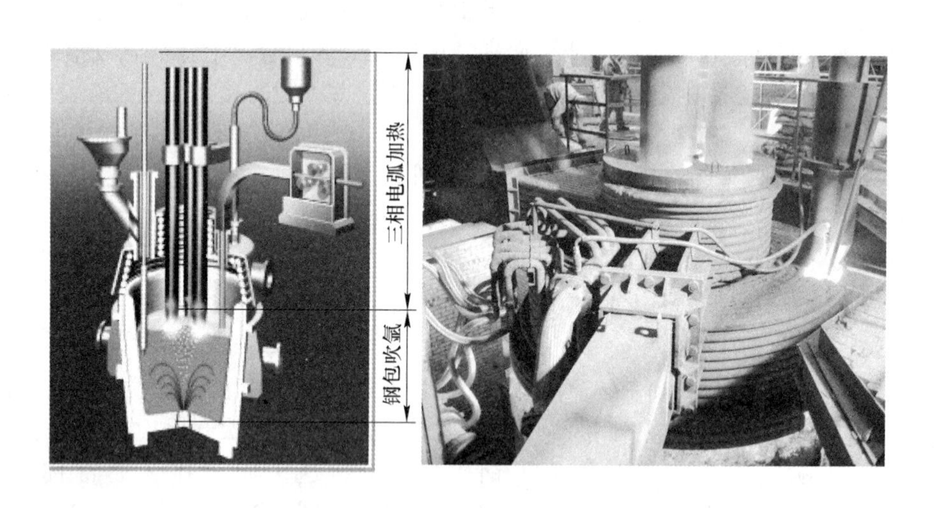

图 6-21　LF 精炼设备

LF 工艺具有以下优点：精炼功能强，适宜生产超低硫、超低氧钢；具有电弧加热功能，热效率高，升温幅度大，温度控制精度高；具备搅拌和合金化功能，易于实现窄成分控制，提高产品的稳定性；采用渣钢精炼工艺，精炼成本低；设备简单，投资较少。

LF 精炼工艺主要包括三个部分：

（1）加热与温度控制。LF 采用电弧加热，对钢水的加热效率一般不低于 60%，高于电炉升温热效率。吨钢平均升温 1℃耗电 0.5~0.8kW·h。LF 炉的升温速度决定于供电的比功率（kV·A/t），而供电比功率的大小又决定于钢包耐火材料的熔损指数。

通常，LF 的供电比功率为 150～200kV·A/t，升温速度可达到 3～5℃/min，采用埋弧泡沫渣技术，可减轻电弧的辐射热损失，提高加热效率 10%～15%。LF 炉采用计算机动态控制终点温度，可保证终点温度的控制精度不大于±5℃。

（2）白渣精炼工艺。“白渣”是指 FeO 含量低的高碱度还原渣，LF 炉利用白渣对钢水进行精炼，实现钢水脱氧和脱硫，生产超低硫钢。因此，白渣精炼是 LF 炉工艺操作的核心，也是提高钢水纯净度的重要保证。白渣精炼的工艺要点是：

1）转炉出钢挡渣，控制下渣量不大于 5kg/t；

2）钢包渣改质，控制钢包顶渣碱度 $R \geqslant 2.5$，$w(TFe+MnO) \leqslant 3.0\%$；

3）白渣精炼，一般采用 $Al_2O_3-CaO-SiO_2$ 系炉渣，控制钢包渣碱度 $R \geqslant 4$，渣中 $w(TFe+MnO) \leqslant 1\%$，保证脱硫、脱氧效果；

4）控制 LF 炉内气氛为弱氧化性，避免炉渣再氧化；

5）适当搅拌，避免钢液大面积裸露，并保证熔池内具有较高的传质速度。

目前国内外先进的转炉钢厂经 LF 处理后的钢水硫含量最低可降至 0.0005%。

（3）合金微调与窄成分控制。合金微调与窄成分控制技术是保证钢材成分性能稳定的关键技术之一，也是 LF 精炼的重要冶金功能，通常通过如图 6-22 所示的喂丝机将铝线、碳线、合金芯线和钙线等对钢水成分进行微调。

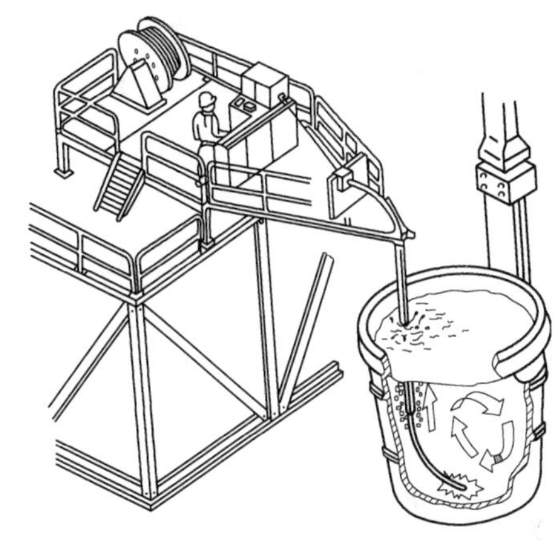

图 6-22　喂丝机工作示意图

6.5.3.4　RH

1959 年联邦德国 Ruhrstahl 钢铁公司和 Heraeus 真空泵厂共同开发了真空循环脱气法，简称 RH（见图 6-23），最初开发该工艺的主要目的是实现钢水脱氢，防止钢材中产生“白点”。

RH 法又称真空循环脱气法。其基本工艺原理是向上升管中吹入氩气，利用氩气泡将钢水不断地提升到真空室内进行脱气、脱碳等反应，然后通过下降管回流到钢包中。因此，RH 处理不要求特定的钢包净空高度，反应速度也不受钢包净空高度的限制。图 6-24 为工作中的 RH 装置。

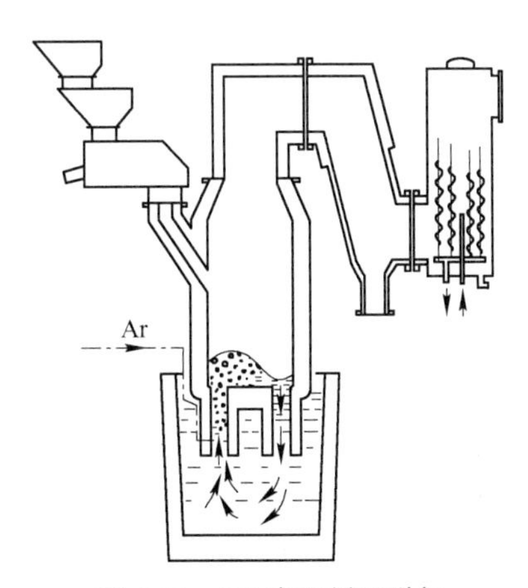

图 6-23　RH 真空循环脱气

随着技术的进步，随后又开发出了 RH-OB（Oxygen Blowing）、RH-KTB（Kawasaki Top Blowing）、RH-PB（Powder Blowing）、RH-PTB（Powder Top Blowing）和 RH-MFB（Multi-Function Burner）等 RH 精炼装置，各装置的图示与技术特点见表 6-2。

图 6-24 工作中的 RH 装置

表 6-2 不同 RH 装置设备图示与技术特点

设备名称	设备简图	技术特点
RH 1959 年联邦德国		（1）反应速度快，表观脱碳速度常数可达到 3.5min^{-1}。处理周期短，生产效率高，常与转炉配套使用。 （2）反应效率高，钢水直接在真空室内进行反应，可生产 $w[\text{H}] \leqslant 1.5\times10^{-4}\%$、$w[\text{N}] \leqslant 40\times10^{-4}\%$、$w[\text{C}] \leqslant 20\times10^{-4}\%$的超纯净钢
RH-OB 1972 年新日铁 1985 年中国宝钢		优点： （1）RH-OB 真空吹氧法进行强制脱碳。 （2）加铝吹氧升高钢水温度、生产铝镇静钢等技术，减轻了转炉负担，提高了转炉作业率，降低了脱氧铝耗。 缺点：RH-OB 喷嘴寿命低，降低了 RH 设备的作业率，喷溅严重，RH 真空室易结瘤，辅助作业时间延长，要求增加 RH 真空泵的能力

续表 6-2

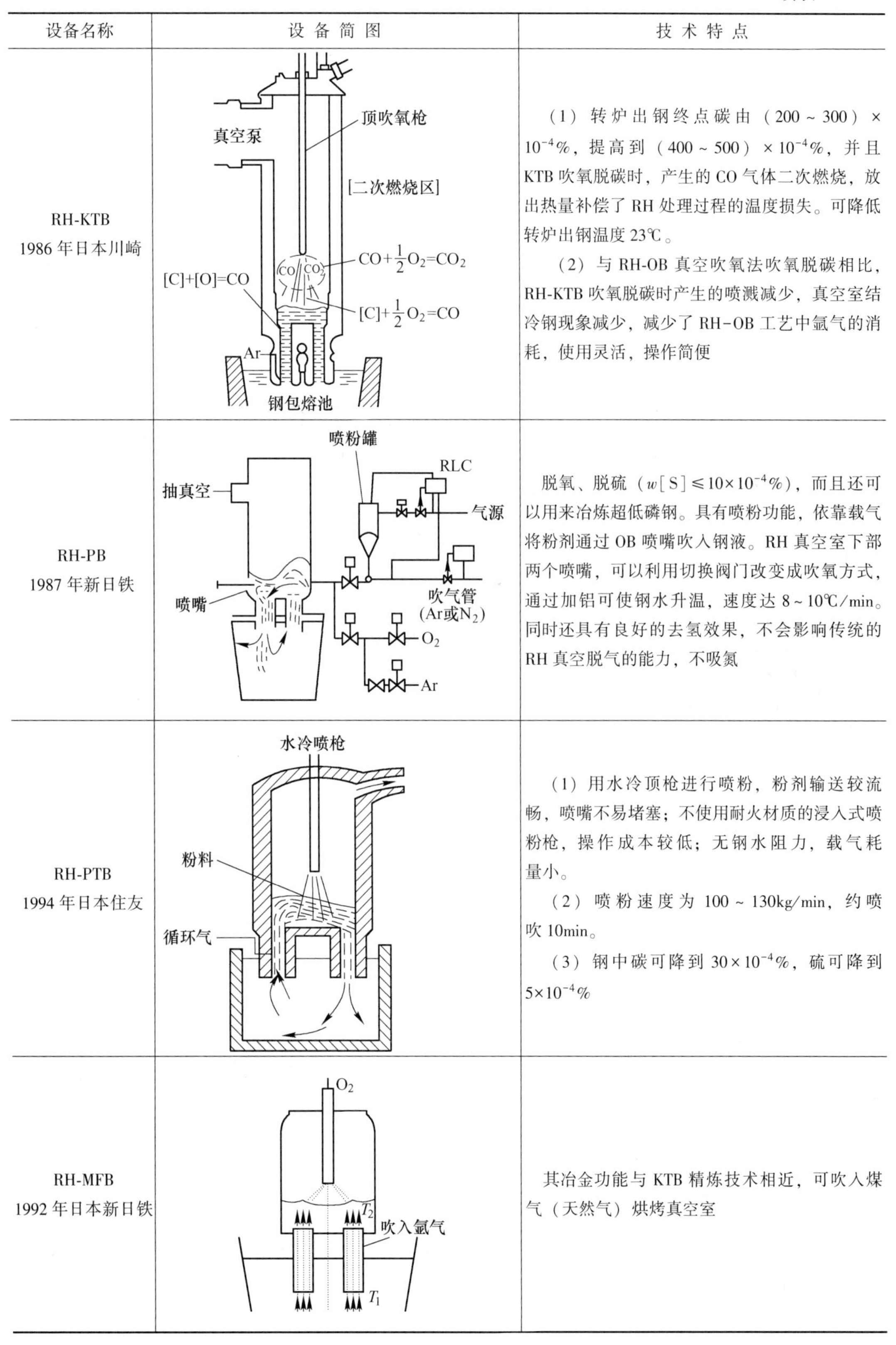

设备名称	设备简图	技术特点
RH-KTB 1986年日本川崎		（1）转炉出钢终点碳由（200～300）×10^{-4}%，提高到（400～500）×10^{-4}%，并且KTB吹氧脱碳时，产生的CO气体二次燃烧，放出热量补偿了RH处理过程的温度损失。可降低转炉出钢温度23℃。 （2）与RH-OB真空吹氧法吹氧脱碳相比，RH-KTB吹氧脱碳时产生的喷溅减少，真空室结冷钢现象减少，减少了RH-OB工艺中氩气的消耗，使用灵活，操作简便
RH-PB 1987年新日铁		脱氧、脱硫（$w[S]\leqslant10\times10^{-4}$%），而且还可以用来冶炼超低磷钢。具有喷粉功能，依靠载气将粉剂通过OB喷嘴吹入钢液。RH真空室下部两个喷嘴，可以利用切换阀门改变成吹氧方式，通过加铝可使钢水升温，速度达8～10℃/min。同时还具有良好的去氢效果，不会影响传统的RH真空脱气的能力，不吸氮
RH-PTB 1994年日本住友		（1）用水冷顶枪进行喷粉，粉剂输送较流畅，喷嘴不易堵塞；不使用耐火材质的浸入式喷粉枪，操作成本较低；无钢水阻力，载气耗量小。 （2）喷粉速度为100～130kg/min，约喷吹10min。 （3）钢中碳可降到30×10^{-4}%，硫可降到5×10^{-4}%
RH-MFB 1992年日本新日铁		其冶金功能与KTB精炼技术相近，可吹入煤气（天然气）烘烤真空室

6.5.3.5　VD

VD（Vacuum Degassing）是一种将钢包置于真空罐内对钢水进行减压脱气的方法，该方法于 1952 年由联邦德国和苏联共同开发完成。为了提高钢水脱氢效率、缩短脱氢时间，通过在钢包底部设置的透气砖对钢水进行吹氩，强化钢水搅拌。实际操作时，钢水吹开顶渣适度暴露在真空环境下，以减少顶渣静压对真空度的抵消。我国的 VD 真空精炼起步于 20 世纪 50 年代中后期，在大冶和重庆特殊钢等地的工厂建立了小吨位的 VD 真空脱气装置。LF 钢包精炼炉诞生后，逐渐形成了 LF+VD 的操作模式，VD 的功能也从最初的脱氢，发展到脱氢、脱氮、脱氧和脱硫等功能，主要用于生产中、高碳钢，包括轴承钢、齿轮钢、重轨钢、帘线钢、硬线钢、弹簧钢、胎圈钢丝用钢和合金钢等。

由于 VD 真空脱气装置投资较少，处理周期短，操作简单，得到各钢厂的广泛应用。图 6-25 为工作中的 VD 装置。

图 6-25　工作中的 VD 装置

6.5.3.6　VOD、AOD、VODC 和 VCR

A　VOD

VOD 是 Vacuum Oxygen Decarburization 的缩写，表示真空条件下对钢包吹氧达到对钢水脱碳的目的，装置如图 6-26 所示。该方法是 1965 年联邦德国首先开发应用的，它是将钢包放入真空罐内，通过设置在顶部的氧枪向钢包内吹氧脱碳，同时从钢包底部通过透气砖吹氩搅拌钢液。此方法适合生产超低碳不锈钢，达到保铬去碳的目的，可与转炉配合使用。它的优点是实现了超低碳不锈钢冶炼必要的热力学和动力学的条件——高温、真空、搅拌。

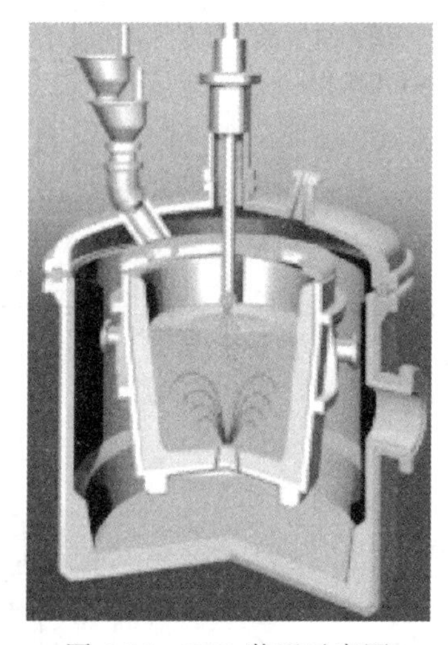

图 6-26　VOD 装置示意图

VOD 具有吹氧脱碳、升温、吹氩搅拌、真空脱气、造渣合金化等冶金手段，适用于不锈钢、工业纯铁、精密合金、高温合金和合金结构钢的冶炼，其基本功能概括为：（1）吹氧升温、脱碳保铬；（2）脱气；（3）造渣、脱氧、脱硫、去夹杂；（4）合金化。

B AOD

AOD是Argon Oxygen Decarburization的缩写，是指向钢液中底侧吹Ar/O_2混合气体对含铬的不锈钢钢水进行脱碳的方法。AOD是由美国联合碳化物公司（Union Carbide Corporation）于20世纪50~60年代研发，用于大规模生产不锈钢的转炉。后来通过不断改进，设计了顶吹氧枪，发挥转炉脱碳能力强的特点，对高碳含铬铁水进行吹氧脱碳，当钢水碳含量下降到0.2%以下时，改为底侧吹氩氧混合气体进一步对钢水进行脱碳，通过逐渐提高Ar/O_2比，降低氩气泡中CO分压，实现脱碳保铬，达到对不锈钢深脱碳的目的，图6-27为AOD炉示意图。AOD炉的优点主要表现在以下几个方面：

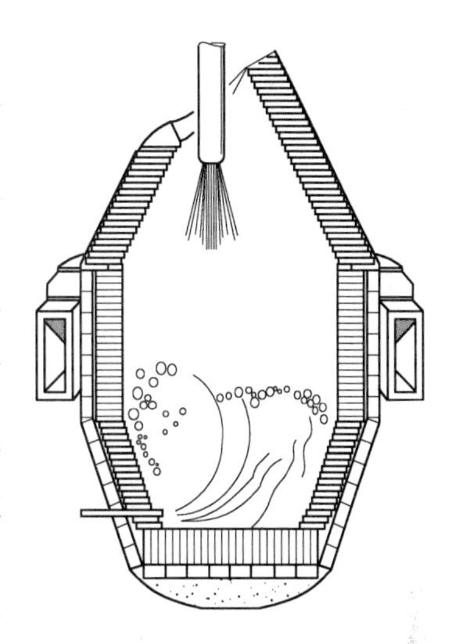

图6-27 侧顶复吹AOD示意图

（1）允许选用更廉价的原料，降低生产成本。如采用高碳或中碳铬铁代替价格昂贵的微碳铬铁或金属铬，应用不锈钢返回料以回收合金元素。

（2）能生产出高纯度、高均匀性的不锈钢，特别是生产超纯不锈钢。在冶炼过程中能大幅度地去除原材料中带入的碳、硫、磷、气体、夹杂以及其他有害元素。

（3）冶炼工艺能更好地与连铸配合。如冶炼的生产率能适应连铸的要求。

AOD炉体结构包括炉身和炉帽。炉身下部侧墙与炉体中心线成一般为20°的倾斜角度，其目的是为了有助于吹入气体沿侧墙上升到炉口，减少气体对氩氧枪上部区域炉衬的严重侵蚀。炉帽部分为圆台体；炉体中部为圆柱体；炉体下部为倒置圆台体。炉容比为$1\sim0.7m^3/t$，熔池深度：熔池直径：炉膛有效高度=1：2：3。目前我国最大的AOD不锈钢冶炼炉容量为180t。

C VODC

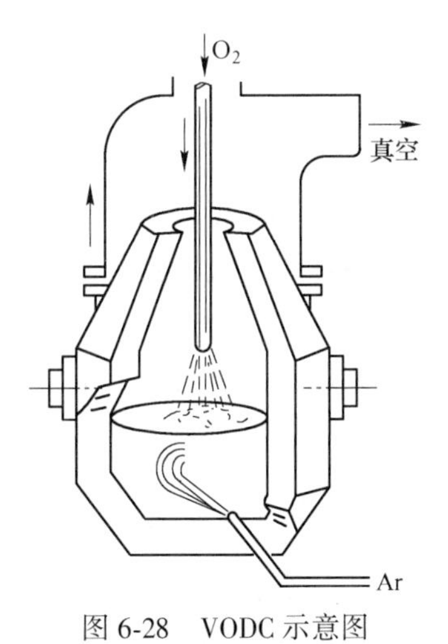

图6-28 VODC示意图

VODC是Vacuum Oxygen Decarburization Converter的缩写，是具有真空脱气功能的顶底复吹转炉。VODC是前联邦德国蒂森钢铁公司魏登厂（Witten）于1976年发明，集复吹转炉高速脱碳和VOD真空深度脱碳之优点于一体，达到在同一座设备中高碳区快速初脱碳和低碳区快速深脱碳的目的。图6-28为VODC示意图，20世纪90年代初，我国上海大隆机器厂从德国莱宝（Leybold）公司进口1台15t VODC的关键设备和技术软件。采用电炉初炼钢水经VODC精炼深脱碳的工艺方法，精炼了超低碳不锈钢、中低合金钢和碳钢，取得了很好的冶金效果，钢中非金属夹杂物减少，氢含量小于$3\times10^{-4}\%$，氧含量小于$6.5\times10^{-4}\%$，不锈钢中铬收得率达98%~99%，精炼后的钢具有十分优越的性能。VODC精炼工艺成熟，控制容易，适应中小型钢厂和铸钢厂的多钢种、小吨位精炼生产需要，对发展铸钢行业的精炼生产会起到很大积极作用，具有广阔的发展前景。

D　VCR

VCR 是 Vacuum Converter Refiner 的缩写，其本质是具有真空精炼功能的 AOD 炉，见图 6-29。1990 年日本大同特殊钢涩川厂将 20t AOD 改造成 VCR 获得成功后，于 1992 年在知多厂建成 70t VCR 投产。VCR 集 AOD 强搅拌快速脱碳和真空下深度脱碳为一体，可冶炼出碳、氮含量极低的超纯铁素体不锈钢。

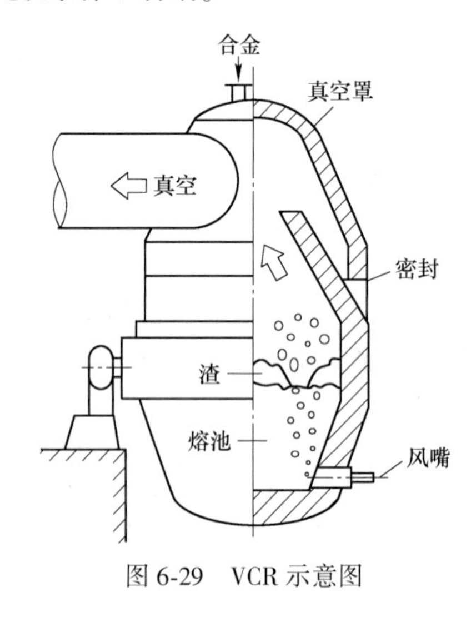

图 6-29　VCR 示意图

6.6　连　铸

6.6.1　连铸概述

连铸（CC，Continuous Casting）即为连续铸钢，是将高温钢水用连铸机浇铸、冷凝、切割而直接得到铸坯的工艺。它是连接炼钢和轧钢的中间环节，是炼钢生产的重要组成部分。一台连铸机主要是由钢包回转台、中间包、中间包车、结晶器、结晶器振动装置、二次冷却装置、拉矫装置、切割装置和铸坯运出等装置组成的，如图 6-30 所示。

浇铸时，把装有钢水的钢包运载到连铸机上方，经钢包底部的流钢孔把钢水经长水口保护管注入到中间包内。打开中间包塞棒（或滑动水口），钢水经浸入式水口流入到结晶器内，见图 6-31。

开浇前结晶器下口用引锭杆封堵，钢水很快沿结晶器周边开始凝固成坯壳，并和引锭杆黏结在一起。结晶器为外侧水冷的紫铜管，结晶器通过振动台上下振动，以避免凝固壳与结晶器黏结，减少拉坯阻力。

当结晶器下端出口处坯壳有一定厚度时，拉坯机带动引锭杆和芯部仍为液态的凝固壳，以一定速度连续、均匀地离开结晶器，沿结晶器下方弧形辊道运行，已离开结晶器的坯壳立即受到来自结晶器下方的二次冷却装置的直接强制冷却，铸坯的结晶层也随之向中心区域推进。在全部凝固完毕或仍带有液芯的状态下，铸坯被矫直，随后被切割成定尺长度的坯料。上述过程是连续进行的。在此过程中，钢包中钢水表面一直有一层覆盖剂，其

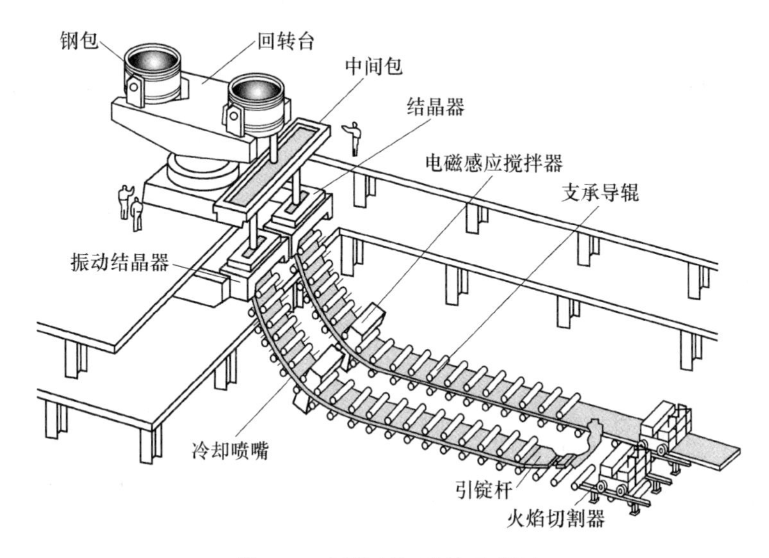

图 6-30　两流板坯连铸示意图

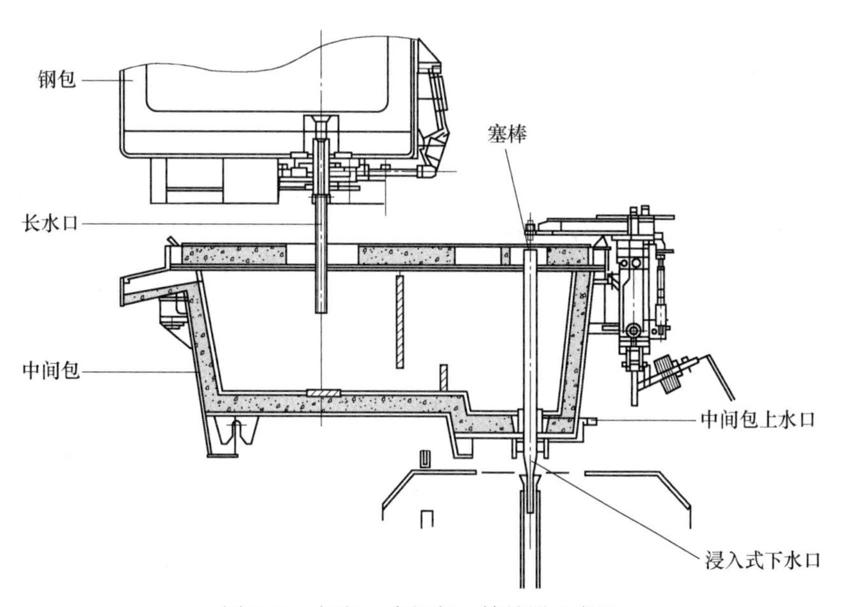

图 6-31　钢包—中间包—结晶器示意图

主要作用是防止钢水在浇铸过程中因吸氧吸氮而影响钢的质量，同时，覆盖剂也具有保温作用，防止钢水温降过快而达不到浇铸所必需的过热度。中间包内的钢水表面也覆盖着一层渣，称为中间包覆盖剂，其主要作用是防止钢水二次氧化，同时还有能吸附钢水中的夹杂物等作用。

随着现代先进技术的发展与应用，连铸技术在 20 世纪 80 年代就已趋于成熟。目前，我国钢铁企业已基本实现全连铸生产。同时，连铸机的机型也呈现多元化，如立式、立弯式、弧形、水平等。近年来，紧凑式带钢生产技术（CSP，Compact Strip Production Technology）、在线带钢生产工艺（ISP，Inline Strip Production Technology）等世界先进的薄板坯生产线也相继建成投产，近终形连铸技术也已经进入实用化阶段。

6.6.2 机型及特点

连铸机机型直接影响铸坯的产量、质量、基本建设投资和生产成本，因而世界各国均重视对连铸机机型的研究。按铸坯运行的轨迹（或者说铸机结构的外形）可把连铸机分为立式、立弯式、直结晶器弧形、全弧形、椭圆形和水平式等，见图 6-32。

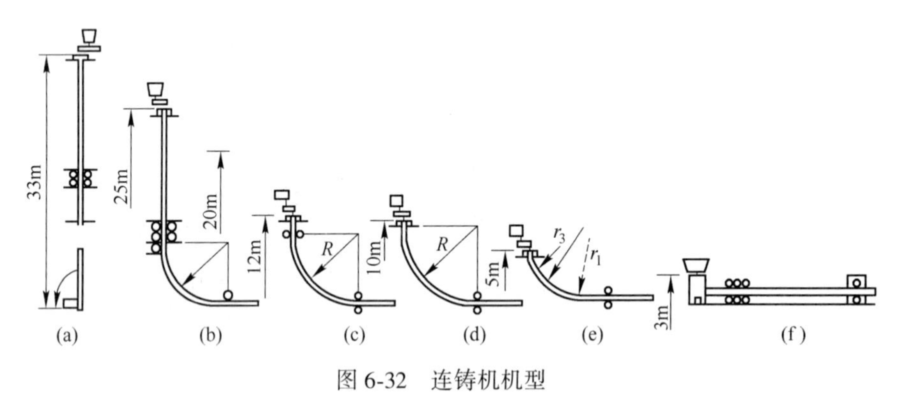

图 6-32 连铸机机型

（a）立式；（b）立弯式；（c）直结晶器弧形；（d）全弧形；（e）椭圆形；（f）水平式

按铸坯断面的大小和形状可分为板坯、大方坯、小方坯、方—板坯复合式连铸机、圆坯、异型坯和薄板坯连铸机等。

立式连铸机：它的主要设备有结晶器、二冷段和全凝固铸坯的剪切等，均设置在同一垂直方向上，见图 6-32（a）。浇铸过程在垂直位置完成，因垂直段很长，有利于钢水中夹杂物上浮，铸坯各方向冷却条件较均匀，成分和夹杂物偏析较小。并且铸坯在整个凝固过程中不受弯曲、矫直等变形作用，即使裂纹敏感性高的钢种也能顺利连铸。但缺点是设备高度大，建设费用高；钢水静压力大，铸坯易鼓肚变形。

立弯式连铸机：立弯式连铸机是铸机机型演变过程中的一种过渡机型，见图 6-32（b）。它具有立式连铸机垂直浇铸和凝固的特点，在结晶器下方一定距离，即在铸坯全凝固或接近全凝固时定点进行弯曲，把铸坯顶弯 90°，最后定点矫直，使铸坯沿水平方向出坯。这种铸机既具有立式连铸机夹杂物上浮条件好的特点，又比立式连铸机高度低，为其高度的四分之三。立弯式只适用于浇铸断面较小的铸坯。

弧形连铸机：结晶器呈弧形，见图 6-32（d）。设备高度低，钢水静压力相对较小，减少内裂和偏析。非金属夹杂物向内弧聚集，夹杂物分布不匀。带液芯单点矫直中心区产生裂纹缺陷；采用多点矫直，使总的应变分散，固液界面的变形率降低。

超低头连铸机：其基本半径在 3~8m；钢水静压力低，铸坯鼓肚量小，有利于中心裂纹及中间裂纹的改善，但进入结晶器钢水中的夹杂物几乎无上浮机会。

水平连铸机：如图 6-32（f）所示。其主要特点是拉坯时结晶器不振动，拉坯机拉—反推—停呈周期性运动；在水平位置凝固成型，不受弯曲矫直，有利于防止裂纹；进入结晶器钢水中的夹杂物完全无上浮机会。

6.6.3 主体设备与浇注过程

连铸机的主体设备包括钢包回转台、中间包、中间包车、结晶器、结晶器振动装置、二次冷却装置、拉坯矫直机、引锭装置、铸坯切割设备等。

钢包回转台：钢包回转台见图 6-33，设置在精炼跨与连铸跨之间。它的本体是一个具有同一水平高度两端带有钢包支承架的转臂，绕回转台中心旋转。有双臂摇摆式和多功能回转台。可实现多炉连浇、吹氩调节钢水温度、钢包加盖保温、钢包倾翻等功能。

图 6-33　钢包回转台

中间包：中间包是钢包和结晶器之间用来接收钢水的过渡装置（图 6-31）。它用来稳定钢流，减少钢流对结晶器中坯壳的冲刷；使钢液在中间包内有合适的流场和适当长的停留时间，以保证钢水温度均匀及非金属夹杂物分离上浮；对多流连铸机由中间包对钢水进行分流；在多炉连浇时，中间包中储存的钢水在换包时起到衔接的作用。中间包一般为矩形，由包体、包盖、塞棒和水口组成。中间包容量一般为钢包容量的 20%~40%。钢水流量的控制方式有塞棒式、滑动水口式和定径水口式三种（图 6-34）。图 6-35 所示为工作中的中间包。

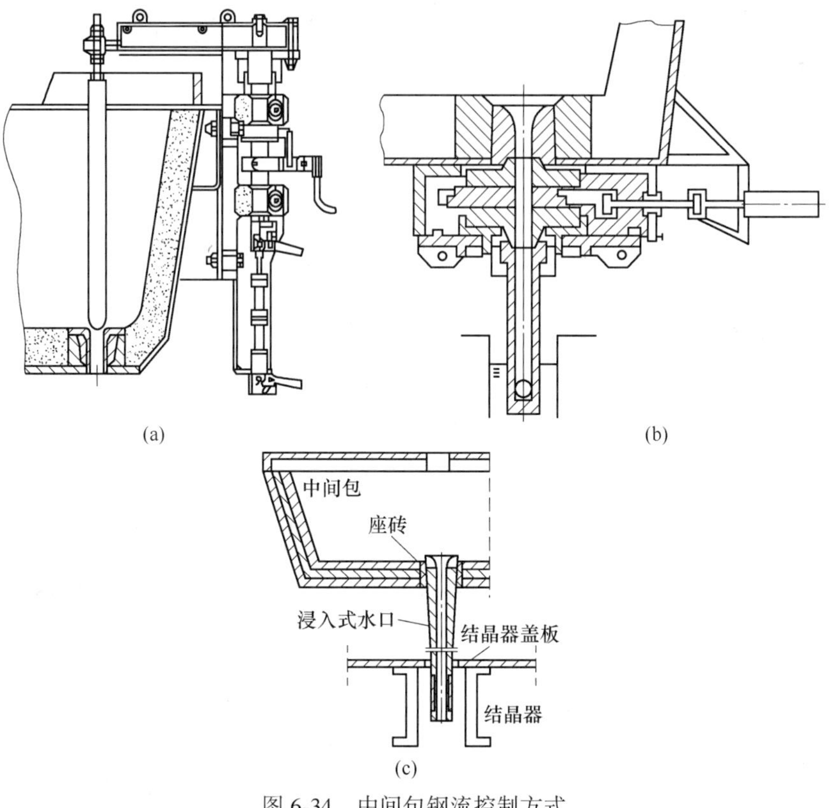

图 6-34　中间包钢流控制方式

（a）塞棒式；（b）滑动水口式；（c）定径水口式

图 6-35　工作中的中间包

浸入式水口：浸入式水口是连续铸钢设备中安装在中间包底部并插入结晶器钢液面以下的浇注用耐火材料套管，见图 6-36。

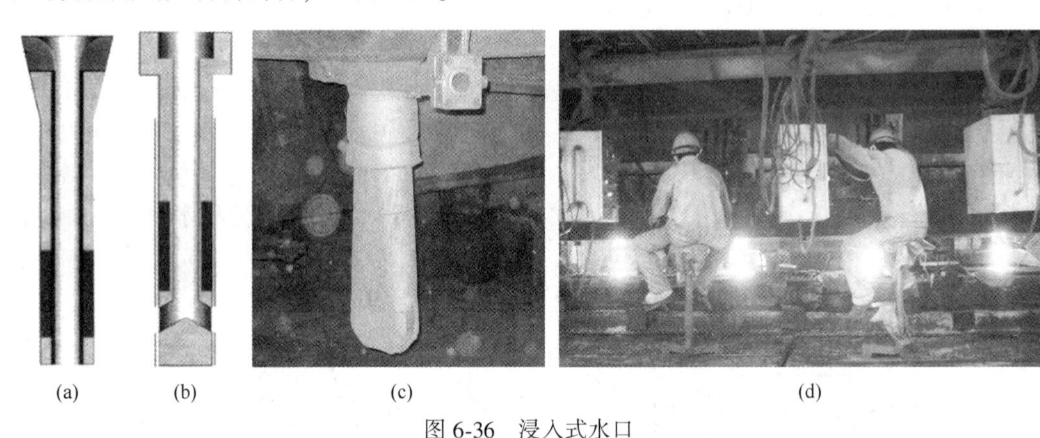

(a)　(b)　(c)　(d)

图 6-36　浸入式水口

（a）内装式；（b）外装式；（c）薄板坯连铸水口；（d）工作状态的浸入式水口

浸入式水口的主要作用是防止钢水从中间包流向结晶器过程中被空气二次氧化，同时避免结晶器保护渣卷入钢液中，以及改善注流在结晶器内的流动状态和热流分布，促使结晶器内坯壳的均匀生长，有利于钢液中非金属夹杂物的上浮。由于浸入式水口对提高铸坯质量、改善劳动条件、稳定连铸操作、防止铸坯表面缺陷等方面都有显著成效，因而在世界各钢厂的连铸工艺中都采用这种水口进行浇铸。可以说，浸入式水口的出现，如同结晶器振动装置的发明一样，为连铸技术的发展带来了划时代的进步。

结晶器：结晶器是连铸机的心脏，如图 6-37 所示。要求具有良好的导热性能，能使钢液在结晶器内迅速凝固成足够厚度的初生坯壳；结构刚性好，易于制造、拆装、调整和维修方便；有较好的耐磨性和较高的寿命；振动平稳可靠；有足够的强度和硬度。结晶器由铜和少量银、铬或锆制成，表面电镀铬、镍、钴等。结晶器可分为直结晶器和弧形结晶器，按结构形式，可分为整体式、套管式和组合式三种。

结晶器振动装置：结晶器振动的目的是防止初生坯壳与结晶器之间黏结而被拉断，起强制脱模作用。要求振动方式能有效防止因坯壳的黏结而造成的拉漏事故；振动参数有利于改善铸坯表面质量，形成光滑的铸坯；振动机构能准确实现圆弧轨迹，不产生过大的加速度引起的冲击和摆动。结晶器振动方式曾采用同步振动、负滑脱振动、正弦振动、非正弦振动四种方式，目前广泛采用第四种。结晶器总成及振动台示意如图 6-38 所示。

(a)　(b)　(c)
(d)　(e)

图 6-37　结晶器
（a）结晶器紫铜管；（b）方坯结晶器总成；（c）方坯结晶器的外侧水冷散热结构；
（d）板坯结晶器；（e）薄板坯结晶器

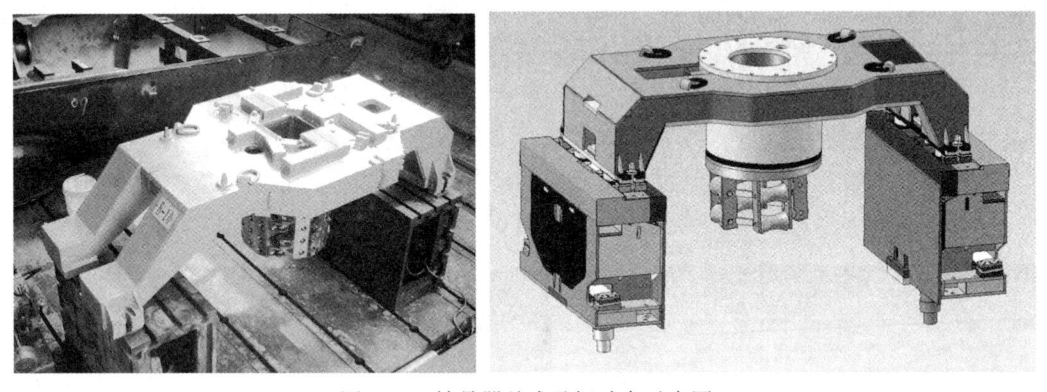

图 6-38　结晶器总成及振动台示意图

结晶器电磁搅拌：电磁搅拌（EMS，Electro-Magnetic Stirring）的实质是借助在结晶器液相穴中感生的电磁力，强化钢水的运动。具体地说，搅拌器激发的交变磁场渗透到结晶器内的钢水中，钢水在交变磁场中感应起电流，该感应电流与当地磁场相互作用产生电磁力，电磁力是体积力，作用在钢水体积元上，从而能推动钢水运动，如图 6-39 所示。为了使线圈产生的磁场有效穿透结晶器铜板进入钢液，通常使用 3～5Hz 的低频电源向电磁搅拌器供电。

结晶器电磁搅拌的作用是：（1）钢水运动可清洗凝固壳表层区的气泡和夹杂物，改

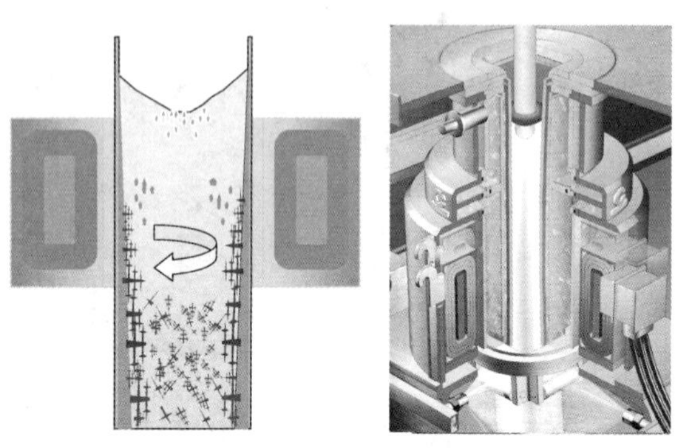

图 6-39　结晶器电磁搅拌示意图

善了铸坯表面质量；（2）钢水运动有利于降低过热度；（3）钢水运动可把树枝晶打碎，增加等轴晶核心，改善铸坯内部结构；（4）结晶器钢—渣界面经常更新，有利于保护渣吸收上浮的夹杂物。

二次冷却装置：二次冷却装置的作用是采用直接喷水冷却铸坯，使钢坯加速凝固，能顺利进入拉矫区；通过夹辊和侧导辊对带有液芯的铸坯起支撑和导向作用，防止并限制铸坯发生鼓肚、变形和漏钢事故；对引锭杆起导向和支撑作用；对带直结晶器的直弧形连铸机，要完成对铸坯的顶弯作用，如图 6-40 所示。

拉坯矫直机：拉坯矫直机（简称拉矫机）用于对铸坯的牵引和矫直。要求其具有足够的拉坯和矫直能力，以克服浇铸过程中可能出现的最大阻力，并备有可靠的过载保护措施；具有良好的调速性能，以适应不同条件下拉速的变化和快速上引锭杆的需要；在结构上要适应铸坯断面在一定范围内的变化，并允许不能矫直的铸坯通过。为提高拉速实行液芯拉矫而减少内裂，开发了压缩浇铸技术。

引锭装置：引锭装置包括引锭头、引锭杆和引锭杆的存放装置。引锭杆按结构形式分为柔性引锭杆和刚性引锭杆；按安装方式分为下装引锭杆和上装引锭杆。

铸坯切割设备：铸坯的切割设备用于在铸坯的行进过程中将它切割成所需求的定尺长度。切割方法有火焰切割和机械剪切两类。图 6-41 所示为大板坯火焰切割。

图 6-40　二冷区

图 6-41　大板坯火焰切割

6.6.4 连铸工艺

6.6.4.1 钢水在钢包中的温度控制

钢包吹氩调温：连铸生产中采用钢包吹氩方式来搅拌钢液，使钢包内温度均匀。通常通过钢包底部的透气砖向钢液吹氩。

加废钢调温：当钢水温度过高时，可在吹氩搅拌的同时，向钢包内加入纯净的轻型废钢，降低钢水温度。

钢包保温：加钢包保温剂、加快烘包的升温速度和加速钢包周转、钢包加盖等。

6.6.4.2 中间包钢水温度控制

为了保证铸坯的质量和连铸操作过程的正常进行，必须控制合适而稳定的浇铸温度。连铸生产中的浇铸温度即为中间包钢水温度。浇铸温度的确定如下式：

$$T_c = T_l + \Delta T \qquad (6\text{-}31)$$

式中 T_c——浇铸温度，℃；

T_l——钢种的液相线温度，℃；

ΔT——钢水过热度，℃。

钢种的液相线计算公式如下：

$$T_l = 1535 - 65[C] - 30[P] - 25[S] - 8[Si] - 5[Mn] - 2.5[Ni] - 2.7[Al] - 1.7[Mo] - 1.5[Cr] - 6.5[Nb] - 1300[H] - 90[N] - 80[O] \qquad (6\text{-}32)$$

6.6.4.3 保护浇铸

在连铸生产中，为了防止钢水的二次氧化，同时尽量减少钢水的热损失，采用了钢包/中间包覆盖剂工艺对钢水进行保护浇铸。

钢包覆盖剂性能要求：为满足后续工序的工艺要求，防止钢水二次氧化，减少温降，以便向连铸提供温度合适的钢液，保证其顺利浇铸，必须出钢后在钢水表面加一定量的钢包覆盖剂进行保温。对钢包覆盖剂的性能有以下要求：(1) 覆盖剂的铺展性要好；(2) 覆盖剂的发热值要高；(3) 覆盖剂具有适宜的成渣性能。

中间包覆盖剂主要有酸性（$R<0.5$）、中性（$0.5<R<1.5$）、碱性（$R>3.0$）三种类型。目前主要采用碱性中间包覆盖剂，采用双层渣（加碱性覆盖剂，上面加炭化稻壳）。

中间包覆盖剂性能要求：中间包覆盖剂是连铸生产中使用于中间包钢液面的必须性消耗材料，其作用为：绝热保温、防止钢液面结壳；隔绝空气，防止钢液二次氧化；吸收上浮至钢液面的非金属夹杂物等。

结晶器保护渣性能要求：连铸不同的钢种，其对保护渣的要求也不尽相同，结晶器保护渣的开发必须针对连铸不同钢种的特性来进行。要获得适合各钢种特性的高质量的结晶器保护渣，保护渣性能必须满足的要求是：(1) 适宜的保护渣耗量；(2) 适宜的液渣层厚度；(3) 充分吸收溶解夹杂物的能力；(4) 控制结晶器的传热；(5) 良好的渣液流入能力，能获得较大的耗渣量，以满足结晶器润滑的要求；(6) 高的物性稳定能力，不会因液渣在结晶器内成分或温度变化而呈现较大的物性波动。

6.6.5　中间包冶金

中间包作为冶金精炼反应器，如图 6-42 所示，应该具有如下功能：(1) 消除钢水再污染，防止钢液二次氧化，防止耐火材料侵蚀和钢包涡流卷渣；(2) 中间包钢水流动过程中，促使钢中夹杂物进一步去除，即尽力延长钢水平均停留时间，改善流动状态，防止钢水短路，同时减少死区；(3) 相关技术的发展，如下渣监测系统、液面控制系统、加热设备、合金微调、夹杂物控制等。

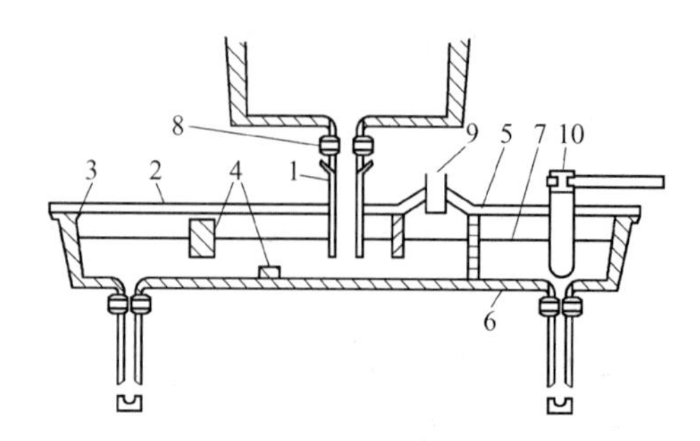

图 6-42　中间包提高钢清洁度的措施
1—长水口；2—密封盖；3—内衬耐火材料；4—挡墙和坝；5—过滤器；6—氩气吹洗装置；7—覆盖剂；8—钢包下渣监测系统；9—加热装置；10—塞棒吹氩

6.6.5.1　防止钢液再污染技术

钢包到中间包长水口保护浇铸：自从 1965 年 Earlier 建议使用熔融石英质长水口以来，长水口从形状、材质、氩封上有了很大的改善，有效地防止了钢液从钢包到中间包的二次氧化。大气氧化是中间包钢水的主要污染源之一。

防止钢包到中间包卷渣的技术：(1) 抬高钢包和长水口以直接观察钢液是否带渣；(2) 向水口吹氩气，当卷渣发生时，表现为水口出口处钢液面气泡增多；(3) 使用电磁装置、传感装置、称重装置对下渣进行监测。

防止钢液与内衬耐火材料的反应：中间包碱性内衬近年来得到了长足的发展，同时 CaO 质、MgO 质耐火材料对钢水纯净度较有利。

此外，也可在中间包上加盖密封来防止钢液再污染。

6.6.5.2　促使夹杂物去除技术

采用大容量中间包是为了提高连浇时钢的清洁度，使换包时保持稳定状态，不卷渣又不必降低拉速，这在生产表面质量和内部质量要求高的产品，如深冲产品和汽车板时尤为重要。为了不使钢包涡流卷渣发生，保证中间包操作最小深度是必要的。

使用过滤器吸附夹杂物。使用挡墙和坝、导流墙等控制中间包中流场形态，使钢水流动合理，液面保持平稳，尽量减轻湍流的干扰，减少死区，增大钢水平均停留时间，有利于夹杂物去除，提高钢水洁净度。

6.6.5.3　中间包“气幕挡墙”技术

图 6-42 中的装置 6 为中间包底部的氩气吹洗装置，气体吹入装置是埋在中间包耐火材料中的条形透气砖，条形透气砖吹氩产生的气泡流向上运动，形成“气幕挡墙”。钢水流经“气幕挡墙”时，非金属夹杂物颗粒被气泡俘获，上浮后被中间包覆盖剂吸收。图 6-43 所示为气幕挡墙。

6.6.5.4　中间包感应加热技术

中间包感应加热是通过电磁感应方法对中间包中钢水进行温度补偿，是追求恒温浇铸的最有效手段。同时，通道中钢水在感应电流总“箍缩”力作用下可以去除钢液中的非

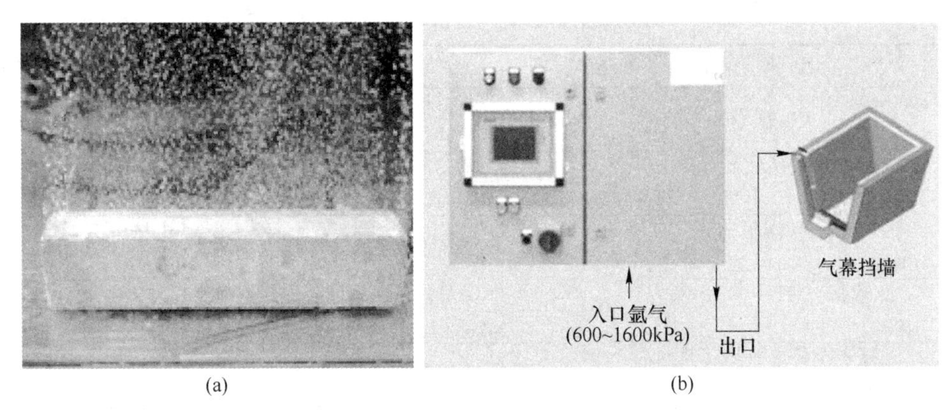

(a)　　　　　　　　　　(b)

图 6-43　气幕挡墙
(a) 条形透气砖；(b) 气幕挡墙装置

金属夹杂物。中间包感应加热技术是高端优特钢生产的重要手段。中间包钢水感应加热的优点是加热效率高、温度控制稳定、能去除夹杂、对外围设备干扰少。图 6-44 为感应加热中间包。

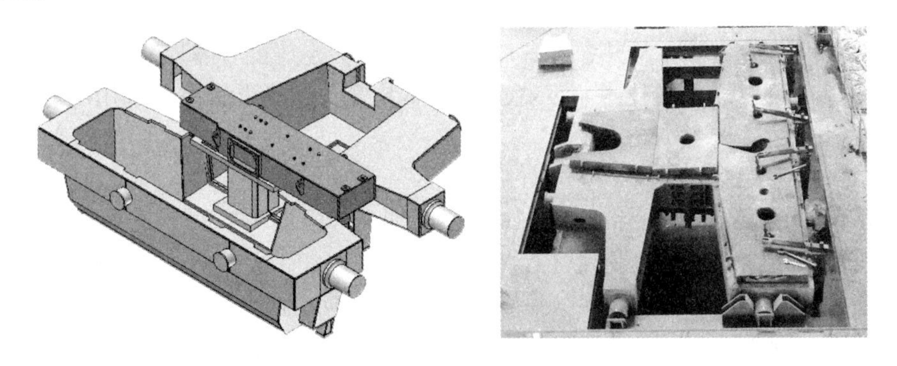

图 6-44　感应加热中间包

6.6.6　连铸坯的质量

(1) 连铸坯表面质量。表面缺陷主要包括各种类型的表面裂纹（表面纵裂、表面横裂、角部纵裂、角部横裂和星状裂纹），深振痕，表面针孔（以及皮下气泡）和表面宏观夹杂（以及皮下夹杂物）等。

(2) 连铸坯内部质量。内部缺陷主要包括内部裂纹（中间裂纹、中心线裂纹、角部裂纹、矫直与弯曲裂纹），中心偏析，中心疏松和中心 V 形点状偏析等。

(3) 连铸坯的形状缺陷。形状缺陷主要包括脱方（菱形）缺陷和铸坯鼓肚等。

6.6.7　铸坯的热送热装和直接轧制

6.6.7.1　分类

连铸坯热送热装和直接轧制技术是正在发展中的新技术，因此国内外文献缺乏明确界定其概念和分类的方法。从冶金学特点并考虑工艺流程，按温度曲线来解释其概念和分类较为合理。其概念和分类见表 6-3。

表 6-3 连铸坯热送热装和直接轧制概念及发展层次

形式	名 称	热送热装温度	工艺流程特征	发展层次与年代	
Ⅰ	连铸坯直接轧制（CC-DR）	1100℃	输送过程终边角补热和均热后直接轧制	高 ⇧ 低	20世纪90年代
Ⅱ	连铸坯热直接轧制（CC-HDR）	A_3~1100℃	输送过程终补热和均热后直接轧制		20世纪80年代
Ⅲ	连铸坯直接热装轧制（CC-DHCR）	A_1~A_3	热坯直接装加热炉加热后轧制		20世纪70年代
Ⅳ	连铸坯热装轧制（CC-HCR）	400℃~A_1	热坯经保温缓冲装加热炉加热后轧制		20世纪60年代
Ⅴ	连铸坯冷装炉加热后轧制（CC-CCR）	室温	冷坯加热后轧制		

6.6.7.2 实现热装和直接轧制的技术关键

（1）无缺陷板坯生产技术。

（2）高温连铸坯生产技术。

高温出坯技术：采用复合二次冷却方式实现铸坯缓冷；利用铸坯心部的凝固热使坯壳复热。

（3）过程保温及补热、均热技术。铸坯保温技术：连铸机后部装设保温罩。

（4）铸坯边部温度补偿技术。设置边部加热装置，加热方式主要采用电磁感应，也有煤气烧嘴。

【本章小结】 炼钢是利用不同来源的氧（如空气、氧气）来氧化炉料（主要是生铁）中所含杂质的复杂的金属提纯过程。主要工艺包括氧化去除硅、磷、碳，还原脱硫、脱氧和合金化。任务就是根据所炼钢种的要求，把生铁中的含碳量降到规定范围，并使其他元素的含量减少或增加到规定范围，达到最终钢材所要求的金属成分。炼钢是整个钢铁工业生产过程中最重要的环节。在这一环节，主要涉及的生产工艺包括：铁水预处理、转炉炼钢或电弧炉炼钢、炉外精炼、浇铸（连铸）等。

思 考 题

1. 名词解释：铁水预处理，转炉炼钢，溅渣护炉，电弧炉炼钢，炉外精炼，连铸。
2. 简述现代炼钢的两种工艺流程。
3. 概述并对比铁水预脱硫、脱硅、脱磷的热力学条件。
4. 什么是顶底复合吹炼？请简述一炉钢的冶炼工艺过程。
5. 转炉炼钢有哪五大操作制度，其主要任务是什么？
6. 碱性电弧炉氧化法冶炼工艺有哪几个阶段？请简述其工艺过程。
7. 电弧炉炼钢废钢预热主要有哪些方法？
8. 论述炉外精炼采用的基本手段及作用。
9. 钢包吹氩主要有哪些作用？
10. 请简述 RH-OB、RH-KTB、RH-MFB 的主要不同点。
11. 请简要比较 AOD 和 VOD。

12. 简要介绍连铸机的主体设备及连铸过程。
13. 概述中间包在连铸系统中的作用，何谓“中间包冶金”？

参 考 文 献

[1] 陈家祥. 钢铁冶金学（炼钢部分）[M]. 北京：冶金工业出版社，2004.
[2] 高泽平. 炼钢工艺学 [M]. 北京：冶金工业出版社，2006.
[3] 杨文远，郑丛杰，崔健，等. 大型转炉炼钢脱硫的研究 [J]. 钢铁，2002，37（12）：14 ~16.
[4] 邱绍岐，祝桂华. 电炉炼钢原理及工艺 [M]. 北京：冶金工业出版社，2001.
[5] 陈雷. 连续铸钢 [M]. 北京：冶金工业出版社，2000.
[6] 徐曾啓. 炉外精炼 [M]. 北京：冶金工业出版社，2003.
[7] 赵沛，成国光，沈甦. 炉外精炼及铁水预处理实用技术手册 [M]. 北京：冶金工业出版社，2004.
[8] 孙恩茂，王玉彬，李龙珍. 铁水脱硫在鞍钢的生产及应用 [J]. 钢铁，2003，28（4）：13.
[9] 阎清军，吴优，张国锋，等. 单吹颗粒镁铁水脱硫工艺研究及应用 [J]. 中国冶金，2006，16（8）：24.

7 金属压力加工

【本章要点提示】 金属压力加工，又称金属塑性成型，工业中常见的金属成型方法主要有轧制、锻造、冲压、拉拔、挤压等，都是利用金属的塑性而实现的。其中轧制是最重要的金属压力加工方法。根据加工温度的不同，轧制可分为热轧和冷轧。本章介绍了轧钢机的结构和分类，重点介绍了三大类钢铁产品板带、型钢和钢管的生产工艺。板带产品包括中厚板、薄带热连轧和冷连轧三种生产工艺；型钢产品包括热轧型钢生产工艺和线材生产工艺；钢管产品包括无缝钢管生产工艺和焊接钢管生产工艺。简单介绍了其他加工方法。最后给出了热带钢加工技术和工艺的最新发展趋势。

7.1 概　　述

材料是人类社会经济发展的物质基础，也是制造业发展的基础和必要保障。金属材料，尤其是钢铁对人类文明的发展和建设起着重要的作用，这是因为金属材料具有比其他材料远为优越的综合性能，而且资源丰富。最常见的钢铁材料在常温下是固态结晶体，它具有坚硬性，延展性，优良的导热、导电性和特殊的光泽。人们将铁矿石开采出来，通过炼铁、炼钢等冶金过程提取了金属，还需要经过成型加工才能制成在国民经济各领域和日常生活中使用的各种形状的钢铁材料和制品。

7.1.1 金属成型方法

金属材料在外力作用下产生永久变形而不破坏其完整性的形变称为塑性变形，利用金属材料的塑性——金属产生塑性变形的能力，使金属在外力作用下成型的加工方法称为金属塑性加工或金属成型加工。工业中常见的金属成型加工方法一般有铸造、切削加工、焊接、压力加工等。(1) 铸造：铸造是将液态金属注入铸模中，使之凝固成一定形状和尺寸的固态金属件或金属锭。(2) 切削加工：切削加工包括车、刨、铣、磨、钻等机械加工方法。它可将固态金属材料进一步加工成各种形状和尺寸的金属制品。(3) 焊接：焊接是将板带钢材进一步熔接成一定形状的钢铁工件或制品。(4) 金属压力加工：金属压力加工是对固态金属施加一定的外力，使其发生塑性变形，从而获得所要求的形状和尺寸的金属材料和制品，它包括轧制、锻造、冲压、挤压、拉拔等方法。

金属材料的成型加工过程，首先必须经过铸造，将液态金属铸成金属锭或金属坯，或直接铸造成成品金属件。然后金属锭或金属坯再经压力加工方式加工成金属材料或金属制品。其中一些金属材料还需要经焊接、切削加工等过程再加工成型。

金属锭的铸造必须由冶炼车间完成，它是冶炼车间的最后一道工序，在第6章已介绍，本章主要介绍金属压力加工。从成品生产来看，铸造能获得形状复杂的产品，原料消耗少，但产品的力学性能较低，且有难以消除的组织缺陷；切削加工产品尺寸精确，表面光洁，形状也可较复杂，但原料消耗多，能量消耗大，生产率较低；焊接方法的生产率也不高；只有金属压力加工可以改变金属的铸态结构，使金属在塑性变形过程中，其内部组织以及与之相关的物理、力学性能得到改善，且节约金属，生产率高，适于大量生产。因此，金属压力加工是应用最广泛的生产金属材料和金属制品的方法。

7.1.2　金属压力加工及其主要方法

金属压力加工过程的实质，是利用金属的塑性，对金属施加一定的外力，使其产生塑性变形。工业中常见的金属成型方法主要有轧制、锻造、冲压、拉拔、挤压等，都是利用金属的塑性而实现的。通常，轧制是生产板带材、型材、管材和线材的主要方法；挤压、拉拔是生产线材、管材，尤其是小直径线材和管材的加工方法，它们与轧制都属于冶金工业领域；而锻造是制造机器零件，尤其是复杂断面零件的主要方法；冲压则是利用轧制生产出来的钢材加工机器零部件的主要方法，冲压与锻造都属于机械制造工业领域。

7.1.2.1　轧制

轧制是金属压力加工中最主要的方法，轧制又称为轧钢，它是钢铁冶金联合企业生产系统的最后一个环节。在钢的生产总量中，除少部分采用铸造及锻造等方法直接制成机器零件以外，其余约90%以上的钢材都须经过轧制成材。

轧制是借助于旋转的轧辊与金属间的接触摩擦，将金属咬入轧辊缝隙间，同时在轧辊的压力作用下，使金属发生塑性变形的过程，如图7-1所示。

轧制产品品种规格很多，达数万种，一般可分为板带钢、钢管、型钢、钢丝四大类。

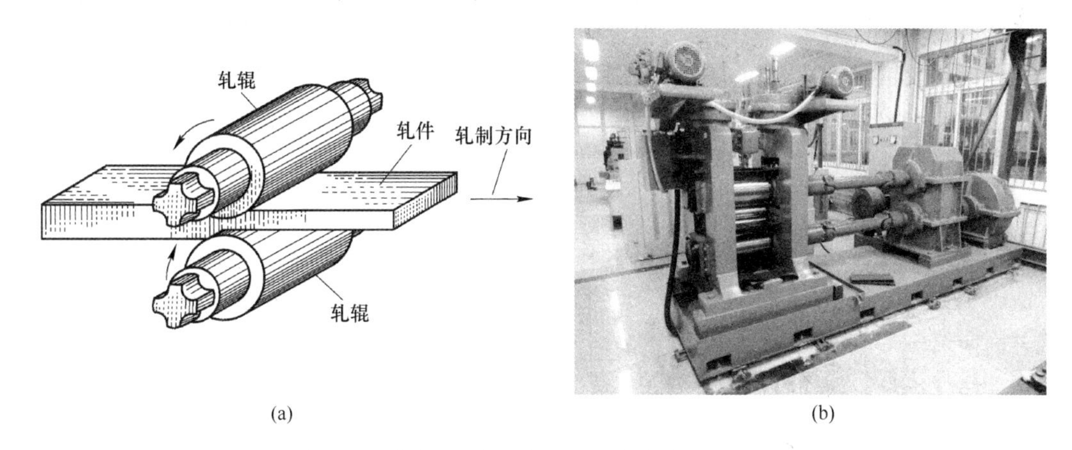

图7-1　轧制加工示意图（a）和轧机实物图（b）

7.1.2.2　锻造

锻造是用锻锤的往复冲击力或压力机的压力使金属进行塑性变形的过程，以获得一定几何尺寸、形状和质量的锻件的加工方法。由于金属塑性和变形抗力方面的要求，锻造通常是在高温（再结晶温度以上）下成型的，因此，也称为金属热变形或热锻。锻造可分为自由锻造和模型锻造，如图7-2所示。

锻造加工的优点：在锻造加工过程中，能压实或焊合铸态金属组织中的缩孔、缩松、空隙、气泡和裂纹等缺陷，又能细化晶粒和破碎夹杂物，并形成一定的锻造纤维组织。因此，与铸态金属相比，锻件性能得到了极大的改善。

锻造加工的不足：在锻造过程中，由于高温下金属表面氧化和冷却收缩等各方面的原因，锻件精度不高、表面质量不好，加之锻件结构工艺性的制约，锻件形状不能太复杂，通常只作为机器零件的毛坯。

(a)

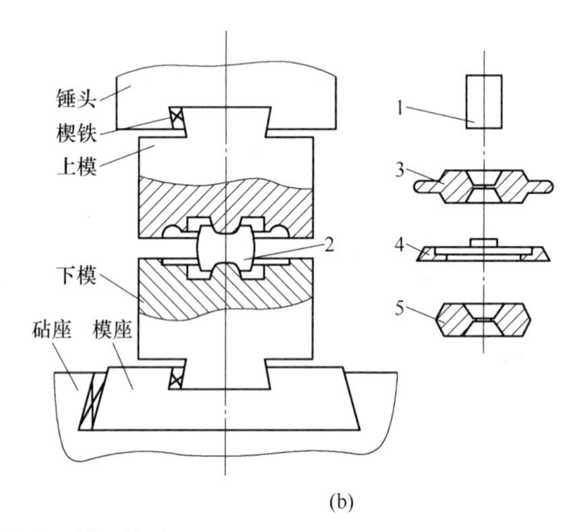

(b)

图 7-2　自由锻造和模型锻造

（a）自由锻造；（b）模型锻造

1—坯料；2—锻造中的坯料；3—带有飞边的锻件；4—切下的飞边；5—完成的锻件

锻造加工广泛应用于各工业部门，尤其是在造船工业、发动机制造工业、机床制造工业、国防及农业机械工业中均占有很重要的地位。锻造所用的原料可为金属锭或轧制坯，目前使用最大钢锭重达350t。合金钢厂一般都设置锻造车间，以提供后面加工车间的合金钢坯。锻造主要用于生产各种重要的、承受重载荷的机器零件或毛坯，如机床的主轴和齿轮、内燃机的连杆、起重机的吊钩等。

7.1.2.3　冲压

冲压是板料在冲压设备及模具作用下，通过塑性变形成型而获得所需形状制件的加工方法，主要用于加工薄的板料，如图 7-3 所示。冲压通常是在再结晶温度以下完成变形的，因而也称为冷冲压。

冲压件优点：冲压件具有刚性好、结构轻、精度高、外形美观、互换性好等优点。广泛用于汽车、拖拉机外壳，电器外壳、仪表及日用品的生产等。

7.1.2.4　拉拔

拉拔是金属通过固定的具有一定形状的模孔中拉拔出来，而使金属断面缩小、长度增加的一种加工方法，如图 7-4 所示。

拉拔包括拉丝过程和拔管过程。拉丝过程是外力作用于被加工金属的前端，金属通过一定的模孔，其断面缩小，长度增加的过程。拔管过程是将中空坯通过模孔（用芯棒或不用芯棒）在其前端施加拉力，使管径减小，管壁变薄（或加厚）的过程。

拉拔加工的优点：尺寸精确，表面光洁；工具、设备简单；连续高速生产断面小的长

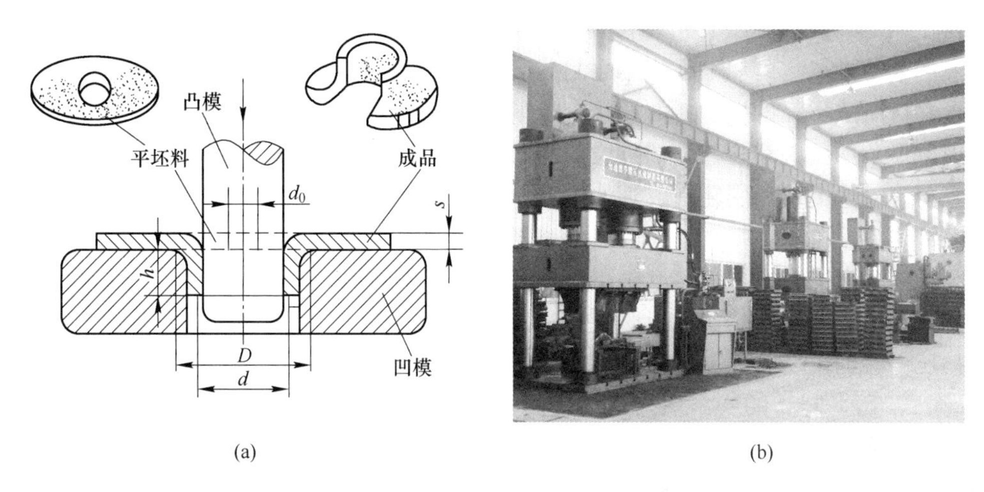

图 7-3　冲压示意图（a）和冲压机实物图（b）

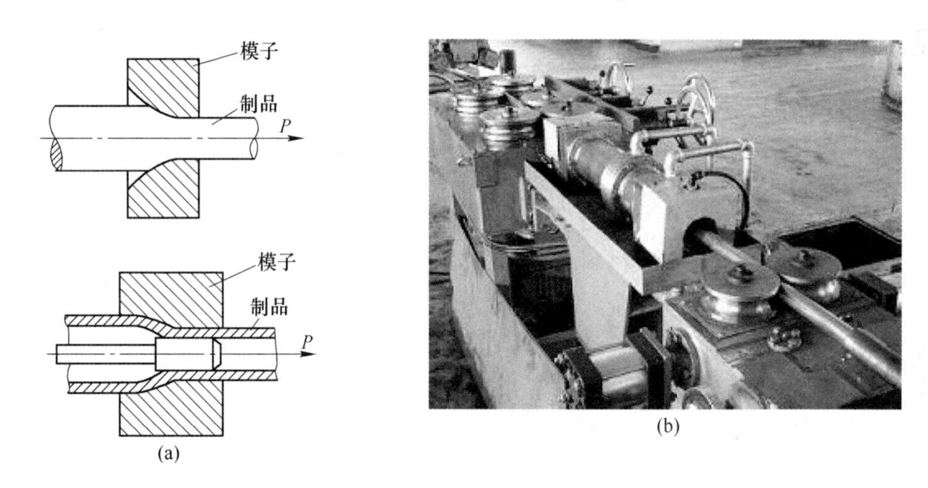

图 7-4　拉拔示意图（a）和拉拔机实物图（b）

制品。缺点是道次变形量与两次退火间的总变形量有限；拉拔制品长度受限制。拉拔加工方式广泛应用于细小管针等的生产。

7.1.2.5　挤压

挤压是将金属放入挤压机的挤压筒内，以一端施加压力迫使金属从模孔中挤出，而得到所需形状的制品的加工过程，如图 7-5 所示。

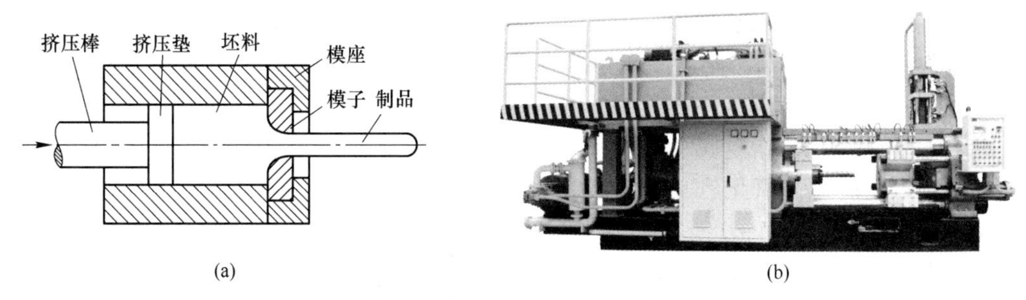

图 7-5　挤压示意图（a）和挤压机实物图（b）

挤压加工的优点：（1）挤压法比轧制具有更为强烈的三向压缩应力状态，可使金属充分发挥其塑性。它可加工某些用轧制或锻造法加工有困难，甚至不能加工的低塑性金属或合金。挤压法不仅可生产断面形状较简单的管、棒、型、线等材料，而且可生产断面变化、形状复杂的型材和管材，如阶段变断面型材、带异形筋条的壁板型材、空心型材和变断面管材等，这类产品用轧制或其他压力加工方法是难以生产的。（2）挤压加工灵活性大，只需要更换模子等挤压工具，即可生产出形状、尺寸不同的制品。这对于订货批量小、品种规格多的金属材料生产来说，具有更为重要的现实意义。（3）挤压制品的尺寸精确度远比热轧和锻造高，表面质量好，常不需要再进行机械加工。

挤压方法的主要缺点是：（1）几何废料损失较大，每次挤压后都要留下挤压残料（或压余），切去制品的头、尾，几何废料量可达铸造重量的12%。这就降低了成品率，提高了生产成本。（2）挤压生产的速度比轧制低，生产效率较低。（3）挤压制品的组织和性能不均匀程度比轧制产品高，变形程度越小，不均匀程度越大。（4）由于挤压时的主应力状态图为强烈的三向压缩，故使变形抗力增高，摩擦力很大，工具消耗较大，且挤压工具的材料及加工费用较昂贵。

挤压多用于有色金属的加工，近年也应用于钢及其合金的加工，特别是耐热合金及低塑性金属的加工。其产品多为型材、管材等。

7.1.3　金属压力加工的技术经济指标

生产车间各项设备、原材料、燃料、动力、定员以及资金等利用程度的指标称为技术经济指标，这些指标反映了企业的生产技术水平和生产管理水平，是鉴定车间设计和工艺过程制定优劣的重要标准，是评定车间各项工作好坏和考核其技术经济效果的主要依据。

技术经济指标包括综合技术经济指标、各项消耗指标、车间劳动定员及车间费用消耗等。生产过程中的各项原材料及动力消耗等指标直接涉及综合技术经济指标，直接影响经济效益。因为轧制是最重要的钢材压力加工方法，钢材产量的绝大多数都是通过轧制生产的，因此下面介绍几种轧钢生产的主要消耗指标。

7.1.3.1　金属消耗

金属消耗是指轧制1t成品钢材所需要的金属原料重量，一般又称为金属消耗系数，即：

$$K = \frac{W}{Q} \tag{7-1}$$

式中　W——投入原料重量，t；

　　　Q——合格产品重量，t。

金属消耗是直接影响车间产品成本的关键因素，要降低金属消耗，必须注意减少下列各项金属损耗：

（1）烧损：烧损是指金属在高温下的氧化损失，包括加热过程产生的氧化铁皮和高温下轧制中产生的二次氧化铁皮，前者尤为重要。据统计，金属在只经一次加热的轧制中，烧损率一般为2%~3%。

（2）切损：切损包括切头、切尾、切边和切掉质量不合格的局部而造成的金属损失。切损率主要与钢种、钢材品种等有关。

（3）清理损失：清理损失是指轧制前后对轧件表面缺陷的处理及酸洗过程中所造成的金属损失。由于清理方法及对钢材要求不同，造成的金属清理损失也不一样，一般为1%~3%。

（4）轧废：轧废是指因各种事故造成的废品损失。合金钢的轧废损失率一般为1%~3%，碳钢则小于1%。

7.1.3.2 燃料消耗

轧钢车间的燃料消耗主要用于坯料的加热，常用的燃料有煤气和重油。轧钢的燃料消耗是以每吨轧制产品的热量消耗值来表示的。有时，固体燃料或液体燃料也用每吨轧制产品消耗的燃料重量（kg）来表示，气体燃料则用每吨轧制产品消耗的燃料体积来表示。燃料的消耗取决于加热时间和加热制度、加热设备的构造、加热的钢种及加热炉的产量等因素。

7.1.3.3 电能消耗

轧钢车间的电能消耗主要用作轧机和辅助设备的动力。电能消耗的单位用轧制每吨产品所需的千瓦时（度）来表示。

电能消耗主要取决于轧制道次、产品品种、钢种、轧制的温度范围以及车间机械化、自动化的程度等因素。

7.1.3.4 轧辊消耗

在轧制过程中，轧辊孔型磨损到一定程度后，就需进行车、磨等机械加工，这样就产生了轧辊消耗。轧辊消耗是用轧制每吨产品所消耗的轧辊重量（kg）来表示的。

轧辊消耗取决于轧机型式及机座数目、轧辊材料与冷却方法、轧件的钢种及形状复杂程度等一系列因素。

此外，还有水、压缩空气、油、氧气、耐火材料等的消耗，表示方法与上述各种消耗类似，这里不再赘述。

7.2 钢材品种和用途

如前所述，在不同的金属压力加工方法中，最重要的是轧制，又称轧钢，绝大多数产品钢材是由轧制生产的，因此本章主要介绍轧制产品、轧制设备和工艺等相关基础知识。由炼钢厂生产出来的钢锭或连铸坯，被送往轧钢厂，在轧钢厂将其轧制成具有一定规格和性能的钢材，如板带材、管材、各种型材等。

钢材的断面形状和尺寸，总称为钢材的品种规格。国民经济各部门所使用的钢材品种规格达数万种之多。按它们的形状特点，一般分为板带钢、钢管、型钢、线材四大类。

7.2.1 板带钢

板带钢是应用最广的钢材，在一些主要产钢国家，其产量一般占钢材总产量的50%~60%以上。板带钢除作成品钢材使用外，还用作冷弯型钢、焊接型钢和焊接钢管的原材料。

板带材的特点是表面积大，有单张交货和成卷交货两种交货状态，成张钢板的规格用厚度×宽度×长度表示；成卷钢带的规格用厚度×宽度表示。板带钢按厚度不同分为厚板、薄板和箔材，表 7-1 给出了板带材的类别和规格尺寸。图 7-6 为中厚板和热轧带钢实物图。

表 7-1 板带钢厚度及宽度范围

分类		厚度范围/mm	宽度范围/mm	备注
厚板	中板	4~20	600~3000	齐边钢板厚为 4 ~ 60mm，宽为 200~1500mm
	厚板	20~60	600~3000	
	特厚板	60~160	1200~3800	最厚达 500mm 以上，最宽达 5000mm 以上
薄板（包括带钢）		0.2~4	600~2500	最宽可达 2800mm
极薄带材		0.001~0.2	20~600	

(a)

(b)

图 7-6 中厚板（a）和热轧带钢（b）

按产品尺寸规格，板带材一般可分为厚板（包括中板和特厚板）、薄板和极薄带材（箔材）三类。其中，厚板包括中板、厚板和特厚板，其厚度中板为 4~20mm，厚板为 20~60mm，特厚板为 60mm 以上，最厚可达 500mm 以上；薄板为 4.0~0.2mm，其中热轧可薄至 1.0mm；极薄带材（箔材）小于 0.2mm，目前箔材最薄可达 0.001mm。

按用途，板带钢可分为造船板、锅炉板、桥梁板、压力容器板、汽车板、涂层板（镀锌板、镀锡板）、电工钢板、屋面板、深冲板、焊管坯、复合钢板，以及不锈钢、耐热钢板、耐酸钢板等。

按照生产方法，板带钢可分为热轧板带和冷轧板带钢，热轧板是在钢铁材料的再结晶温度以上生产的，通常加热温度可高达 1200℃以上，轧制温度在 1000℃左右。冷轧板是在钢材的再结晶温度以下生产的，通常为室温轧制。

7.2.2 钢管

钢管素有工业和生活的动脉之称，其产量约占钢材总产量的 10%，2014 年我国钢管产量达到 8700 万吨。钢管的规格用外径和壁厚来表示。

钢管的断面一般为圆形，但也有多种异型钢管和变断面钢管。钢管按生产方法可分为无缝钢管和焊接钢管，见图 7-7；按用途可分为管道用管、热工设备用管、机械工业用管、石油地质工业用管、化工用管、输送钢管等；按材质可分为普遍碳素钢管、碳素结构钢管、合金结构钢管、合金钢管、不锈钢管等；按外径（D_c）和壁厚（δ_c）之比可分为特厚管（$D_c / \delta_c \leqslant 10$）、厚壁管（$D_c / \delta_c = 10$）、薄壁管（$D_c / \delta_c \geqslant 40$）。各种钢管的规格按外径和壁厚的组合也非常多，其外径最小达 0.1mm，最大达 4m；壁厚薄达 0.01mm，厚达 100mm。

图 7-7 无缝钢管（a）和螺旋焊管（b）

7.2.3 型钢

型钢也是使用较广泛的钢材，型钢的品种很多，按用途可分为常用型钢（方钢、圆钢、扁钢、角钢、槽钢、工字钢等）和专用型钢（钢轨、钢桩、球扁钢、窗框钢等）；按断面形状可分为简单断面型钢（图 7-8）、复杂断面型钢（图 7-9）和特殊断面型钢；按制作方法可分为热轧型钢、冷弯型钢、焊接型钢和特殊方法生产的型钢（如火车轮、轮箍、钢球、齿轮、钻头等）。

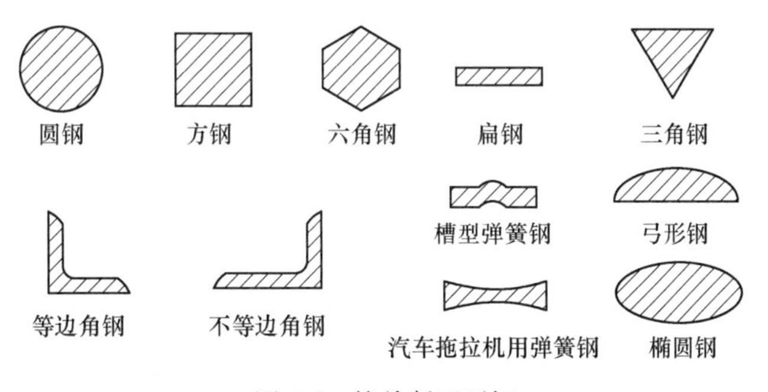

图 7-8 简单断面型钢

7.2.4 线材

线材（图 7-10）包括俗称的钢筋和钢丝，通常用于各类建筑，部分线材用于拉拔成直径很细的钢丝（图 7-11）。钢丝的规格是以成品的直径表示的。钢丝的品种较多，用途很广，如制作桥梁斜拉钢绞线、各种弹簧、电话线、钢丝绳、钉、螺丝、焊条芯线、小钻头、小丝锥、琴弦等。高强钢丝的另一个重要用途是用作各种轮胎的子午线。

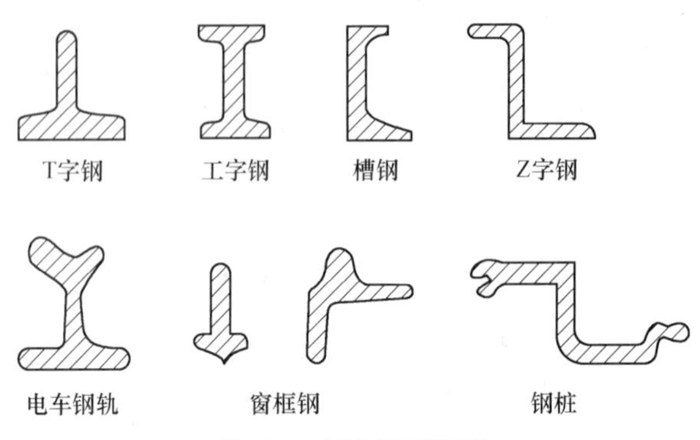

图 7-9 复杂断面型钢

图 7-10 线材

图 7-11 钢丝

7.3 轧 钢 机

7.3.1 轧钢机的基本组成

轧制钢材的设备称为轧钢机，轧钢机由轧辊、固定轧辊的机架、轧辊调节装置、轧辊平衡装置、齿轮机座、传动轴、电动机等组成。图 7-12 为二辊轧机。

7.3.1.1 轧辊

轧辊是轧钢机中最重要的部件，它直接与被加工的金属接触使其产生塑性变形，图 7-13 为轧辊示意图，轧辊由辊身、辊颈和辊头三部分组成。图 7-14 为二辊型钢轧辊和平辊轧辊。

图 7-12 二辊轧机

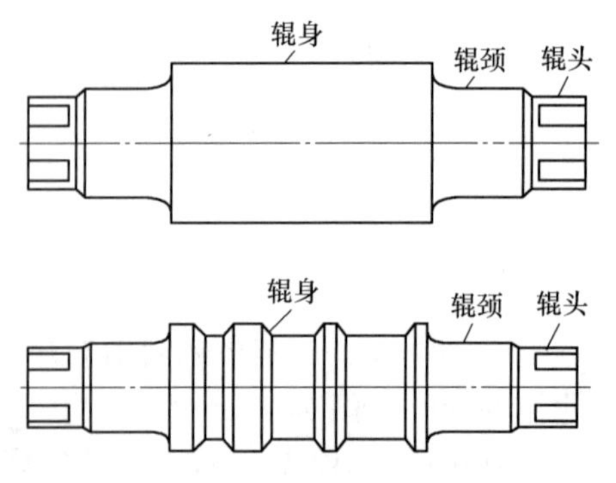

图 7-13 平辊和型钢轧辊组成图

图 7-14 型钢轧辊和平辊轧辊

辊身是轧辊轧件（金属）的部位。根据轧制产品的断面形状，板带材用圆柱形的平辊轧制，型材用带有轧槽组成孔型的型辊轧制。辊颈位于轧辊两侧，是轧辊的支撑部位，用于将轧辊支承在轴承上。辊头是轧辊与连接轴相接，用以传递扭矩使轧辊旋转的部分。

7.3.1.2 机架

机架由铸钢或铸铁牌坊组成，用于组装和固定轧辊，它承受金属加工时的压力，因此要求机架具有较高的强度和刚度。机架有闭口式和开口式两种，闭口式机架强度和刚度都优于开口式机架，闭口式机架主要用在轧制负荷大的板带轧机上，而开口式机架多用于经常换辊的型辊、线材等轧机上。在机架上安装有支承轧辊的轧辊轴承、压下装置和轧辊平衡装置、把轧件正确导入孔型或者从孔型中导出的导卫装置等。

7.3.1.3 轧辊调整装置

轧辊调整装置又称轧辊压下装置，用于将上轧辊进行上下调节，以形成轧制所需要的空载辊缝，轧制出形状和尺寸正确的钢材。压下装置主要有电动和液压两类，液压压下装置的响应速度和调节精度都优于电动压下装置，在现代化的板带轧机上，目前已广泛采用液压压下装置。

7.3.1.4 轧辊平衡装置

轧机空载的情况下，因各零件自重的作用，压下螺丝与螺母的螺纹间、工作辊与支持辊表面间以及辊颈与轴承间均产生一定的间隙。而且这种间隙必然会在轧制过程中产生强烈的冲击现象，使轧机寿命降低，导致辊缝发生变化。同时还会造成工作辊与支承辊之间出现打滑现象，从而引起轧件产生波浪以及擦伤钢板表面的现象，使板带材的质量大大降低。轧辊平衡装置的作用是消除轧制过程中，因工作机座中有关零件间的配合间隙所造成的冲击现象，以保证轧件的轧制精度，改善咬入条件，以及防止工作辊与支承辊之间产生打滑现象等。

轧钢机上常采用的平衡装置主要有弹簧式、重锤式及液压式三种。弹簧式平衡装置仅用于上辊调节高度在 50～100mm 范围的中小型型钢及线材等轧机上，其特点是结构简单、造价低、维修简便。重锤式平衡装置广泛地用于上轧辊调节距离大、调节速度不太快以及产品质量要求不高的板坯轧机、中厚板轧机和大型型钢轧机上，其优点是工作可靠，操作简单，调整行程大。存在的不足是机座的地基深，增加了基建投资。液压式平衡装置广泛用于现代化高精度轧机上，其优点是结构紧凑，能满足现代化的轧件精度自动控制的要求，在现代化轧钢车间中，液压系统已成为普遍采用的轧辊平衡装置。

7.3.1.5 齿轮机座

齿轮机座把电动机的动力分配传递到各个轧辊上，使两个传动轧辊反方向旋转。齿轮机座通常有上下两个直径相同的齿轮，一般下齿轮传动。

7.3.1.6 联接轴和联轴节

联接轴用于将转动从电动机或齿轮机座传递给轧辊。联轴节的用途是将主机列中的传动轴连接起来。

7.3.1.7 主电机

电动机提供轧钢机工作所需要的动力，主要有直流电动机和交流电动机。由于轧制压力大，轧制功率高，大型轧机大功率常常高达上万千瓦。随着电动机控制技术的发展，目前轧钢机电动机控制精度已达到很高的水平。

7.3.2 轧钢机的分类

7.3.2.1 按用途分类

轧钢机按用途分类，也即按轧制产品分类，可分为开坯轧机（钢坯轧机）、型钢轧机、钢板轧机、钢管轧机和特殊用途轧机五大类。轧钢机按用途分类情况见表 7-2。

表 7-2 轧钢机按用途分类表

轧钢机名称	轧辊尺寸/mm	轧钢机用途
初轧机	直径 1000~1400	将 3~15t 钢锭轧成 150~370mm 方、圆、矩形大钢坯
扁坯初轧机	直径 1000~1200	将 12~30t 钢锭轧成 300mm×1900mm 以下扁钢坯
钢坯轧机	直径 450~750	将大钢坯轧成 40mm×40mm~150mm×150mm 的钢坯
钢轨、钢梁轧机	直径 750~900	轧制标准钢轨，以及高度 240~600mm 的钢梁
大型轧钢机	直径 650~750	轧制大型钢材：80~150mm 的方、圆钢，高度 120~240mm 的工字钢与槽钢等
中型轧钢机	直径 350~650	轧制中型钢材：38~80mm 的方、圆钢，高度至 120mm 的工字钢与槽钢，50mm×50mm~100mm×100mm 的角钢等
小型轧钢机	直径 250~350	轧制小型钢材：8~30mm 的方、圆钢，20mm×20mm~50mm×50mm 的角钢等
线材轧机	直径 250~300	轧制 ϕ5~9mm 的线材
厚钢板、中板轧机	辊身长 2000~5000	轧制厚度 4mm 以上的中、厚钢板
带钢轧机	辊身长 500~2500	轧制 400~2300mm 宽带钢
薄钢板轧机	辊身长 800~2000	热轧厚度 0.2~4mm 的薄钢板
冷轧带钢机	辊身长 300~2800	冷轧厚度 0.008~4mm 的薄钢板与带钢
钢管轧机		轧制钢管
车轮、车箍轧机		轧制铁路车轮与车箍
特殊用途轧机		轧制各种特殊产品

（1）初轧机：将钢锭轧制成半成品的轧机，即轧成方坯、扁坯、板坯等。初轧机以

轧辊直径大小命名，例如1150初轧机，表示初轧机的轧辊直径为1150mm。

（2）型钢轧机：用于轧制各种型钢，分为大、中、小型型钢轧机，一般用辊身的名义直径即人字齿轮座齿轮的节圆直径来标称。

（3）板带轧机：用于轧制板带钢，按所轧钢板厚度分为厚板、中板、薄板轧机。板带轧机以轧辊辊身长度表示，辊身长度决定了在该轧机上所能轧制的最大宽度。例如1700热轧机，表示该轧机轧辊辊身长度为1700mm，能够轧制的最宽板带钢约为1400mm。

（4）钢管轧机：用于轧制钢管。钢管轧机以能够轧制的最大钢管外径表示，例如140轧管机组，表示能生产钢管的最大外径为140mm。

（5）特种轧机：轧制车轮、钢球、齿轮、轴承环等。

7.3.2.2 按轧辊数量分类

按轧辊数量可分为二辊、三辊、四辊、六辊、十二辊、二十辊轧机等（图7-15）。二辊轧机两个轧辊都是工作辊，工作辊就是与轧件直接接触、加工轧件的轧辊。四辊轧机在中间两个小工作辊外有两个大直径的支承辊，支承辊与轧件不接触，支承辊的作用是对小直径的工作辊起支撑作用，承受轧制压力。六辊轧机在工作辊和支承辊之间加了两个中间辊，通常中间辊是可以横向移动的，用以控制板带钢的板形。十二辊轧机属于多辊轧机，上下辊系各包括一个工作辊和位于相应工作辊外侧的各层支承辊，工作辊和相应外侧各层

图7-15 各种轧机

支承辊安置成塔形结构，在包括多于两个支承辊的同一层支承辊中，位于外侧的支承辊的直径大于位于内侧的支承辊的直径。采用多辊轧机的目的是轧制薄规格的带钢，从轧制原理可知，板带轧机所能轧制的最小板带钢厚度与工作辊直径成正比，也就是工作辊直径越大，所能轧制的最薄板厚就越大，因此为了轧制很薄规格的带钢，就需要采用小直径的工作辊，但另一方面工作辊直径减小，所能承受的轧制压力就受到限制，这时就必须在工作辊外层采用较大直径的支承辊承受轧制负荷。各种轧机的用途见表 7-3。

表 7-3 常见轧机及其用途

轧辊布置示意图	轧机名称	用　途	轧辊布置示意图	轧机名称	用　途
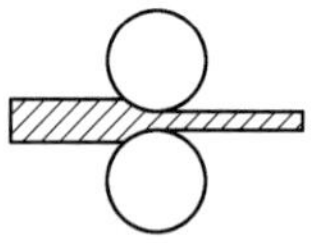	二辊轧机	(1) 轧制初轧坯及型钢; (2) 生产薄板(周期式叠轧薄板); (3) 冷轧钢板及带钢		行星轧机	热轧带钢
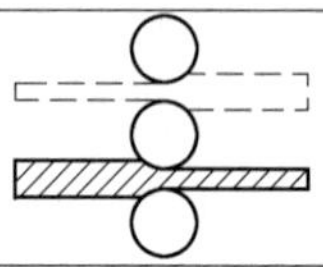	三辊轧机	轧制钢坯及型钢	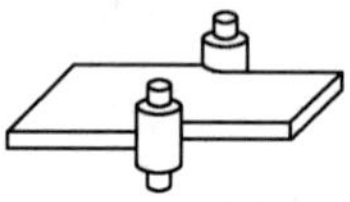	立辊轧机	轧制板坯或厚板的侧面
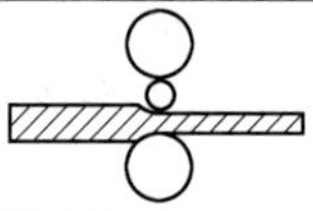	三辊劳特轧机	轧制中厚板	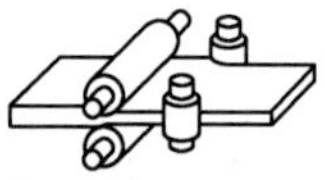	二辊万能轧机	轧制板坯及厚板
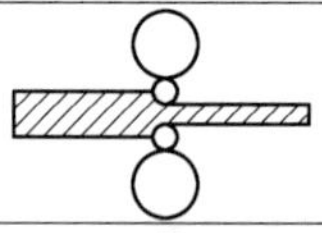	四辊轧机	轧制中厚板、冷轧及热轧钢板和带钢	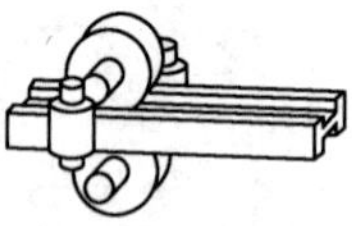	H 型钢轧机	轧制 H 型钢
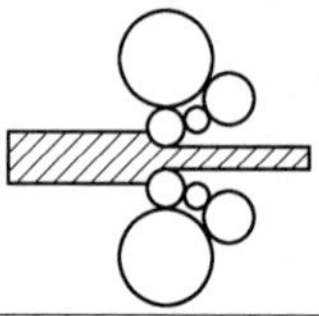	八辊轧机	冷轧薄带钢	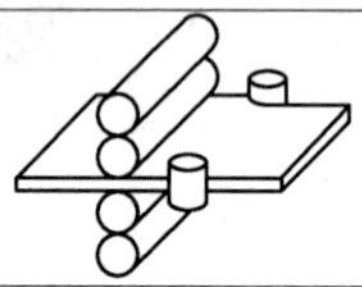	四辊万能轧机	轧制厚板
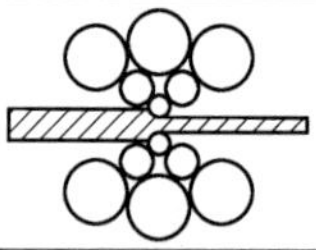	十二辊轧机	冷轧薄带钢	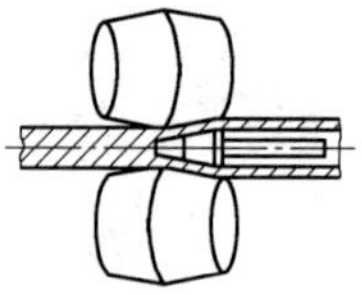	穿孔机	管坯穿孔
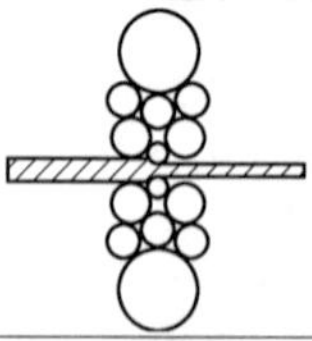	十四辊轧机	冷轧薄带钢	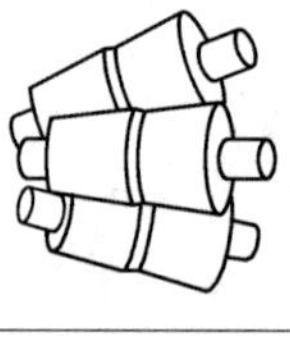	三辊轧管机	轧制钢管、管坯穿孔
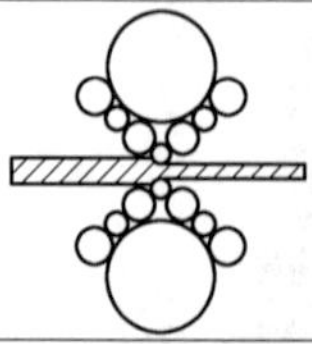	十六辊轧机	冷轧薄带钢	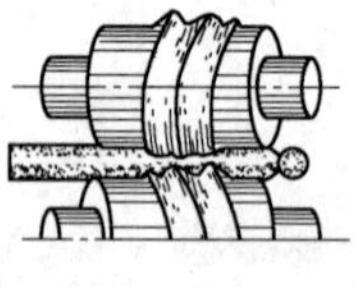	钢球轧机	轧钢球
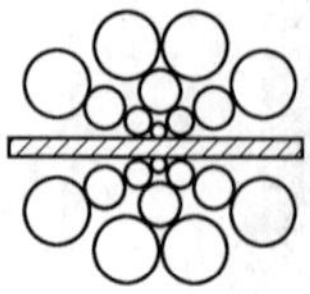	二十辊轧机	冷轧薄和极薄带钢			

7.3.2.3 按排列方式分类

轧制产品、产量和轧制工艺的不同，使轧机形成了几种不同的布置形式（图 7-16）。

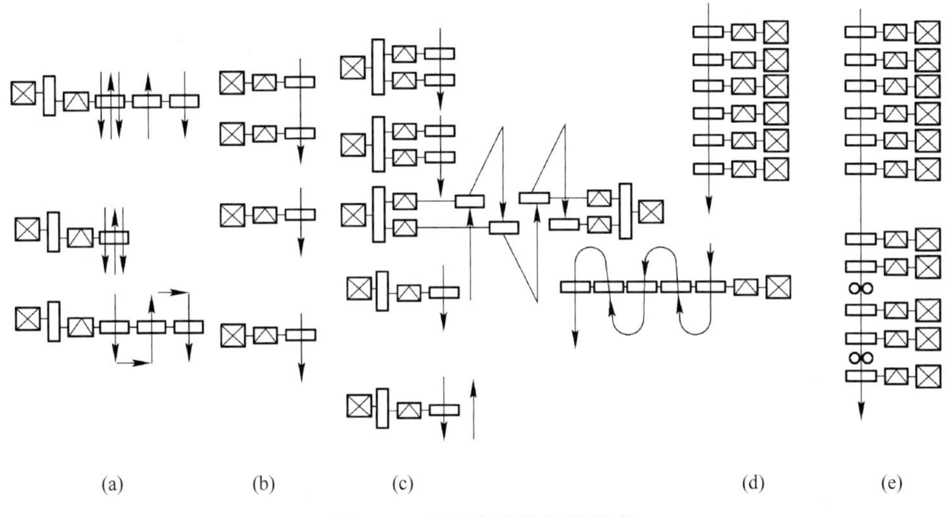

图 7-16 轧机布置的几种形式

（a）横列式；（b）顺列式；（c）棋盘式；（d）半连续式；（e）连续式

（1）横列式轧机：数个机架横向排列，由一台电动机驱动，轧件依次在各个机架中轧制一个道次或多个道次。中小型型钢轧机往往采用横列式布置。

（2）纵列式轧机：数个轧机按轧制方向顺序排列，轧件依次在各个机架中只轧制一个道次。

（3）半连续式轧机：轧线前半部分轧机（粗轧机）为非连续式纵列布置，而后半部分（精轧机）为连续式纵列布置，轧件在粗轧机上进行单道次或往复多道次轧制，在精轧机上进行连续式同时轧制。现代热连轧机多采用半连续式布置。

（4）连续式轧机：数个机架按轧制方向顺序排列，轧机同时在各个机架中轧制，轧机在各个机架中的秒流量相同。现代热连轧机精轧机组和冷连轧机组通常采用连续式布置。

7.4 板带钢生产工艺

7.4.1 轧制过程基本概念

轧制过程是靠旋转的轧辊与轧件之间形成的摩擦力将轧件拖进辊缝之间，并使之受到压缩产生塑性变形的过程。塑性变形就是外力去掉以后不能恢复的永久变形。轧制过程除使轧件获得一定形状和尺寸外，还必须使组织和性能得到一定程度的改善。下面以简单轧制过程为例，说明轧制过程的几个基本概念。简单轧制过程，是指轧制过程上下轧辊直径相等，转数相同，且均为主动辊，轧制过程对两个轧辊完全对称，轧辊为刚性，轧件除受轧辊作用外，不受任何其他外力作用，轧件在入辊处和出辊处速度均匀，轧件力学性能均匀。简单轧制过程示意见图 7-17。

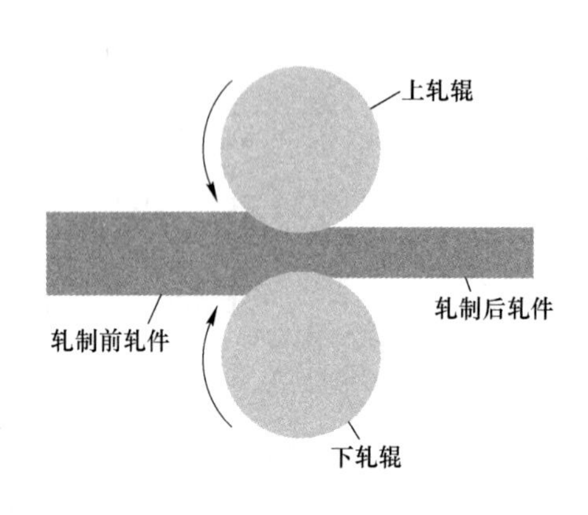

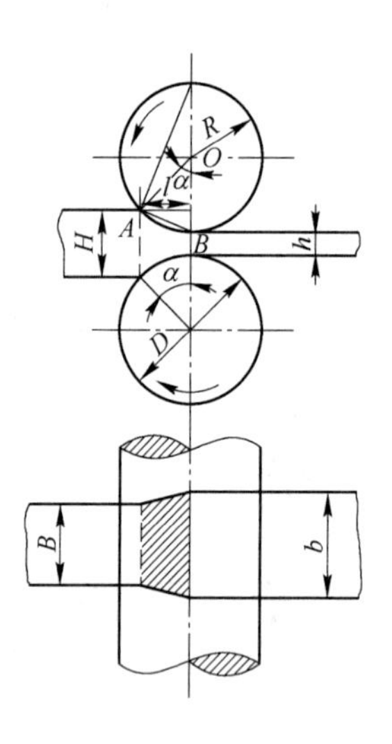

图 7-17 简单轧制过程示意图

绝对变形量（压下量 Δh、延伸量 ΔL、宽展量 ΔB）分别为：

$$\Delta h = H - h$$

$$\Delta L = l - L$$

$$\Delta B = b - B$$

式中 h，H——轧件轧后、轧前厚度；

l，L——轧件轧后、轧前长度；

b，B——轧件轧后、轧前宽度。

绝对变形量不能确切表示变形程度的大小，仅能表示轧件外形尺寸的变化，为此常用相对变形量表示变形程度。相对变形量用绝对变形量与轧件原始尺寸的比值来表示：

相对压下量（压下率）： $(H-h)/H\times100\%$

相对延伸量（伸长率）： $(l-L)/L\times100\%$

相对宽展量（宽展率）： $(b-B)/B\times100\%$

变形系数定义为：

压下系数： $\eta = H/h$

延伸系数： $\mu = l/L$

宽展系数： $\beta = b/B$

塑性变形时，一般认为轧件轧制前与轧制后体积不变，称为体积不变定律，即：

$$HBL=hbl$$

改写成 $$h/H \times b/B \times l/L=1$$

即 $$1/\eta \times \beta \times \mu=1$$

由此可知，由一个主变形方向压下的金属体积，按照不同的比例分配到另外两个变形方向上去，也即轧制时给予一定压下量后，轧件将会伸长和宽展。

轧件经过一次轧制称为一个道次，轧件经多个道次的轧制，将厚度较厚的原料轧制成厚度较薄的产品，当原料尺寸和产品尺寸确定后，采用的轧制道次越少，生产效率就越高。但道次越少，每个道次压下量就越大，会受到轧件咬入能力、电动机功率和设备安全等方面的限制。此外，如果轧件往复轧制，则成为可逆轧制；轧件只向一个方向轧制，则成为不可逆轧制。

对于轧辊直径一定的轧机，由于轧辊的弹性压扁，存在一个能够轧制的最小可轧厚度。在一定轧机上轧制一定产品时，随着板带的逐渐变薄，压下越来越困难。当板带薄至某一限度后，不管如何旋紧压下螺丝或加大液压压下的压力，不管反复轧制多少道次，由于轧辊产生弹性压扁而不可能再使产品变薄，这一极限厚度称为最小可轧厚度（minimum rolling gauge）。在轧制中，轧件与轧辊相互作用，轧件在轧辊作用下产生塑性变形，轧机、轧辊等受轧件的反力产生弹性变形。当然，轧件也伴有微小的弹性变形，通过轧辊后有极小的弹性变形量恢复，增加了轧件厚度。当轧件在轧辊中的压下与轧辊的弹性变形和轧件弹性恢复平衡时，这时的轧件厚度即是最小可轧厚度。斯通（M. D. Stone）、罗伯茨（W. L. Roberts）、福特-亚历山大（H. Ford，J. M. Alexander）等人都对最小可轧厚度公式做过理论推导。按斯通推导的计算公式，最小可轧厚度 h_{min} 为：

$$h_{min} = 3.58DfK/E$$

式中 D——工作辊辊径；

f——摩擦系数；

K——金属平面变形抗力；

E——轧辊弹性模量。

为了轧制出更薄的板带材，必须减小工作辊辊径，采用高效的工艺润滑剂，减小金属的变形抗力，增加轧辊的弹性模量，有效地减小轧辊的弹性压扁。现代 20 辊轧机上采用直径小达 10mm 的碳化钨轧辊，可轧制厚度小到 0.001mm 的极薄带钢。

根据轧制时轧件温度的不同，可以将轧制过程分为两大类，即首先将坯料加热到一定温度，在较高的温度下进行轧制，称为热轧。如果轧制前，轧件不进行加热，在常温下进行轧制，则称为冷轧。金属在高温下变形抗力小，变形容易，所以当产品需要变形量较大的轧制加工时，一般采用热轧。而冷轧金属，变形抗力大，变形量小，不易加工，但所获得的产品表面较光洁，尺寸较精确。根据金属学定义，加工温度高于该钢种在特定变形条件下的再结晶温度的压力加工称为热加工，加工温度低于再结晶温度的压力加工称为冷加工。钢铁材料的再结晶温度与钢种、冷加工变形程度、加热速度、保温时间等有关，但都高于 400℃，有的钢种甚至高达 700~800℃。热轧时，轧件加热温度一般都高于 1100℃。

7.4.2 轧钢生产系统

在钢铁联合企业中，从铁矿石开采到生产出各种各样的钢材，必须经过炼铁、炼钢和轧钢三个阶段，各个阶段又包括很多复杂的工序。就轧钢生产阶段而言，除少量钢锭以外，原料基本上都是来自炼钢厂的连铸坯，连铸坯首先送入加热炉中加热，当连铸坯温度达到预定温度且内外温度均匀后，分别在板带钢、型钢、钢管等轧线上，经轧制、精整等工序处理后生产出符合要求的板带材、各种型钢和钢管等最终钢材产品。从炼铁、炼钢直到轧制成材的生产工艺流程示意详见图 7-18。

钢铁联合企业有各种不同的轧制生产线，下面介绍几种主要的、典型的生产工艺系统，说明各种不同钢材的生产工艺。

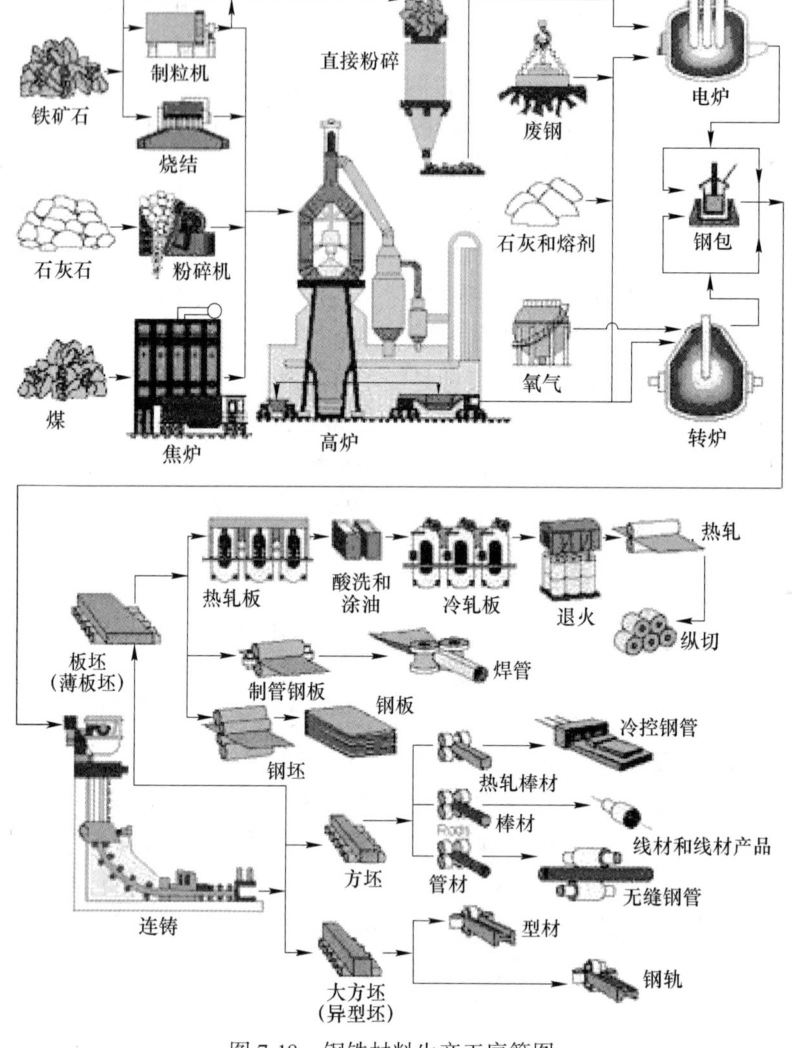

图 7-18 钢铁材料生产工序简图

7.4.2.1 板带钢生产系统

板带钢生产系统主要包括中厚板、热轧薄板和冷轧薄板生产线三大类。中厚板生产线原料为连铸厚板坯，轧线由一台四辊粗轧机和一台四辊精轧机，以及轧后精整线和热处理等组成，连铸坯经过多道次粗轧和精轧轧制成材。中厚板生产属于热轧工艺，主要有中厚板轧机、热连轧机组和炉卷轧机等三种方式，中厚板轧机是普遍采用的生产设备。轧机按照轧辊辊面宽度可分为 1800mm、2300mm、2800mm、3300mm、3800mm、4300mm、4800mm 以及 5300mm 等 8 个级别，每个级别可上下调整 200mm。宽厚板轧机主要是指辊面宽度达到 2800mm 以上的宽幅中厚板轧机。辊面宽度达到 4800mm 以上的轧机，又被称为特宽厚板轧机，最大规格可达 5500mm。目前世界上最大的宽厚板轧机为 5500mm 轧机，轧机支承辊最大直径达到 2400mm，重达 250t，整台轧机总重超过 3000t，主电机总功率达 20000kW 以上，原料板坯重达 250t，生产的钢板厚度最大可达 400mm，是普通轧机的 4 倍以上，可用作航母、战列舰、坦克等武器装甲钢板。现代化的热连轧机原料也是连铸坯，轧线普遍采用1~2机架粗轧机和7机架精轧机布置，轧辊宽度最大可达3300mm以上，产量高达500万吨左右。冷连轧生产系统原料为热轧带钢，生产厚度更薄的带钢，现代化的冷连轧机组通常采用4~5机架四辊轧机，且装备有良好的厚度和板形控制系统。

7.4.2.2 型钢生产系统

相对于板带钢生产系统，型钢生产系统的规模往往不很大，根据生产规模可分为大型、中型和小型生产系统。一般年产100万吨以上的可称为大型生产系统，年产30万~100万吨的称为中型生产系统，年产30万吨以下的称为小型生产系统。

7.4.2.3 钢管生产系统

钢管生产系统包括无缝钢管生产系统和焊接钢管生产系统两大类，2014年，我国无缝钢管产量为3137万吨，焊管产量为5761万吨。无缝钢管采用圆管坯原料，经热轧成管，热轧无缝钢管最大直径为630mm。焊接钢管采用热轧带钢为原料，通过直缝焊接或螺旋焊接成管，螺旋管最大口径能到3500mm，直缝焊管的口径现在可达1420mm。

现代化的轧辊生产系统向着大型化、连续化、自动化的方向发展，原料断面及重量日益增加，生产规模不断扩大，随着自动化程度的不断提高，轧制速度也越来越高。

轧制产品不同，生产工艺也不同，但热轧通常都包括粗轧和精轧两个轧制阶段，粗轧采取较大的压下量，以减少轧制道次，提高生产率。然后，以较小的压下量进行精轧，以使轧件具有精确的尺寸和光洁的表面。热轧基本工艺为：（1）加热——将连铸坯在加热炉中，加热到再结晶温度以上的某一适当温度；（2）轧制——不同品种或规格产品，分别在不同类型的轧机上进行轧制，得到所要求的形状和尺寸，通常包括粗轧和精轧；（3）轧后冷却——热轧后对轧件进行控制冷却，以得到所希望的钢材组织和性能；（4）精整——包括矫直、剪切、检验、表面处理等。

冷轧一般采用热轧带钢为原料，冷轧主要生产工艺为：（1）酸洗——除去热轧坯料表面的氧化铁皮，以便于轧制出表面光洁的冷轧带钢；（2）轧制——将一定厚度的原料轧制成厚度更薄的带钢；（3）退火——由于冷轧产生很大的加工硬化，轧后要对冷轧带钢加热到一定温度，消除加工硬化，以便于后续的加工处理；（4）精整——包括平整、剪切、检验、表面处理等。

7.4.3 板带钢生产技术要求和特点

板带钢包括中厚板、热轧薄板和冷轧薄板三大类产品，是产量最大的钢材产品，广泛应用于国民经济各行业和人们的日常生活中。对板带钢的共同要求是“尺寸精确板形好，表面光洁性能高”。

（1）尺寸要求精确。对于薄带钢，由于厚度较小，一般要求高精度轧制。

（2）板形要求良好。带钢板形要平坦，无浪形和瓢曲。轧件越薄，板形越难控制。板形的好坏直接影响后续工序的加工，影响最终产品的外观，因此，对薄带钢的板形提出了较高的要求。

（3）表面要求光洁。板带钢是单位体积材料表面积最大的钢材，多用于各种工业产品的外围面板，故必须保证表面的质量。表面不得有气泡、结疤、拉裂、划伤、折叠、裂缝、夹杂和压入氧化铁皮等，因为这些缺陷不仅损坏各种工业产品的外观，而且容易破坏外观面板。例如，深冲钢板表面的氧化铁皮会使冲压件表面粗糙甚至开裂，并使冲压工具磨损加剧。

（4）性能要求较高。板带钢的性能要求主要包括力学性能、工艺性能和某些特殊性能。对于冲压用板，要求具有较好的深冲性能，以避免冲压件的开裂；对于造船板和桥梁板，则要求具有较高的低温冲击韧性。

板带材生产具有以下特点：

（1）板带材用平辊轧制，改变产品规格比较容易，调整操作方便，易于实现计算机控制和自动化生产。

（2）带钢断面形状简单，可成卷生产，在国民经济中用量很大，需要实现高速连轧生产。

（3）由于宽厚比和表面积都很大，故生产时轧制压力很大，可达数百万乃至数千万牛顿，因此轧机设备复杂庞大，电动机功率大。

（4）对于厚度较薄的带钢，板形控制和表面质量控制要求很高。

7.4.4　中厚板生产工艺

7.4.4.1　中厚板轧机形式及布置

中厚板轧机主要有二辊可逆式、三辊劳特式、四辊可逆式和万能轧机四种，根据机架布置可分为单机架、双机架、半连续式和连续式轧机等。

A　中厚板轧机的结构形式

二辊可逆轧机是一种老式轧机，由于其辊系刚度较差，轧制精度不高，目前已不再单独新建，有时作为粗轧机或开坯机之用。三辊劳特轧机也是一种老式的中板轧机，其上下轧辊直径较大，中辊直径较小且为惰辊，采用交流电动机传动实现往复轧制，这种轧机投资少，建厂快，但由于辊系刚度不大，轧机咬入能力差，前后升降台等机械设备也较笨重复杂，所以这种轧机不适用于轧制厚而宽的产品，常用于生产 4～20mm 的中板。目前，由于四辊轧机的兴起，这种轧机已不再新建，但在中小型地方企业中，仍然有多套三辊劳特轧机。

四辊可逆式轧机是现在应用最为广泛的中厚板轧机。它集中了二辊和三辊劳特轧机的优点，支承辊和工作辊分开，既降低了轧制压力，又大大增大了轧机刚度。因此这种轧机适合于轧制各种尺寸规格的中厚板，尤其是宽度较大，精度和板形要求较严格的中厚板，四辊轧机更是必选轧机。但这种轧机造价较高，很多工厂只用作精轧机，以节约投资。四辊厚板轧机的特点是：轧辊直径大，轧制钢板宽，轧机刚性强，电动机容量大，轧制速度高等。

万能轧机就是在一侧或者两侧安装了一对或两对立辊的可逆式轧机，立辊轧机的作用是对轧制中的钢板齐边，但当钢板宽厚比较大时，齐边效果并不好，因此现在万能轧机用得不多。有时在二辊或四辊粗轧机前单独安装一套立辊轧机，对轧机进行测压，破坏板坯表面的氧化铁皮，便于高压水除鳞。

B　中厚板轧机的布置

a　单机架轧机

单机架轧机在中厚板生产中仍占有一定的地位，单机架轧机可以为一台二辊、四辊或者三辊劳特轧机，其中四辊轧机用得最少，通常采用四辊单机架布置生产宽厚板。

b 双机架轧机

双机架轧机布置是现代中厚板轧机的主流形式，它把粗轧和精轧两个阶段的不同任务分配到两个机架上完成。其主要优点是：不仅轧机产量高，而且表面质量、尺寸精度和板形都比较好，并可延长轧辊寿命，缩减换辊次数等。双机架轧机布置的粗轧机可采用二辊可逆轧机或四辊可逆轧机，精轧机则普遍采用四辊可逆轧机。目前我国普遍采用二辊粗轧机加四辊精轧机的组合方式，美国、加拿大等国也多采用二辊加四辊轧机的形式，而欧洲和日本多采用四辊粗轧机加四辊精轧机的形式，其主要优势是：粗轧机和精轧机均可单独生产，较为灵活；粗、精轧道次分配较合理，产量高；缺点是投资大。

c 半连续式或连续式轧机

半连续式或连续式轧机实际上就是热带连轧机，其成卷生产的板带厚度已达25mm，因此热带连轧机也是一种中厚板轧机，几乎2/3的中厚板都可以在连轧机上生产。但是用连轧机生产中厚板一般宽度不能太大，而且使用可以轧制更薄产品的热带连轧机来生产较厚的中板，在技术上和经济上都不合理。轧制薄板时常出现温度降低过快、终轧温度过低的问题，而轧制厚板时则常出现温降太慢、终轧温度过高的问题。为了适应不同产品的工艺要求，热轧板带钢最好采用产品分工专业化，对于较厚的中厚板，轧制中不需要抢温保温，采用一般的单机架或双机架可逆式轧机已可以满足产品产量和质量要求，不需要采用连轧机来生产。因此，目前中厚板轧机布置一般是指单机架或双机架布置形式。

7.4.4.2 中厚板生产工艺

中厚板生产工艺过程如图7-19所示，中厚板生产原料一般为连铸坯，生产工序包括加热、轧制和轧后精整及热处理等。

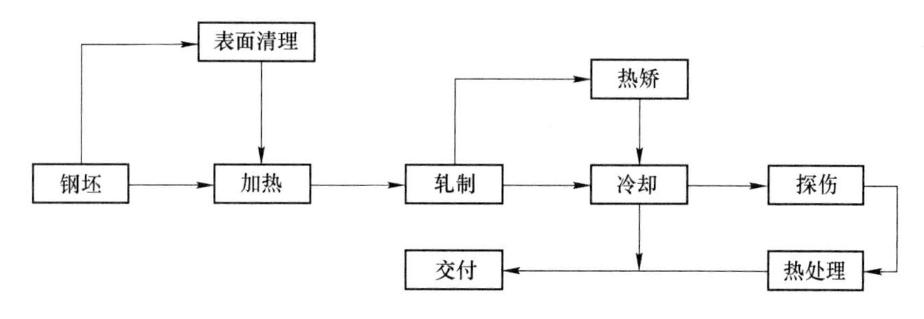

图7-19 中厚板生产流程图

A 坯料加热

现在轧制中厚板所用的原料一般是连铸板坯，所用的加热炉主要是连续式加热炉。由钢锭轧制特厚板时，采用均热炉。轧制特重、特轻、特厚、特短的板坯，或多品种少批量的合金钢坯、钢锭的加热，一般采用室状加热炉。

钢坯加热的目的是提高塑性，降低变形抗力，以便于轧制。钢在加热过程中，可以减小或消除连铸坯的偏析等缺陷。正确的加热工艺，可以提高钢的塑性，降低变形抗力，消除或减轻组织缺陷。而加热不当对生产有极大的危害。加热温度过高或时间过长都会产生过热、过烧、严重脱碳等缺陷。加热温度过低或时间过短，则会造成断辊及缠辊等事故。

加热工艺制度包括加热温度、加热时间、加热速度和温度制度。钢种不同、化学成分不同，加热工艺制度也应该不同。加热温度是指钢坯的出炉温度，出炉时钢坯各处温度应该均匀。加热速度是指单位时间内的温度变化，主要取决于钢种，加热速度应保证钢坯内不产生内应力和裂纹。加热时间是指从钢坯入炉到出炉整个加热过程中，钢坯在各个阶段的时间。温度制度是指钢坯在预热段、加热段、均热段的炉温。中厚板生产的加热操作，要根据钢种和产品规格的不同，将原料内外均匀地加热到规定的温度，钢坯出炉温度要处于奥氏体区内（图 7-20）。

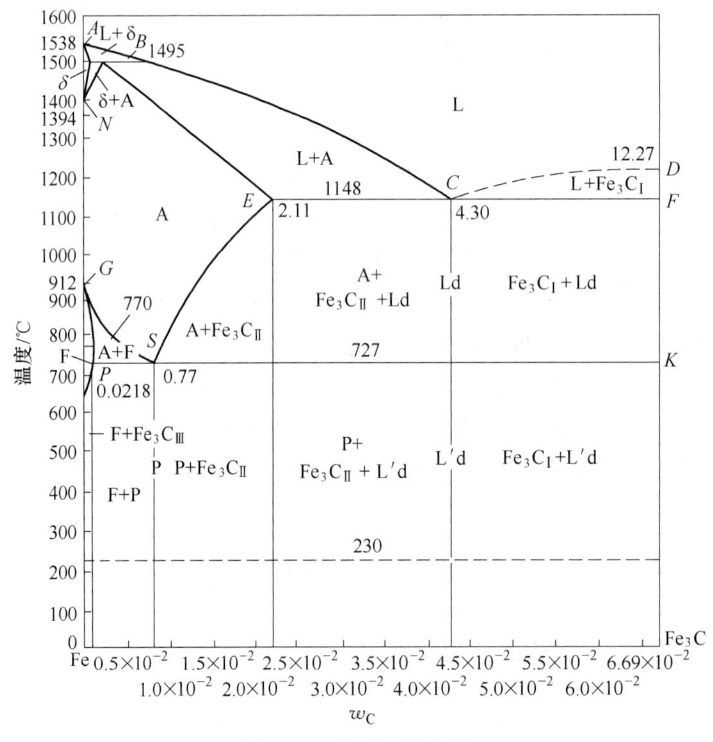

图 7-20 铁碳平衡相图

B 中厚板轧制

在轧制过程中要完成金属精确成型和改善金属组织性能这两个任务，正确合理的轧制制度或轧制规程是实现这两个目的的前提。轧制规程的主要内容包括变形温度、变形程度和变形速度。

a 变形温度的确定

变形温度包括开轧温度、各道次的变形温度、终轧温度，以及轧后冷却后的温度等。最低的开轧温度应是终轧温度加上轧制过程中的温降；最高开轧温度则取决于原料的最高允许加热温度。终轧温度因钢种不同而异，它取决于对产品内部组织和性能的要求，也取决于在较低的温度下金属塑性的大小、变形抗力的高低和设备强度等，通常终轧温度应处于单相奥氏体区内（图 7-20）。轧后冷却后的轧件温度主要取决于用户对产品组织和性能的要求。

b 变形程度的确定

确定变形程度实质上就是制定轧制压下制度，包括总变形量、变形道次、各道次变形量等。总变形量取决于原料尺寸和产品规格，连铸坯规格只有几种，总变形量的大小对金属的组织和性能影响很大，根据产品规格确定了原料后，总压下量也就确定了。在设备条件允许的情况下，变形道次应尽量少，以提高生产率。道次变形量的确定应考虑金属的塑性、咬入条件、电动机能力和设备强度、金属组织和性能等。前面道次应利用高温塑性好的条件加大压下量，以提高生产效率；最后道次应避开使晶粒粗大的临界变形程度范围，以获得均匀细小的晶粒组织，变形量不能太大。

c 变形速度的确定

变形速度或轧制速度主要影响轧机的产量，因此在电动机能力、轧机设备强度、操作水平、咬入条件和坯料规格等一系列设备、工艺条件允许的情况下，应尽量提高变形速度或轧制速度。

中厚板的轧制过程大致分为：除鳞、粗轧和精轧三个阶段。除鳞就是清除加热和轧制过程中产生的氧化铁皮（鳞皮），以免鳞皮在轧制时被压入而使钢板产生表面缺陷，所以除鳞是保证表面质量的重要措施。较有效的除鳞方法是：在轧机前设置高压水喷头，喷射高压水冲除鳞皮，或在轧机上给予小压下量来除鳞。

粗轧阶段的主要任务，是将坯料展宽到所需宽度并给予大压下量使长度延伸。常用的轧制操作方法有：全纵轧法、横轧—纵轧法、角轧—纵轧法、全横轧法和平面形状控制轧法。全纵轧法或全横轧法就是轧件始终在一个方向上轧制，使钢中夹杂物和偏析呈明显的带状分布，钢板组织和性能呈各向异性，在实际生产中用得不多。横轧—纵轧法是先横向轧制，将坯料展宽到所需宽度后，再把轧件回转90°，进行纵向轧制，是生产中厚板最常用的轧制法。这种方法的优点是可减小钢板的各向异性，适合于以连铸坯为原料的钢板生产，但缺点是产量有所降低，并易使钢板成桶形，增加切边率，降低成材率。角轧—纵轧法类似横轧—纵轧法，但它是先使坯料纵轴与轧辊轴线成一定角度送入轧机轧到所需宽度后再进行纵向轧制。平面形状控制轧法采用纵向—横向—纵向轧制，控制钢板形状，减小切边量。

精轧阶段的主要任务，是对轧件进行质量控制，包括板形控制、厚度控制、性能控制及表面质量控制。

现代的中厚板轧机，采用计算机自动控制系统，对钢板的平面形状、宽度、厚度和板型等进行在线控制。中厚板轧机计算机在线控制的主要功能有：从板坯入炉到成品入库对钢料进行跟踪；按轧制节奏控制板坯装炉、出炉，并设定和控制加热炉温度；计算最佳轧制制度，设定压下规程；进行厚度自动控制；计算液压弯辊设定值；控制轧制道次和停歇时间，以控制终轧温度；设定和控制轧后冷却制度，控制冷却后钢板温度等。

C 中厚板的精整及热处理

中厚板精整包括矫直、冷却、划线、剪切、检查及缺陷清理，必要时按需要进行热处理及酸洗处理等工序。为使钢板平直，钢板轧制以后必须趁热矫直，热矫直温度根据钢板厚度和终轧温度的不同可在650~1000℃之间选择。钢板经矫直后，为了避免继续产生热偏差，应立刻送到冷床上空冷到200~150℃以下。冷却后的钢板送到后面的工序进行检查、划线、剪切、打印。除表面检查外，现在还采用在线超声波探伤检查钢板内部缺陷。

对于一些在力学性能方面有特殊要求的中厚板，还要进行热处理。热处理的方法有：淬火、回火、正火等。根据用户的要求制定钢板热处理温度、保温时间和冷却方式等，从而使产品获得不同的组织和力学性能。

7.4.5 热轧薄板带钢生产工艺

根据生产规模和设备不同，热轧薄板带钢的生产方法也有多种，这里介绍热轧薄板的主流生产方式——传统热连轧带钢生产工艺流程（图 7-21）。

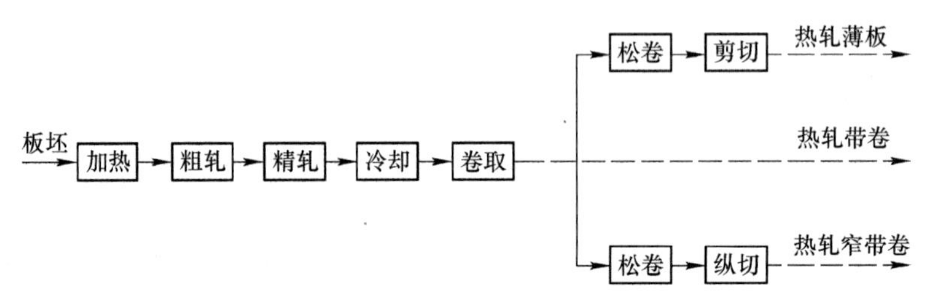

图 7-21 传统热连轧带钢生产工艺

7.4.5.1 坯料加热

现代化的热连轧机普遍采用连铸坯为原料，采用三段或五段式步进式连续式加热炉加热，加热制度的制定与中厚板类似。为了节约热能消耗，板坯热装受到重视，热装是将连铸坯在热状态下入炉，热装温度越高，节能越多。

7.4.5.2 粗轧

高温加热的板坯，表面产生较多的氧化铁皮，粗轧之前，需要对板坯表面进行除鳞处理，去除氧化铁皮。通常采用粗轧机之前的立辊轧机对板坯测压，破碎氧化铁皮，然后用高压水冲掉板坯表面的氧化铁皮。立辊的作用除了破鳞外，还对板坯进行宽度方向的压缩。

热连轧机精轧机组布置基本相同，一般由 7 机架四辊轧机组成，区别在于粗轧机的布置不同，根据粗轧机的布置，热连轧机布置形式主要有全连续式、半连续式和四分之三连续式三大类。图 7-22 为上述三种形式粗轧机组的布置图。全连续式设有 6 架不可逆式粗轧机，各架只轧一道，轧件始终朝一个方向运动，这种布置产量高，生产灵活，某架粗轧机出现故障，仍可继续生产。但全连续式布置投资很大，而且粗轧机组每架只轧一个道次，粗轧轧制时间往往要比精轧机组的轧制时间少得多，粗轧机生产能力与精轧机不匹配，因此全连续式布置应用很少。半连续式布置有两座可逆粗轧机，粗轧阶段在 1~2 架

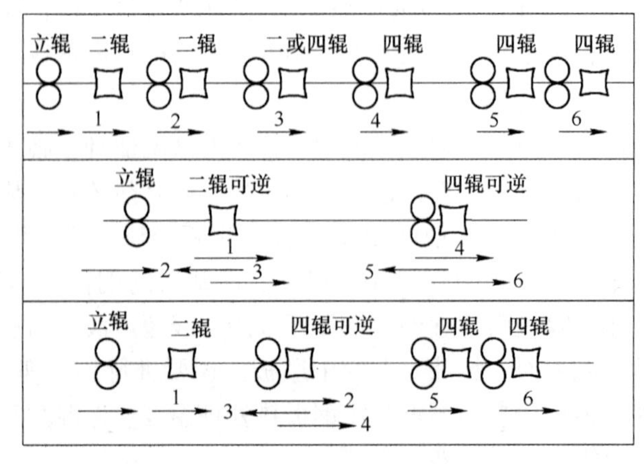

图 7-22 三种形式粗轧机组布置示例

可逆式粗轧机上反复轧制。半连续式布置产量低于全连续式布置，但设备和投资少，粗轧道次可灵活调整，是目前应用最为广泛的热连轧机布置形式。四分之三连续式是一种节约厂房而生产效率高的布置形式，设有四架粗轧机，其中 1~2 架为可逆式，用以进行反复轧制。粗轧机组每个机架前都带小立辊，目的主要是控制带钢的宽度，对准轧制中心线，同时也起到侧压破坏氧化铁皮的作用。粗轧阶段，由于轧机较短，一般不形成连轧，都是单机架轧制。同时，轧件温度较高，普遍采用高温大压下轧制。

7.4.5.3 精轧

粗轧后的中间坯，经中间辊道输送到精轧机组进行连轧，热连轧机精轧机组一般都由 7 架轧机组成，图 7-23 为热轧带钢精轧机组布置简图。为了避免温度过低的轧件两端损伤辊面，并使操作顺利进行，轧件在精轧前要用飞剪剪去头部和尾部。

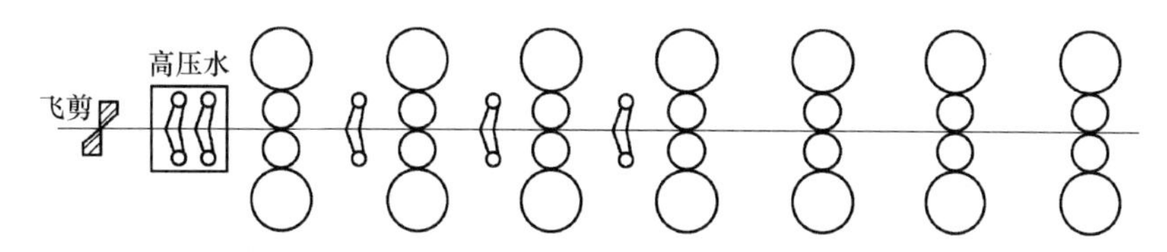

图 7-23 热轧带钢精轧机组布置简图

带坯切去头部以后，进入精轧机之前的高压水除鳞箱除鳞，此外在精轧机前几架之前也设置了高压水喷嘴，采用压力约为 15MPa 的高压水除掉次生氧化铁皮，保证轧后带钢表面的光洁。

现代热连轧机精轧机组普遍采用四辊不可逆轧机，由于热轧带钢的厚度较小，最薄可达 1.0mm 左右，轧辊的凸度变化对板型的影响很明显，因此各机架都带有带钢板形控制功能，配置轧辊轴向窜辊和液压弯辊装置等。

现代热连轧带钢机组的轧制速度很高，有的末架精轧机轧速达 28~30m/s，为了控制带钢尺寸、板形和表面质量等，全线配置了一系列仪表对轧制速度、轧制压力、轧件温度、轧件厚度及辊型等进行自动测量，全面实现了计算机在线实时控制。带钢热连轧生产过程的计算机控制功能包括轧件跟踪、轧制制度设定、厚度控制、温度控制、宽度控制、板型控制以及力学性能控制等。

7.4.5.4 带钢冷却、卷取及精整

带钢精轧出口温度一般都处于高温奥氏体区，为了得到所希望的微观组织，必须在卷取之前冷却到预设定的卷取温度。同一钢种、同一规格的带钢，冷却制度不同，卷取温度不同，带钢最终的组织和性能也不同，因此轧后冷却是热连轧带钢生产中一个十分重要的环节。目前普遍采用层流冷却方式对带钢进行冷却。钢铁生产和研究人员十分重视轧后冷却技术的研究和应用，目前已经开发了超快冷却技术，进一步改善了带钢的力学性能。

冷却后的带钢由卷取机卷成板卷，卷取机一般有三台，交替进行卷取。卷取后的板卷经卸卷小车、翻卷机和运输链送到精整车间，继续进行精整加工。单张供货的钢板由横剪机组定尺剪切成单张薄板；成卷供货的带钢由纵切机组切边、重卷后发货；作为冷轧原料的板卷直接出厂。对于一些在力学性能方面有特殊要求的带钢，要进行适当的热处理。

7.4.6 冷轧薄板生产

7.4.6.1 冷轧板带材工艺特点

根据金属学定义，加工温度低于该钢种在特定变形条件下的再结晶温度的压力加工称为冷加工，钢铁材料的再结晶温度与钢种、冷加工变形程度、加热速度、保温时间等有关，但都高于400℃，有的钢种甚至高达700~800℃。工业生产中，冷轧是指坯料轧前不经过再加热的常温轧制过程。冷轧时由于变形热和摩擦热的积累，轧件温度会升高，高速冷轧时，轧件温度甚至会高于200℃，但仍然低于金属的再结晶温度。

热轧带钢常常出现温度不均匀或温降问题，造成产品尺寸和性能波动，与热轧相比冷轧具有一系列优点：(1) 冷轧可以生产厚度更小（最薄可达0.001mm）、尺寸公差要求严格的带钢。(2) 冷轧带钢尺寸精确、厚度均匀，符合高精度公差的要求。(3) 冷轧产品表面质量优越，不存在热轧常常出现的麻点、压入氧化铁皮等缺陷，并可根据用户的要求，生产出不同表面光洁度的带钢（从均匀细致的毛面到光可鉴人的磨光表面）。(4) 冷轧带钢具有良好的力学性能和工艺性能。通过冷轧变形与热处理的适当配合，可以比较容易地在较宽的范围内改变带钢的力学性能，满足用户的不同要求，特别是能够生产出某些具有特殊性能的钢材，如取向硅钢、深冲板等。(5) 可实现高速、全连续轧制，具有很高的生产效率。

冷轧带钢虽然具有上述优点，但因冷轧原料由热轧供给，冷轧产品质量受热轧带钢的影响，为了生产出高质量的冷轧带钢，应不断提高和改善热轧卷的质量水平，包括表面质量、组织性能、厚度公差与板形平直度等。

冷轧工艺具有以下几个特点：

(1) 冷轧中的加工硬化。带钢在冷轧时，由于晶粒被压扁、拉长、晶粒破碎、晶格畸变，使金属的塑性降低、强度和硬度增高，这种现象称为加工硬化。带钢在冷轧过程中产生不同程度的加工硬化，带钢的加工硬化使轧制变形抗力增加、塑性降低、轧制力加大，给带钢继续冷轧带来了困难。当加工硬化达到一定的程度后，必须对带钢进行再结晶退火热处理，使轧件恢复塑性，降低变形抗力，以便继续轧薄。

(2) 冷轧工艺冷却和润滑。实验研究与理论分析表明，冷轧带钢的变形功约有84%~88%转变为热能，使带钢和轧辊的温度升高。辊面温度过高会引起工作辊淬火层硬度下降，影响轧辊寿命。辊温升高和辊温分布不均匀会破坏正常的辊型，直接影响带钢的板形和尺寸精度。同时，辊温过高也会使冷轧工艺润滑剂失效，使冷轧不能顺利进行。因此，为了保证冷轧的正常进行，必须对轧辊和轧机进行有效的冷却。

冷轧时轧件的变形抗力大，轧制压力很高，采用工艺润滑的目的是减小金属的变形抗力，减小变形区接触弧表面上的摩擦系数和摩擦力，使轧制压力和能耗降低。使用润滑剂可增大道次压下量、减小道次数，同时可提高轧制速度。此外，润滑剂的使用还可以轧制出更薄的产品。

(3) 冷轧张力轧制。张力轧制就是轧件的变形过程是在一定的前张力或后张力作用下实现的。力作用方向与轧制方向相同的张力称为“前张力”，力作用方向与轧制方向相反的张力称为“后张力”。张力的作用是：防止带钢在轧制过程中跑偏；使所轧带钢保持平直（轧制过程中保持板形平直和轧后板形良好）；降低轧件的变形抗力，有利于轧制更薄的产品；自动调节带钢的延伸，使延伸均匀。

7.4.6.2 冷轧带钢生产工艺

冷轧薄板品种规格较多，不同种类的冷轧薄板生产工艺流程不完全一样，图 7-24 为冷轧薄板的一般工艺流程。

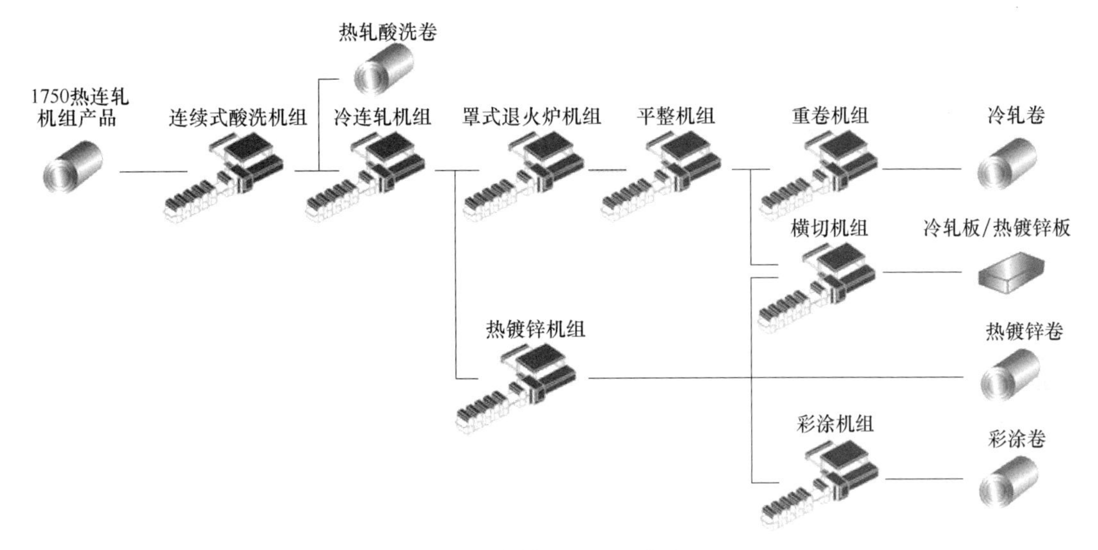

图 7-24 冷轧带钢生产工艺流程

A 原料带卷酸洗

用作坯料的热轧带卷是在 900℃以上轧制的，其表面会产生氧化铁皮。为了保证冷轧薄板的表面质量，通常在冷轧前对原料进行酸洗以去除表面氧化铁皮。生产中使用最多的是以酸为主的化学处理，目前洗液多采用盐酸。带钢酸洗在连续酸洗作业线上进行，酸洗作业线主要包括酸洗槽、清洗槽、拆卷机、卷筒和一系列传送装置等。

B 冷轧

现代化带钢冷连轧机组已经实现酸洗和冷轧的无头轧制，经酸洗后的带卷，连续输送到冷轧机上进行连续轧制。冷连轧机组一般有 4~6 座四辊或六辊冷轧机组成，全部采用板形控制轧机，具有板形控制功能的 HC 轧机、CVC 轧机等已普遍应用在冷连轧机上。

冷轧带钢生产工艺，特别是冷连轧带钢生产工艺的发展是以装备、电子和控制等技术成就为基础的。现代化带钢冷连轧机组已实现全面的计算机控制，是冶金生产领域中计算机控制系统发展较快、较为完善的一个工序。带钢冷连轧机组计算机控制系统的主要功能包括：轧件跟踪、轧制制度设定（辊缝、速度、张力、动态变规格、弯辊、窜辊及冷却水设定）、速度控制、张力控制、厚度控制、板型控制、成品表面质量监控等。

C 脱脂与退火

冷轧后，通过清洗除去板面轧制油污的工序称为“脱脂”。现代化的冷轧带钢厂所采用的脱脂方法主要是电解清洗。这种方法采用专门的清洗设备，带钢连续地依次通过碱槽、洗刷机、电解槽、热清洗槽、干燥机等来进行脱脂。

退火是冷轧带钢生产中最主要的热处理工序。如前所述，经过冷轧后的轧件，存在着严重的加工硬化，使冷轧后的带钢强度很高，但塑性较差，不利于后续工序的加工处理。

为此，须对冷轧带钢进行退火处理，根据钢种将轧件在炉内加热到一定温度（650~750℃），保温一定时间，然后缓慢冷却。经退火后的轧件即可消除加工硬化，强度降低，塑性改善。

目前，冷轧带钢多采用罩式退火炉或连续退火炉进行退火。采用罩式退火炉退火，带卷成垛地置于炉底上，以耐热的内罩罩上，再罩上外罩，外罩实际上是个加热炉，其上装有烧嘴或加热元件。退火时内罩中通有保护性气体或化学处理气体，避免带钢氧化。连续退火处理是20世纪70年代发展起来的技术，连续退火联合机组包括脱脂、退火、平整、检查重卷四大部分，最大工艺速度为250m/min。与罩式退火法相比，连续退火的最大优势是退火时间大大缩短，生产效率明显提高。连续退火处理是冷轧带钢退火处理的发展方向。

D 平整

退火后的冷轧带钢，需要在单机架或双机架平整机上进行小压下率（1%~5%）的二次冷轧（平整处理）。平整的目的包括：（1）使带钢具有良好的板形和较高的表面光洁度；（2）改变平整压下率，可以使带钢的力学性能在一定幅度内变化，适应不同用途要求；（3）对于深冲用钢板，经压下率平整后可以消除或缩小屈服平台，避免冲压件形成冲压缺陷。这对于提高产品平直度和表面光洁度是不可少的。通过平整处理，还可在一定幅度内改善产品的力学性能。

E 表面处理

为了防止锈蚀，使制品光亮美观，需要对冷轧后的带钢进行涂层处理。常见的镀层薄板主要有镀锡薄板和镀锌薄板。

a 镀锡板

镀锡板是在低碳钢薄板上涂镀锡层而制得的。镀锡板按生产工艺分为热镀锡板和电镀锡板。热浸涂法是将冷轧退火处理后的带钢送入热浸涂装置，首先通过熔剂，除净表面上的氧化物和附着物，接着通过熔融的锡中，使钢板表面上附着一层锡，而后通过压辊使附着的锡层厚度均匀，最后经过清洗、抛光，就制成了热浸涂锡板。电镀法是将带状原板，连续地通过电镀生产线进行电镀，即先后经过表面清洗、除锈、脱脂、酸洗、电镀、化学处理洗净、涂油防锈、成品检验等。

镀锡板具有良好的抗腐蚀性能，有一定的强度和硬度，成型性好又易焊接，锡层无毒无味，能防止铁溶进被包装物，且表面光亮，印制图画可以美化商品。主要用于食品罐头工业，其次用于化工油漆、油类、医药等包装材料。

b 镀锌板

镀锌板是在低碳钢薄板上涂镀锌层制得的，它是一种耐蚀性良好，表面平滑的钢板。按生产方法主要分为热浸镀锌钢板和电镀锌钢板。热浸镀锌钢板是将薄钢板浸入熔解的锌槽中，使其表面黏附一层锌的薄钢板。目前主要采用连续镀锌工艺生产，即把成卷的钢板连续浸在熔解有锌的镀槽中制成镀锌钢板。电镀锌钢板具有良好的加工性，但镀层较薄，耐腐蚀性不如热浸法镀锌板。目前应用最多的是热浸镀锌钢板。

镀锌钢板能有效防止钢材腐蚀，延长使用寿命。镀锌薄钢板（厚度为0.4~1.2mm）又称镀锌铁皮，俗称白铁皮。热镀锌产品广泛用于建筑、家电、轻工、汽车、容器制造业、机电业等，几乎涉及衣食住行各个领域。其中建筑行业主要用于制造防腐蚀的工业及民用建筑屋面板、屋顶格栅等；轻工行业用其制造家电外壳、民用烟囱、厨房用具等，汽车行业主要用于制造轿车的耐腐蚀部件等；农牧渔业主要用作粮食储运、肉类及水产品的冷冻加工用具等；商业主要用作物资的储运、包装用具等。同时，镀锌板也是彩板的基板。

7.5 型线材生产工艺

型钢在国民经济各领域应用广泛，其品种繁多，仅热轧产品就有上万种。按轧制方法来分，有热轧、热挤压、热锻等热加工型钢和冷弯、冷拔等冷加工型钢，以及焊接型钢。按断面形状来分，有简单断面型钢和复杂断面型钢。其中，简单断面型钢有圆钢、方钢、扁钢、角钢和六角钢；复杂断面型钢有工字钢、槽钢、钢轨、窗框钢及其他异型钢材等。按断面尺寸大小来分，又分为大型、中型和小型三类型钢。

热轧型钢生产在各种型钢生产方法中居于首位，品种和规格众多，绝大多数型钢都是热轧生产的，因此本章主要介绍热轧型钢生产工艺。一般把直径5.5~9mm细而长的热轧圆钢叫做线材，线材是产量大、应用广泛的一种热轧型钢。由于线材大都是成卷交货，故又俗称盘条。因为线材断面小，长度大，并且对产品质量要求也较高，所以在生产方法上具有许多特点，本章也将介绍线材生产工艺。

7.5.1 热轧型钢的生产工艺

热轧型钢生产主要工艺流程见图7-25。

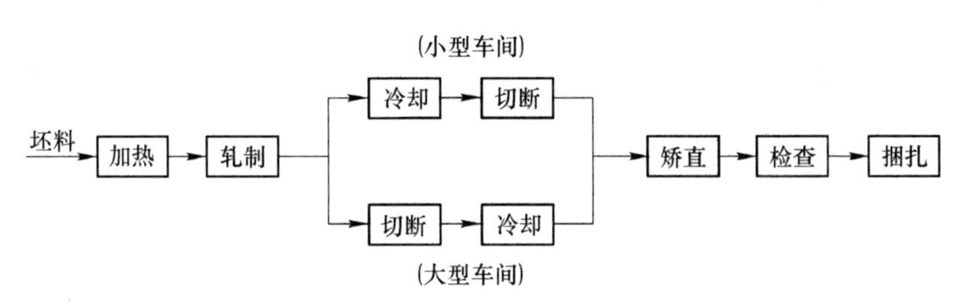

图7-25 型钢生产工艺流程

7.5.1.1 坯料加热

热轧型钢所采用的坯料主要有大方坯、小方坯、板坯和异型钢坯等。小方坯用于生产小断面型材，大方坯用于轧制大型和中型型材，板坯一般用于轧制大断面的槽钢和扁钢等，异型钢坯一般用于轧制H型钢和钢板桩等。

热轧型钢所用的加热炉，几乎都是连续式加热炉。热轧型钢生产中多用三段式连续加热炉来加热坯料，按连续加热炉的坯料送进方式不同，可分为推料式和步进式两种炉子，两者炉型大体相似。新建车间多采用步进式连续加热炉，步进式加热炉设有可动轨道和固定轨道，各有两条，彼此平行。可动轨道由驱动机构带动，边上升边向前移动，然后边下降边向后退，如此反复动作，坯料便在固定轨道上按顺序地向前送进。

由于坯料在炉内彼此有一定间隔，故加热较均匀，也不易产生划伤、黑印等缺陷。坯料的出炉温度因钢种而异，一般在1100~1300℃。

7.5.1.2 型钢轧制

热轧型钢的轧制方法有孔型轧制法和多辊轧制法。由于型钢的断面形状是多种多样的，所以与钢板轧制不同，其变形方式不单纯是厚度方向上压下。一般来说，型钢轧制是使钢坯依次通过各机架上刻有复杂形状孔型的轧辊来进行轧制的。轧件在孔型中边产生复杂的变形，边缩小断面，最后轧成所要求的尺寸和形状，这就是孔型轧制法。多辊轧制法是采用数个各种辊型的轧辊，同时对轧件的几个表面进行轧制，如图 7-26 所示。

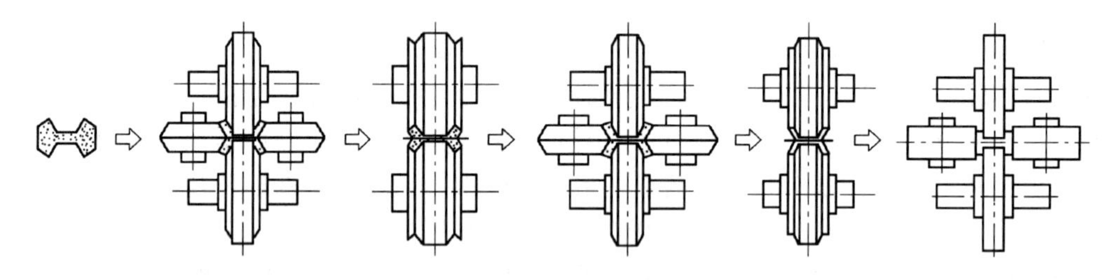

图 7-26 多辊轧制法

热轧型钢轧机有水平二辊式、水平三辊式、水平—立式和多辊式。根据型钢的品种规格和生产规模不同，型钢轧机的布置形式有横列式、顺列式、棋盘式、半连续式和连续式等（图 7-16）。

在孔型轧制法中，为使金属逐步地均匀变形，各轧制道次的孔型都不相同，这些不同的孔型组合，称为孔型系统。各种产品的孔型系统，是根据金属的变形机理，按照压下规程设计的。在生产实践中，人们逐渐总结出各种型钢较完善的孔型系统。图 7-27 为简单断面型钢的孔型系统。

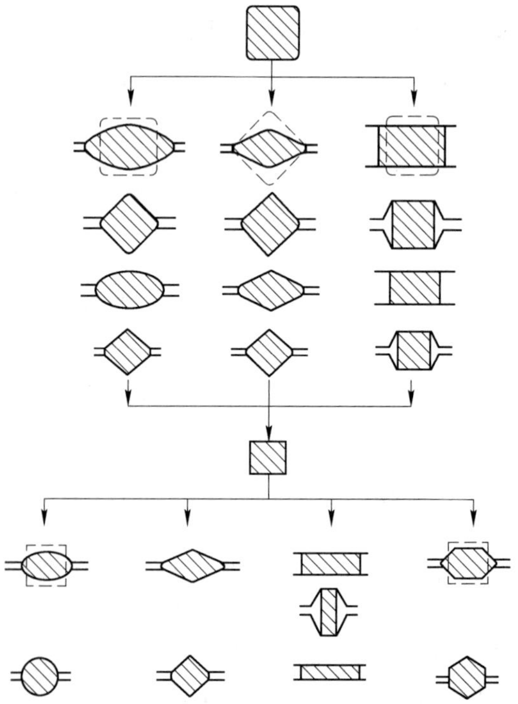

图 7-27 简单断面型钢的孔型系统

有方坯轧制成圆、方、扁和六角等简单断面型钢是按图 7-27 所示的孔型系统依次轧制的。一般来说，所采用的粗轧延伸孔型系统有椭圆—方、菱—方、箱—箱、菱—菱和椭圆—圆等五种孔型系统。根据轧制尺寸范围、所轧钢种和产品质量要求不同来选用适宜的孔型系统。这五种孔型系统既可以单独使用，也可以联合使用。用延伸孔型系统轧出成品孔前的方断面以后，再按照成品要求的断面形状，采用相应的精轧孔型系统轧成成品。

在型钢生产的发展中，有一种被称为“经济断面”的 H 型钢异军突起，受到了人们的广泛重视。它的断面形状类似于普通工字钢（图 7-28），但壁较薄，断面的有关轮廓线相平行，腿端呈直角。占用的金属较普通工字钢少 30%~40%，但承载能力却较普通工字钢大。H 型钢是采用多辊轧机轧制的，图 7-28 所示为 H 型钢与工字钢的断面比较。

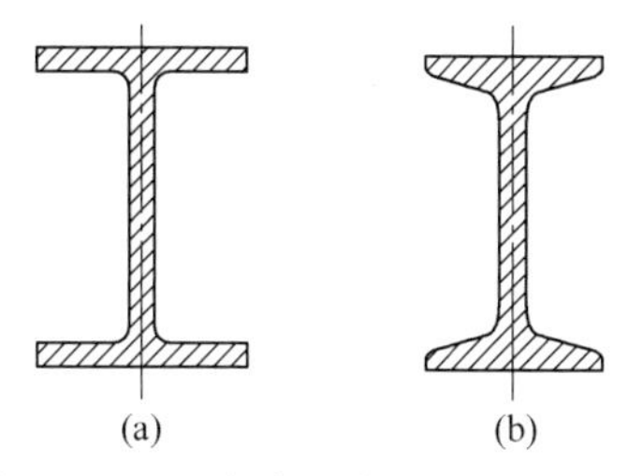

图 7-28　H 型钢与工字钢的断面比较
（a）H 型钢；（b）工字钢

在型钢的轧制中，为了准确地将轧件引入和导出孔型，须在孔型的入口和出口处安装导卫装置。此外，还要经常注意轧辊的轴向调整，以保证使各轧辊的轧槽对正，形成正确的孔型。

由于型材轧制轧件的变形复杂，轧件的尺寸测量困难，因此型钢轧制计算机控制的发展落后于板带材轧制。自 20 世纪 80 年代以后，以 H 型钢万能连轧为代表的型钢轧制也逐渐完善了计算机控制生产。为了不断提高成品质量和生产率，实现以计算机自动控制为中心的操作自动化，仍然是目前型钢生产的发展趋势。

7.5.1.3　精整

热轧型钢的精整，主要包括切断、冷却、矫直、检查、捆扎等工序。为了获得断面整齐的轧件，对异型型钢，一般用锯断机切断。型钢的冷却，一般是在传送中和冷床上进行空冷。型钢矫直常用辊式矫直机。大型车间也采用压力矫直机作为辅助矫直装置。对于检查中发现的表面缺陷，有的可用砂轮机修理，有的可进行焊接修补。

7.5.2　线材生产工艺

线材是指直径为 5~22mm 的热轧圆钢或相当于此断面的异型钢，因以盘卷形式交货，故又通称为盘条。常见的线材产品规格直径为 5~13mm。根据轧机的不同可分为高速线材（高线）和普通线材（普线）两种。线材的特点是断面小、长度大，对尺寸精度和表面质量要求较高。

线材用途十分广泛，除直接用作建筑钢筋外，还可加工成各类专用钢丝，如弹簧用钢丝、焊丝、镀锌丝、通讯线、钢帘线、钢绞线等；还可加工成其他金属制品，如铆钉、螺钉、铁钉等。

由于钢种、钢号繁多，所以在线材生产中通常将其分为以下四大类：软线（普通低碳钢热轧圆盘条）、硬线（优质碳素结构钢类的盘条，如制绳钢丝用盘条）、焊线（焊条用盘条）、合金钢线材。

线材的特点是断面小、长度大，对尺寸精度和表面质量要求较高。线材生产典型的工艺过程如图 7-29 所示，主要的轧制工序有：坯料、加热、轧制和精整。

（1）坯料：线材的坯料以连铸小方坯为主，其边长一般为 120~150mm，长度一般在 6~12m 左右。在实际生产中，采用目测、电磁感应探伤和超声波探伤等方式检验连铸小方坯的质量。

（2）加热：一般采用步进式加热炉加热。加热的要求是氧化脱碳少、钢坯不发生扭曲、不产生过热过烧等。现代化的高速线材轧机坯料大且长，这就要求加热温度均匀、温度波动范围小。

（3）轧制：线材的断面比较单一，因此轧机专业化程度较高。由于坯料到成品，总延伸较大，因此轧机架数较多，一般为 21~28 架，分为粗、中、精轧机组。目前高速线

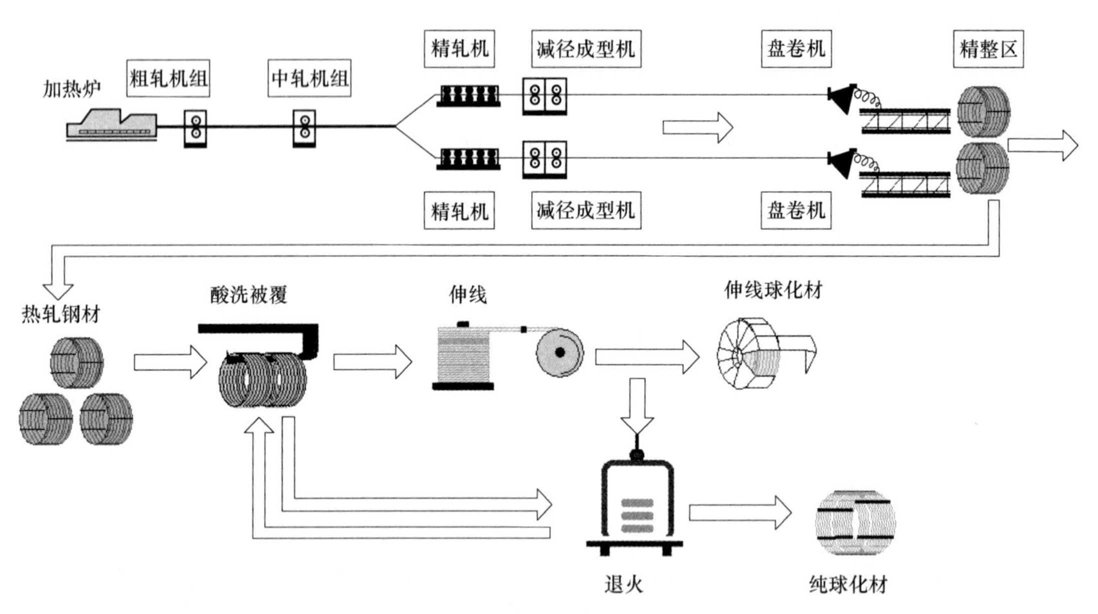

图 7-29 线材生产工艺流程

材轧机成品出口速度已达 100m/s 以上。

（4）精整：由于现代线材轧制速度较高，轧制中温降较小甚至是升温轧制，因此线材精轧后的温度很高，为保证产品质量，要进行散卷控制冷却。根据产品用途有珠光体控制冷却和马氏体控制冷却。

由于线材断面小，长度大，并且要求的尺寸精确和表面质量较高，从而决定了线材生产工艺具有一系列的特点：

（1）坯料的特点：为了保证终轧温度，适应小线径及大盘重的需要，在供坯允许的条件下，其断面应尽可能小，以减少轧制道次，防止温降过大。因此坯料一般较长，有的还采用连铸连轧和焊钢坯等“无头轧制法”将坯料无限延长。由于线材成盘卷供应，不便于轧后探伤和清理，故对坯料表面质量要求较严。目前所用的探伤方法主要有磁粉法、涡流法、漏磁法和录磁法等。

（2）加热的特点：在保证加热质量的前提下，加热温度应尽量高，各部分加热温度均匀，但尾部温度应稍高些，以减少轧后轧件的首尾温差；氧化铁皮生成要少，以减少烧损和提高轧件表面质量，为了减少温降，加热炉应尽量靠近轧机。步进式加热炉得到了广泛的应用。为了快速加热和减少氧化，目前还采用了电感加热、电阻加热、高强度红外线加热和无氧化加热等新的加热方法。

（3）线材轧制的特点：

1）线材轧机种类和布置特点：线材轧机种类很多，按轧辊的组装形式来分，除了二辊式、三辊式、复二重式、水平—垂直式的以外，还有 Y 形轧机（图 7-30）和 45°无扭轧机（图 7-31）。

线材轧制，因产品断面最小，与其他钢材轧制相比，轧机台数多，布置复杂，一般由粗轧机组、中轧机组和精轧机组组成。图 7-32 为连续式 45°无扭精轧机组示意图。

2）线材的轧制特点：为了解决小线径、大盘重和线材质量要求之间的矛盾，必须尽

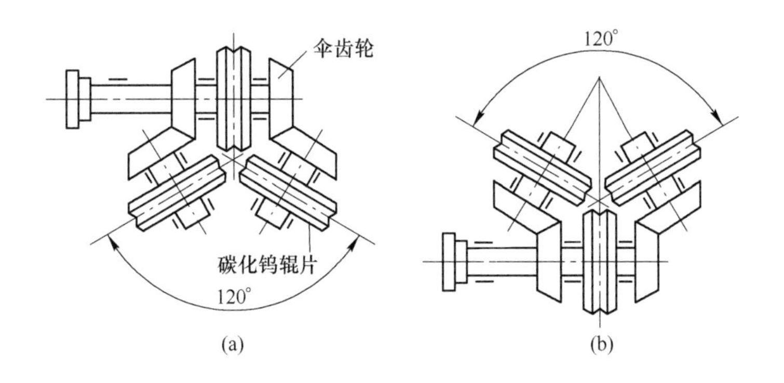

图 7-30 Y 形轧机示意图
(a) 前架轧机；(b) 后架轧机

图 7-31 高速线材 45℃无扭轧机

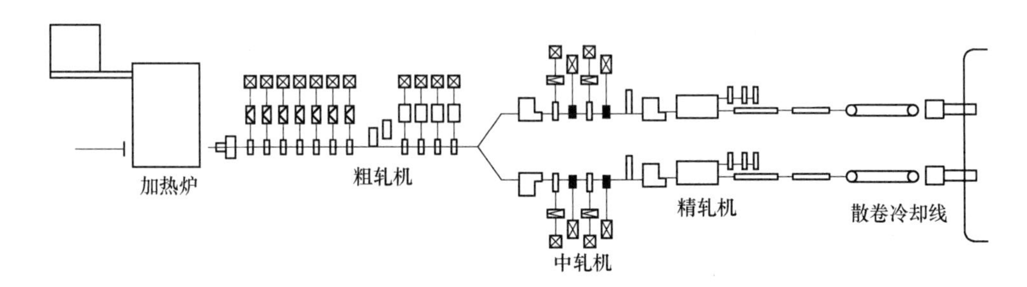

图 7-32 高速线材轧线布置图（45℃无扭精轧机）

量增大轧制速度。目前线材轧机成品出口速度已达到 100m/s，并正向着更高的速度发展。高速轧制，可通过减小温降和增加变形热来促使终轧轧件首尾温度趋于平衡。

线材车间产品比较单一，轧机专业化程度较高，一般用连续式和连轧方式生产。由于从坯料到成品总延伸较大，每架只轧一道，因此现代化线材轧机机架多（一般为 21~28 架，多数为 25 架），并分粗、中、精轧三种机组。为平衡各机组的生产能力和保证产品精度，粗轧多采用大延伸、低转速和多槽轧制法；精轧机组则采用小延伸、高速度和单槽多线轧制法，即设置数列精轧机组，每个机组同时轧制一根线材。

7.6 钢管生产工艺

钢管按生产方法分为无缝钢管和焊接钢管。前者是以实心管坯做坯料，采用专门方法沿轴线穿一个孔，然后在管中插入芯头进行轧制而成；后者是以带钢作坯料，做成圆筒，并将缝隙焊接，即成焊接钢管。

7.6.1 无缝钢管生产工艺

无缝钢管可通过热加工或冷加工生产。冷加工是获得高精度、高表面光洁度、高性能钢管的重要方法，包括冷轧、冷拔、冷张力减径和冷旋压等。冷加工钢管产量约占钢管总产量的10%，绝大多数无缝钢管都是热轧生产的。根据穿孔方法的不同，可将热轧无缝钢管的生产方法分为多种。应用最广泛的是斜轧穿孔法，图7-33为斜轧穿孔法生产无缝钢管的工艺流程。其生产过程可分为穿孔、轧管、定（减）径三个阶段：（1）穿孔是将实心管坯制作成空心毛管。毛管的内外质量和壁厚均匀性，都将直接影响到成品管的质量。（2）轧管是将穿孔后的毛管壁厚轧薄，达到成品管所要求的热尺寸和均匀性。轧管是钢管生产的主要延伸工序，它与穿孔工序之间变形量的合理匹配，是决定机组成品质量、产量和技术经济指标好坏的关键。所以，目前轧管机组都以轧管机形式命名，以其设计生产的最大产品规格表示机组大小。（3）定（减）径是毛管的最后精轧工序，是毛管

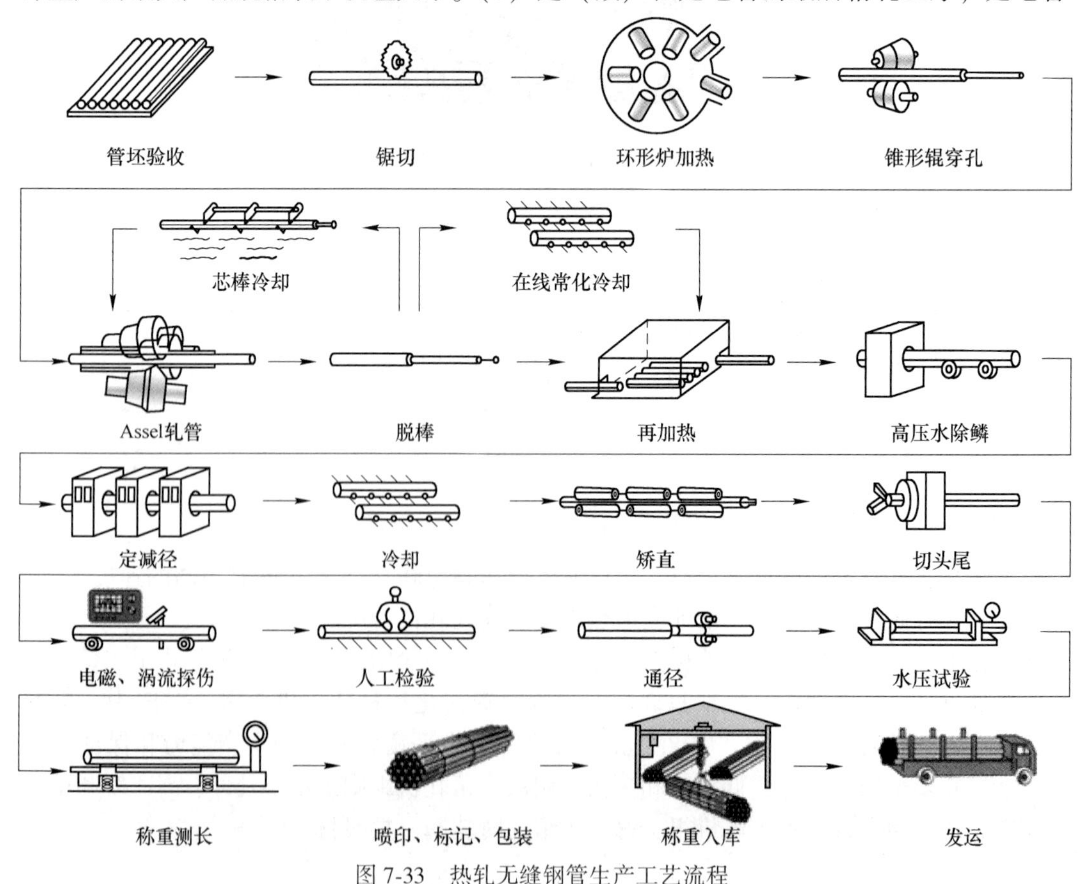

图7-33　热轧无缝钢管生产工艺流程

获得产品管要求的外径热尺寸和精度。减径是将大管径缩减到要求的规格尺寸和精度，也是最后的精轧工序。为了在减径的同时进行减壁，可在前后张力作用下进行减径，即张力减径。

7.6.1.1 坯料的准备和加热

轧制无缝钢管应用最多的坯料是连铸或轧制圆管坯用的坯料。无缝钢管轧制中的受力和变形情况较复杂，所以要求坯料具有更高的质量。坯料入炉前，除了要对其表面缺陷进行认真检查、清理外，还须对其内部可能存在的缩孔、偏析、夹杂物等进行细致的检查清除，因为这些内部缺陷可能成为成品的内表面缺陷。

为了防止穿孔时偏心导致壁厚不均，坯料入炉前应在其端面打定心孔。

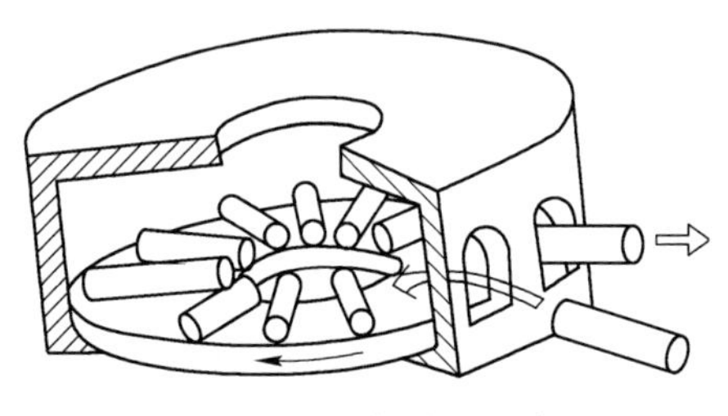

图 7-34 环形加热炉示意图

管坯加热广泛采用环形加热炉和步进式加热炉。前者多用于将坯料从常温加热到轧制温度，后者多用于加工过程的再加热。环形加热炉的基本构造如图 7-34 所示。它具有能缓慢转动的炉底，坯料从入口按径向置于炉底，当炉底回转一周后，坯料被加热到规定温度（1200℃左右），即可以从出口取出。这种炉子可用电力、煤气或液体燃料作热源。

7.6.1.2 斜轧穿孔

斜轧穿孔机有多种形式，它们的工作原理相同，现以常用的二辊式斜轧穿孔机为例介绍穿孔过程。如图 7-35 所示，这种穿孔机有两个以相同方向和相同速度旋转的轧辊，它们的轴线交叉，且各与坯料前进方向成 6°~12°的角度。当加热后的坯料被两个轧辊咬入后，就螺旋似地边旋转边前进。在坯料未触顶头时，是在轧辊之间进行压缩变形，当坯料碰到坚硬的顶头时，由于顶头被固定在变形区的轴线位置，就对沿轴向前进的坯料的中心部位产生顶压，以致穿出孔来，制成空心毛管。穿孔机是热轧无缝管生产线担负第一道热轧变形任务的机组，其主要作用是将实心坯穿轧成空心毛管，以供自动轧管机进一步轧制。

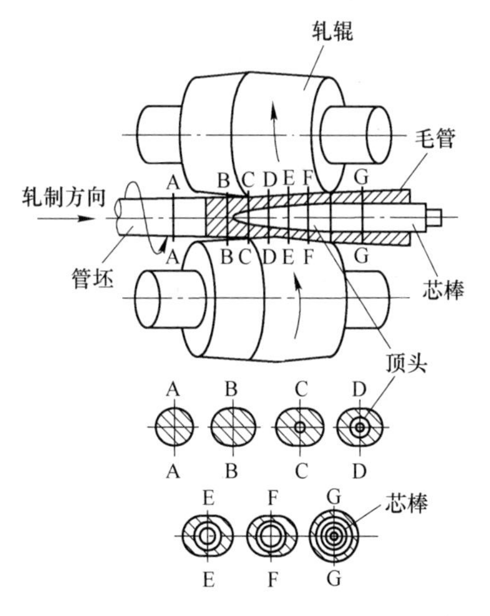

图 7-35 二辊斜轧穿孔示意图

7.6.1.3 毛管轧制

斜轧穿孔后的厚壁毛管，表面极不平整，尺寸也不精确，还须通过轧制进行减壁延伸，制成形状和尺寸接近成品的薄壁毛管。轧管是毛管再加工的第一道工序，毛管的轧制方法主要有自动轧管法、连续轧管法等。

A 自动轧管法

自动轧管机的工作部分如图 7-36 所示，由两个带半圆形轧槽的轧辊、顶头、回送辊等组成。两个轧槽合成圆形孔型，毛管通过孔型时，就在孔型和顶头之间的环形空隙中进行压缩变形，使管壁变薄。为使整个管子变形均匀，常要反复轧制 2~3 道。每轧一道，将管子回转 90°，且更换顶头，提升上辊，同时由回送辊逆轧制方向送回轧件，以便进行下一道次的轧制。自动轧管机的优点是安装调整方便，生产的品种规格范围广。缺点是轧管机伸长率低、尺寸精度差、辅助操作时间长。目前这类轧机已停止发展。

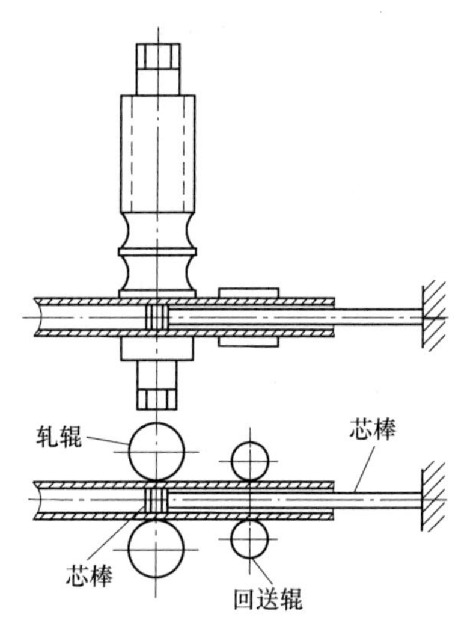

图 7-36 自动轧管机工作组

B 连续式轧管法

连续式轧管机的轧制过程如图 7-37 所示，这种轧管机一般由 8~9 架孔型为圆形的二辊式轧机组成，相邻轧机的轧辊轴线互成 90°。

轧制前，先将涂有润滑剂的光滑长芯棒插入毛管中。轧制中，轧件在各对轧辊与芯棒之间进行压缩变形，毛管的壁厚减薄，长度延伸。轧制后，拔出芯棒，将毛管再加热后，送往定径机或减径机轧成成品。

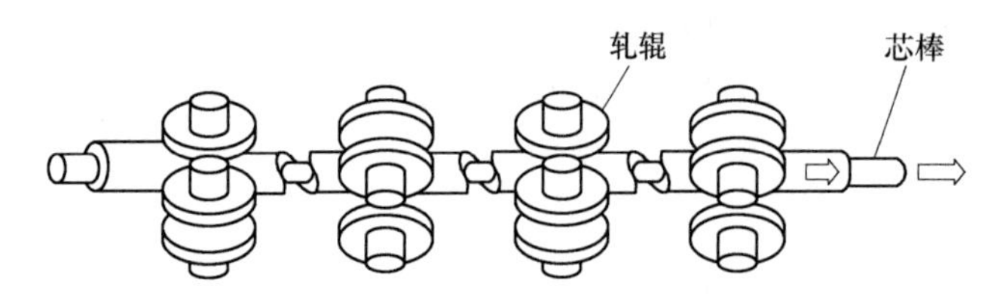

图 7-37 连续式轧管机工作示意图

上述两种毛管的轧制法各有特点和适用范围：自动轧管法生产的钢管，直径范围较宽，能轧制所有钢种的轧件，但缺点是轧管机伸长率低、尺寸精度差、生产效率低，这种轧钢机应用较多。连续式轧管法生产效率高，成品内表面质量好，偏心小，适用于轧制大批量，小直径的长钢管。

7.6.1.4 钢管精轧成型

轧制而成的薄壁毛管，还须分别经过均整、定径、减径（或扩径）等精轧工序制成成品。

毛管经自动轧管机轧制后仍然达不到成品要求，因为自动轧管法轧出的毛管内表面常有因顶头摩擦造成的划痕，壁厚也不均匀。为了消除毛管的耳子、减少壁厚不均匀度和椭圆度以及提高钢管内外表面质量，需要采用带芯棒斜轧的方法均整，如图 7-38 所示，均整机和二辊式斜轧穿孔机类似，工作原理基本相同，只是轧辊和顶头都是圆柱状而有别于二辊式斜轧穿孔机。

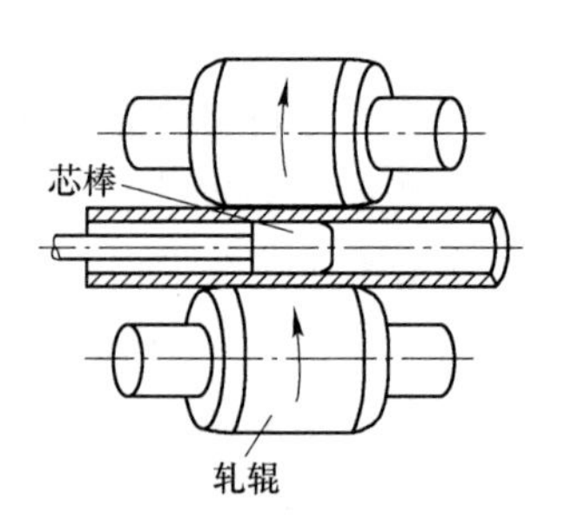

图 7-38 均整机工作示意图

均整后的毛管虽然壁厚达到了成品要求，但毛管外圆在椭圆度方面还达不到成品要求。因此，需要用无芯棒连轧方法对其外圆进行加工以达到成品要求，这一工序称为定径。定径就是在定径机上对钢管进行小量的减径精轧，使成品具有要求的真圆度和尺寸精度。定径机的工作机架一般为 3~12 架，每个轧机各有一对孔型，采用常见的椭圆—圆形孔型系统，各对轧辊的轴线互成 90°，如图 7-39 所示。定径前，通常将管子再加热到 900℃以上。

如果要将大直径的管子缩减成小直径时，则须将钢管再加热到900℃以上，然后通过减径机进行减径轧制。减径机的工作机架为9~24架，利用轧辊压力和机架之间的张力，使管子的外径和壁厚逐步缩减，其工作过程如图7-40所示。

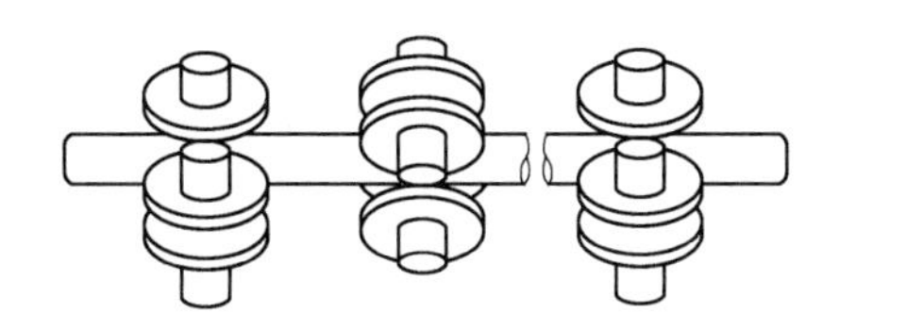

图7-39　定径机工作示意图

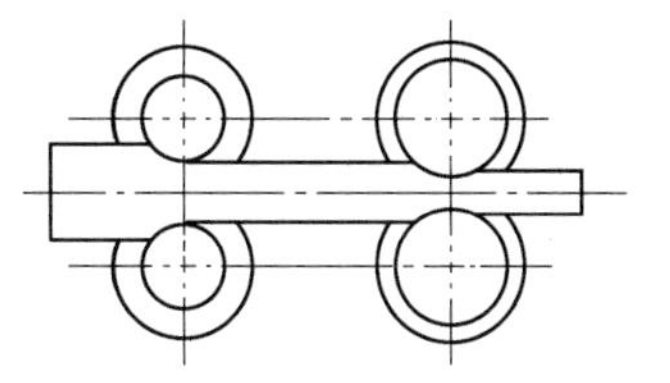

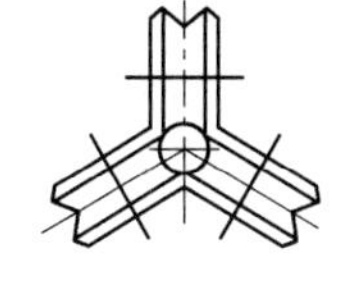

图7-40　减径机工作示意图

7.6.2　焊管生产

焊管法可以用于生产碳素钢、合金钢及各种有色金属管材，其生产品种极为广泛，外径在5~4000mm之间，壁厚为0.3~25mm，特厚壁焊管最大壁厚可达50mm。

焊接钢管采用的坯料是钢板或带钢，因其焊接工艺不同而分为炉焊管、电焊（电阻焊）管和自动电弧焊管。因其焊接形式的不同分为直缝焊管和螺旋焊管两种。按其端部形状又可分为圆形焊管和异型（方、扁等）焊管。

直缝焊管生产工艺简单，生产效率高，成本低，发展较快。螺旋焊管的强度一般比直缝焊管高，能用较窄的坯料生产管径较大的焊管，还可以用同样宽度的坯料生产管径不同的焊管。但是与相同长度的直缝管相比，焊缝长度增加30%~100%，而且生产速度较低。

电焊钢管应用广泛，制造这种钢管的原料是带钢。带钢在成型机上弯卷成管，当管件从最后一架成型机架出来后，将管缝焊接。图7-41为连续电阻焊管生产工艺流程。

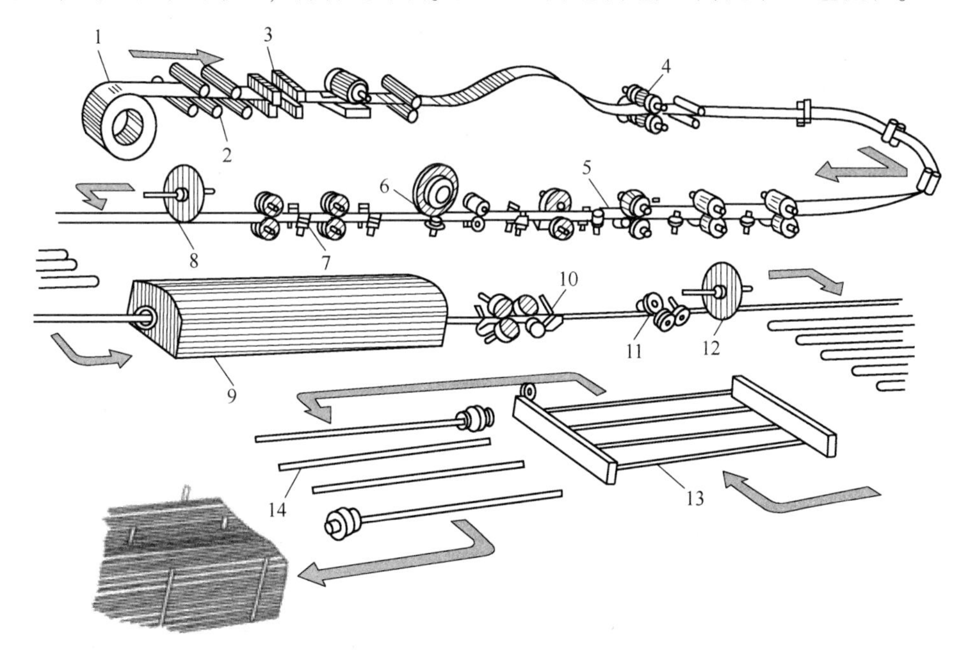

图7-41　连续电阻焊管生产工艺流程

1—开卷；2—矫直；3—接头对焊；4—切边；5—成型；6—电阻焊；7，11—定径；8，12—锯断；9—加热；10—减径；13—切管；14—水压试验

一般来说，焊管的生产要经过如下几个工序：（1）坯料的准备工序：包括坯料矫正和切边等；（2）坯料的成型工序：将坯料弯成一定的断面形状；（3）管坯焊接工序：将接缝焊牢；（4）钢管的定径工序：使钢管平直和形状准确；（5）钢管的切断工序：按成品规定的尺寸切断。

由于高频感应焊接具有焊缝质量高，焊接速度快等优点，所以是目前生产中、小口径焊管的主要方法。

高频感应焊管法的基本原理如图 7-42 所示，焊接时，筒形管坯从感应线卷中间通过，由于线圈中有高频电流通过，产生高频磁场，于是就在管坯中产生密集的涡流（电流），流经管缝的 V 形缺口，管坯由于本身的阻抗而迅速地被加热到焊接温度，同时，压紧辊将缝压合而成焊管。

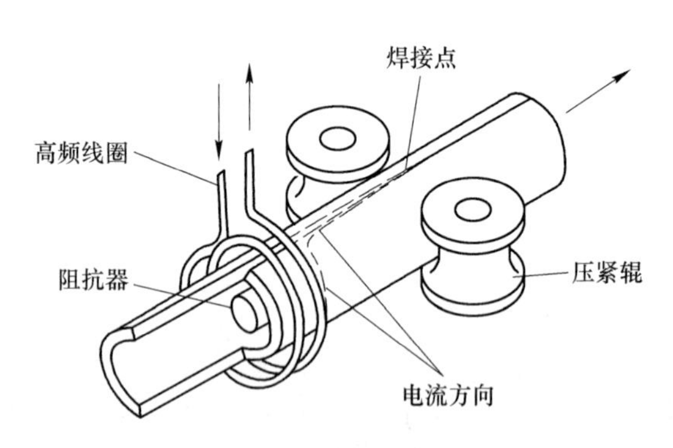

图 7-42 高频感应焊接原理

螺旋焊管法也是一种广泛采用的电焊管生产方法。它是用螺旋成型机把带钢卷曲成螺旋状管筒，然后用埋弧电弧焊接法制造大直径钢管的一种方法。焊缝的方式也采用内、外双面焊接的方法。螺旋焊管机组的生产工艺过程如图 7-43 所示。螺旋焊管法的优点是：用同一尺寸的带钢能够制造多种外径尺寸的钢管；在一套成型机上能成型多种外径尺寸的钢管，设备共用性强、投资少、操作简便，有利于生产大直径的钢管；焊缝残余应力小，焊接质量高。其缺点是焊缝长，生产效率低。

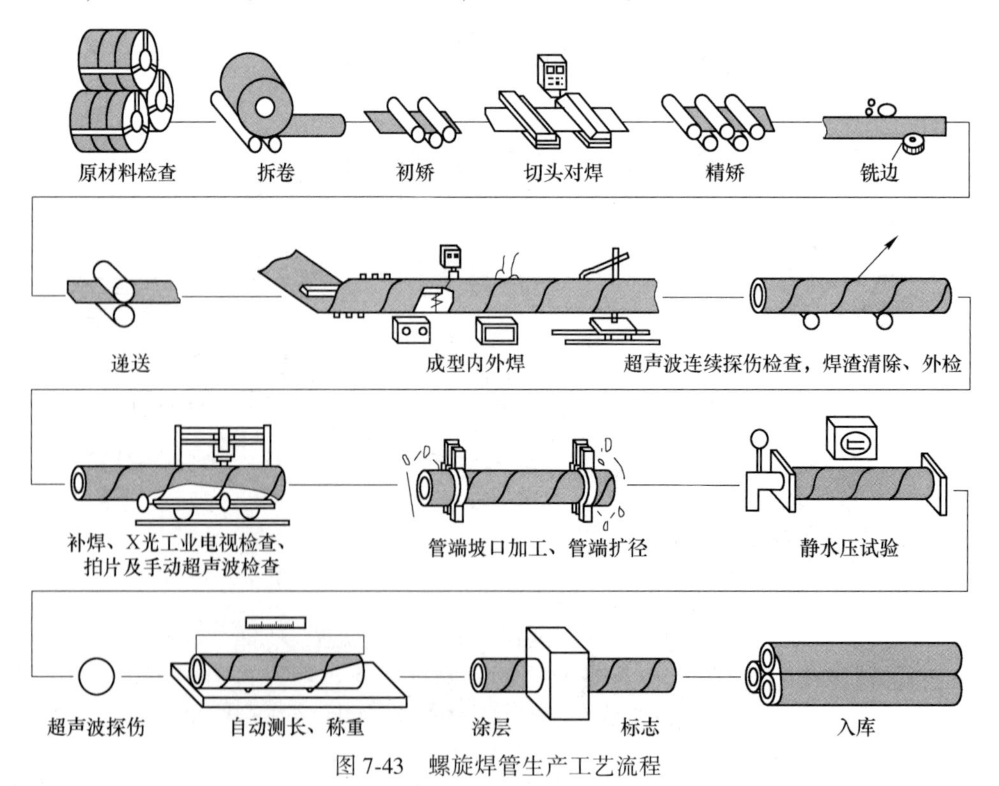

图 7-43 螺旋焊管生产工艺流程

7.7 金属压力加工的其他方法

7.7.1 锻造

7.7.1.1 锻造生产的应用范围和特点

锻造生产虽然是一种古老的压力加工方法，但它具有别种压力加工方法所没有的特点，故仍起着相当重要的作用。由于现代机械制造等工业的发展，锻造方法更是在不断革新和进步。

在冶金联合企业中，尤其是优质钢冶金工厂中，往往在建设轧钢车间的同时还建有锻钢车间。这是因为很多种低塑性的优质合金钢锭大都需要经过锻造开坯后才能进行轧制。

在机械制造等工业中，对于负荷大，工作条件严格，强度要求很高的关键部件，只可用锻造方法制作毛坯后才能进行机械加工。如大型轧钢机的轧辊、人字齿轮、汽轮发电机组的转子、叶轮、护环、巨大的水压机工作缸和立柱、机车轴、汽车和拖拉机的曲轴、连杆等，都是锻造加工而成的。至于重型机械制造中所要求重达 150~200t 以上的部件，则更是其他压力加工方法望尘莫及的。

当前，汽车和拖拉机、造船、电站设备，以及新兴的航天和原子能工业的发展，对锻造加工提出了越来越高的要求，例如要求提供巨型的特殊锻件，少经切削加工或不再经切削加工的精密锻件、形状复杂和力学性能极高的锻件等。

锻造与其他加工方法比较具有如下特点：

(1) 锻件质量比铸件高，能承受大的冲击力作用，塑性、韧性和其他方面的力学性能也都比铸件高甚至比轧件高，所以凡是一些重要的机器零件都应当采用锻件。

(2) 节约原材料，例如汽车上用的净重 17kg 的曲轴，采用轧制坯切削加工时，切屑要占轴重的 89%，而采用模锻坯切削加工时，切屑只占轴重的 30%，还缩短加工工时六分之一。

(3) 生产效率高，例如采用两部热模锻压力机模锻径向止推轴承，可以代替 30 台自动切削机床；采用顶锻自动机生产 M24 螺帽时，为六轴自动车床生产率的 17.5 倍。

(4) 自由锻造适合于单件小批量生产，灵活性比较大，在一般机修工厂中都少不了自由锻造。

必须指出，锻造是一种原始的生产方法，生产率与轧制比较是低的，机械化与自动化水平还有待进一步改善。

7.7.1.2 锻造的基本方法

锻造的基本方法为自由锻造和模型锻造，如图 7-44 所示。

A 自由锻造

自由锻造的操作方法主要有：

(1) 镦粗：它是使毛坯断面增大而高度减小的锻造工序。常用这种工序制造齿轮，法兰盘等锻件。

(2) 镦延：指被锻工件断面减小，长度增加的一种工序，也称拔长工序。用于制造轴类等长件。

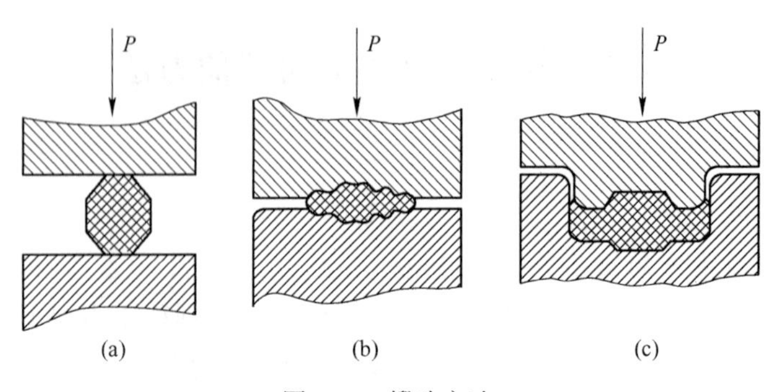

图 7-44 锻造方法
（a）自由锻；（b）开式模锻；（c）闭式模锻

（3）冲孔：把坯料冲出透孔或不透孔的工序，用于扩孔的准备工作。

（4）截断：截断是在热状态下用凿子进行。先从一面截，然后翻转工件再断，端部形成的飞刺用尖头凿子除去。

（5）弯曲：弯曲通常在弯曲机上进行。坯料弯曲处的加热温度应比其他部位高，以避免弯曲处的截面减小。

（6）扭转：扭转工序用于锻造实心零件。零件先在一个平面内锻打，然后旋转一定的角度锻打，例如锻造曲轴。

B 模型锻造

模型锻造通常分开式模锻和闭式模锻：

（1）开式模锻：这种方法在模膛周围的分模面处有多余的金属形成飞边。也正由于飞边的作用，才促使金属充满整个模膛。开式模锻应用很广，一般用于锻造较复杂的锻件。

（2）闭式模锻：在整个锻造过程中模膛是封闭的，其分模面间隙在锻造过程中保持不变。只要坯料选取得当，所获锻件就很少有飞边或根本无飞边，因而大大节约金属，减少设备能耗。因制取坯料相当复杂，故闭式模锻一般多用在形状简单的锻件上，如旋转体等。

7.7.2 冲压

7.7.2.1 冲压生产的应用范围和特点

冲压一般是冷态加工，其应用范围很广，它不仅可以冲压金属板材，而且也可以冲压非金属材料，不仅能制造很小的仪器仪表零件，而且也能制造如汽车大梁等大型部件，不仅能制造一般精度和形状的零件，而且还能制造高级精度和复杂形状的零件。

冲压件在形状和尺寸精度方面互换性较好，可以满足一般装配的使用要求，并且经过塑性变形使金属内部组织得到改善，机械强度有所提高，具有重量轻，刚度好、精度高和外表光滑美观等特点。

冲压是一种高生产率的加工方法，大型冲压件（如汽车覆盖件）的生产率可达每分钟数件，高速冲压的小件则可达千件。由于所用坯料是板材或带卷，往往又都是冷态加工，则容易实现机械化和自动化。冲压生产的材料利用率较高，一般可达 70%~85%。

在汽车、拖拉机、飞机等制造业中广泛地采用冲压技术，轻工业日用品生产更离不开冲压，有色金属压力加工中应用更为广泛。常用冲压方法制造各种构件、器皿和精细零件。

7.7.2.2 冲压的基本方法

冲压的基本工序可分为分离（表7-4）和成型（表7-5）两大类。

表7-4 分离工序分类

工序名称	简图	特点及常用范围
切断		用剪刀或冲模切断板材，切断线不封闭
落料	 工件 废料	用冲模沿封闭线冲切板材，冲下来的部分为制件
冲孔	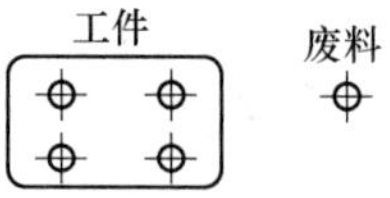 工件 废料	用冲模沿封闭线冲切板料，冲下来的为废料
切口	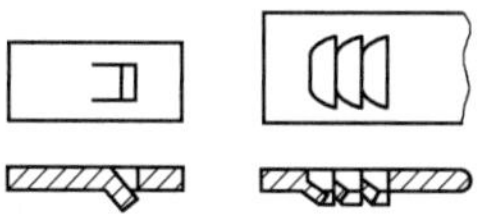	在坯料上沿不封闭线冲出切口，切口部分发生弯曲，如通风板
切边	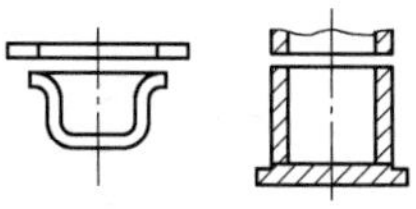	将制件的边缘部分切掉
剖切	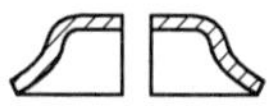	把半成品切开成两个或几个制件

表7-5 成型工序分类

工序名称		简图	特点及常用范围	工序名称		简图	特点及常用范围
弯曲	弯曲	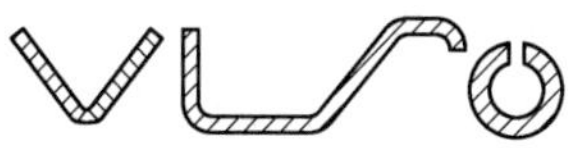	把板料弯成一定形状	拉延	拉延	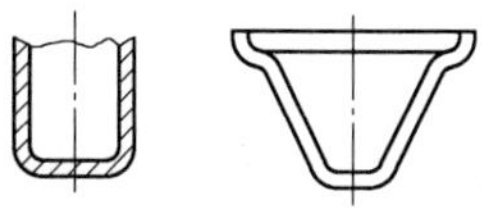	把平板坯料制成空心制件，壁厚不变
	卷圆		把板料端部卷圆，如合页		变薄拉延	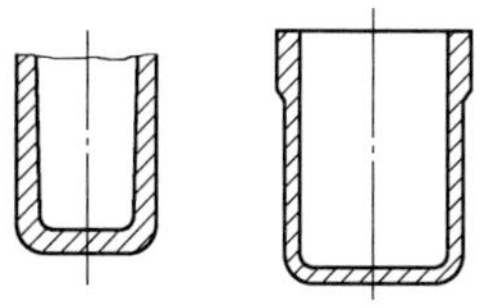	把空心制件拉延成侧壁比底部样薄的制品
	扭曲		把制件扭成一定角度				

续表 7-5

工序名称		简　图	特点及常用范围	工序名称		简　图	特点及常用范围
成型	翻孔		把制件上有孔的边缘翻成竖立边缘	成型	卷边		把空心件的边缘卷成一定形状
	翻边		把制件外缘翻成竖立边缘		胀形		使制件的一部分凸起呈凸肚形
	扩口		把空心制件的口部扩大，常用于管子		旋压		把平板形坯料用小滚轮旋压出一定形状（分变薄与不变薄两部分）
	缩口		把空心制件的口部缩小		整形	r_1 r_2	把形状不太准确的制件校正成形，如获得小的 r 等
	滚弯		通过一系列轧辊把平板卷料滚弯成复杂型材		校平		校正制件的平直度
	起伏		在制件上压出筋条、花纹，在起伏处的整个厚度上都有变形		压印	钻石	在制件上压出文字或花纹，只在制件厚度的一个平面上变形

（1）冲切：使板料断开或把废料切掉，靠剪切力使金属分离。

（2）弯曲：是指板料在压床压力作用下产生弯曲变形，而板料厚度几乎不变。

（3）拉延：是将平板坯料通过模具冲制成各种形状的空心制件的一种加工方法。它可分为变薄拉延（即拉延过程中改变坯料的厚度）和不变薄拉延（即拉延过程中坯料厚度保持不变）。不变薄拉延在有色金属冲压中是较广泛采用的一种方法。

（4）压印：利用压印使金属轻微变薄将工件表面压出凸凹的花纹或文字。最典型的例子是压印硬币、奖章、徽章、商标等。

（5）复合冲压：用同一冲压模完成工艺上数个不同的工序，通常称为复合冲压。

7.7.3　拉拔

7.7.3.1　拉拔生产的应用范围和特点

金属丝、细管材，包括一些异型材都可用拉拔的方法进行生产。

一般热轧线材的最小直径为 5.5mm。若小于该直径时，则在轧制过程中冷却很快，塑性条件变坏；同时由于表面生成的氧化铁皮包得很紧，使轧辊和金属间的摩擦力增大。因此，直径小于5.5mm时就不能继续采用轧制方法，而是将轧制的线材作为原料，用多次冷拔的方法来得到钢丝。

拉拔制品有收绕成卷的丝材，还有直条的制品，如圆形、六角形、正方形的型材、异型材，以及各种断面尺寸的稍粗一点的管材。

拉拔方法具有以下特点：

(1) 拉拔方法可以生产长度极大、直径极小的产品，并且可以保证沿整个长度上横断面完全一致。

(2) 拉拔制品形状和尺寸精确，表面质量好。尺寸精度为正负百分之几毫米，表面粗糙度可达 $Ra18\mu m$。

(3) 拉拔制品的机械强度高。

(4) 拉拔方法的缺点是每道加工率较小，拉拔道次较多，能量消耗较大。

7.7.3.2 拉拔的基本方法

(1) 实心断面制品的拉拔。由实心断面坯料拉拔成各种规格和形状的丝材，其中拉拔圆断面丝材的过程最为简单，称为简单的拉拔过程，如图7-45所示。

(2) 空心断面制品的拉拔。由空心断面坯料拉拔成各种规格和形状的管材。管材拉拔又有以下几种基本方法，如图7-46所示。

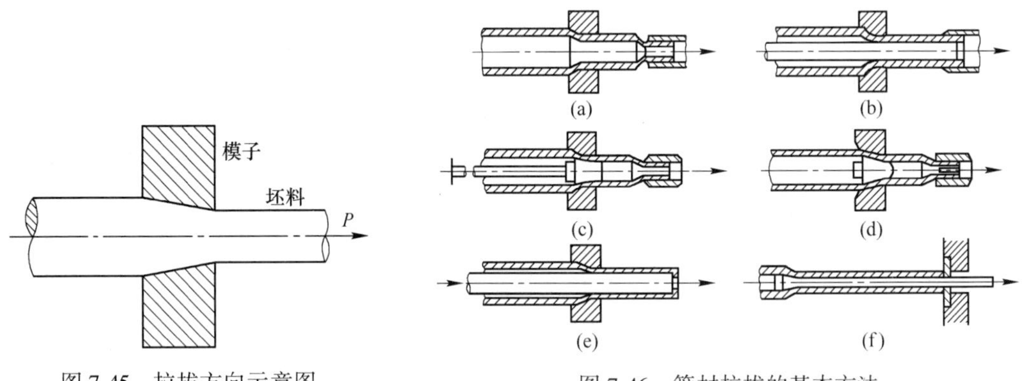

图7-45 拉拔方向示意图

图7-46 管材拉拔的基本方法
(a) 无芯空拉；(b) 长芯杆拉拔；(c) 固定芯头拉拔；
(d) 游动芯头拉拔；(e) 顶管法制管；(f) 扩径法制管

1) 无芯空拉：拉拔时管坯内部不放置芯头，通过模子后外径减缩，管壁一般会略有变化。

2) 长芯杆拉拔：管坯中套入长芯杆，拉伸时芯杆随同管坯过模子，实现减径和减壁。

3) 短芯头拉拔：此法在管材拉拔中应用最为广泛。拉拔时将带有短芯头的芯杆固定，管坯通模孔实现减径和减壁。

4) 游动芯头拉拔：拉拔时借助于芯头的特有的外形建立起来的力平衡使它稳定在变形区中，并和模孔构成一定尺寸的环状间隙。此法较为先进，非常适用长度较大且能成卷的小管。

5) 顶管法制管：将芯杆套入带底的管坯中，操作时管坯连同芯杆一同由模孔中顶出，从而对管坯外径和内径的尺寸进行加工。

6）扩径法制管：管坯通过扩径后，直径增大，壁厚和长度减小。这种方法用于小直径管坯生产大直径管材，以解除无力生产大直径管坯的约束。

拉拔过程一般都在冷状态下进行，但对一些在常温下强度高、塑性差的金属材料，如某些钢种及铍、钼、钨等，则采用温拉或热拉。

7.7.4 挤压

7.7.4.1 挤压生产的应用范围和特点

用挤压方法生产，可以得到品种繁多的制品。它早已用于生产有色金属的管材和型材，后来由于成功地使用了玻璃润滑剂，而开始用于生产黑色金属（钢铁）制品。

这些制品广泛地应用在国民经济的各个部门中，如电力工业、机械制造工业、造船工业、电讯仪表工业、建筑工业、航空和航天工业以及国防工业等。

挤压产品形状可以更复杂，尺寸能够更精确，在生产薄壁和超厚壁的断面复杂的管材、型材及脆性材料产品方面，有时挤压是唯一可行的加工方法。

挤压与其他压力加工方法相比，有以下的优点：

（1）具有比轧制、锻造更强的三向压缩应力，避免了拉应力的出现，金属可以发挥其最大的塑性，使脆性材料的塑性提高。因此可以加工低塑性和高强度的金属乃至抗热性高的金属陶瓷材料。

（2）挤压不仅生产简单的管材和型材，更主要的还能生产形状极为复杂的管材和型材。因为后者用轧制等方法生产是困难的，甚至是不可能的。

（3）生产上具有较大的灵活性。当从一种规格改换生产另一种规格的制品时操作很方便，只要更换相应的模具即可正常生产。因此挤压方法非常适用于小批量多品种的生产。

（4）产品尺寸精确，表面质量较高，精确度、光洁度都高于热轧和锻造产品。

挤压方法除具有上述优点外，也有一些缺点：

（1）挤压方法所采用的设备较为复杂，生产率比轧制方法低。

（2）挤压的废料损失一般较大。这主要是指挤压剩下的“压余”，其数量可占钢锭或钢坯重量的10%~15%，甚至25%~30%（轧制法的切头切尾损失只有锭重的1%~3%），从而降低成材率，提高产品成本。

（3）由于挤压时主应力状态为很强的三向压缩应力，故变形抗力增大，摩擦力也随之增大，其结果是使工具的损耗增大。往往工具损耗费用占挤压制品的35%以上。

（4）制品的组织和性能沿长度和断面上不够均匀一致。

7.7.4.2 挤压的基本方法

金属挤压的方法有多种，按金属流动方向分为正向挤压、反向挤压和横向挤压；按金属的温度分为热挤压和冷挤压；按坯料的性质分为锭挤压或坯挤压、粉末挤压和液态金属挤压等。

生产上常用的分类方法是按金属流动方向来分的。

A 正向挤压法

如图7-47所示，在挤压时，正向挤压法的金属的流动方向与挤压杆的运动方向相同，其最主要的特征是金属与挤压筒内壁间有相对滑动，故存在着很大的外摩擦。正向挤压法是最常用的挤压法。

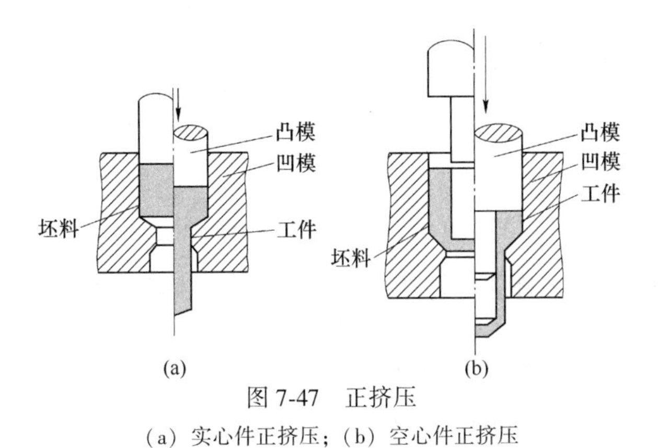

图 7-47　正挤压

（a）实心件正挤压；（b）空心件正挤压

B　反向挤压法

如图 7-48 所示，在挤压时，反向挤压法的金属流动方向与挤压杆的运动方向相反，其特征是除靠近模孔附近处之外，金属与挤压筒内壁间无相对滑动，故无摩擦。反向挤压与正向挤压相比具有挤压力小（约小 30%～40%）和废料少等优点，但受到空心挤压杆强度限制，使反向挤压制品的最大外接圆尺寸比正向挤压制品小一半以上，故其应用也受到影响。

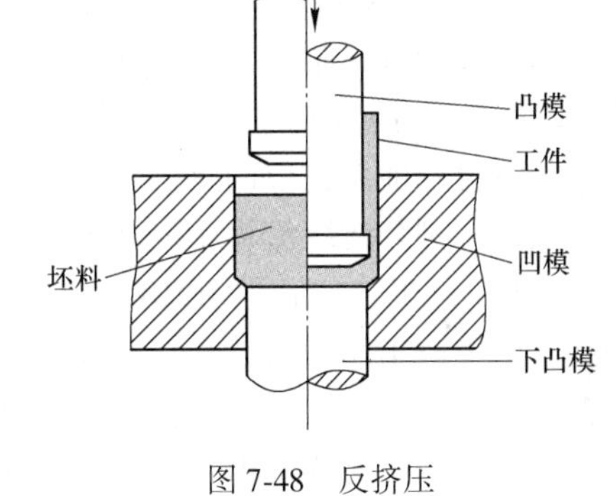

图 7-48　反挤压

C　横向挤压法

横向挤压法的模具与钢锭或钢坯轴线成 90°安放，作用在钢锭或钢坯上的力与其轴线方向一致，被挤压的制品以与挤压作用力成 90°方向由横孔中流出。在这种挤压条件下，金属流动机构保证了制品纵向力学性能的最小差异。此外，被挤压的材料强度由于在横向挤压时所发生的最大变形率而得到提高。然而尚有些不足的条件，故未广泛应用。

7.8　热带钢轧制新技术

7.8.1　薄板坯连铸连轧

7.8.1.1　薄板坯连铸连轧工艺

轧制是金属材料尤其是钢铁材料压力加工的最主要方法，板带材是产量最高、应用最广泛的一类钢铁材料。对于工业化国家，板带材是产量最多的钢材，板带材的比例也是衡量一个国家国民经济发展水平的标志。同时，世界上大型钢铁联合企业也是以生产板带材为主，比如我国的宝钢、鞍钢、武钢、首钢等大型国有钢铁企业都是以板带材为主要产品。经过 100 多年的发展，到 20 世纪 80 年代末期，热连轧板带的生产工艺已经发展为成熟的厚板坯连铸（casting）+ 热连轧（hot continuous rolling）的生产工艺，如图 7-49 所示。

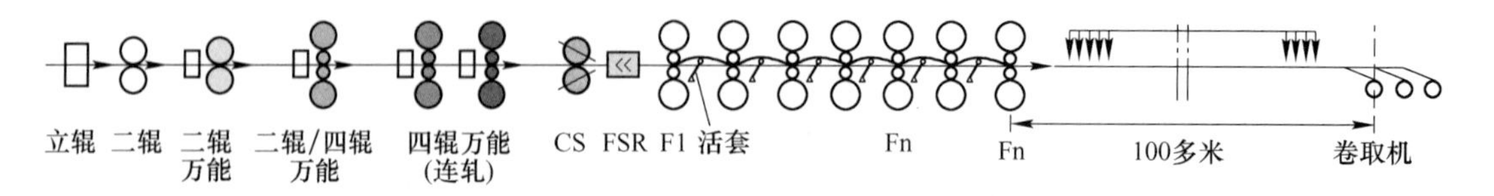

图 7-49　传统热连轧带钢生产工艺

图 7-49 所示的生产工艺称为带钢传统热连轧，或者称为长流程，连铸和轧制分为两个独立的厂区，连铸厂首先将钢水浇铸成厚度为 200~250mm 的厚板坯，然后进行表面质量清理，清理后的连铸坯输送到热连轧厂板坯库，钢坯在热连轧厂热装（温度一般在 A_{r1} 以下），或者冷送入再加热炉（reheat furnace），钢坯在加热炉内加热到出炉温度，出炉后的钢坯首先经粗轧机（rougher）进行可逆轧制（reverse rolling），粗轧后的中间坯经中间辊道保温后，直接输送到精轧机组（finishing train）中进行轧制，精轧后的带钢经层流冷却（laminar cooling）冷却到卷取温度（coil temperature）卷曲成卷。传统热连轧精轧机组一般由 7 个四辊轧机组成，根据粗轧机不同的布置，可把传统热连轧分为全连续、半连续、3/4 连续等几种不同的形式。

随着世界能源供应的日趋紧张，20 世纪 80 年代，著名的冶金设备制造商德国 SMS 公司研发了一种与传统流程不同的热连轧生产工艺，即薄板坯连铸连轧（Thin Slab Casting and Rolling）工艺，简称 TSCR 工艺，该工艺的显著特点是将原先分离的连铸和热连轧两个独立的生产工序紧密结合在一起，缩短了生产工艺流程，提高了生产效率，降低了吨钢能耗。世界上第一条 TSCR 生产线于 1989 年在美国纽柯钢铁公司 Crawfordsville 厂建成投产，该条生产线又称紧凑式薄板坯连铸连轧生产工艺，即现在众所周知的 CSP（Compact Strip Production）工艺，该生产线工艺流程见图 7-50。

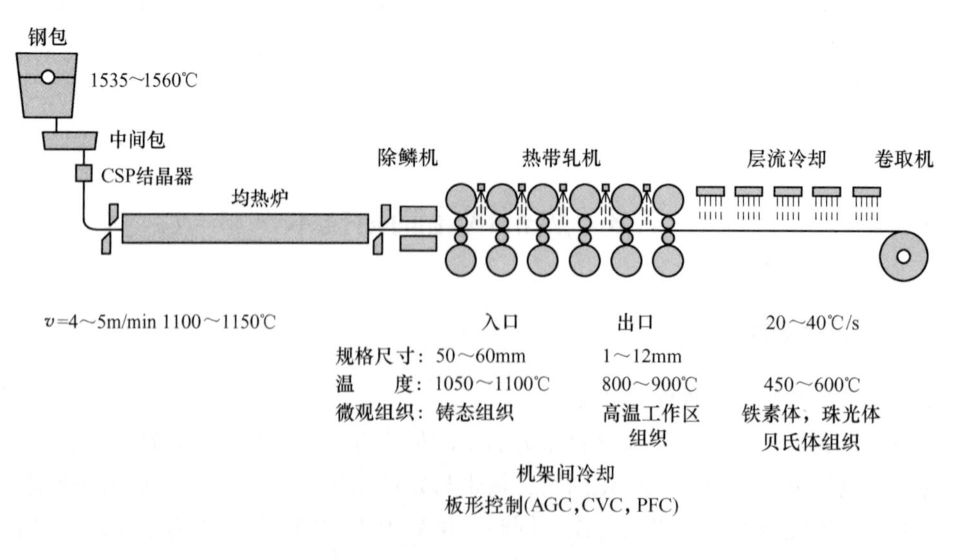

图 7-50　紧凑式薄板坯连铸连轧生产工艺

CSP 工艺具有流程短、生产简便稳定，产品质量好、成本低，具有很强的市场竞争力等一系列优点。该 CSP 工艺生产工艺流程为：电炉（转炉）→钢包精炼炉→薄板坯连铸机→均热炉→热连轧机→层流冷却→地下卷取机。从钢水冶炼到钢卷卸卷一般仅需 1.5h，生产成本大大低于传统生产线的成本。

相对于传统热带钢生产工艺，薄板坯连铸连轧生产工艺又称为短流程工艺。自美国纽柯公司的 CSP 生产线投产以后，TSCR 工艺在世界各地得到了快速发展，经过几十年的发展，目前世界上已经建成了 60 多条薄板坯连铸连轧生产线，年产量超过 1 亿吨。其中，我国建成投产了 16 条生产线，总产量 3000 多万吨，占世界上 TSCR 总产量的 1/3。同时，除 CSP 工艺外，意大利 Danieli 公司、奥地利 VAI 公司等著名的冶金设备制造商先后开发出 FTSR（Flexible Thin Slab Rolling）、CONROLL（Continuous Rolling）等不同的薄板坯连铸连轧生产线。

薄板坯连铸连轧生产工艺与传统流程的比较见图 7-51。

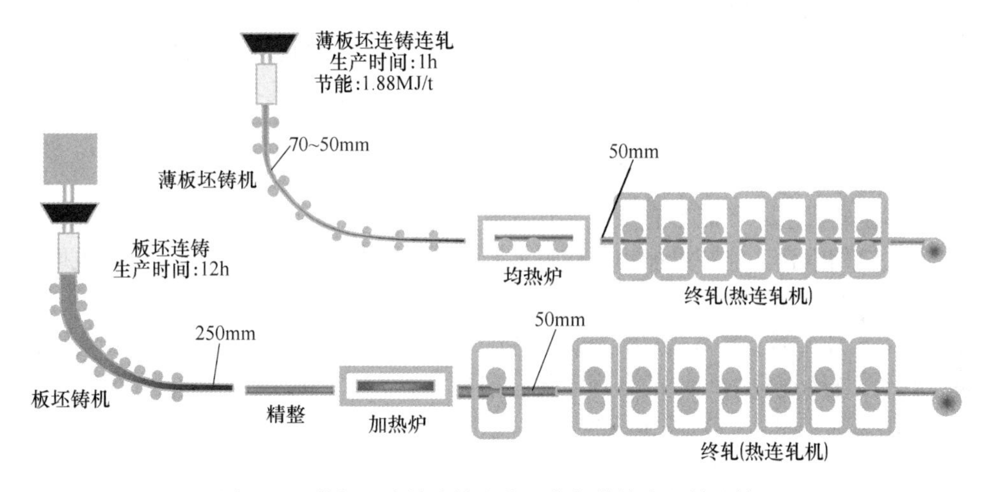

图 7-51 薄板坯连铸连轧生产工艺与传统流程的比较

薄板坯连铸连轧生产工艺已从最初的第一代发展到目前的第二代，目前，正在向第三代发展。由于受产量限制，TSCR 工艺在中型钢铁企业得到了广泛的应用，但随着 TSCR 相关技术的不断完善和发展，越来越多的大型钢铁联合企业正逐步重视这种短流程工艺，宝钢、武钢等大型国企都建设了 CSP 生产线。随着 TSCR 技术的发展，相信在将来这种先进的短流程热带钢生产工艺将得到更大的发展。

7.8.1.2 薄板坯连铸连轧发展趋势

早期的第一代薄板坯连铸连轧技术以美国纽柯公司的生产线为代表，其主要以电炉+LF 炉与 6 机架精轧机组相匹配，连铸坯厚度为 50mm，连铸机的通钢量为 2.5~3.0t/min，生产线产能一般为双流 160 万吨。

早期的第一代薄板坯连铸连轧技术产品主要是以其特有的流程优势（包括生产成本低、能耗低、投资少等）与传统的热连轧生产在低档品种市场方面进行竞争。随着转炉与薄板坯连铸连轧生产线匹配的应用，第二代 CSP 生产线在总结第一代 CSP 生产线经验的基础上，确定在产品中包括较大比例的小于 2.0mm 厚度的薄规格产品，把最小厚度定在 0.8mm，经过热轧镀锌后，以取代一部分冷轧产品为目标。在产品开发方面还包括了低合金高强度板、深冲用板以及硅钢和不锈钢等。

在 1999 年 3 月投入生产的德国 TKS（Thyssen Krupp Stahl）厂的 CSP 生产线被称为是第二代薄板坯连铸连轧生产线。除 TKS 厂以外，中国马钢、涟钢、酒钢等所建设的 CSP 生产线也属于第二代生产线。

第二代 CSP 生产线的最新发展是 2001 年 8 月投入生产的意大利 AST 厂的新 CSP 生产线。与 TKS 厂 CSP 生产线不同的是，这条线更突出 CSP 工艺在生产高合金成分的特殊钢（不锈钢、硅钢等）品种方面的开拓和进步。在工艺技术上也更加注重在炼钢，尤其是连铸部分的新技术的采用。由于注重了连铸机与热连轧机产能的匹配、注重了高附加值产品的开发，第二代的薄板坯连铸连轧技术具有以下突出特点：

（1）铸坯厚度增加到 70~90mm，铸机冶金长度增加。

（2）采用了液芯压下、电磁制动、漏钢预报等连铸新技术。

（3）铸机通钢量提高到 3.3~3.7t/min。

（4）有的隧道炉长度延长到 240~300m。

（5）轧机组成：F6~7 或 R1~2 +F5~6，采用半无头轧制、超薄规格轧制技术，扩大了厚度小于或等于 2.0mm 的产品比例，实现了以热代冷；电机功率增大，以便进行铁素体轧制。

（6）年产规模扩大，单流生产能力 120 万~150 万吨，双流达到 200 万~250 万吨。

由于热连轧机组生产能力有可能实现 350 万~400 万吨/年，即使两流薄板坯连铸机与一套热连轧机相组合，连铸机能力与热连轧机能力不匹配的矛盾仍十分突出，也明显限制热连轧机能力的充分发挥。

2004 年 5 月在第二次薄板坯连铸连轧技术交流会上，中国工程院院士殷瑞钰提出了第三代薄板坯连铸连轧生产线的合理定位，包括：

（1）铸机通钢量：4.0~4.5t/min。

（2）生产线规模：280 万~320 万吨。

（3）≤2.2mm 厚度热轧卷具有较大的比例（例如大于 30%~50%），实现薄板以热代冷。

（4）开发热轧→酸洗→热镀锌产品。

（5）开发热轧→冷轧→热镀锌产品。

（6）进一步开发硅钢等高附加值产品。

表 7-6 给出了不同 CSP 技术与传统流程技术的比较。

表 7-6　CSP 与传统流程主要参数比较

参 数	传统轧机	第一代 CSP	第二代 CSP	第三代 CSP 构想
结晶器厚度/mm	230~300	50	50/70，70/90（液芯压下）50、70	100~110（液芯压下）80~85
冶金长度/m	17~18	7~8	9~10	13~14
宽度/m	≤1.7（带钢 1.58）	≤1.25	≤1.7	≤1.7
机通钢量/$t \cdot min^{-1}$		2.5~3.0	3.3~3.7	4.0~4.5
产品厚度范围/mm	1.8~25.4	1.5~8.0	1.0~12.5	1.0~12.5

续表 7-6

参 数	传统轧机	第一代 CSP	第二代 CSP	第三代 CSP 构想
炼钢炉配置	120~150t BOF	120~150t EAF	120~150t BOF	150~200t BOF
加热炉	2 部步进式 WBF (3Mt/a) 4 部步进式 WBF (5Mt/a)	道窑式 160~180m	道窑式 180~300m	隧道窑式不小于 300m
轧机配置	R×4+ F×7	F×5	F×7 或 R×1+ F×6 或 R×1~2 + F×6~5	R×1~2 + F×6~5
特点	(1) 大规模生产板带; (2) 深加工制造(不适合生产窄、薄规格的热带)	(1) 小规模生产薄板; (2) 生产窄、薄规格板带	(1) 薄规格; (2) 半无头轧制; (3) 素体轧制(850~900℃)	(1) 超薄规格; (2) 半无头轧制; (3) 铁素体轧制; (4) 准大规模生产
生产规模/$t \cdot a^{-1}$	3.5~5Mt/a	2 流, 1.6Mt/a	2 流, 2~2.5Mt/a	1 流, 1.4~1.8Mt/a 2 流, 2.8~3.2Mt/a

最近，奥钢联与阿维迪共同开发了一条新的薄板坯连铸连轧生产线。这个厂以一台250t EAF 炉、一台 LF 炉、一流 90/70mm 厚薄板坯连铸机，以 7m/min 的拉速（有望达到(8m/min)，不通过隧道窑，不用热卷箱，仅以 10m 左右距离间隔直接喂入 R1→R2→R3 机组，再进入 F1→F2→F3→F4→F5 机组，一流铸机的年产量为 150 万吨。绝大部分产品是厚度为 0.8~2.0mm 的热轧卷，然后再酸洗、镀锌，实现以热代冷。该作业线从中间包到卷取机的长度约 180m。

薄板坯连铸连轧的局限性与缺点：

(1) 规模受连铸机产能限制，轧机产能不能充分发挥，生产规模仅适合于年产 250 万吨左右的中等规模的钢铁厂。

(2) 由于铸坯薄，结晶器空间较小，夹杂物在结晶器内不易上浮。冷却速度快，易产生卷渣、黏结、裂纹、偏钢等事故，氧化铁皮较难清除，因此表面质量尚不如常规工艺。汽车面板、高牌号硅钢、镀锡板、高档不锈钢等尚难以生产。

(3) 产品屈服强度比高：一般为 0.8 左右。冷轧处理时变形抗力增大，易断带，不受冷轧欢迎。马钢、邯钢等采用加硼或降低含碳量，供冷轧料可基本满足酸洗—冷连轧机组的要求。

(4) 薄板坯连铸机技术属国外专利，国内尚未完全开发成功，因此尚需引进国外技术。

(5) 薄板坯连铸连轧对钢水纯净度、过热度要求严格，操作水平及管理水平要求高。

薄板坯连铸连轧技术在世界范围内仍然处在快速增长，但其发展趋势呈现出下列特点：

(1) 除中国外，已不追求半无头轧制。

（2）连铸机结晶器一般考虑采用两种不同厚度窄边，以适应生产不同品种规格带钢的要求。

（3）SMS-Demag 的 CSP 和达涅利的 FTSR 机型成为主流，其他机型已很少有人问津。

（4）生产钢种向多方面发展，并且有专业化倾向，如武钢以无取向硅钢为主，俄罗斯 OMK 以管线钢为主。

薄板坯连铸连轧技术的发展动向为：

（1）发挥轧机能力，扩大薄板坯连铸连轧生产线生产规模。对此，必须充分发挥轧机能力才能取得更大经济效益。由于每流连铸的钢通量已接近极限，必须冲破两流的限制，发展三流连铸并一流供一套轧机的连接技术。这样薄板坯连铸的产能可提高至 350 万吨/年以上。美国的 SeverCorr、土耳其的 MMK-ATKAS 等钢厂已预留三流连铸的可能性。

（2）发展常规连铸与薄板坯连铸相结合的工艺方案。韩国东部钢厂在两流薄板坯连铸基础上预留一座步进炉和一台可逆式粗轧机，厚度 230mm 的外来板坯首先在粗轧机上轧至 70mm 厚，然后经摆动炉并入薄板坯连铸连轧生产线，达到既充分发挥轧机生产能力，又可以生产高表面质量带钢的要求，以满足用户的不同需要。

（3）将中厚板坯/薄板坯技术推广至生产薄而宽的中板。采用连铸连轧工艺大量生产厚 5~25mm、宽达 2500~3200mm 的宽薄中板。采用两流中厚板坯连铸机，生产厚 150~180mm、宽 1600~3200mm 的板坯，板坯直接高温装入两座步进式加热炉，加热至 1150~1250℃后送四辊可逆式粗轧机往复轧制 3~5 道，然后送 3 架四辊式精轧机连轧至成品厚度，带钢经层流冷却至 650℃左右成卷。钢卷冷至常温后经横切机组切成中板发货。这样一条生产线生产能力可达 300 万吨/年，具有生产效率高、节能、产品质量好，投资低等优势。若采用三流中厚板坯连铸机，生产能力可达 430 万吨/年；若采用四流中厚板坯连铸机，生产能力可达 550 万吨/年。

7.8.2 热带钢无头轧制

2008 年，意大利 Arvedi 公司和德国 Siemens VAI 公司合作开发了一种全新的热带钢轧制工艺新技术，即带钢无头生产工艺（Endless Strip Production，ESP），其工艺流程和设备组成见图 7-52。ESP 生产工艺流程为：连铸—粗轧—切头—加热—精轧—层流冷却—卷取，其与薄板坯连铸连轧工艺的主要区别是可以实现带钢的无头轧制，并能够轧制更薄的产品。主要技术优势有：能够经济地生产超薄热带钢；轧线长度短，节省投资；可生产组织性能均匀的高质量热轧带卷；能耗低、排放少，环境友好。

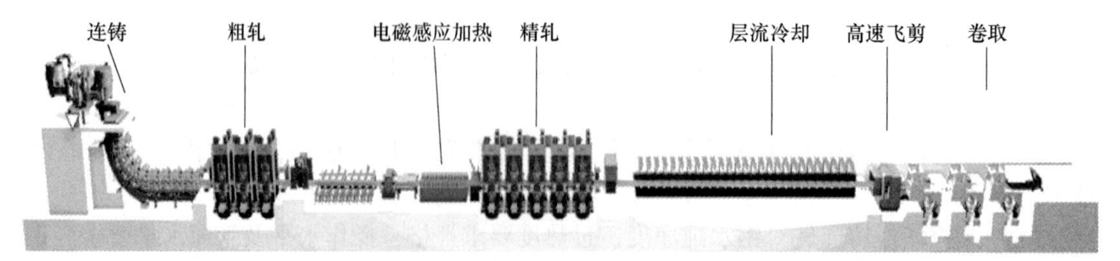

图 7-52 ESP 工艺流程和设备组成

无头轧制技术的发展历程见图 7-53。在薄板坯连铸连轧技术的基础上，意大利 Arvedi

公司和德国 Siemens VAI 公司于 2008 年联合开发了 ESP 技术，世界上第一条 ESP 生产线于 2009 年初在意大利 Arvedi 公司投产。目前，国内某大型钢企正在建设 4 条 ESP 生产线。

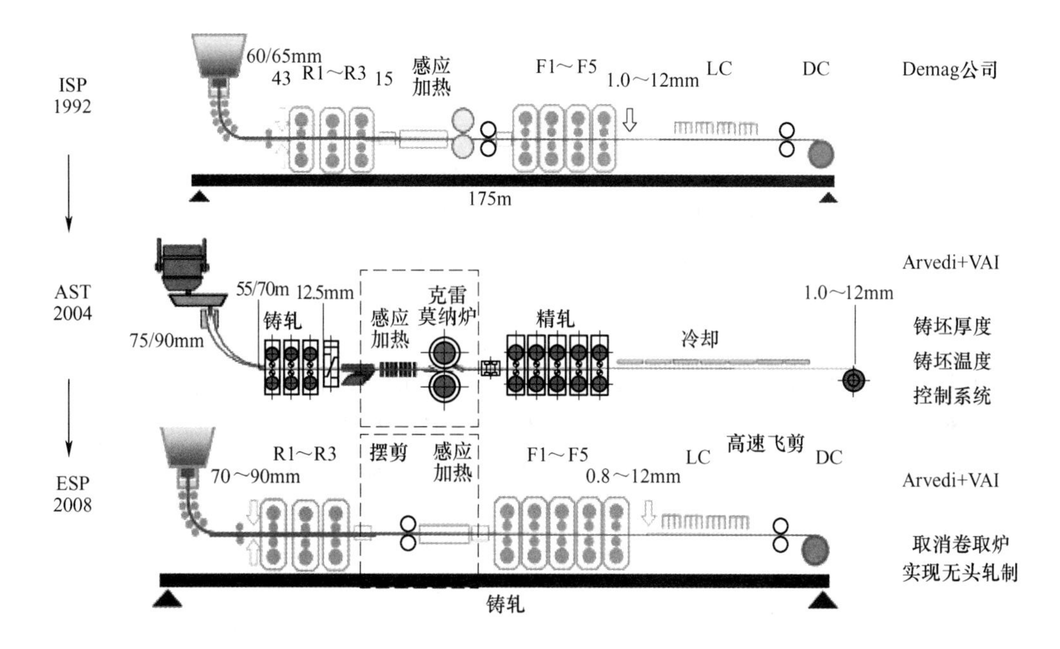

图 7-53 ESP 新技术发展历程

ESP 工艺与薄板坯连铸连轧工艺之一的 ISP（Inline Strip Production）工艺比较见表 7-7。

表 7-7 ESP 与 ISP 比较

对 比 项 目		ISP	ESP
无头轧制功能		半无头轧制 粗轧与连铸无头轧制 粗轧为批轧制	4.0mm 以下无头轧制 4.0mm 以上半无头轧制
炼钢工序配置		电炉+LF	电炉+LF（+RH）
炼钢工艺		硅脱氧	硅脱氧
中间坯保温缓冲		克雷莫纳炉	无
品种	碳素钢	低碳钢、中碳钢 高碳钢、低合金高强度钢、多相钢、管线钢	低碳钢、中碳钢、高碳钢、低合金高强度钢、多相钢、管线钢、超低碳钢
	电工钢	无取向电工钢	无取向电工钢、取向电工钢
	包晶钢	√	×
	铁素体轧制	√	√
年产量/万吨		100	200
产品规格/mm		1.0～12.0	0.8～12.0

续表 7-7

对 比 项 目	ISP	ESP
技术复杂程度	较高	高
板坯厚度/mm	55.00	80.00
中间坯厚度/mm	12.0~19.0	10.0~20.0
成品厚度/mm	1.0~12.0	0.80~12.0

ESP 工艺的生产模式为一个浇次 9 炉连浇，约 2500t，可生产钢卷 92 卷（每卷约 24t）。92 个钢卷中，前后部分需切成单块轧制（共 11 块），能实现无头轧制的钢卷为 81 卷（其中只有 60 卷的厚度小于 1.5mm）。卷取机前飞剪最大剪切厚度为 4mm，因此厚度 4mm 以下的带钢才能实现无头轧制。整个生产线成材率为 98%，2%为轧废、氧化、切头尾等损失。

ESP 生产线钢种包括超低碳钢、低碳钢、中碳钢、IF 钢、低合金高强度钢、管线钢、双向钢、多相钢、取向及无取向钢等。产品规格为带钢厚度 0.8~12.7mm，宽度 900~1600mm，卷重最大 32t。结晶器宽度为 900~1600mm，连铸速度 6m/min，年产量 220 万吨。

【本章小结】 绝大多数钢材都是通过轧制生产出来的，板带、型钢和钢管是三种产量大、应用广泛的轧制钢材。根据厚度不同，板带产品分为中厚板、薄板和极薄带材等，中厚板用热轧生产，薄板材可热轧或冷轧生产，而极薄带材通常只能冷轧生产。断面形状各异的型钢绝大多数都是用热轧工艺生产的，产量较大的线材也是一种常用型钢，也是热轧生产的；钢管分为无缝钢管和焊接钢管，大直径无缝钢管通常是热轧生产的，而直径很小的钢管一般冷轧加工，采用焊接方法可生产大直径钢管。相比轧制，锻造、冲压、拉拔、挤压等其他加工方法生产的钢材较少。另外，随着对节能环保要求的提高，热轧带钢加工技术和工艺的发展趋势是将炼钢和轧制结合在一起的连铸连轧和无头轧制。

思考题

1. 金属压力加工有哪几种方法？
2. 何为轧制，何为轧辊？
3. 热轧和冷轧有何区别？
4. 轧钢机由哪些部分组成？
5. 什么是四辊轧机？
6. 什么是绝对和相对压下量？
7. 中厚板生产由哪些工序组成？
8. 简述热轧带钢生产工艺流程。
9. 简述冷轧带钢生产工艺流程。
10. 轧制规程是什么，包括哪些内容？
11. 简述热轧型钢工艺流程。
12. 简述线材生产工艺流程。

13. 简述热轧无缝钢管生产工艺流程。
14. 焊管生产由哪些工序组成？
15. 简述直缝焊管和螺旋焊管的区别。
16. 什么是连铸连轧？
17. 带钢热连轧无头轧制工艺的优势有哪些？

参 考 文 献

[1] 李生智，李隆旭．金属压力加工概论［M］．北京：冶金工业出版社，2014.
[2] 王廷溥，齐克敏．金属塑性加工学——轧制理论与工艺［M］．北京：冶金工业出版社，2007.
[3] 胡正寰，夏巨湛．中国材料工程大典第二十卷—材料塑性成型工艺（上、下）［M］．北京：化学工业出版社，2006.
[4] 徐光，常庆明，陈长军．现代材料成型新技术［M］．北京：化学工业出版社，2009.
[5] Siemens VAI. Arvedi ESP—Real Endless Strip Production，2012（内部资料）.

8 冶金产品及质量检验

【本章要点提示】 本章主要介绍钢的品种，将普通钢按断面形态分为型材、板材、管材和线材等四类，除介绍它们共有缺陷（如夹杂、偏析、裂纹等）外，还详细介绍因成分和各自热加工工艺不同造成特有的冶金缺陷。特殊用途的钢则按机器零件用钢、工模具用钢、不锈钢和耐热钢等来介绍常见的牌号、热处理参数与力学性能，并对其特有的冶金缺陷及形成原因进行了描述。最后介绍了冶金产品的常规检验方法。

8.1 普通钢材的品种及用途

钢铁产品包括钢和铸铁，钢是铁、碳和少量其他元素的合金；铸铁是碳质量分数大于2.11%的铁碳合金，另外含有较多的硅、锰、硫、磷等元素。与铸铁相比，钢具有良好压力加工性能。钢材是钢锭或钢坯通过压力加工制成所需的各种形状、尺寸和性能的材料，一般分为普通钢（普通用途钢）和特殊用途钢。普通钢多为低碳钢，冶炼后连铸成坯再热轧成断面形状不同的钢材，即型材、板材、管材和线材四大类，其中型钢又分为重轨、轻轨、大型型钢、中型型钢、小型型钢、冷弯型钢，优质型钢；板材包括中厚钢板、薄钢板、电工用硅钢片、带钢；管材包括无缝钢管、焊接钢管。

8.1.1 型钢类

型钢是一种具有一定截面形状和尺寸的实心长条钢材，约占我国钢材总量的50%。型钢的品种很多，按其用途可分为常用型钢（方钢、圆钢、扁钢、角钢、槽钢、工字钢等）及专用型钢（钢轨、钢桩、球扁钢、窗框钢等）。按其断面形状可分为简单断面型钢、复杂或异形断面型钢。按其生产方法又可分成轧制型钢、弯曲型钢、焊接型钢。常见型钢的规格及用途见表8-1。

表8-1 常见型钢的规格及用途

品　种	用　　途	规　　格
圆　钢	钢筋、螺栓和各种机械零件	直径5.5~250mm
角　钢	建筑结构和工程机械	2~20号
工字钢	建筑结构、桥梁、车辆、支架、机械等	10~63号
槽　钢	建筑结构、车辆制造	5~40号
方　钢	制作各种设备零件	边长5~250mm
扁　钢	船舶、机械制造、建筑等	宽10~270mm，厚3~60mm
轻　轨	铁路	5~24kg/m
重　轨	铁路	33~65kg/m

（1）圆钢：圆钢是指截面为圆形的实心长条钢材，其规格以直径的毫米数表示，如“50”即表示直径为50mm的圆钢。直径为5.5~25mm的小圆钢常用作钢筋、螺栓及各种机械零件；大于25mm的圆钢，主要用于制造机械零件或作无缝钢管坯。

（2）角钢：俗称角铁，是两边互相垂直成角形的长条钢材。有等边角钢和不等边角钢之分。等边角钢的两个边宽相等。其规格以边宽×边宽×边厚的毫米数表示。如“∠30×30×3”，即表示边宽为30mm、边厚为3mm的等边角钢。也可用型号表示，型号是边宽的厘米数，如“∠3号”。型号不表示同一型号中不同边厚的尺寸，因而在合同等单据上将角钢的边宽、边厚尺寸填写齐全，避免单独用型号表示。热轧等边角钢的规格为2~20号。角钢可按结构的不同需要组成各种不同的受力构件，也可作构件之间的连接件。广泛地用于各种建筑结构和工程结构，如房梁、桥梁、输电塔、起重运输机械、船舶、工业炉、反应塔、容器架以及仓库货架等。

（3）工字钢：工字钢也称钢梁，是截面为工字形的长条钢材。其规格以腰高（h）×腿宽（b）×腰厚（d）的毫米数表示，如“工160×88×6”，即表示腰高为160mm、腿宽为88mm、腰厚为6mm的工字钢。工字钢的规格也可用型号表示，型号表示腰高的厘米数，如“工16号”。腰高相同的工字钢，如有几种不同的腿宽和腰厚，需在型号右边加a、b、c予以区别，如32a号、32b号、32c号等。工字钢分普通工字钢和轻型工字钢，热轧普通工字钢的规格为10~63号。经供需双方协议供应的热轧普通工字钢规格为12~55号。工字钢广泛用于各种建筑结构、桥梁、车辆、支架、机械等。在使用中要求其具有较好的焊接、铆接性能和综合力学性能。

（4）槽钢：槽钢是截面为凹槽形的长条钢材。其规格表示方法，如“120×53×5”，表示腰高为120mm、腿宽为53mm、腰厚为5mm的槽钢，或称12号槽钢。腰高相同的槽钢，如有几种不同的腿宽和腰厚也需在型号右边加a、b、c予以区别，如25a号、25b号、25c号等。槽钢主要用于建筑结构和车辆制造等。使用中要求其具有较好的焊接、铆接性能和综合力学性能。

8.1.2 板材类

板材是一种宽厚比和表面积都很大的扁平钢材。按厚度不同分薄板（厚度小于4mm）、中板（厚度为4~25mm）和厚板（厚度大于25mm）三种。

（1）薄板：薄板又分热轧薄板、冷轧薄板、镀锌板及彩涂板。热轧薄板广泛应用于建筑、汽车、桥梁、机械等行业，冷轧薄板应用于高档轻工、家电类产品及中、高档汽车部件制作，镀锌板定位于家电用板、高档建筑板及包装、容器等行业用板，彩涂板可以用在建筑内外用、家电及钢窗等方面。

（2）中厚钢板：厚度大于4mm的钢板属于中厚钢板。其中，厚度4.5~25mm的钢板称为中厚板，厚度为25~100mm的称为厚板，厚度超过100mm的为特厚板。

中厚板主要用于建筑工程、机械制造、容器制造、造船、桥梁等。

普通中厚板用途：广泛用来制造各种容器、炉壳、炉板、桥梁、低合金钢钢板、桥梁用钢板、造船钢板、锅炉钢板、压力容器钢板、花纹钢板、汽车大梁钢板、拖拉机某些零件及焊接构件。

桥梁用钢板：用于建造大型铁路和公路桥梁，城市高架桥等，要求承受动载荷、冲击、震动、耐蚀等。

造船钢板：用于制造海洋及内河船舶船体，要求强度高、塑性、韧性、冷弯性能、焊接性能、耐蚀性能好。

锅炉钢板：用于制造各种锅炉及重要附件，由于锅炉钢板处于中温（350℃以下）高压状态下工作，除承受较高压力外，还受到冲击，疲劳载荷及水和气腐蚀，要求保证一定强度，还要有良好的焊接及冷弯性能。

压力容器用钢板：主要用于制造石油、天然气、化工气体分离和气体储运的压力容器或其他类似设备，一般工作压力在常压到32MPa甚至到63MPa，温度在-20~450℃范围内工作，要求容器钢板除具有一定强度以及良好塑性和韧性外，还必须有较好冷弯和焊接性能。

汽车大梁钢，用于制造汽车大梁（纵梁、横梁），一般为厚度为2.5~12.0mm的低合金热轧钢板。由于汽车大梁形状复杂，除要求较高强度和冷弯性能外，要求冲压性能好。

8.1.3　钢管类

钢管是一种中空截面的长条钢材。按其截面形状不同可分圆管、方形管、六角形管和各种异形截面钢管。按加工工艺不同又可分无缝钢管和焊接钢管两大类。

无缝钢管：无缝钢管是一种具有中空截面、周边没有接缝的长条钢材。大量用作输送流体的管道，如输送石油、天然气、煤气、水及某些固体物料的管道。钢管与圆钢等实心钢材相比，在抗弯抗扭强度相同时，重量较轻，是一种经济截面钢材，广泛用于制造结构件和机械零件，如石油钻杆、汽车传动轴、自行车架以及建筑施工中用的钢脚手架等。用钢管制造环形零件，可提高材料利用率，简化制造工序，节约材料和加工工时，如滚动轴承套圈、千斤顶套等。钢管还是各种常规武器不可缺少的材料，枪管、炮筒等都要钢管来制造。

焊接钢管：焊接钢管也称焊管，是用钢板或钢带经过卷曲成型后焊接制成的钢管。焊接钢管生产工艺简单，生产效率高，品种规格多，但一般强度低于无缝钢管。

一般焊管，俗称黑管，是用于输送水、煤气、空气、油和取暖蒸汽等一般较低压力流体和其他用途的焊接钢管；普通碳素钢电线套管是工业与民用建筑、安装机器设备等电气安装工程中用于保护电线的钢管；承压流体输送用螺旋缝钢管，钢管承压能力强、塑性好，使用安全可靠，钢管口径大，输送效率高，主要用于输送石油、天然气等的管线；桩用螺旋焊缝钢管用于土木建筑结构、码头、桥梁等基础桩用钢管。

8.1.4　线材类

线材主要是指直径ϕ5~9mm的热轧圆钢和ϕ10mm以下的螺纹钢。大多通过卷线机卷成盘卷供应，也称盘条或盘圆。

线材主要用作钢筋混凝土的配筋、焊接结构件或再加工（如拨丝、制钉等）原料。按钢材分配目录，线材包括普通低碳钢紮轧盘条、电焊盘条、爆破线用盘条、调质螺纹盘条、优质盘条。用途较广泛的线材主要是普通低碳钢热轧盘条，也称普通线材，它是由Q195、Q215、Q235普通碳素钢热轧而成，公称直径为ϕ5.5~14.0mm，一般轧成每盘重量在100~200kg，现在多采用无扭高速线材轧机上轧制，并在轧制后采取控制冷却。普通线材主要用于建筑、拉丝、包装、焊条及制造螺栓、螺帽、铆钉等。优质线材多为优质碳素结构钢热轧盘条，如08F、10号、35Mn、50Mn、65号、75Mn等，用作钢丝等金属制品的原料及其他结构件。此外，还有硬线钢或帘线钢等用优质钢轧制的线材。

8.2　普通用途钢材的常见缺陷

钢材在生产、运输、装卸、保管过程中，由于某种原因，可能产生用肉眼能直接观察、鉴别的钢材表面缺陷，称为外观缺陷。外观缺陷包括外形（及其尺寸）缺陷和表面质量缺陷。表面缺陷不仅影响钢材外观，而且容易引起锈蚀、应力集中，会降低钢材使用性能，严重时导致钢材报废，其中以型钢表面缺陷最为众多，它几乎概括了其他类型的钢材缺陷。本节重点介绍几种常见类型钢材的表面缺陷。

8.2.1　型钢表面缺陷

型钢常见的表面缺陷有：折叠、划痕、结疤、麻面（麻点）、凹坑、分层、凸泡和气泡、表面裂纹、裂缝、烧裂、表面夹杂、耳子以及扭转、弯曲、断面形状不正确、角不满（塌角、钝角、圆角）、拉穿、公差出格、短尺等。

（1）折叠：沿钢材长度方向表面有倾斜的近似裂纹的缺陷，称为折叠（图8-1）。通常是由于钢材表面在前一道锻、轧中所产生的突出尖角或耳子，在以后的锻、轧时压入金属本体叠合形成的。折叠一般呈直线状，也有的呈锯齿状，分布于钢材的全长，或断续状局部分布，深浅不一，深的可达数十毫米，其周围有比较严重的脱碳现象，一般夹有氧化铁皮。钢材表面的折叠，可采用机械加工方法进行去除。型材表面因不再进行机械加工，如果表面存在严重的折叠，就不能使用，因为在使用过程中会由于应力集中造成开裂或疲劳断裂。

（2）划痕：在生产、运输等过程中，钢材表面受到机械性刮伤形成的沟痕，称为划痕，也称为刮伤或擦伤（图8-2）。其深度不等，通常可看到沟底，长度自几毫米到几米，连续或断续分布于钢材的全长或局部，多为单条，也有双条和多条的划痕。划痕会降低钢材的强度，对于薄板还会造成应力集中，在冲压时成为裂纹发生和扩展的中心。对于耐压容器，严重的划痕可能成为使用过程中发生事故的根源。

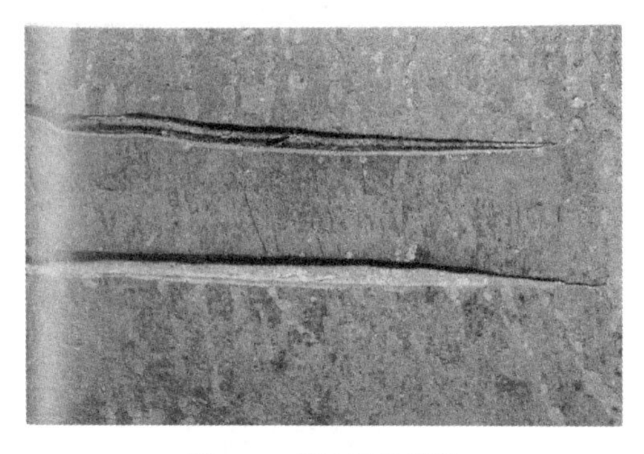

图8-1　折叠缺陷照片

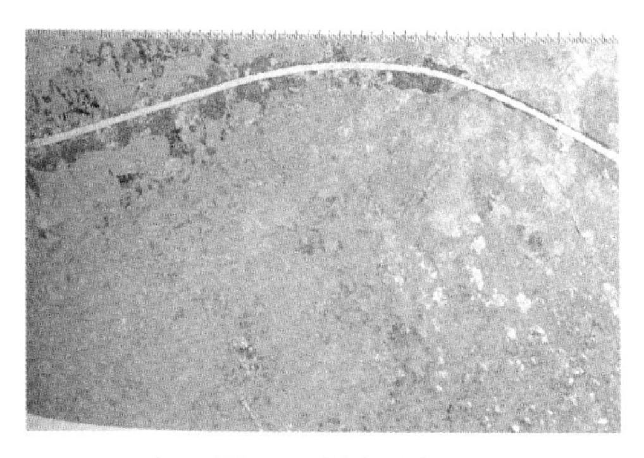

图8-2　划痕照片

（3）结疤：钢材表面呈舌状、指甲状或鱼鳞状的片块，称为结疤。它是钢锭表面被污溅的金属壳皮、凸块，经轧制后在钢材表面上形成的。与钢材相连牢固的结疤，称为生根结疤；与钢材相连不紧或不相连，黏着在表面上的结疤，称为不生根结疤。不生根结疤容易脱落，脱落后表面形成凹坑。有些结疤的一端翘起，称为翘皮。

（4）麻面（麻点）：麻点是钢材表面凹凸不平的粗糙面。大面积的麻点称为麻面。板材（尤其是薄板）若存在麻点，不仅可能成为腐蚀源，还会在冲压时产生裂纹。弹簧上有麻点，在使用过程中容易造成应力集中，导致疲劳断裂。麻点缺陷如图 8-3 所示。

（5）凹坑：周期性或无规律地分布于钢材表面的凹陷（轧辊表面有黏结物，轧制时黏结物压入钢材表面而形成），称为凹坑或压坑。小凹坑称为麻点。

（6）分层：非金属夹杂、内裂纹、残余缩孔、气孔等在热轧中未焊合，使剪切后的钢材断面呈黑线或黑带，将钢材分离成两层或多层的现象，称为分层，见图 8-4。

图 8-3　麻点缺陷

图 8-4　分层照片

（7）凸泡和气泡：钢材表面呈无规律分布的圆形凸起，称为凸泡（图 8-5），凸泡边缘比较圆滑。凸泡破裂后，形成鸡爪形裂口或舌状结痕，称为气泡。

（8）表面裂纹：钢材表面出现的网状龟裂或裂口。它是由于钢中硫高锰低引起热脆，或因铜含量过高、钢中非金属夹杂物过多所致。沿着变形方向分布的裂纹是由于锻轧后处理不当而引起的。钢锭因为脱氧或浇铸不当，也可能形成横裂纹或纵裂纹，它们在轧制过程中扩大，并会改变形状。图 8-6 为表面横裂纹。

图 8-5　钢材表面凸泡缺陷

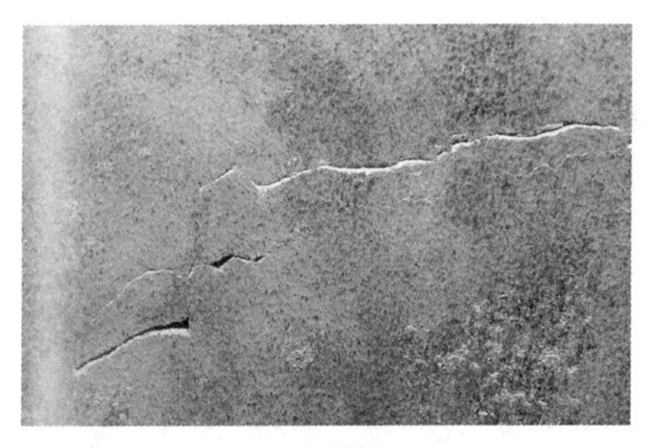

图 8-6　表面横裂纹

（9）裂缝：裂缝在钢材表面一般呈直线状，有时呈 Y 形，其方向多与轧制方向一致，但也有横向或其他方向的，缝隙一般与钢材表面垂直。它是由于钢锭中的皮下气泡和非金属夹杂物经轧制破裂后造成的。加热温度低或温度不均匀、孔型设计不良或孔型磨损严重及轧后钢材冷却不当也会形成裂缝。型钢在室温矫直过程中，由于矫直压力过大或矫直次数过多，对成分偏析或夹杂物严重的型材易产生直线、折线形裂缝或横向裂口，严重的还会出现分岔或碎断现象。

（10）烧裂：钢锭（坯）在加热温度过高、在高温下停留时间过长或加热操作不当时局部产生过烧的现象，此外钢中硫、砷含量过高等，会使轧制后的型钢出现裂缝，这种裂缝叫烧裂。烧裂一般在钢材表面形成横向开裂或龟裂。裂口有肉眼可见的粗糙颗粒，金相组织表现为晶界被氧化。烧裂多位于型钢的局部尖角处。

（11）夹渣：观察面上夹杂一般呈点状、条状或块状机械地黏结在钢材的表面上，其颜色有暗红、淡红、淡黄、灰白色等，具有一定的深度（图8-7）。表面夹渣与黏结物相近。钢锭（坯）中的非金属夹杂物、加热炉中脱落的耐火砖渣、煤灰、煤渣以及轧件表面黏有的非金属夹杂等都能在钢材轧制过程中形成表面夹渣。一般呈淡黄、灰白色，而深度较大的或呈明显块状的表面夹渣是由钢锭带来的；而那些呈暗红色、淡红色并附有较厚的原始氧化铁皮的表面夹杂则属于轧钢加热过程中带来的。

图8-7 表面夹渣照片

（12）耳子：型钢表面与轧辊孔型开口处相对应的地方，出现顺轧制方向即型钢长度方向有延伸的条状凸起，称为耳子。耳子有单边的，也有双边的；有时型钢全长有耳子，有时局部或断续有耳子。孔型设计不当、钢坯加热温度不均匀、设备安装调整不正确以及操作不良等都可能造成钢材的耳子缺陷。

（13）扭转：条形钢材沿纵轴有螺旋形扭曲变形，称为扭转。轧辊安装不正或错位、导卫板安装偏斜及磨损严重或轧机调整不当、轧件温度不均匀或变形不均匀造成延伸不一致等原因都可产生扭转。标准中规定一般用肉眼检查“不得有明显扭转”，是一种定性的概念。对于要求严格的钢材，需要定量检验。检查钢材1m长或全长的扭转角度，也可用塞尺检查，如钢材两端面有一处翘起，则可认为是扭转。翘起处用塞尺测量，不得超出规定允许的限度。

（14）弯曲：弯曲是指钢材长度或宽度方向不平直、呈弧形的总称。宽度方向呈现弯曲，也称镰刀弯或侧向弯。弯曲或不平直程度，可用数字表示，称为弯曲度。标准中有局部弯曲度和总弯曲度两种规定，局部弯曲度用1m长的直尺测量，以最大的波高（直尺与钢材最大弯曲处的距离）毫米数表示；总弯曲度是指钢材全长的弯曲值，常以最大波高（毫米）换算成钢材总长度的百分数表示。例如，钢材长度为5m，最大波高为50mm，则总弯曲度为1%。产生钢材弯曲的原因很多，设备安装不正确，钢件加热不均匀，操作工艺不规范以及成品捆扎、装卸、运输和储存等都会引起弯曲变形。

（15）断面形状不正确：断面形状不正确是指型钢断面几何形状不正确，这类缺陷因型钢品种不同而各异，其名称也各不相同。例如：圆钢不圆，又称为椭圆，即横截面上互相垂直的直径不相等，常用同一横截面上最大与最小直径之差来衡量，称为椭圆度，若最大直径与最小直径不垂直，则称为不圆度。方钢不方，也称脱方，用同一横截面上任何两边长度之差及对角线长度之差来检查。扁钢断面不成矩形，常称为脱矩，即对边不等及对角线长度不等，用对角线长度之差来检查。工字钢腿斜、腰波浪不直，槽钢腰凸、腿扩、腿并，角钢顶角大或小、腿不平直等，以上这些统称为断面形状不正确。产生断面形状不正确的原因有：孔型设计不当、导卫板装置不正确、轧辊发生严重轴向窜动或孔型磨损严重以及操作不良。

（16）角不满：型钢的棱角处不足或未充满，呈圆形粗糙面的缺陷，称为角不满，如塌角、钝角、圆角。孔型设计不正确、孔型和导板磨损严重、调整不当、顶角压下量不足以及操作不良等都会产生此类缺陷。

（17）拉穿：拉穿是指型钢由于轧机孔型设计不良或操作不当，使轧件腰腿延伸相差太大，产生严重拉缩现象，将腰部拉成月牙状、舌形孔洞。此外还有公差出格（尺寸超差）、短尺等外观缺陷。

8.2.2 线材的缺陷

呈盘卷状态的热轧圆钢称为线材，它是热轧型钢中断面尺寸最小的一种。线材因以盘卷交货，故又称为盘条。按照用途，线材可分为两大类：第一类为直接用作建筑材料的线材；第二类是用作拉拔原料的线材。对于第一类线材，它的质量要求较低，只要符合普通热轧盘条的国家标准即可。国家标准规定：盘条的表面不得有裂纹、折叠、结疤、耳子、分层及表面夹杂；允许有压痕及局部的凸块、凹坑、划痕、麻面，但其深度或高度不得大于0.20mm，对于第二类线材，它的质量要求更高。

线材也是热轧型钢，前述型钢中的某些外观缺陷在线材中也常有出现。现将线材中常见的几种外观缺陷介绍如下：

（1）耳子：耳子是指线材表面沿轧制方向出现的纵向凸起部分，有单边的，也有双边的。它是由于钢坯在孔型中轧制时，金属过分充满孔型，使部分金属被挤进辊缝形成的。孔型设计不当、设备调整不当、操作不良和低温轧制等原因都可能产生线材耳子缺陷。

（2）折叠：折叠是指线材表面顺轧制方向呈直线形倾斜的近似裂纹的缺陷。折叠一般呈直线状，亦有的呈锯齿状。它是由上一道次有耳子的轧件或局部有凸出或凹陷的轧件进入下一道孔型轧制时，凸出部分被压平或凹陷部分被压叠形成的。

（3）结疤：结疤是指线材表面黏结金属片而形成的疤皮，一般呈舌头形或指甲形，其空而厚一端与线材基体相连，有时呈一封闭的曲线。有规律性或周期性的结疤一部分与基体连成一整体，一部分呈弧形舌状，但弧形边缘整齐，不易翘起的是轧制造成的，它主要是因孔型磨损、外界金属掉入、轧辊刻痕不良、轧件在孔型中打滑使金属堆积于变形区内等原因而形成的。没有规律的结疤，舌状边缘不整齐，较易翘起或形成闭口曲线，它一般是由坯料带来的翻皮、冷溅和较大的皮下气泡破裂造成的。

（4）开裂：开裂是指线材本身的纵向开裂。严重的开裂沿线材纵向劈开，分裂成两层或多层。它是由坯料不良和轧制不当所造成的。坯料中含有大量的皮下气泡、残余缩孔及严重的非金属夹杂物等缺陷，在轧制中产生开裂；轧制过程中因加热、冷却温度控制不当、终轧制温度过低、压缩率过大也会造成线材开裂。

（5）不圆度和公差出格：线材的不圆度和公差出格是线材常见的外形缺陷。它表现为线材横断面各处直径不一致，呈椭圆形或几何尺寸超过标准规定。钢坯温度不均匀、孔型设计不当、孔型和导卫板磨损严重、轧机调整不当以及轧辊发生错动等是造成此类外形缺陷的主要原因。

8.2.3 管材的缺陷

钢管是一种中空的长条形钢材，一般用作流体（气体、液体或固体颗粒、粉末等）的输送管道。钢管按断面有无接缝分成两大类，即无缝钢管和焊接钢管。一般普通的无缝钢管的内外表面要求不得有裂缝、折叠、分层和结疤等缺陷存在。焊接钢管的主要缺陷有分层、孔洞、开焊、局部搭焊、焊沟、塌焊、耳子、内堵等，在检查中发现这类缺陷应挑出处理或报废。

8.2.3.1 无缝钢管的表面缺陷

（1）内折：内折是指钢管内表面呈现螺旋形、半螺旋形或无规则分布的锯齿状折叠。内折一般用肉眼观察，钢管内表面不允许有内折，局部内折应切除，全长内折应报废。

（2）直道内折：直道内折是指钢管内表面呈现对称或单条直线形的折叠。有通长的，也有局部的。直道内折可用肉眼观察，钢管内表面不允许存在直道内折，局部直道内折应切除，通长直道内折应报废。

（3）外折：外折是指在钢管外表面出现的螺旋形状的片状、线状折叠。其螺旋旋转方向与穿孔荒管旋转方向相反，且螺距较大、分布于局部或全长。外折可用肉眼观察，钢管表面不允许存在外折。局部外折可切除，全长外折应报废。

（4）轧折：轧折是指钢管管壁沿纵向局部或通长呈现外凹里凸的皱褶，外表面呈条状凹陷。钢管的轧折可用肉眼观察，钢管不得存在轧折。

（5）发纹：发纹是指在钢管外表面上呈现的连续或不连续的发状细纹。其旋转方向与穿孔荒管旋转方向相反，且螺距较大。钢管表面不允许存在肉眼可见的发纹，如有应全部清除。

（6）撕破：撕破是指钢管表面有撕开破裂现象，多发生在薄壁钢管上。可用肉眼检查，钢管表面不允许存在撕破，局部撕破应予切除。

（7）过热及过烧：过热及过烧是指在管坯表面上生成深厚的氧化铁皮，能使钢管金属塑性迅速降低。过热钢坯，金属晶粒粗大，穿孔成管后，表面呈现网状的鳞层。过烧管坯，金属晶界被氧化，管坯在出炉后，在辊道上已冒火花，严重的过烧掷在地上会崩裂成碎块。有过热和过烧的管坯，穿孔时易于轧长和产生内折。过烧可用肉眼观察，有过烧的钢管应判废品。当有争议时，可采用金相检验及其他方法鉴定。

（8）离层（分层）：离层（分层）是指在钢管端部或内表面出现螺旋形或块状金属分离或破裂。钢管的离层（分层）可用肉眼检查，局部离层（分层）应切除。

（9）轧疤：轧疤是指钢管内外表面上呈现边缘有棱角的斑疤。轧疤一般不生根，容易剥落，呈局部的零星分布。钢管表面允许存在深度未超过壁厚负偏差的局部微小轧疤。较严重的轧疤应予清除。

（10）麻面：麻面是指钢管表面呈现高低不平的麻坑。麻面用肉眼观察，轻微的麻面允许存在，严重的麻面不允许存在，并根据缺陷程度决定是否进行修磨。

（11）直道：直道是指钢管内外表面有一定宽度的直线形划痕。一般结构用钢管和用于加工机械零件的钢管，直道深度不使壁厚超出负偏差时，允许存在。对于锅炉的压力管道以及类似用途的钢管，应按相应的技术条件检查。

（12）凹面（凹段）：凹面（凹段）是指钢管表面局部向内凹陷，管壁呈现外凹里凸而无损伤现象。钢管外径不超过负偏差的凹面允许存在，超过的应予切除。

（13）凹坑：凹坑指的是钢管内外表面上出现面积不一的局部凹陷，一般指点豆状的小结疤。钢管外径不超过负偏差的凹坑允许存在，超过的应予切除。

（14）矫凹：矫凹是指钢管端部或表面沿长度方向呈螺旋形凹入。无明显棱角或内表面不突起的可判为合格品；反之，判为不合格品。

（15）擦伤：擦伤是指钢管内外表面呈现出的螺旋形状或直线状、有规律或无规律分布的点、线沟痕。在穿孔机和均整机处造成的擦伤，螺旋方向与荒管旋转方向一致，且螺距与荒管螺距相同。在轧管机处产生的擦伤，如无均整工序而是冷拔工序，钢管的擦伤呈轴向方向的直线；如通过均整，钢管的擦伤呈螺旋状。在辊道等运输工具处造成的擦伤为直线状，其方向位置随产生原因而有所不同。擦伤用肉眼观察，并用量具测量其深度。对局部的、边缘比较圆滑的擦伤，当其深度不超过直径和壁厚的偏差时，允许存在。边缘尖锐或较严重的擦伤，应予清除。

（16）弯曲：弯曲是指钢管沿长度方向不平直。而仅钢管端部呈现鹅头状弯曲称为鹅头弯。用平尺检查，弯曲度超过标准规定时，应重新矫直，无法矫直的鹅头弯应予切除。

此外还有青线、内螺旋及尺寸超差等外观缺陷。

8.2.3.2　焊接钢管的常见缺陷

（1）分层：分层是指钢管横截面上的管壁分为两层。分层暴露在钢管表面呈现纵向裂口；有的在钢管内外表面呈现局部凹陷或凸起；分层在内外焊缝处呈现陡然凸起、凹陷或翘皮。

（2）黏疤：黏疤是指钢管内外表面局部黏附的块状斑疤。

（3）孔洞：孔洞是指钢管局部存在的贯穿管壁的孔洞。

（4）开焊：开焊是指钢管焊缝呈现出的通长或局部的裂缝。

（5）局部搭焊：局部搭焊是指钢管外表面呈现局部的弧形焊缝。

（6）焊沟：焊沟是指钢管外表面焊缝处出现的通长凹沟。

（7）塌焊：塌焊是指钢管焊缝外表面呈现通长的凹沟，对应的里表面则呈凸棱。

（8）管缝错位：管缝错位指的是钢管焊缝不平，发生上下错开的现象。

此外，无缝钢管中存在的某些表面缺陷在焊接钢管中也能出现。

8.3　特殊用途钢及常见缺陷

特殊用途钢一般分为机器零件用钢、工模具用钢、不锈钢和耐热钢。这类钢按化学成分也分为碳素钢和合金钢。碳素钢（含碳量大于0.0218%而小于1.7%）除含铁、碳和限量以内的硅、锰、磷、硫等杂质外，不含其他合金元素的钢，其价格低廉，冶炼和成型工艺简单，且具有较好的力学性能和工艺性能。合金钢是在碳素钢基础上添加适量的一种或多种合金元素而构成的铁碳合金，合金元素的添加使钢的使用性能或工艺性能得以改善提高。根据添加元素的不同，并采取适当的加工工艺，可获得高强度、高韧性、耐磨、耐腐蚀、耐低温、耐高温、无磁性等特殊性能。合金元素有硅、锰、铬、镍、钼、钨、钒、钛、铌、锆、钴、铝、铜、硼和稀土等。我国的根据自身资源情况、生产和使用条件发展以硅、锰、钒、钛、铌、硼、铅和稀土为主的合金钢系统。

8.3.1　常用机器零件用钢及其典型缺陷

机器零件用钢指用以制造承受载荷或传递功和力的机械零件所用的结构钢，这些零件是各种轴类零件、齿轮、紧固件、弹簧和轴承等，根据其生产工艺和用途，可分为调质钢、渗碳钢、氮化钢、弹簧钢和轴承钢等，其中轴承钢为高碳钢，可以制作工模具，其缺陷放在下节中叙述。因此，本节主要介绍的中低碳机器零件用钢及其共性缺陷。

8.3.1.1　常用中低碳机器零件用碳素钢

机器零件的尺寸差别很大，但工作条件是相似的，主要是承受拉、压弯、扭、冲击、疲劳应力，且往往几种载荷同时作用。可以是恒载也可以是变载，作用力的方向是单向或反复，因此对钢力学性能的要求是多方面的，不但要求钢材具有高的强度、塑性和韧性，而且要求钢材具有良好的疲劳强度和耐磨性。机器零件工作环境是大气、水和润滑油，温度在-50~+100℃范围之间，还要求良好的服役性能和工艺性能。由表8-2可以看出，渗碳钢、调质钢和弹簧钢其力学性能不一样，冶金企业一般以热轧态供货，使用厂家需要进行热处理强化以达到上述综合力学性能，所以有些钢种冶金企业必须提供顶端淬火曲线。

表8-2　常见的中低碳机器零件用碳素钢的牌号、热处理和力学性能

类型	钢号	热处理/℃				力学性能			
		渗碳/氮	预热处理	淬火	回火	R_{el}/MPa	R_m/MPa	δ/%	ψ/%
渗碳钢	15	930	890空冷	800水	200	≥300	≥500	≥15	≥50
	20	930	860空冷	790水	200	≥300	≥500	≥14	≥45
调质钢	45	—	正火	840水	600	≥355	≥600	≥16	≥50
弹簧钢	65	—	正火	840	500	≥980	≥785	≥9	≥35
	70	—	正火	820	480	≥1080	≥880	≥7	≥30
	85	—	正火	820	480	≥1130	≥980	≥6	≥30

8.3.1.2　常用中高碳机器零件用合金钢

碳是机器零件用钢中的最主要元素，它决定了钢的淬硬性，即淬成马氏体的硬度，同时碳也是一个有效增加淬透性的元素。因此，合金钢是在碳素钢基础上加合金元素，主要提高强度和淬透性上。对于淬透性要求不高的钢，加入单一的合金元素合金化方案，如40Cr（表8-3）。重要的合金钢加入多种元素，多种元素复合加入会使钢的淬透能力提高，多种合金元素对冷却相变的综合作用不是加和关系，而是互相补充，相互加强。例如55SiMnVB钢（表8-3），主加元素Si、Mn、Cr、Ni对钢的淬透性和提高钢的综合力学性能起主导作用；辅加元素Mo、W、V、Ti和B则是在降低过热敏感性与回火脆性，消除某些冶金缺陷，进一步提高淬透性，改善钢材性能的作用。

表 8-3　常见的中低碳机器零件用合金钢的牌号、热处理和力学性能

类型	钢号	热处理/℃				力学性能			
		渗碳/氮	预热处理	淬火	回火	R_{el}/MPa	R_m/MPa	δ/%	A_K/J
渗碳钢	20Cr	930	880 油、水	800	200	≥550	≥850	≥10	—
	20CrMnTi	930	830 油	860	200	≥850	≥1100	≥10	—
	17Cr2Ni2Mo	930	860 油	790 水	200	≥300	≥500	≥14	—
调质钢	40Cr	—	正或退火	850 油	500	≥800	≥1000	≥9	≥60
	42CrMo		正或退火	850 油	580	≥950	≥1100	≥12	≥80
	40CrNiMoA		正或退火	850 油	600	≥850	≥1000	≥12	≥100
弹簧钢	65Mn	—	正或退火	830	480	≥800	≥1000	≥8	—
	55SiMnVB	—	正或退火	860	460	≥1226	≥1373	≥5	—
轴承钢	GCr15		球化退火	840	170	≥1510	≥1617	—	≥28

总之，机器零件用钢需要通过热处理强化来达到所要求性能，其成分上要求有提高钢的淬透性；降低钢的过热敏感性；提高回火稳定性，强化铁素体和延迟其软化过程，以及提高或消除第二类回火脆性的敏感性。

8.3.1.3　常用机器零件用钢的缺陷

机器零件用钢缺陷有夹杂、裂纹、气孔和折叠等，基本上与有普通型材钢的类似，在此不再赘述，含碳的质量分数为 0.15%~0.75%机器零件用钢属于亚共析钢，冶金厂以热轧后珠光体+铁素体组织状态供货。若热轧加热温度和终轧温度高，会导致网状铁素体和魏氏组织出现（图 8-8），下游加工厂将这些钢材下料→热锻→机加工→热处理→精加工，形成零件使用。这种没经过预备热处理就加工而成工件，往往硬度会达到要求，但力学性能不足，尤其是冲击韧性很差，会造成用户损失或者灾难发生。

连铸、热轧时候高温状态钢与空气或氧化性气氛接触，一方面表面生成氧化皮，另外一方面钢中碳原子与氧发生反应：

$$2[C] + 3O \longrightarrow CO\uparrow + CO_2\uparrow$$

生成气体向外排放大气中，同时表面脱碳，导致热轧后表面组织为铁素体（图 8-9），这种组织在随后热加工中加剧深入钢材内层，冷加工形成零件会导致疲劳寿命急剧下降，

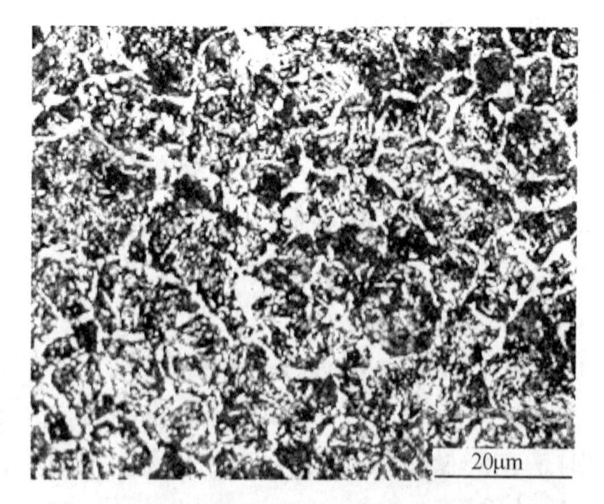

图 8-8　亚共析钢中网状铁素体及其魏氏组织

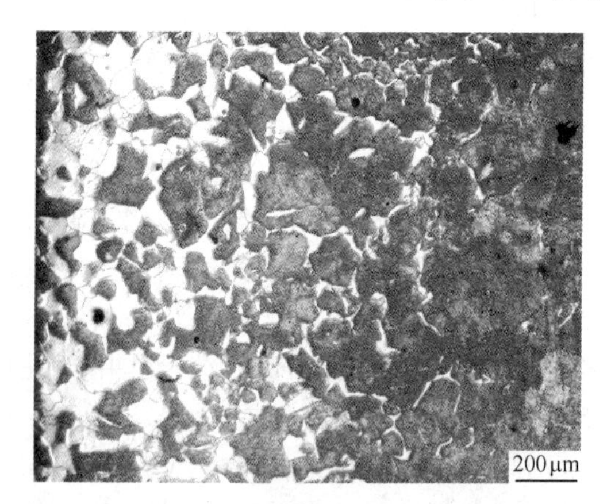

图 8-9　调质钢表面脱碳组织

尤其导致弹簧很早失效，因此脱碳是中低碳钢的冶金缺陷之一。这种缺陷一般产生于铸坯在加热停留时间过长，应严格按所定节奏进行生产。若轧钢线上出现故障，则将加热炉中透热段铸坯移入升温段或将气氛调整成还原气氛。

亚共析钢热轧后容易出现带状组织（图8-10），尤其棒材情况较为严重。下游用户购入棒材，为了减少成本往往采用冷拔方式将其直径减少到所要加工轴类零件尺寸，然后再加工成型，热处理时候就会出现纵向裂纹（图8-11），造成产品的报废、原材料浪费和经济损失。

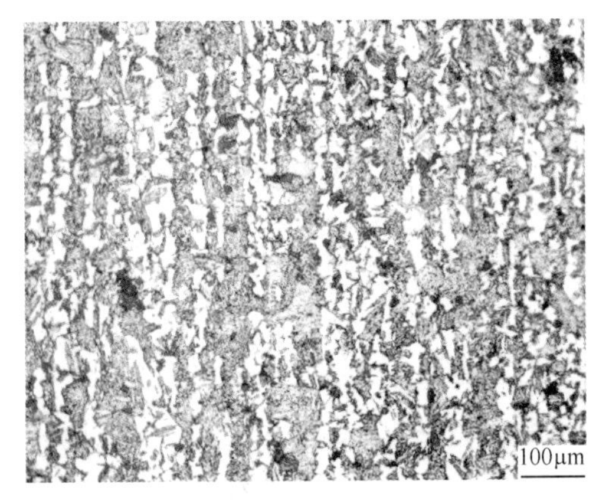

图8-10　亚共析钢中带状组织

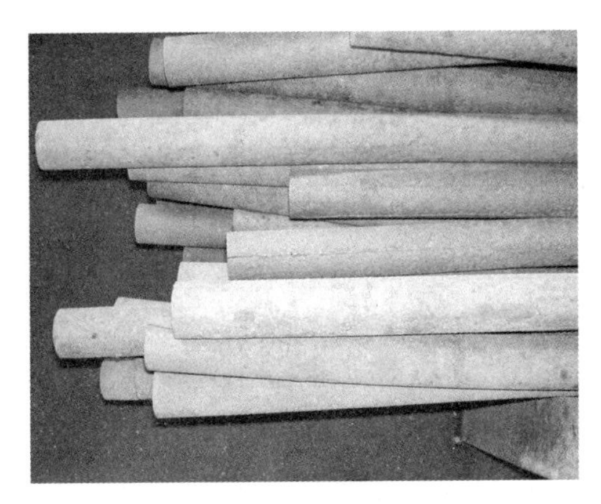

图8-11　ϕ50×6000的调质钢热处理后的纵裂

8.3.2　常用工模具钢及其典型缺陷

对各种材料进行加工，需要采用使用各种工具，将用来制造刃具、模具和量具等各式工具的钢种称为工模具钢。工模具钢按其用途主要分为：刃具钢（用来制造各种刀具）、模具钢（用来制造锻造、冲压用的各种工具）和量具用钢，按化学成分分为：碳素钢、低合金钢和高合金钢。高硬度、高耐磨性是工模具钢最重要的使用性能，若没有足够高的硬度是不能进行切削加工的，在应力作用下工具的形状和尺寸会发生变化而失效，生产上一般用硬度来标示其性能。

8.3.2.1　常用的工模具钢

碳素钢的牌号以“T+数字+字母”表示。钢号前面的“T”表示碳素工具钢，其后的数字表示含碳量的千分之几。如平均含碳量为0.8%的碳素工具钢，其钢号为“T8”，含锰量较高者，在钢号后标“Mn”，如“T8Mn”。高级优质碳素工具钢，则在其钢号后加“A”，如“T10A”。常用的碳素工具钢有T7、T8、T9、T10、T11、T12及T13各类等，见表8-4。随着数字的升高，钢中碳含量提高，其硬度与耐磨性增高，而韧性逐渐下降。碳素工具钢中加少量（0.35%~0.60%）的锰，如T8Mn，可提高钢的淬透性，但含锰量过高会使钢的韧性下降。

化学成分上工模具钢含碳量通常为0.6%~1.3%（质量分数）。高的碳含量可以在淬火后获得高碳马氏体，从而得到高的硬度和切断抗力，这对减少和防止工具损坏是有利的；同时高碳含量可形成足够数量的碳化物，以保证钢具有高的耐磨性。加入各种合金元素主要也是为了提高钢的淬透性、耐磨性和热稳定性。

表 8-4 常用碳素工具钢的牌号、成分、热处理和用途

钢号	热处理					应用举例
	淬火			回火		
	温度/℃	冷却介质	硬度 HRC	温度/℃	硬度 HRC	
T7	800~820	水	61~63	180~200	60~62	制造承受震动与冲击载荷，要求较高韧性的工具，如凿子、打铁用模、各种锤子、木工工具、石钻（软岩石用）等
T7A	800~820	水	61~63	180~200	60~62	
T8	780~800	水	61~63	180~200	60~62	制造承受震动与冲击载荷、要求足够韧性和较高硬度的各种工具，如简单模子、冲头、剪切金属用剪刀、木工工具、煤矿用凿等
T8A	780~800	水	61~63	180~200	60~62	
T10	770~790	水，油	62~64	180~200	60~62	制造不受突然震动、在刃口上要求有少许韧性的工具，如刨刀、冲模、丝锥、板牙、手锯锯条、卡尺等
T10A	770~790	水，油	62~64	180~200	60~62	
T12	760~780	水，油	62~64	180~200	60~62	制造不受震动，要求较高硬度的工具，如钻头、丝锥、锉刀、刮刀等
T12A	760~780	水，油	62~64	180~200	60~62	

合金工模具钢的牌号以“一位数字（或没有数字）+元素+数字+…”表示。其编号方法与合金结构钢大体相同，区别在于含碳量的表示方法，当含碳量不低于 1.0%时，则不予标出。如平均含碳量低于 1.0%时，则在钢号前以千分之几表示它的平均含碳量，见表 8-5。如 9SiCr 钢，平均含碳量为 0.90%，主要合金元素为铬、硅，含量都小于 1.5%。又如 Cr12MoV 钢，含碳量为 1.45%~1.70%（大于 1.0%），主要合金元素为 11.5%~12.5%的铬，0.40%~0.60%的钼和 0.15%~0.30%的钒。

表 8-5 典型工模具钢牌号及其热处理

种类	牌号	淬火		回火		用途举例
		温度/℃	硬度 HRC	温度/℃	硬度 HRC	
低合金刃量具钢	9SiCr	820~860，油	63	150~200	≥62	丝锥、板牙、钻头、铰刀、齿轮铣刀、冷冲模、轧辊
	CrWMn	800~830，油	64	160~210	≥62	拉刀、长丝锥、量规及形状复杂精度高的冲头
	GCr15	830~860，油	63	130~170	≥62	块规、塞规、样柱
高速钢	W18Cr4V	1270~1285	—	550~570	≥63	高速切削刀具：车刀、铣刀、绞刀
	W6Mo5Cr4V2	1210~1230	—	550~570	≥63	丝锥、齿轮铣刀、插齿刀
冷作模具钢	9Mn2V	780~810，油	—	150~200	≥62	冲模、冷压模
	Cr12MoV	950~1000，油或 1020~1040	—	250~275 或 500~550	≥58 或 ≥48	冲模、切边模、拉丝模
热作模具钢	5CrMnMo	820~850，油或空	—	530~550	40~48	中小型热锻模
	3Cr2W8V	1075~1125，油或空	—	560~600	40~48	压铸模、热挤压模
	4Cr5W2VSi	1030~1050，油或空	—	580~600	48~50	冲头、热挤压模具及芯棒

热处理是获得工模具钢性能的关键工艺，一般均要在锻造后进行球化退火，使钢中大量碳化物变成球状，且细小和均匀分布，以保证其的优良切削性、耐磨性、韧性和热处理工艺性（防止或减轻过热敏感性、变形、淬裂倾向等）。工模具钢的最终热处理往往是采用不完全淬火，其淬火温度一般是在碳化物与奥氏体共存的两相区内，这是因为碳化物的存在既可以阻止淬火加热时奥氏体晶粒的长大，使保持细小晶粒，从而能在高硬度条件下保证钢材有一定韧性，同时剩余碳化物的存在也有利于工具钢耐磨性的提高。工具钢的回火温度主要是在消除有害应力前提下，尽量保持钢的高硬度来考虑，由于合金元素种类和数量的不同，各种工模具钢的具体回火温度有较大的差异。

8.3.2.2 工模具钢典型缺陷

工模具钢的生产工艺窗口狭窄与复杂，要求严格的质量检验项目多，对工装设备、检验手段和技术人员的要求较高。除了8.2节中缺陷外，良好组织状态是钢高性能保证的关键因素，工模具一般为共析钢或过共析钢，碳化物分布极为关键，钢的预备热处理多为球化退火，以获得均匀粒状珠光体组织。连铸坯中碳偏析处往往存在液析或大颗粒碳化物，液析碳化物和带状碳化物主要是连铸坯中心碳偏析（图8-12）造成，前者很难通过正火+球化退火消除（图8-13），而不严重的带状碳化物（图8-14）可以通过热处理消除。生产中防止措施主要是要控制连铸机的拉坯速度和钢水过热度，二次冷却区域水喷嘴不能堵塞，需要常检查。

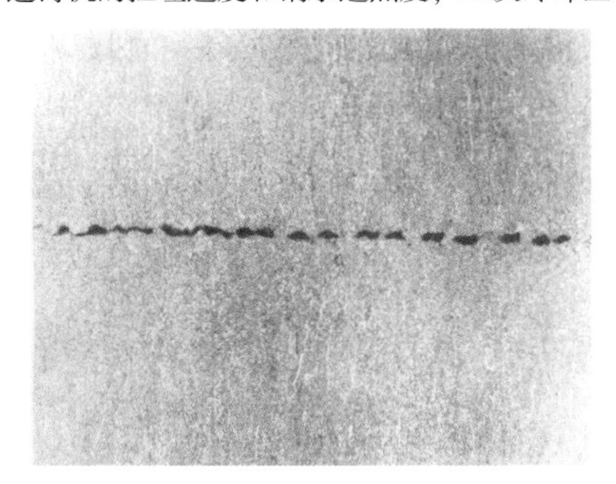

图8-12　铸坯中的中心偏析（肉眼观察）

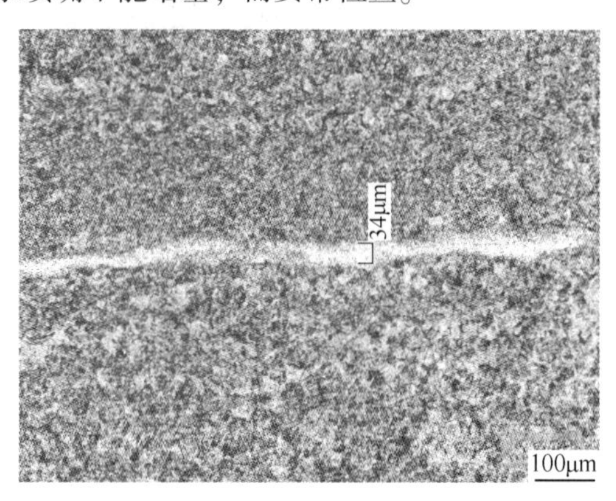

图8-13　经过球化退火后的液析碳化物

钢中的网状碳化物是在轧制或锻造温度过高，随后在冷却相变过程中形成的，网状碳化物（图8-15）急剧地降低钢的韧性和强度，锻造比轧制更容易消除网状碳化物，因为锻

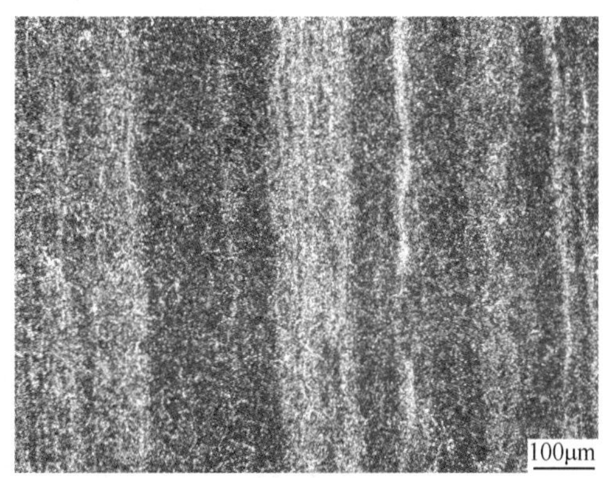

图8-14　带状碳化物

图8-15　网状碳化物

造过程中可使网状碳化物破碎。钢中一旦出现了网状碳化物，通常采用先正火处理后再球化退火处理的方法，以消除网状碳化物。采用正火处理消除网状碳化物又会带来新问题如碳化物粒度不均匀，降低球化退火的质量。所以，在锻造或轧制后避免网状碳化物的出现是很重要的。

高碳钢热轧温度高同样造成表面脱碳，直接造成工模具耐磨和耐热疲劳性能下降，淬火后表面出现软点。高碳钢脱碳组织与亚共析钢不同，只有特别严重时候钢材的表层才出现铁素体，工模具钢中合金元素较多，有的钢具有很高淬透性，在空气中冷却可以得到马氏体，这时候脱碳层表现出板条马氏体（图 8-16）。若加热温度过高，奥氏体晶界会熔化（图 8-17），这样导致材料出现热脆。

图 8-16　高碳合金钢表面脱碳层

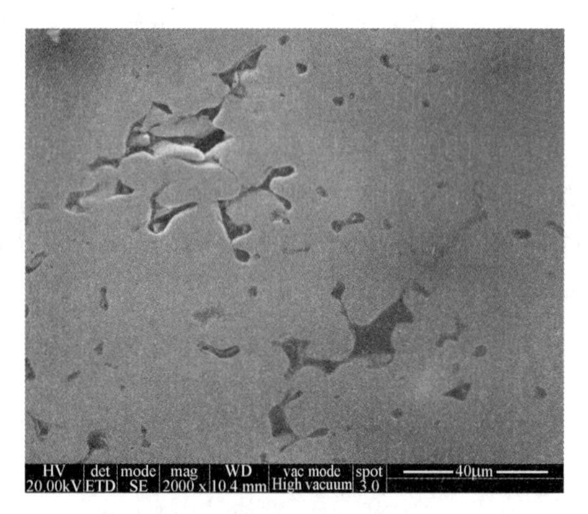

图 8-17　高碳合金钢过烧后晶界熔化后形貌

8.3.3　不锈钢与耐热钢及其典型缺陷

耐空气、蒸汽、水等弱腐蚀介质和酸、碱、盐等化学浸蚀性介质腐蚀的钢称为不锈耐酸钢。实际应用中，常将耐弱腐蚀介质腐蚀的钢称为不锈钢，而将耐化学介质腐蚀的钢称为耐酸钢。在钢中加入 Cr 可有效提高钢基的电极电位，当铬量达 $n/8$ 原子分数值，即达到 1/8、2/8、3/8、…（质量分数为 12.5%、25%、37.5%、…）原子分数时，电极电位呈台阶式跃增，则腐蚀速度呈台阶式下降，这称之为 $n/8$ 规律。

8.3.3.1　铁素体不锈钢及其典型缺陷

铁素体不锈钢中有大于 13% 的 Cr，则铁素体的电极电位由 -0.56V 提高到 0.2V，从而使金属的抗腐蚀性能提高。铁素体不锈钢有 06Cr13、10Cr17、10Cr17、008Cr27Mo，该类钢不含贵重金属 Ni，成本低，又称为经济不锈钢，多用于制造耐大气、水蒸气、水及氧化性酸腐蚀的零部件。其耐蚀性、塑性、焊接性均优于马氏体不锈钢，其耐蚀性随含铬量增加而提高。

这类钢若在 450~550℃ 停留，会引起钢的脆化，称为“475℃ 脆性”。通过加热到约 600℃ 再快冷，可以消除脆化。这类钢在 600~800℃ 长期加热或缓慢冷却还会产生硬而脆的 σ 相（图 8-18），使材料产生 σ 相脆性。这是一种有序相，按 Fe-Cr 相图，45% Cr 在 820℃ 开始形成 σ 相——FeCr 金属间化合物（正方晶系，单位晶胞有 30 个原子，硬度高）分布在晶界，导致钢的脆性和促进晶间腐蚀。

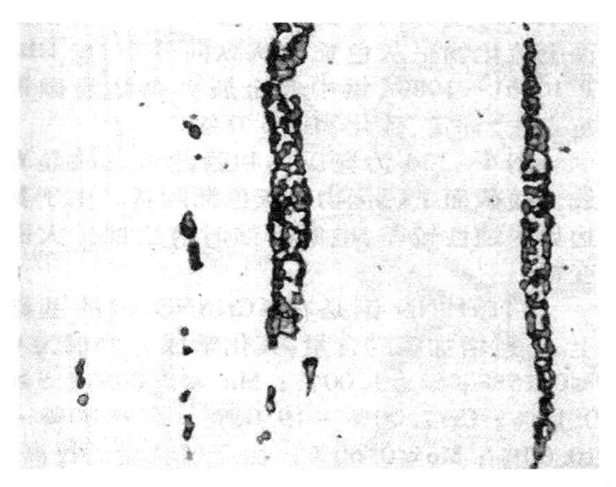

图 8-18 铁素体不锈钢中 σ 相

8.3.3.2 马氏体不锈钢及其典型缺陷

铁素体强度低，Cr 是铁素体形成元素，为提高钢的强度和使钢可以相变强化，向钢中加入奥氏体形成元素 C 和 Ni，这样钢在高温是奥氏体，而低温是铁素体，淬火形成马氏体。常见马氏体不锈钢有 Cr13 型钢（12Cr13、20Cr13、30Cr13、40Cr13）、高碳高铬 95Cr18 和低碳含 Ni 的 14Cr17Ni2。马氏体不锈钢含碳量越低，钢的耐蚀性就越好，虽然钢的强度和硬度随含碳量增加而越高，但是基体中形成铬的碳化物量也就越多，其耐蚀性就变得越差。常采用淬火+高温回火（600~700℃），得到回火索氏体来制造汽轮机叶片、锅炉管附件等。而 30Cr13 和 40Cr13 钢，由于含碳量高一些，耐蚀性就相对差一些，通过淬火+低温回火（200~300℃），得到回火马氏体，具有较高的强度和硬度（HRC 达 50），因此常作为工具钢使用，制造医疗器械、刃具、热油泵轴等。

这类钢的缺陷除了有与普通钢一样的夹杂、气泡、疏松和裂纹外，还有组织中出现 δ 相，调质组织不均匀而力学性能下降，回火马氏体类组织出现软点，影响其耐磨性和切削性能。

8.3.3.3 奥氏体不锈钢及其典型缺陷

不锈钢中碳对耐蚀性影响极大，因此在钢种成分设计上，为得到奥氏体还是少或不添加 C 元素。加 Ni 使钢的组织倾向奥氏体，Ni 价格昂贵，所以有人研究用 N 替代 Ni，这也只能使钢高温具有奥氏体。奥氏体组织抗腐蚀能力最强，所以奥氏体不锈钢含有大量 Ni，典型的有 18-8 型的 06Cr19Ni10、12Cr18Ni9 和 022Cr19Ni10。奥氏体不锈钢平衡态时为奥氏体+铁素体+碳化物组织，经过固溶处理后获得单相的奥氏体组织。这类钢还具有一定的耐热性，可用于 700℃。但在 450~850℃加热，或在焊接时，由于在晶界析出铬的碳化物（$Cr_{23}C_6$），使晶界附近的含铬量降低，在介质中会引起晶间腐蚀。因此常在钢中加入稳定碳化物元素钛、铌等，使之优先与碳结合形成稳定性高的 TiC 或 NbC，从而可防止产生晶间腐蚀倾向，如 06Cr18Ni11Ti、12Cr18Ni9Ti 钢。

奥氏体不锈钢是一种优良的耐蚀钢，但在有应力的情况下，在某些介质中，特别是在含有氯化物的介质中，常产生应力腐蚀破裂，而且介质温度越高越敏感。因此，这里将应力腐蚀裂纹作为一种缺陷（图 8-19）。此外，将晶界碳化物也作为该类钢特有缺陷，在晶界上由于生成了碳化铬（图 8-20），晶界附近的铬含量降低，耐腐蚀下降，形成晶间腐蚀，这导致晶粒剥落，钢件脆断，危害极大。

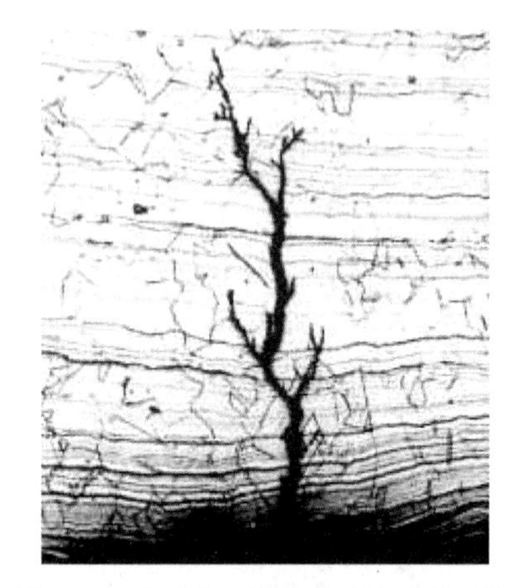

图 8-19　奥氏体不锈钢中应力腐蚀裂纹

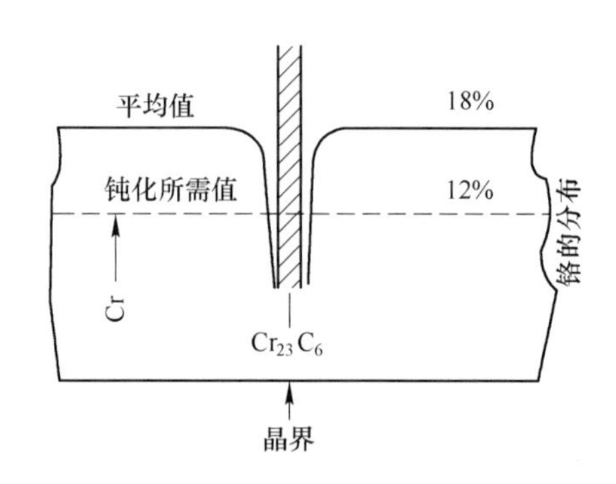

图 8-20　奥氏体不锈钢中晶界碳化物示意图

不锈钢家族中还有双相不锈钢和沉淀硬化不锈钢。特殊钢中还有耐热钢，这类钢在高温条件下具有抗氧化性、足够的高温强度和良好的耐热性能，其按组织分为：珠光体耐热钢、马氏体耐热钢、铁素体耐热钢和奥氏体耐热钢等四类。一般按其性能特点分为抗氧化钢和热强钢两类，前者重点关注的是表面缺陷，后者则是碳化物和有序相的出现。

8.4　钢材的检验

冶金厂生产各种钢材，出厂时都要按照相应的标准及技术文件的规定进行各项检验。冶金产品检验是冶金工业发展的基础，它标志着冶金工业技术水平，是冶金产品质量保障的关键，检验工序是生产流程中的一个重要工序。

钢材质量检验既能指导冶金工厂不断改进生产工艺，提高产品质量，生产符合标准的钢材，也能指导用户根据检验结果合理选用钢材，并正确进行冷、热加工和热处理。通过对钢材产品和半成品的检验，可以发现钢材质量缺陷，查明产生缺陷的原因，指导各生产环节（部门）制定相应措施将其消除或防止，同时也尽可能杜绝将有缺陷的不合格钢材供应给用户，也可促进新钢种的开发研究和新产品的试制。

8.4.1　检验标准

衡量冶金产品质量需要有一个共同遵循的准则，这就是技术标准。对冶金产品制定符合实际的标准，并在整个生产过程和全行业中贯彻执行，则产品质量就有了保证，并可逐步得到提高。有了技术标准之后，还必须采用保证产品所需的各种检验方法所规定的标准，这就是方法标准。它是评价和检验产品质量高低的技术依据。

我国冶金产品标准体系已形成，自 1955 年重工业部颁布第一批 35 个试验方法标准以后，新的标准逐年增加，到目前为止，已建立了各种检验方法标准 600 多个，基本满足了目前冶金产品生产和使用的需要。钢的检验方法标准包括化学成分分析、宏观检验、金相检验、力学性能检验、工艺性能检验、物理性能检验、化学性能检验、无损检验以及热处理检验方法标准等。每种检验方法标准又可分为几个到几十个不同的试验方法。每个试验方法都有相应的国家标准或冶金行业标准，有的试验方法还有企业标准。

8.4.2 检验项目

钢铁产品品种不同，要求检验的项目也不同，检验项目从几项到十几项不等，对每一种钢铁产品必须按相应技术条件规定的检验项目逐一进行认真的检验，每个检验项目必须一丝不苟地执行检验标准。

下面对各种检验项目和指标作以简单介绍。

（1）化学成分：每一个钢种都有一定的化学成分，化学成分是钢中各种化学元素的含量百分比。保证钢的化学成分是对钢的最基本要求，只有进行化学成分分析，才能确定某号钢的化学成分是否符合标准。

对于碳素结构钢，主要分析五大元素，即碳、锰、硅、硫、磷；对于合金钢，除分析上述五大元素之外，还要分析合金元素。例如，高速工具钢 W18Cr4V，除分析上述五大元素外，还要分析钨、铬、钒等合金元素的含量。此外，对钢中的其他有害元素和残余元素也有规定。

（2）宏观检验：宏观检验是用肉眼或不大于十倍的放大镜检查金属表面或断面以确定其宏观组织缺陷的方法。宏观检验也称低倍组织检验，其检验方法很多，包括酸浸试验、硫印试验、断口检验和塔形车削发纹检验等。

酸浸试验可以显示一般疏松、中心疏松、锭型偏析、点状偏析、皮下气泡、残余缩孔、翻皮、白点、轴心晶间裂缝、内部气泡、非金属夹杂物（肉眼可见的）及夹渣、异金属夹杂等，并进行评定。

硫印试验是利用钢中硫化物与硫酸反应生成硫化氢，硫化氢与相纸的溴化银反应生成硫化银，使相纸变成棕色这一原理来检查钢中硫的宏观分布情况，并可间接检查其他元素在钢中偏析和分布情况。

断口检验是根据检验目的采取适当方法将试样折断以检验断口质量，或对在使用过程中破损的零部件和生产制造过程中由于某种原因而导致破损的工件断口进行观察和检验。可按断口的宏观形貌和冶金缺陷将断口分类，以评定钢材质量。

塔形车削发纹检验是检查钢材不同深度处的发纹。试验时将钢材试样车成不同尺寸的阶梯，进行酸浸或磁力探伤后，检查其裂纹程度，以衡量钢中夹杂物、气孔和疏松存在的多少。发纹严重地危害钢的动力学性能，特别是疲劳强度等，因此，对重要用途的钢材都要进行塔形检验。

（3）金相组织检验：这是借助金相显微镜来检验钢中的内部组织及其缺陷。金相检验包括奥氏体晶粒度的测定、钢中非金属夹杂物的检验、脱碳层深度的检验以及钢中化学成分偏析的检验等。其中钢中化学成分偏析的检验项目又包括亚共析钢带状组织、工具钢碳化物不均匀性、球化组织和网状碳化物、带状碳化物及碳化物液析等。

（4）硬度：硬度是衡量金属材料软硬程度的指标，是金属材料抵抗局部塑性变形的能力。根据试验方法的不同，硬度可分为布氏硬度、洛氏硬度、维氏硬度、肖氏硬度和显微硬度等几种，这些硬度试验方法适用的范围也不同。最常用的有布氏硬度试验法和洛氏硬度试验法两种。

（5）拉伸试验：强度指标和塑性指标都是通过材料试样的拉伸试验而测得的，拉伸试验的数据是工程设计和机械制造零部件设计中选用材料的主要依据。常温强度指标包括屈服点（或规定非比例伸长应力）和抗拉强度。高温强度指标包括蠕变强度、持久强度、高温规定非比例伸长应力等。钢的主要塑性指标是伸长率和断面收缩率。凡是要求具有一定强度的钢材，一般都要求其具有一定的塑性，以防止钢材过硬和过脆。对于需要变形加工的钢材，塑性指标尤为重要。

（6）冲击试验：冲击试验可以测得材料的冲击吸收功。冲击吸收功就是规定形状和尺寸的试样在一次冲击作用下折断所吸收的功。材料的冲击吸收功越大，其抵抗冲击的能力越高。快速车床的齿轮、火车的挂钩、高速公路的桥梁、铁路钢轨等都要求其具有较高的冲击吸收功。根据试验温度，通常将冲击吸收功分为高温冲击吸收功、低温冲击吸收功和常温冲击吸收功三种。

根据采用的能量和冲击次数，可分为大能量的一次冲击试验（简称冲击试验）和小能量多次冲击试验（简称多次冲击试验）。小能量多次冲击试验方法，目前尚未形成国家标准。

（7）工艺性能试验：工艺性能是指零件制造过程中各种冷热加工工艺对材料性能的要求。工艺性能试验包括钢的淬透性试验、焊接性能试验、切削加工性能试验、耐磨性试验、金属弯曲试验、金属顶锻试验、金属杯突试验、金属（板材）反复弯曲试验、金属线材反复弯曲试验以及金属管工艺性能试验等。

（8）物理性能检验：物理性能检验是采用不同的试验方法对钢的电性能、热性能和磁性能等进行检验。特殊用途的钢都要进行上述一项或几项物理性能检验，例如硅钢应进行电磁性能检验。

（9）化学性能试验：化学性能是指某些特定用途和特殊性能的钢在使用过程中抗化学介质作用的能力。例如建筑和工程结构用碳素结构钢和低合金结构钢抗大气腐蚀性能、不锈耐酸钢的晶间腐蚀倾向、耐热钢的抗氧化性能、海洋用钢的耐海水腐蚀性能等。化学性能试验包括大气腐蚀试验、晶间腐蚀试验、抗氧化性能试验以及全浸腐蚀和间浸腐蚀试验等。

（10）无损检验：无损检验也称无损探伤。它是在不破坏构件尺寸及结构完整性的前提下，探查其内部缺陷并判断其种类、大小、形状及存在的部位的一种检验方法。常用于生产中的在线检验和机器零部件的检验。生产场所广泛使用的无损检验法有超声波探伤和磁力探伤，此外还有射线探伤。

（11）规格尺寸检验：成品钢材都有规格尺寸要求。钢材规格通常是指标准中规定的钢材主要特征部位所应具有的尺寸（如直径、厚度、宽度及高度等），即名义尺寸或公称尺寸。在钢材生产中，由于设备条件、工艺水平、操作技术等因素的影响，所生产的钢材实际尺寸很难（也不可能）与名义尺寸完全相符，必然存在一定公差。但钢材的公差必须在标准所规定的公差范围之内。

（12）表面缺陷检验：这是检验钢材表面及其皮下缺陷。钢材表面检验内容是检验表面裂纹、耳子、折叠、重皮和结疤等表面缺陷。为了使钢材表面缺陷显露出来，应将钢材进行酸洗以除掉氧化铁皮，或用砂轮沿钢材全长进行螺旋磨光。供热加工用的钢材，必须消除其表面所有缺陷，以避免随后的加工中出现裂纹或其他缺陷。供冷加工用的钢材，若表面缺陷隐藏深度未超过加工余量，则可不必清除，因为表面缺陷会随同切屑一起被切除。

（13）包装和标志：钢材出厂时，要检查钢材包装是否符合规定，是否具有规定的标志。钢材包装的形式是根据钢材品种、形状、规格、尺寸、精度、防锈蚀要求及包装类型而确定的。为区别不同的厂标、钢号、批（炉）号、规格（或型号）、重量和质量等级而采用一定的方法加以标志。钢材标志可采用涂色、打印、挂牌、粘贴标签和置卡片等方法。对这项检查的具体要求在 GB/T 247—1997、GB/T 2101—1989 和 GB/T 2102—1988 等标准中都有明确规定。

【本章小结】普通用途钢多为低碳钢，主要有型材、板材、管材和线材等，型钢是一种具有一定截面形状和尺寸的实心长条钢材，约占我国钢材总量的 50%左右。板材是一种宽厚比和表面积都很大的扁平钢材，有厚度小于 4mm 薄板、厚度 4~25mm 中板和厚度大于 25mm 厚板。钢管类是一种中空截面的长条钢材，按加工工艺不同又可分无缝钢管和焊管钢管两大类。线材主要是指直径 5~9mm 的热轧圆钢和 10mm 以下的螺纹钢。以型钢表面缺陷最为众多，它几乎囊括了其他类型的钢材缺陷，常见的表面缺陷有：折叠、划痕、结疤、麻面（麻点）、凹坑、分层、凸泡和气泡、表面裂纹、裂缝、烧裂、表面夹杂、耳子以及扭转、弯曲、断面形状不正确、角不满（塌角、钝角、圆角）、拉穿、公差出格、短尺等。

特殊用途钢除有上述缺陷外，还有自己特有缺陷。它一般分为机器零件用钢、工模具用钢、不锈钢和耐热钢。机器零件用钢含碳量有低碳和中高碳，其具有高的强度、塑性和韧性等特点，有的还要求钢材具有良好的疲劳强度和耐磨性，所以必须通过热处理相变强化和韧化，常见的冶金缺陷是脱碳、条带状组织、网状组织和魏氏组织。用来制造刃具、模具和量具等各式工具的钢种称为工模具钢，其性能特点是高硬度和高耐磨性，热处理前要求球化退火，冶金缺陷是偏析、脱碳、带状或网状碳化物、液析碳化物和过烧组织。耐弱腐蚀介质腐蚀的钢称为不锈钢，耐化学介质腐蚀的钢称为耐酸钢，Cr 可有效提高钢基的电极电位，铁素体不锈钢中含 13%的 Cr，则铁素体的电极电位由 −0.56V 提高到 0.2V，从而有较好抗腐蚀性能，其冶金缺陷为硬而脆的 σ 相。向铁素体不锈钢中加入奥氏体形成元素 C 和 Ni，这样便形成马氏体不锈钢，其强度和硬度高，常作为工具钢使用，制造医疗器械、刃具、热油泵轴等，缺陷为 δ 相，调质组织不均匀而力学性能下降，回火马氏体类组织出现软点。碳降低钢的耐蚀性，在上述马氏体不锈钢基础上少或不添加 C 元素而多加 Ni，这便是奥氏体不锈钢，其特有的冶金缺陷是晶界析出铬的碳化物（$Cr_{23}C_6$）引起晶间腐蚀和应力腐蚀破裂。

思考题

1. 为什么普通钢习惯按截面形状分为型材、板材、管材和线材，而特殊用途钢按用途分分为机器零件用钢、工模具用钢、不锈钢和耐热钢？
2. 什么是薄板，用于制作什么工业或家用产品？
3. 按加工工艺将管材分哪两类？
4. 什么是折叠缺陷，它几乎在所有类型钢表面出现，其危害是什么？
5. 什么是耳子缺陷，它在型钢、线材和管材中危害是什么？举例说明。
6. 普通钢一般热轧后直接使用，其使用组织有哪些？举例说明板材的使用组织。

7. 特殊用途钢为什么要进行热处理相变强化，淬火得到马氏体有哪些好处和不好处？
8. 分析低碳钢和高碳钢的脱碳组织，比较异同点。
9. 分析低碳钢和高碳钢的带状组织和网状组织，怎样消除？
10. 不锈钢中有哪些脆性相，如何防止？
11. 不锈钢中 Cr 的 $n/8$ 规律是什么，不锈钢是不是在任何介质中均能耐蚀？举例说明。

参 考 文 献

[1] 吴润，刘静. 金属材料工程实践教学综合实验指导书 [M]. 北京：冶金工业出版社，2009.
[2] 崔占全，王钟明，吴润. 金属学及热处理 [M]. 北京：北京大学出版社，2010.
[3] 冯晓凌，杨琴，徐文清，等. 轴承滚动体材料新生产工艺的研究 [J]. 武汉科技大学学报（自然科学版），2007，30（1）：29~32.

9 钢铁生产用耐火材料

【本章要点提示】 耐火材料是指在高温环境中能满足使用要求的无机非金属材料，其耐火度一般不低于1580℃。耐火材料应具有一定的高温力学性能、良好的荷重软化温度、高温体积稳定性、热震稳定性及良好的抗渣性。此外，还要求耐火材料具有一定的耐磨性。耐火材料是各种高温设备必需的材料，冶金工业的发展与耐火材料的发展密切相关。

本章主要介绍耐火材料基本概念、分类和主要性能。重点介绍了耐火制品、不定形耐火材料以及隔热耐火材料品种和特性，阐述了耐火材料在冶金工业的应用。

9.1 耐火材料的分类

9.1.1 化学属性分类

（1）酸性耐火材料：酸性耐火材料是以二氧化硅为主要成分的耐火材料。

（2）中性耐火材料：中性耐火材料主要是指以三氧化二铝、三氧化二铬、碳化硅和碳为主要成分的耐火材料。严格地说，中性耐火材料仅指碳质耐火材料，包括炭砖、石墨碳化硅制品等。也有将高铝质耐火材料归于这一类，如硅线石砖、莫来石砖、刚玉砖等。

（3）碱性耐火材料：碱性耐火材料主要是指以氧化镁、氧化钙为主要成分的耐火材料。

9.1.2 化学矿物组成分类

（1）硅质耐火材料：含SiO_2在93%以上的材料通常称为硅质耐火材料。

（2）硅酸铝质耐火材料：是以Al_2O_3与SiO_2为主要成分的耐火制品。按Al_2O_3含量的不同可分为半硅质、黏土质、高铝质耐火材料。按矿物组成可分为莫来石质、莫来石刚玉质和刚玉质耐火材料。

（3）镁质耐火材料：镁质耐火材料含MgO应为50%以上。定形制品有镁砖、镁铝砖、尖晶石砖、镁铬砖等。

（4）镁钙质耐火材料：以含MgO和CaO为主化学成分的耐火材料。

（5）含碳耐火材料：含碳材料主要有镁碳砖、镁铝碳砖、镁锆碳砖、铝碳砖等。

（6）其他耐火材料：如含锆耐火材料、碳质制品和氮化物制品等。

9.1.3 按材料形态分类

（1）定形耐火材料：将耐火材料加工成具有一定几何形状和尺寸规格的制品，也称为耐火制品。定形材料按其形状、尺寸及质量又可分为标型砖、普型砖、异型砖、特型砖(图9-1)。

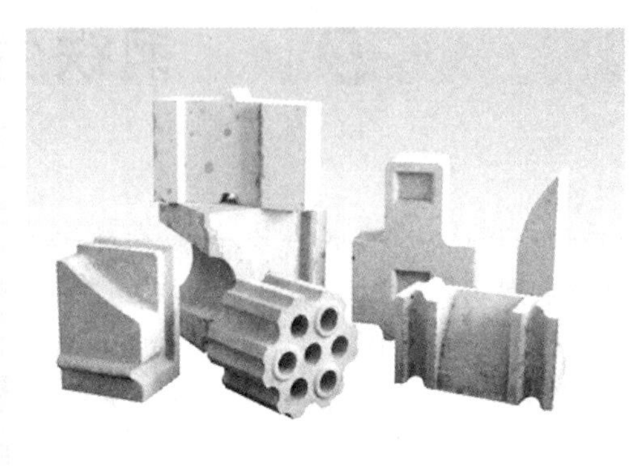

图9-1 耐火砖砖型图

(2) 不定形耐火材料：是由一定级配的耐火骨料状和粉状物料与结合剂、外加剂混合而成，不经成型和烧成工序而直接使用的耐火材料。不定形耐火材料包括浇注料、捣打料、可塑料、喷补料、耐火泥浆等。

9.2 耐火材料的主要性能

9.2.1 耐火材料的结构性能

耐火材料的气孔率、体积密度和透气度性能指标反映了耐火材料宏观组织结构，通常作为耐火制品的质量验收项目。

气孔率是指耐火材料中的气孔体积与材料总体积之比。耐火材料气孔率的指标常以开口气孔体积的相对含量即显气孔率来表示。

体积密度是指耐火制品单位表观体积的质量，用 kg/m^3 或 g/cm^3 为单位。对于同一种耐火制品而言，其体积密度与显气孔率有着密切的相关性，体积密度大则显气孔率低。

透气度是表示气体通过耐火制品难易程度的特征值，其物理意义是在一定时间内和一定压差下气体透过一定断面和厚度的试样的量。

9.2.2 耐火材料的热学性能

热膨胀为耐火材料受热后其体积或长度随着温度的升高而增大的物理性质。耐火制品的热膨胀可用热膨胀系数来表示，试样在长度方向上的热膨胀变化用线膨胀系数表示，体积的变化用体积膨胀系数表示。按照标准的方法测定的是线膨胀系数，即由室温至试验的温度间，每升高1℃试样长度的相对变化率。

导热性以导热系数表示。导热系数表示在能量传递过程中，单位时间通过单位面积传递的热量。材料的导热系数是隔热材料的最重要的指标。因此，对于隔热耐火材料，应力求降低其导热系数，对节能和提高热效率是十分重要的。

9.2.3 耐火材料的力学性能

常温强度是指耐火材料单位截面积所能承受的极限应力。强度指标是评价耐火材料抵抗破坏应力而不破坏的能力，往往被作为检验的重要指标。按照不同的应力性质可分为抗压强度、抗拉强度、抗折强度等。耐火材料属于脆性材料其抗压强度远大于抗折强度。

高温热态力学强度表示耐火材料在高温状态下材料抵抗应力而不破坏的能力。耐火材料的高温强度是指材料在高于1000~1200℃的高温热态下单位面积所能承受的最大压力，以Pa表示。

高温蠕变性是指耐火材料在高温下承受外力作用产生的变形随时间而增加的现象。耐火材料的蠕变是以其在一定温度下受压应力的作用并经过一定时间产生的压蠕变来表示。有时也常以达到某一应变量的时间表示，也可直接以变形或应变速率与时间的曲线描述。

9.2.4 耐火材料使用性能

耐火材料在实际使用过程中都要遭受高温热负荷作用，故耐火材料的使用性质实质上是表征其抵抗高温热负荷作用同时还受其他化学、物理化学及力学作用而不易损坏的性能。

耐火度是指材料在高温作用下达到特定软化程度的温度，表征材料抵抗高温作用的性能。对绝大多数普通耐火材料而言，都是多相非均质材料，无一定熔点，其开始出现液相到完全熔化是一个渐变过程。耐火度是评定耐火材料的一项重要技术指标，但不能作为制品使用温度的上限。

荷重软化温度又称为荷重变形温度，简称荷重软化点，是表征耐火材料在恒定荷重下，对高温和荷重同时起作用的抵抗能力，也表征耐火材料呈现明显塑性变形的软化温度范围，是工程应用中一项重要的高温力学性能指标。

高温体积稳定性是指耐火材料在高温下长期使用时，其外形体积保持稳定不发生变化（收缩或膨胀）的性能。一般以耐火材料在无重负荷作用下重烧体积变化百分率或重烧线变化百分率来衡量其优劣。

热震稳定性（也称耐急冷急热性），是耐火制品抵抗温度急剧变化而不破坏的能力。

抗渣性是指耐火材料在高温下抵抗熔渣及其他熔融液侵蚀而不易损毁的性能。

9.3 耐火制品

耐火制品包括烧成耐火砖和不烧砖。

烧成耐火砖具有一定形状和尺寸的块状的烧成制得的耐火制品。烧成砖的工艺流程是：原料处理、破碎、配料、混炼、成型、干燥、烧成等工序。在烧成过程中，砖坯内部结构发生一系列物理化学变化，最终达到充分烧结。烧成制度是制造烧成砖的关键工序，材质和品质的不同，烧成制度不同。

不烧砖（或称不烧耐火砖）是不经烧成而能直接使用的耐火制品。不烧砖可按所用结合剂、原料进行分类。常用结合剂有磷酸盐、硫酸盐、水玻璃、氯化物、水泥、碳结合剂（如树脂、沥青等）。实际上几乎所有耐火原料均可以制成不烧砖。其生产工艺比较简单，可分别用不同材质的耐火原料，经过合理级配，再由有机或无机胶结剂结合而成。

9.3.1 硅酸铝质耐火制品

硅酸铝质耐火制品是以 Al_2O_3 与 SiO_2 为主要成分的耐火制品。其品种多，使用范围广，在耐火材料生产中占有较大的比重。按制品中 Al_2O_3 的含量可分为半硅质制品（Al_2O_3 含量为 15%～30%）、黏土质制品（Al_2O_3 含量为 30%～48%）与高铝质制品（Al_2O_3>48%）。按制品矿物组成，可分为硅线石质制品、莫来石质制品、莫来石—刚玉质制品、刚玉—莫来石质制品等。有烧成制品和不烧制品。

（1）硅砖：硅砖是以二氧化硅为主要成分，其含量在93%以上的硅质耐火制品，它以石英岩为原料，加入少量矿化剂，在高温下烧成。硅砖按 SiO_2 含量的不同分为若干个牌号。硅砖主要用于焦炉、玻璃熔窑、酸性炼钢炉以及其他热工设备。

（2）半硅砖：半硅砖为 Al_2O_3 含量为 15%～30%，SiO_2 含量大于 65%，它是一种半酸性的耐火制品。它主要用于砌筑焦炉、酸性化铁炉、冶金炉烟道及钢包内衬等。

（3）黏土砖：黏土砖为 Al_2O_3 含量为 30%～48%的耐火制品。黏土砖按照不同的化学、物理指标分为若干个牌号，广泛用于高炉、热风炉、均热炉、退火炉、烧结炉、锅炉、浇钢系统以及其他热工设备。

（4）高铝质耐火制品：高铝质耐火制品是 Al_2O_3 含量在 48%以上的硅酸铝质耐火制品。通常分为三类：Ⅰ等：Al_2O_3 含量大于 75%；Ⅱ等：Al_2O_3 含量 60%～75%；Ⅲ等：Al_2O_3 含量 48%～60%。根据矿物组成可分为：低莫来石质（包括硅线石质）及莫来石质（Al_2O_3 48%～71.8%）；莫来石刚玉质及刚玉莫来石质（Al_2O_3 71.8%～95%）。

高铝质制品生产采用的原料主要分为天然耐火原料和人工合成原料两大类。主要的天然原料为黏土类和高铝矾土熟料，以及通常经过选矿处理后的硅线石类精矿（硅线石、红柱石、蓝晶石）等。人工合成的耐火原料有烧结刚玉、合成莫来石等。高铝制品用于工业窑上主要有高炉、热风炉、电炉等。水泥窑的烧成带、玻璃熔窑的某些部位，以及高温隧道窑都采用高铝砖作窑衬。

（5）刚玉砖：Al_2O_3 含量大于 90%，以刚玉为主晶相的耐火制品，分为烧结刚玉砖、电熔刚玉再烧结砖和熔铸刚玉砖。主要用于炼铁高炉和热风炉、炼钢炉外精炼炉、玻璃熔窑以及石油化工工业炉等。

9.3.2 碱性耐火制品

碱性耐火制品一般指以氧化镁、氧化钙或氧化镁和氧化钙为主要成分的耐火制品。按化学矿物组成可分为镁质、镁铬质、镁硅质、镁铝质、镁白云石质、白云石质和石灰质等。按生产方法可分为烧成碱性制品和不烧碱性制品。这类耐火材料的耐火度都较高，抵抗碱性渣的能力强，主要用于碱性炼钢炉及有色金属冶炼炉，水泥工业窑炉及其他热工窑炉。

（1）镁砖：为 MgO 含量 90%以上，以方镁石为主矿相，用镁砂制成的碱性耐火制品，分烧成镁砖和不烧镁砖。烧成镁砖又分为硅酸盐结合镁砖、直接结合镁砖和再结合镁砖。镁砖主要用于炼钢炉、混铁炉、有色冶炼炉、高温隧道窑、水泥回转窑内衬、玻璃窑蓄热室格子砖以及轧钢均热炉和加热炉的炉底和炉墙等。

（2）镁铝砖和镁铝尖晶石砖：以方镁石为主矿相，以镁铝尖晶石为主要结合相的碱性耐火制品。镁铝砖和镁铝尖晶石砖的特点是热震性好于镁砖，荷重软化开始温度较高，抗渣性好，主要应用于冶金、高温炉窑等。

（3）镁铬砖：以 MgO、Cr_2O_3为主要成分，方镁石和尖晶石为主晶相的耐火制品。主要品种有：硅酸盐结合镁铬砖、直接结合镁铬砖、再结合镁铬砖、半再结合镁铬砖、预反应镁铬砖、熔铸镁铬砖和不烧镁铬砖（用水玻璃等化学结合剂制成）。用于砌筑炼钢炉、炼钢炉外精炼炉、各种有色金属冶炼炉、水泥回转窑烧成带等。

（4）白云石砖和镁白云石砖：白云石砖是以煅烧过的白云石砂为主要原料制成的碱性耐火制品。通常含 CaO 40%以上，MgO 30%以上。白云石砖对碱性渣的耐侵蚀性强，但在空气中易水化，不宜长期存放。主要用于氧气转炉炉衬，也可用作炼钢电炉、钢包、水泥回转窑、化铁炉以及某些炉外精炼炉的内衬。

镁白云石砖也称镁钙砖，是以 MgO 和 CaO 为主要成分的碱性耐火制品，主要用于炼钢转炉、电炉、钢包、水泥窑、化铁炉以及炉外精炼炉的内衬等。

9.3.3 含碳耐火制品

含碳耐火制品为含有碳素的耐火材料。其主要由耐火氧化物、碳化物和石墨等制成。

（1）炭砖：这类制品是以焦炭或无烟煤为主要成分的炭砖和经石墨化的人造石墨质和半石墨质炭砖。炭砖主要用于砌筑高炉炉底和炉缸、铝电解槽、化学工业的反应槽、储槽等。

（2）铝碳砖：以 Al_2O_3和 C 为主要成分的耐火制品。按生产工艺可将铝碳砖分为烧成砖和不烧砖两大类。铝碳砖主要用作滑动水口滑板、连铸中间包整体塞棒、浸入式水口、长水口，也可用作铁水预处理用包衬和钢包衬等。

（3）镁碳砖：以镁砂和石墨为主要原料制成的耐火制品。C 含量一般为 10%～25%。采用结合剂一般为酚醛树脂，但不需烧成，只在 200～250℃热处理。主要用于炼钢氧气转炉的炉衬，出钢口，底部供气元件，高功率、超高功率电炉炉墙热点部位及炉外精炼炉内衬、钢包渣线部位等。

（4）铝镁碳砖：以高铝矾土熟料或刚玉砂、镁砂和鳞片状石墨为主要原料制成的耐火制品。制品主要用于钢包内衬、超高功率电炉钢包衬和炉外精炼炉衬等。

（5）镁钙碳砖：以合成镁白云石砂、镁砂和鳞片状石墨为主要原料制成的碱性耐火制品。为防止游离 CaO 水化，需用无水树脂做结合剂，有时还需经真空—加压焦油浸渍处理，且要求生产、包装、运输时采取防水措施。在炼钢转炉、电炉、炉外精炼炉、钢包等方面有很好的应用前景。

（6）Al_2O_3-SiC-C 砖：以刚玉或矾土熟料、SiC、炭素原料为主要原料制成的耐火制品。制品主要用于铁水预处理用的鱼雷车和铁水包的内衬等。

9.3.4 碳化硅耐火制品

（1）黏土结合和氧化物结合的碳化硅制品：黏土结合碳化硅制品是以碳化硅为主要原料，以黏土为结合剂烧成的耐火制品。在配料中可用纯净 SiO_2细粉代替结合黏土为氧化物结合碳化硅制品。制品热导率高、热膨胀系数小、热震性和耐磨性好。可用于陶瓷窑具及焦炉碳化室的耐火材料，可作炼铁高炉炉腰、炉腹和炉身内衬、陶瓷窑具等。

（2）氮化硅结合的碳化硅制品：以 Si_3N_4 为主要结合相的碳化硅耐火制品，主要用作高炉炉身下部、炉腰、炉腹衬和风口套砖，也可用于铝电解槽内衬、陶瓷窑具等。

（3）自结合和再结晶的碳化硅制品：是指原生的 SiC 晶体之间由次生的 SiC 晶体结合为整体的制品。制品可广泛用于受高温和承受重负荷以及受磨损和有强酸与熔融物侵蚀的部位。如用于热处理的电加热炉、均热炉和加热炉的烧嘴及滑轨、陶瓷匣钵等。

（4）赛隆结合碳化硅制品：以赛隆为主要结合相的碳化硅耐火制品。赛隆（Sialon）是从氮化硅基础上发展起来的高温陶瓷晶相，由 Si、Al、O、N 元素构成的一系列物质。将这些元素符号排列起来便是 Sialon。赛隆结合碳化硅制品高温性能好、热传导率高、膨胀系数低、抗热震性及抗碱侵蚀性好，抗氧化性、抗渣侵蚀性和高温耐磨性优良，广泛地用于钢铁、有色冶金和陶瓷等工业部门。

9.4　不定形耐火材料

不定形耐火材料是由一定级配的耐火骨料状和粉状物料与结合剂、外加剂混合而成，不经成型和烧成工序而直接使用的耐火材料。不定形耐火材料具有工艺简单、生产周期短、节约能源、成本低廉、使用时整体性好、便于机械化施工等特点。

不定形耐火材料分致密材料和隔热材料两大类。其命名方法很多，以整个混合料的主要化学成分（矿物组成），和（或）决定混合料特性的骨料性质分类，如高铝质、黏土质、硅质、镁质、尖晶石质、含碳质、碳化硅质等。按其施工方法分类有耐火浇注料、耐火捣打料、耐火可塑料、耐火喷涂料、耐火涂抹料、耐火投射料、耐火压入料、耐火泥浆等。

9.4.1　耐火浇注料

耐火浇注料是一种不经煅烧，加水搅拌后具有较好流动性的新型耐火材料，是不定形耐火材料中的一个重要品种。由耐火骨料、耐火粉料和胶结剂（或另掺外加剂）按一定比例组成的混合料。可以以散状形式出厂，也可制作成预制件。耐火浇注料施工如图 9-2 所示。

图 9-2　耐火浇注料施工图

9.4.1.1　硅酸盐水泥结合耐火混凝土

硅酸盐水泥结合耐火混凝土是以普通硅酸盐水泥、矿渣硅酸盐水泥为胶结料，与耐火骨料、粉料配制而成。其使用温度为 700～1200℃，可用于整体承重耐热结构和窑炉内衬，特别是在热工设备基础和底板烟道、烟囱内衬以及热储矿槽等工程中应用较多。

9.4.1.2　铝酸盐水泥结合耐火浇注料

按胶结剂种类不同，铝酸盐水泥结合耐火浇注料可分为矾土水泥耐火浇注料、低钙铝酸盐水泥浇注料和纯铝酸钙水泥耐火浇注料等。近年来发展和广泛使用的低水泥系列耐火浇注料，是指铝酸钙水泥加入量低于8%的可浇注耐火材料。要求浇注料中CaO含量小于2.5%。其主要品种有低水泥（CaO含量1%~2.5%）、超低水泥（CaO含量小于1%）和无水泥（CaO含量小于等于0.2%）耐火浇注料。根据其材质品种，可分为硅酸铝质、莫来石质、刚玉质、镁铝质、尖晶石质、含碳与碳化硅质等低水泥系列耐火浇注料。

微粉和超微粉以及外加剂的应用是低水泥系列耐火浇注料的关键技术之一。凝结硬化机理是由水泥的水合结合和微粉的凝聚结合共同作用的结果。它具有快硬、高强、热震稳定性好，耐火度高等特点，因此广泛应用于冶金、石油化工、建材和机械等工业部门的一般工业窑炉和热工设备上，其最高使用温度为1400~1600℃，有的可达1800℃左右。

9.4.1.3　水玻璃结合耐火浇注料

水玻璃结合耐火浇注料是以水玻璃为胶结剂，与各种耐火骨料按一定比例配制的气硬性耐火材料，长期使用温度一般为1000℃。在冶金、石化等部门的热工设备上，黏土质、高铝质、半硅质以及镁质水玻璃结合浇注料应用较多。

9.4.1.4　磷酸和磷酸盐结合耐火浇注料

磷酸和磷酸盐耐火浇注料是由磷酸或磷酸盐溶液与耐火骨料和粉料，按一定比例配制而成的，具有良好性能的不定形耐火材料。常用的结合剂有磷酸、磷酸二氢铝、聚磷酸盐等。所使用的耐火骨料和粉料通常有高铝矾土熟料、黏土熟料、镁砂、废硅砖或硅石、刚玉、莫来石、碳化硅等。轻骨料有膨胀珍珠岩、氧化铝空心球等。按骨料品种可分为高铝质、黏土质、硅质和镁质等。

该耐火浇注料的特点是热震稳定性好、耐压强度高、抗渣蚀和耐冲击能力强、具有较高的荷重软化温度和化学稳定性等。

9.4.1.5　黏土结合耐火浇注料

黏土结合耐火浇注料是用软质黏土作为结合剂，以矾土熟料、黏土熟料或刚玉、莫来石等为耐火骨料和粉料以及外加剂配制的浇注耐火材料。加入分散剂能使黏土胶体解胶和分散，增加浇注料的流动性。常用的分散剂有三聚磷酸钠、六偏磷酸钠、硅酸钠、柠檬酸钠、酒石酸钠等。黏土结合耐火浇注料具有热震稳定性好、抗剥落性强等优良性能，主要用于高炉、均热炉、加热炉等热工设备。

9.4.1.6　隔热耐火浇注料

隔热耐火浇注料是用耐火轻质骨料和粉料、结合剂及外加剂配制而成的。一般规定：体积密度小于1800kg/m^3，或总气孔率大于45%。该类浇注料体积密度小、热导率低，具有良好的隔热性能，也称轻质耐火浇注料。隔热耐火浇注料应用较广，在冶金、石油化工、电力和建材等工业部门的窑炉及热工设备上一般用作其隔热层。

9.4.2　耐火可塑料

耐火可塑料是用耐火骨料和粉料、生黏土和化学复合结合剂及外加剂，经配制混炼、挤压成砖坯状、包装储存一定时间后仍具有良好的可塑性，并可用捣固方法施工。

按耐火骨料品种可分为黏土质、高铝质、莫来石质、刚玉质、铬质、碳化硅质和含锆质的耐火可塑料等。按结合剂种类可分为硫酸铝、磷酸、磷酸盐、水玻璃和树脂等结合的耐火可塑料等。

可塑料的耐热震性较好，易施工，适用于各种加热炉、均热炉、退火炉、渗碳炉、热风炉、烧结炉等，也可用于小型电弧炉的炉盖、高温炉的烧嘴等部位。

9.4.3 耐火捣打料

耐火捣打料是由耐火骨料和粉料、结合剂及外加剂等按比例组成，用捣打方法施工，故称耐火捣打料。

耐火骨料品种分为黏土质、高铝质、莫来石刚玉质、硅质、镁质和碳化硅质以及炭质、含碳质等。在硅质捣打料中常用水玻璃、硅溶胶等作结合剂；高铝黏土质捣打料常用磷酸、磷酸铝、磷酸铝作结合剂；镁质等碱性捣打料通常采用氯化镁、硫酸盐及其聚合物作结合剂；含碳捣打料主要使用沥青焦油或酚醛树脂作结合剂。

耐火捣打料一般现场拌料，用风镐或机械捣打，其风压不低于0.5MPa。耐火捣打料的缺点是施工速度慢，劳动强度大。耐火捣打料的应用较广泛，主要砌筑冶炼炉炉衬、炼钢炉炉底、感应炉工作衬、电炉顶等部位。

9.4.4 耐火喷涂料

耐火喷涂料（也称耐火喷补料）是在筑炉和补炉中用喷涂方法施工的不定形耐火材料。它由一定颗粒级配的耐火原材料、结合剂和外加剂组成的。耐火喷涂料的一般要求是：(1) 在喷补机输送软管内不发生堵塞现象；(2) 喷补黏附力强，回弹率低；(3) 组成均匀，不发生较大的离析，不得有分层；(4) 凝结硬化快，干燥收缩小。

施工是利用喷射机或喷枪进行的，耐火材料在管道内借助压缩空气或机械压力以获得足够的速度，喷射到受喷面上，形成牢固的喷涂层。其喷涂方法分为湿法、半干法和火焰法三类。耐火喷涂料的应用范围主要有高炉、热风炉、出铁沟、转炉和电炉、钢包及炉外精炼炉、加热炉和均热炉、管式加热炉、转化炉、锅炉、烟道和烟囱等。

9.4.5 耐火泥浆

耐火泥浆是由耐火骨粉料、结合剂和外加剂组成的，是定型制品的接缝材料。按交货状态有干状和湿状。一般对粒度要求为小于1mm者占100%。

耐火泥浆可分为重质和轻质两大类。按结合剂可分为磷酸盐泥浆、水玻璃泥浆和有机结合剂泥浆等。按材质可分为黏土质、高铝质、镁质和硅质、含碳泥浆等。施工时加入调制液体（水或其他液体）调制显规定的稠度，用抹刀或专门机械（如压力灌浆机械）进行砌筑或灌注。

9.5 隔热耐火材料

隔热耐火材料是指气孔率高、体积密度低、热导率低的耐火材料。其特点是具有多孔结构（气孔率一般为40%~85%）和高的隔热性。隔热耐火材料多用作窑炉的隔热层、内衬或保温层，可节省燃料消耗。品种较多，主要有轻质耐火制品，隔热不定形耐火材料和耐火纤维及其制品。

9.5.1 轻质耐火制品

轻质耐火制品主要有轻质硅砖、轻质黏土砖、轻质高铝砖以及氧化铝空心球制品等。一般轻质耐火制品的体积密度一般为0.6~1.2g/cm^3，使用温度一般为900~1350℃。氧化铝空心球制品能在1800℃以下长时间使用。

9.5.2 隔热耐火浇注料

隔热耐火浇注料也称轻质耐火浇注料。该类浇注料体积密度小、热导率低，具有良好的隔热性能。常用轻骨料有轻质黏土熟料、高铝多孔熟料、空心球、陶粒和膨胀珍珠岩、蛭石等。结合剂主要用铝酸盐水泥、硅酸盐水泥等。有时也用磷酸、磷酸铝和水玻璃等作为结合剂。

9.5.3 耐火纤维及其制品

耐火纤维也称陶瓷纤维，是纤维状的耐火材料，是一种新型高效绝热材料。耐火纤维的主要生产方法为熔融喷吹法、高速离心法及胶体法。

耐火纤维分为非晶质（玻璃态）和多晶质（结晶态）两大类。非晶质耐火纤维，包括硅酸铝质、高纯硅酸铝质、含铬硅酸铝质和高铝质耐火纤维。多晶质耐火纤维，包括莫来石纤维、氧化铝纤维和氧化锆纤维。此外，用于低温隔热的有矿渣棉、玻璃纤维等。耐火纤维制品是以耐火纤维为主要原料，经加工制成的各种毯、毡、板、绳、纸等高温隔热材料。

耐火纤维制品（图9-3）的体积密度小、热导率低、热稳定性和抗机械震动性能好。耐火纤维制品体积密度仅有0.1~0.2g/cm^3。用耐火纤维制品作窑衬，蓄热损失小，节省燃料，升温快，对间歇作业窑炉尤为明显。另外，耐火纤维还具有柔软、易加工、施工方便等特点。目前，耐火纤维的生产和应用得到迅速发展，冶金等工业部门对耐火纤维的需要越来越迫切。各种高温窑使用耐火纤维后，节能效果显著提高。

(a)
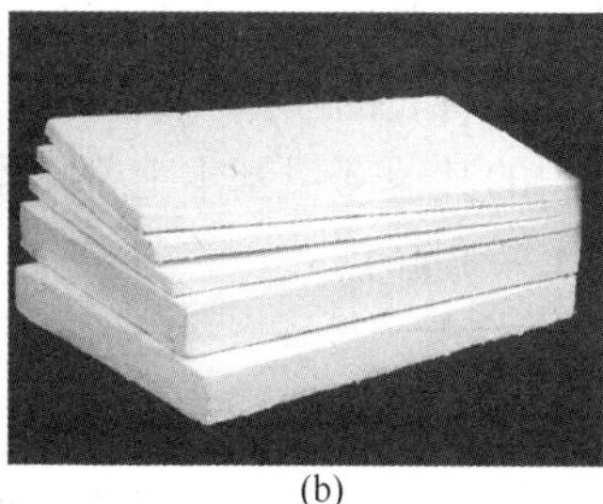
(b)
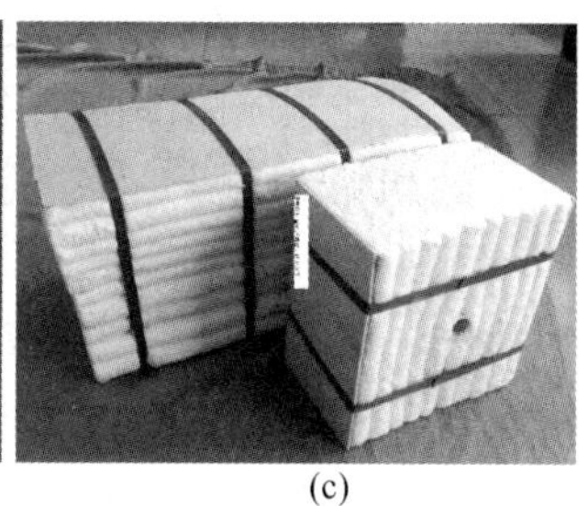
(c)

图9-3 耐火纤维制品
（a）耐火纤维毯；（b）耐火纤维板；（c）耐火纤维模块

9.6 耐火材料应用

钢铁工业的窑炉种类繁多，主要有焦炉、高炉、转炉、电炉、精炼炉、钢包、加热炉和热处理炉等热工设备，其耐火材料消耗也最大，约占耐火材料总消耗量的50%~70%。

钢铁产品的质量、产量、能耗和经济效益均与使用的耐火材料密切相关，了解其技术条件和使用情况是非常必要的。下面将分别简要介绍主要窑炉及设备部件用耐火材料的情况。

9.6.1 焦炉用耐火材料

焦炉是一种结构复杂和连续工作的热工设备，主要由燃烧室、炭化室、炉顶、斜道、蓄热室和小烟道等部分组成，其用途是在隔绝空气的条件下，将煤加热到950~1100℃，经过干馏而获得焦炭及其他副产品。

焦炉的炭化室和蓄热室是周期性工作的。炼焦末期，炭化室墙表面的温度为1000~1100℃，出焦开始后，砖砌体温度逐渐降低，至装入冷煤后降到700℃左右。据此使用条件，炭化室用硅砖砌筑，因为硅砖具有高温强度较高，荷重软化温度接近耐火度（一般为1620~1660℃），在高温下长期使用不变形的优点。但在蓄热室两侧边墙因冷热交替温差较大，宜选用优质黏土砖。炭化室炉门内衬和炭化室两端的炉头，也因炉门开启时温度骤然变化，由1000℃降到500℃以下，超过了硅砖体积稳定的界限（573℃），因而选用抗热震性更好的材质，以前多选用黏土砖，现在趋向于选用抗热震的优质高铝材料（Al_2O_3 <60%），如红柱石砖等。

燃烧室选用硅砖，斜烟道区除了不直接与煤和焦炭接触外，其他工作条件与炭化室、燃烧室相近，只是最高工作温度比燃烧室稍低，所以为了保证焦炉的整体结构，仍选用硅砖。

9.6.2 炼铁系统用耐火材料

炼铁系统用耐火材料主要分为烧结、高炉、出铁场、铁水罐和混铁车用耐火材料。

9.6.2.1 球团、烧结系统用耐火材料

球团焙烧炉是将铁精矿、结合剂和熔剂等混合料球在炉内1300℃左右的高温氧化焙烧，使料球烧结为球团矿的热工设备。球团焙烧炉有竖炉、带式焙烧机和链箅机—回转窑三种。竖炉由炉体、燃烧室和喷火道等组成。

炉顶用高铝异型砖和波形黏土砖，侧壁用高铝异型砖，前后壁和烧嘴周围及人孔用高铝异型砖。上述相应的部位也用类似材质的喷涂料、可塑料和浇注料。炉体绝热层一般选用硅藻土砖和黏土质隔热砖。竖炉的其他部位基本上都用黏土砖。其他烧结炉用耐火材料也基本上与竖炉一样，多采用黏土砖和高铝砖。不过整体浇注和采用预制件将有所发展，耐火纤维制品的应用也会增多。

9.6.2.2 高炉用耐火材料

高炉是利用鼓入的热风使焦炭燃烧及还原熔炼铁矿石成为金属铁的竖式炉，是在高温和还原气氛下连续进行炼铁的热工设备。高炉自上而下分为炉喉、炉身、炉腰、炉腹、炉缸和炉底等。

炉喉是受炉料下降时直接冲击和摩擦的部位，极易磨损。一般多采用高铝砖。但为提高砖衬耐久性，还采用耐磨铸钢护板保护。

在炉身上部和中部温度较低（400~800℃），以前主要采用低气孔率优质黏土砖。随着高炉长寿的要求，该部位用更耐剥落和耐磨损的高级耐火材料，如高铝砖和硅线石砖；在炉身下部温度较高，有大量炉渣形成，有炉料下降时的摩擦作用、炉气上升时粉尘的冲

刷作用和碱金属蒸气的侵蚀作用。因此，要求选用具有良好的抗渣性、抗碱性和高温强度及耐磨性的优质黏土砖、高铝砖。近年来用氮化硅结合碳化硅砖或赛隆结合刚玉砖。

炉腰部位的温度上升到1400~1600℃，炉渣在这个部位大量地形成，渣侵蚀严重；碱的侵蚀也较严重；含尘的炽热炉气上升对炉衬产生很大的冲刷；焦炭等物料产生摩擦；热风通过时引起温度急剧变化。以前多选用黏土砖和高铝砖，特别是小高炉更是如此。对于大型高炉应该现在多选用氮化硅结合的碳化硅砖、反应烧结碳化硅砖，也有采用赛隆结合刚玉砖的趋势。对于中、小型高炉使用铝碳砖，甚至微孔铝碳砖。

炉腹部位温度进一步升高到1600~1650℃，渣的黏度进一步下降，气流冲刷、炉料对炉衬的摩擦、碱蒸气的侵蚀性和碳的沉积以及气氛的波动等都使炉衬损坏进一步加剧。以前多用高铝砖和刚玉砖，现在一般多选用碳化硅砖。风口区处在温度以上，使用条件更为苛刻。以前多使用黏土质耐火砖或硅线石砖，近年来开始使用耐碱性优良、强度高的碳化硅制品。

炉缸的炉衬主要受熔渣和铁水的化学侵蚀与冲刷，炉底主要为铁水渗入而损毁。现在炉底和炉缸多采用微孔高导抗侵蚀的微孔或超微孔石墨砖和炭砖。值得指出的是，近年来出现了在炉底、炉缸接触铁水的工作衬表面砌筑一层不含碳的耐火材料，材质有赛隆结合刚玉砖、刚玉莫来石和合成莫来石砖，即陶瓷杯，旨在延长炉缸、炉底炉衬使用寿命，同时也可以提高铁水温度。

9.6.2.3 热风炉用耐火材料

热风炉是将鼓入高炉助燃的空气由常温加热到高温的热工设备，是高炉的主要附属设备。它分为内燃式和外燃式两种，热风炉炉体由蓄热室和燃烧室组成。

热风炉在机械载荷和高温作用下，砌体发生收缩变形和产生裂纹，影响热风炉的使用寿命。因此，对热风炉用耐火材料要求热容量大，抗蠕变性能好、荷重软化温度高、高温强度大和具有良好的抗热震性。具体选择耐火材料时，主要由热风温度决定。当风温低于900℃时，一般选用黏土砖；风温为900~1100℃时，高温部位的炉衬和格子砖则用高铝砖、莫来石砖或硅线石砖；风温高于1100℃时，一般选用高铝砖、莫来石砖和硅砖作炉衬或格子砖。当风温提高到1200℃以上时，高铝砖就不能满足要求，高温部位炉衬和格子砖应选用优质硅砖、莫来石砖和硅线石砖。

9.6.2.4 出铁场用耐火材料

高炉冶炼出的铁水，由出铁口流出，经过出铁场的主沟、铁沟和摆动流嘴流入铁水包。在主沟和铁沟交界处有一个撇渣器，铁水在撇渣器下边暗流到出铁沟，而浮在铁水上边的渣被撇渣器挡开而进入渣沟。高炉出铁场用耐火材料包括堵出铁口用的炮泥、出铁沟用耐火材料。

对于中小型高炉出铁口用的炮泥，主要采用黏土（高可塑黏土）、黏土熟料颗粒、焦粉、固体沥青粉和水混炼而成，即称为含水炮泥。而对于2000m^3以上的大型高炉出铁口用炮泥，主要原料为电熔刚玉或莫来石、焦粉、碳化硅、黏土等，结合剂为焦油或树脂，即无水炮泥。

目前国内外大型高炉出铁沟使用Al_2O_3-SiC-C浇注料，根据使用部位主沟、铁水支沟和熔渣支沟选用刚玉、高铝矾土熟料和黏土熟料作为主要原料。而国内有些中小型高炉出铁沟采用焦炭、黏土、沥青等配制成等捣打料。

9.6.2.5 非焦炼铁用耐火材料

近年来，随着焦炭等资源的紧张和人们对环境污染的关注，非焦炼铁技术得到了重视，其中非焦炼铁技术中主要有两种比较成熟的方法即海绵铁生产法和熔融炼铁中的COREX法。

目前世界上以天然气为还原介质的竖炉生产海绵铁为主，约占80%。所用窑衬一般为铝硅系耐火材料如黏土砖、堇青石等。与上述材料相比，碳化硅材料具有高导热、高强度等特点，能够同时满足使用寿命、高装载和高传热效率要求，作为海绵铁生产用匣钵、棚板、垫板和隔焰的窑墙耐火材料，前景广阔。

熔融还原法是以非焦煤代替焦炭，在高温熔态下还原铁氧化物生产类似高炉的铁水，其中目前成功实现工业化的是COREX法，它是由奥钢联和德国Korf公司开发并成功在南非ISCOR公司等工业化。COREX熔融还原炼铁工艺分预还原和熔炼两个阶段。预还原阶段是在竖炉内把铁矿石固相还原成金属铁或海绵铁，然后海绵铁就直接进入熔融气化炉而炼成铁水的熔化阶段。

熔融气化炉用耐火材料对COREX还原炼铁法发展产生重要影响。一般将熔融气化炉分为干燥区、流化燃烧区、风口区和炉缸四个部分。干燥区的温度是1000~1200℃，该区域一般使用Al_2O_3含量为55%~65%的高铝砖；在流化燃烧区，煤燃烧温度可达到1600~1700℃，炉料流化对炉衬的冲刷严重，且常因送风和休风时该区域温度波动很大，一般选用Si_3N_4结合SiC砖作为炉衬；在风口区，因熔融气化炉采用全氧操作，风口砖的热负荷高，且熔渣和铁水在该处形成，高温下的风口砖受到强烈的侵蚀作用，该部位炉衬材料选用碳化硅砖；炉底、炉缸和铁口等部位的耐火材料炉衬始终与高温铁水和熔渣相接触，该部位的耐火材料使用与高炉炉底、炉缸相当，主要用微孔炭砖，上砌筑一层陶瓷杯。在出铁口仍用Al_2O_3-SiC-C材料。

9.6.2.6 铁水罐用耐火材料

铁水罐是运输铁水到转炉、电炉的容器，有敞开式铁水罐和鱼雷式铁水罐两种。敞开式铁水罐又称为铁水包，鱼雷式铁水罐又简称为混铁车。在国外大中型钢铁企业中普遍采用鱼雷式铁水罐。

铁水的温度一般在1300~1450℃，在盛装铁水、运输过程中，铁水罐衬反复经受急冷急热、渣铁的侵蚀和铁水的冲刷。国内以黏土砖及高铝砖砌筑，逐步在渣线部位使用Al_2O_3-SiC-C不烧砖。此外，为了使炉衬磨损均匀，采用综合砌炉，在磨损严重的地方采用不烧的红柱石炭砖，侵蚀特别严重的渣线用Al_2O_3-SiC-C砖，在易发生氧化损坏的顶部使用高铝砖。

在铁水罐内进行脱硫、脱硅及脱磷处理（简称“三脱”）时，因加入相应的处理剂，造成内衬耐火材料的渣侵蚀更加严重，加上搅动铁水的冲刷，以及间歇式作业所造成的温度波动，耐火材料的损毁加剧。为此，应针对“三脱”时炉渣碱度变化来选择铁水罐内衬材质取代原来砌衬用的黏土砖、高铝砖，如在脱硫时，不烧沥青结合或树脂结合Al_2O_3-SiC-C砖或锆英石-SiC-C砖材质占优势。

9.6.2.7 混铁炉用耐火材料

混铁炉是盛装铁水的设备。混铁炉能保持铁水成分和温度的均匀性，它能把小铁水包和大炼钢炉之间取得良好的衔接和平衡。

混铁炉内衬从靠近金属壳到工作层依次为石棉板、耐火纤维或硅钙板、黏土隔热砖或漂珠砖，工作层一般用黏土砖和高铝砖。国外一些国家由于在混铁炉内脱硫，造渣为碱性，故接触铁水处大多使用镁砖或镁铬砖，不接触铁水部位则使用高铝砖、出铁口及流槽底面和侧壁，一般直接接合镁铬砖和镁碳砖砌筑。近年来不定形化发展很快，不少混铁炉开始使用 Al_2O_3-SiC-C 浇注料。

9.6.3 炼钢用耐火材料

世界上炼钢主要是转炉和电弧炉炼钢。转炉炼钢占70%以上，电弧炉炼钢正在发展，随着废钢资源增加和电弧炉技术的发展和成熟，电弧炉炼钢的比例在增加，在发达国家达到了40%以上，而工业化程度低的国家，废钢资源贫乏故电弧炉炼钢比例较低。

9.6.3.1 转炉用耐火材料

转炉是以铁水和废钢为原料，经过造渣、吹氧等脱除碳，以炼得符合要求的钢水。

氧气转炉炉衬用耐火材料各国不尽相同，我国和日本倾向全部用不同品位的镁碳砖，欧洲国家采用沥青结合的镁碳砖、含碳白云石（或镁白云石）砖综合砌炉。转炉各部位受到不同条件的侵蚀，所要求选用的镁碳砖也不同。在炉帽应该使用高抗氧化和高强的镁碳砖为好；对于转炉耳轴区，要求碳含量16%～18%的高强高耐侵蚀的镁碳砖；对于渣线，选用优质高抗侵蚀的镁碳砖；对于装料侧，用高抗侵蚀和抗热震的高强镁碳砖；出钢口用高强、高抗氧化的镁碳砖。

目前转炉修补维护的主要措施有：（1）对于前后大面，用镁碳质热自流修补料定期进行修补，对于耳轴和其他部位，采用镁质喷补料进行喷补；（2）溅渣护炉。

9.6.3.2 电炉用耐火材料

电炉主要是以废钢为主要原料而进行炼钢的。把废钢、石灰等加入到炉内，通电时，在电极与废钢之间发生电弧而加热炉料，进行一系列的冶金化学反应，把废钢炼成钢。电炉主要有直流电弧炉、交流电弧炉和感应炉等。

A 直流电弧炉用耐火材料

直流电弧炉底电极的寿命，实质上是耐火材料的寿命。对于底电极，电极套砖有镁质的、也有镁碳质的、镁铝质的和镁铬质的耐火材料。欧洲一般用无碳的碱性砖，而日本认为热震稳定性是极大问题，应该用高碳含量的镁碳砖。为了进一步提高套桶砖的抗热震性和抗侵蚀性，欧洲开始使用镁铝尖晶石材料和镁铬砖。底电极是依靠热补来维持高寿命的，因此修补料和施工效果是极其关键的，目前使用的修补料主要为镁质干式捣打料。

对于钢针或钢片底电极导电型的直流电弧炉，钢针或钢片之间用干式料的多，也有做成预制件的，主要为镁质耐火材料。为提高寿命，现在日本有用 MgO-C 材料的。靠提高耐火材料的性能而大幅度提高底电极的寿命是不可能的。因此，近年来国外开展了热补工作，所用的热补料要求是导电耐火材料（把导电钢针和钢片埋住），主要有镁铁质导电捣打料、镁碳质导电捣打料、镁钙碳质导电捣打料。

B 交流电弧炉用耐火材料

交流电弧的炉底用耐火材料是早期用沥青焦油镁砂或卤水镁砂打结料捣打成了炉底，

随后更多地使用镁砖和低档次的镁碳砖砌筑炉底。到20世纪90年代，我国开始使用炉底镁钙铁系干式振动捣打料。它施工简单、方便，不用烘烤，施工好后，可以直接炼钢投入使用。该材料是镁钙铁系干式振动捣打料，利用它含的低熔点的铁酸钙，在升温到1200℃以上时，能快速烧结产生强度。在钢水的液压下能快速烧结收缩，其收缩达到4%~5%，体积密度增加到3.0g/cm^{3}以上，具有特别好的抗侵蚀性和良好的使用结果。

一般小电弧炉炉墙用耐火材料主要有沥青镁砖、镁碳砖、镁砂补炉料。对于超高功率大电炉，电炉墙用优质镁碳砖，特别是渣线和热点用性能非常高的优质镁碳砖，炉墙修补的主要采用是镁质喷补料。它的作用是保温和保护环境，以防止粉尘外逸。在2000℃以上电弧光辐射和电极拔出和插入时对电弧炉盖三角区产生强烈的热震和熔蚀，产生很大的热应力进一步促进了三角区的电极孔表面和下部出现逐层剥落，这是电弧炉盖破坏的主要原因。

小电弧炉炉顶一般用烧成高铝砖，其使用寿命一般在60~120炉次范围内。近年来，出现了不烧高铝砖、高铝浇注料预制件，使用寿命有的达到了150炉次以上；同时节约了能源和施工简单，降低了劳动强度。因此高铝预制件的炉盖逐步占据了主要位置，高铝砖使用比例越来越少。

高功率、超高功率电弧炉顶电极三角区用刚玉质、铬刚玉质和刚玉镁质的浇注料和预制件。外围顶一般用烧成高铝砖或不烧高铝砖、镁砖以及镁铬砖。

出钢槽，一般采用侧式出钢槽，我国普遍采用高铝质、蜡石质、镁质等不定形捣打料或浇注料预制的整体出钢槽，也有用镁碳砖、碳化硅砖砌筑。

20世纪80年代开发的炉底偏心出钢口。由倾动式出钢改为固定式出钢，出钢口砖为沥青浸渍烧成镁砖，管砖为镁碳砖，端部为Al_2O_3-SiC-C砖或镁碳砖。常用以橄榄石为基质的粗砂作为引流料。

9.6.3.3　感应炉用耐火材料

一般感应炉比电弧炉小，主要用来冶炼铸件和某些精密铸件用钢。近年来也有用它来冶炼不锈钢的，它用耐火材料比较简单，一般都是打结料。对于熔化铸铁的感应炉一般用石英质打结料，当冶炼某些精密铸件的钢时，就用镁质、铝镁质、镁铬质和刚玉尖晶石质的干式打结料，也有使用铝硅系捣打料的，也有一些感应炉使用做好的现成坩埚。即在要开感应炉时，把做好的坩埚放在感应炉内，坩埚与感应线圈之间的间隙用于式打结料打实，这种方法更换方便，能提高设备的利用率。

9.6.3.4　钢包用耐火材料

钢包的作用是承接上游炼钢炉的钢水，把钢水运送到炉外精炼设备或浇钢现场。钢包不但有模铸钢包和连铸钢包之分，还有电炉钢包和转炉钢包之分，使用条件不同，所用耐火材料以及施工方法也不一样。

一般钢包永久层外面都有一层保温层，所用耐火材料有黏土砖、叶蜡石砖和保温板，如硅酸钙保温板等；永久层主要用轻质高铝浇注料。

电炉连铸钢包的工作层一般选用砖砌包衬。渣线用镁碳砖，而熔池（包括壁和底）一般用铝镁碳砖或镁碳砖，而欧洲等一些钢厂用碳结合的不烧镁钙质砖。

对于小转炉钢包工作衬，一般选用铝镁质浇注的整体衬。

对于中型和大型钢包，一般用以刚玉为主要原料的铝镁质浇注料或刚玉铝镁尖晶石质浇注料作为包壁和底工作层的耐火材料，渣线通用镁碳砖砌筑。

9.6.3.5 炉外精炼用耐火材料

随着钢铁冶金技术的发展，市场竞争加剧，对优质钢的要求越来越高。为了适应洁净钢的发展和满足用户的要求，炉外精炼比例越来越高。因此，满足洁净钢生产要求的炉外精炼用耐火材料的比例也越来越高。

A AOD炉用耐火材料

AOD炉主要冶炼不锈钢。世界不锈钢的75%是由AOD炉冶炼出来的。对于AOD炉，过去一般采用镁铬砖。由于镁铬砖有环境污染问题，因此，目前镁铬砖已被镁钙砖所取代。

B VOD炉用耐火材料

VOD是真空吹氧脱碳的英文缩写，即这种炉后精炼设备是对钢水进行真空脱气、吹氧脱碳处理。VOD渣线过去一般用再结合或预反应镁铬砖，而包壁用低档次的镁铬砖。目前普遍使用资源丰富的白云石质耐火材料，渣线用超高温烧成的镁白云石砖，包壁用低档次的烧成镁白云石砖或不烧镁白云石碳砖。VOD炉熔池用耐火材料发展的另一个趋势是用铝镁系浇注料或预制件。

C LF炉用耐火材料

LF炉是把转炉、电弧炉炼钢出来的钢水，经过加合成渣、合金元素、喂丝、吹氩和加热等把钢水进一步脱氧、脱硫和去除非金属夹杂的炉外精炼设备。LF炉渣线和熔池的耐火材料主要有镁碳砖、铝镁碳砖、镁钙砖和镁铬砖，熔池底也有用刚玉预制件。

D RH和DH炉用耐火材料

RH是真空吹氩循环脱气的一种钢水精炼设备，而DH是真空脱气的一种精炼设备。一般真空室下部用镁铬砖；浸渍管内部用镁铬砖，外部用铝镁质、镁锆质浇注料等套浇和补浇等；真空室上部也用一般镁铬砖。目前RH用耐火材料开始以低碳镁碳砖或不烧铝镁质砖替代镁铬砖。

9.6.3.6 连铸系列用耐火材料

A 连铸功能耐火材料

水口系列分为长水口、定径水口、浸入式水口和分离环。

长水口是在钢包下面和中间包上面，上连接钢包下面的下水口，下埋入中间包的钢水里。它把从钢包到中间包的钢水流与空气隔开，起到防止钢液散流、减少夹杂物进入和保护钢水免于氧化的作用。长水口起始于20世纪60年代，开始使用熔融石英质，随着连铸水平的提高，特别是特种钢的浇铸，铝碳质长水口就出现了，后来发展了复合长水口，即渣线镁碳质材料、锆碳质材料，主体用铝锆碳质材料，为了适应低碳钢的浇铸，内层用铝镁质、Sialon陶瓷等不含碳的材料。对于浇铸铝镇静钢，水口往往结瘤而堵塞。对于这种情况，在长水口上口采用透气环的方法进行吹氩，和内层用非含碳的耐火材料和锆酸钙材料，都取得了较好的效果。钢厂为了急用，需要不烘烤就可以用的长水口，即高抗热震的长水口也应该发展，以满足用户的要求。

定径水口主要用在小方坯连铸上，它安装在中间包底部，要求定径水口在钢水强烈的冲刷和侵蚀条件下不扩径或被侵蚀，以稳定钢流并起到控制连铸稳定进行的作用。传统的定径水口有三种结构类型，即镶嵌式、复合式和整体式。主要是采用氧化锆含量由65%～94%以上的锆质耐火材料。

为了控制钢流以稳定连铸，在中间包水口上头，安装了一个塞棒，通过调节它与水口之间的间隙，而达到控制钢水流速的目的。最初塞棒的组合式的，袖砖是高铝质或黏土质的，塞头是用铝碳质的。现在渣线的袖砖已经有使用镁碳砖、铝碳砖的，用铝锆碳等更高质量的塞头，后来采用铝碳质整体塞棒。目前使用复合塞棒，一般本体采用铝碳质，渣线用铝碳或镁碳质，塞头用铝碳或锆碳质。

浸入式水口上端连接中间包底部，下端伸入结晶器里。保证从中间包出来的钢水不暴露到空气里，起到防止钢液散流、减少夹杂物进入和保护钢水免于氧化的作用。其耐火材料发展和长水口类同。

水平连铸用的分离环是一个特殊部件，它装配在中间包与水平结晶器之间。它的主要作用是：（1）密封连接中间包和结晶器；（2）防止由于钢水温度下降而凝固堵塞结晶器；（3）确定结晶器内初生坯壳凝固的位置。分离环的主要材质为Si_3N_4、ZrO_2、BN等。

B　滑动水口系列用耐火材料

滑动水口系统主要在两处使用：一是在钢包下边起到控制钢包内钢水向中间包里的流速；二是在中间包下边起到控制中间包内钢水向连铸结晶器内的流速，以控制连铸坯拉出的速度。它是通过操作机构而使滑板滑动，使上下滑板孔关闭和开启程度，改变钢水流出的截面积而达到控流的目的。

滑动水口由座砖、铸口砖和滑板组成的。滑板是滑动水口系统最重要的组成部分，由于它直接控制钢水流量，在满足不同浇铸工艺要求的条件下，需要长时间、反复承受高温钢水的化学侵蚀和物理冲刷，激烈和瞬变的热冲击和机械磨损作用，使用条件极为苛刻。同时为实现自由开闭钢水，滑动面平整度及其板型尺寸均需严格要求，所以滑板必须具有如下性能：优良的抗剥落性（在温差大的情况下不开裂）；良好的抗渣性（尤其是抗氧化铁的侵蚀性）；抗钢水渗透性及蚀损性；足够高的中温、高温强度；良好的耐磨性（浇铸后铸孔直径大小保持不变）。

随着冶炼新技术的发展，冶炼钢种增加，对耐火材料的要求也不断地提高，同时滑板的品种也日益增加。从材质来讲，由原来的高铝质、刚玉莫来石质、铝碳质、无硅铝碳质发展到铝锆碳质以及碱性的镁碳质、镁尖晶石质、尖晶石碳质和镁尖晶石碳质；从结合形式上来说，由陶瓷结合、碳结合向金属结合、非氧化物（如氮化物）结合发展；从生产工艺角度来看，滑板可以分为不烧滑板、轻烧滑板以及烧成滑板等。

C　中间包用耐火材料

中间包的作用是稳定钢水温度，使钢水夹杂物上浮，在短时缺钢水或更换钢包时，能保证连铸顺行。一般中间包的容量为钢包的15%～30%。每台连铸机配备7～12个中间包。中间包有两种形式，即T形和船形。

中间包的钢水温度为1510～1570℃，工作层要达到一个连浇而易翻包。保温层用黏土砖或隔热板，有不少钢厂没有使用隔热衬，永久层普遍使用氧化铝含量为60%～80%的低水泥或超低水泥的浇注料。工作层用镁质涂料、绝热板和干式捣打料。中间包盖用氧化铝含量60%的铝硅浇注料。冲击区用高铝浇注料预制块或高铝砖，也有用镁质预制块的或镁碳砖的。挡渣堰用镁质预制件和高铝预制件，也发展到挡渣桶和气幕挡墙的。

9.6.4 轧钢用耐火材料

轧钢用工业炉主要有加热炉、均热炉和热处理炉。

9.6.4.1 加热炉用耐火材料

加热炉是轧钢厂或锻钢厂用于加热钢坯或小型钢锭的热工设备，主要由炉顶、炉墙和炉底组成，还有空气、煤气预热装置，水冷管滑轨系统，烟道和烟囱等。

加热炉的使用温度一般在1400℃以下。对于连续式或环形等加热炉来说，各部位的炉温可分低、中、高温三个段带，分别成为预热带、加热带和均热带，其温度分别为800~900℃、1150~1400℃和1200~1300℃。炉衬的损毁主要是因为间歇操作和停炉开炉等造成的温度波动而导致炉衬变形和热剥落；炉底和炉墙根部的损毁主要是熔融的氧化铁皮渣与砖发生化学反应造成的，因此，应根据不同部位的条件而选择适宜的耐火材料。炉子加热带和均热带的炉顶用高铝质吊挂砖，上表面铺一层保温板。炉墙依次采用高铝砖、黏土砖、轻质黏土砖和保温板砌筑。加热带炉底用镁铬砖或镁砖、黏土砖、轻质黏土砖和保温板砌筑。预热带内工作衬用黏土砖。不过，随着近年来浇注料的发展，加热炉用耐火浇注料比例越来越大，如用高铝水泥耐火浇注料、黏土结合耐火浇注料、轻质浇注料作炉衬。

9.6.4.2 均热炉用耐火材料

均热炉是由炉盖、炉墙、炉底和换热装置等部分组成的。它的作用是将钢锭均匀地加热到轧制温度，以供轧制成大、中、小型钢坯，然后轧制成各种钢材。如果是连铸机生产的连铸坯，则可以直接轧制成各种钢材，不用经过均热炉加热。

均热炉炉衬过去主要用黏土砖、高铝砖和硅砖砌筑，炉底和炉墙下部的工作层因受熔渣侵蚀，一般选用镁砖或镁铬砖。目前，在均热炉上主要应用不定形耐火材料或预制块，主要用含不锈钢纤维高铝莫来石浇注料。总之，整体浇注炉墙、保温衬用轻质保温浇注料和耐火纤维制品是其发展趋势。

9.6.4.3 热处理炉用耐火材料

热处理炉主要是指加热金属以改变其性能及组织结构的热工设备。各种不同热处理工艺有退火、正火、调质、渗碳和渗氮等。热处理炉的使用温度一般低于加热炉和均热炉，一般温度500~1000℃，没有化学侵蚀等作用，因此炉衬普遍使用黏土砖、轻质黏土砖和轻质高铝砖，个别部位有时采用高铝砖、堇青石砖、碳化硅砖和刚玉砖等。目前，普遍采用了轻质耐火材料和耐火纤维作炉衬。

【本章小结】 耐火材料是钢铁工业炉窑必需的炉衬材料。耐火材料制品主要有硅质、硅酸铝质、镁质、镁铝质、镁钙质以及含碳耐火制品等。近年注重发展非氧化物复合耐火材料、不定形耐火材料以及隔热耐火材料。耐火材料主要性能有耐火度、体积密度、气孔率、重烧线变化率、导热系数、耐压强度、抗折强度、荷重软化温度、高温热态强度、耐急冷急热性以及抗渣性等。钢铁工业的窑炉种类繁多，应根据其使用条件的不同以及施工等具体要求选择合适的耐火材料品种。

思考题

1. 什么是耐火材料？
2. 耐火材料按其化学矿物组成分类主要有哪些品种？
3. 什么叫酸性耐火材料，什么叫碱性耐火材料？
4. 什么是不定形耐火材料？
5. 什么是硅酸铝质耐火材料？
6. 不定形耐火材料是如何分类的？
7. 什么是含碳耐火制品？
8. 碳化硅耐火制品主要有哪几种结合方式？
9. 不定形耐火材料主要有哪几种结合方式？
10. 什么是耐火材料的结构性能、热学性能、力学性能和使用性能？
11. 试述焦炉用耐火材料的主要品种。
12. 试述热风炉选择耐火材料的要求。
13. 试述炼钢用耐火材料的主要品种与发展。
14. 冶金技术新发展对耐火材料有何影响？

参考文献

[1] 李楠，顾华志，赵惠忠. 耐火材料学［M］. 北京：冶金工业出版社，2010.
[2] 李洪霞. 耐火材料手册［M］. 北京：冶金工业出版社，2007.
[3] 韩行禄. 不定形耐火材料［M］. 北京：冶金工业出版社，2004.
[4] 王维邦. 耐火材料工艺学［M］. 北京：冶金工业出版社，2005.
[5] 尹汝珊，冯改山. 耐火材料技术问答［M］. 北京：冶金工业出版社，2005.

10 钢铁生产的环保与节能

【本章要点提示】 通过本章学习，掌握钢铁冶炼的资源、能源消耗与存在的环境问题，应对钢铁生产环境问题的生产技术及生产工艺节能技术等。本章重点介绍以下五个方面的内容：(1) 钢铁冶炼的资源、能源消耗及主要环境问题；(2) 钢铁厂的用水与污水产生情况、排放标准及水处理技术；(3) 钢铁冶炼过程中的尾气来源、特点与排放标准及废气处理技术；(4) 钢铁生产流程中产生的主要废渣、粉尘及其性质和处理工艺；(5) 我国钢铁企业的能耗指标及钢铁工业的主要节能工艺技术。

10.1 钢铁冶金的资源、能源消耗与环境问题

钢铁工业是国民经济的基础产业，对国民经济的发展有着举足轻重的作用。自 1996 年以来，中国钢产量已经连续 20 年超过 1 亿吨，2014 年已达到 8.23 亿吨。我国钢产量占世界产量的比重也在逐年增加，2014 年中国粗钢产量占世界 65 个主要产钢国家和地区总产量的 49.5%。

现代化钢铁联合企业的特点是：(1) 资源密集、能耗密集。在钢铁联合企业内，每吨钢消耗 0.7~0.8t 标准煤、1.5~1.65t 铁矿石、3~8t 新水。(2) 生产规模大，物流吞吐大。现代化钢厂每吨钢涉及的物流将是 5~6t。(3) 制造流程工序多、结构复杂，制造流程中伴随大量物质/能量排放，形成复杂的环境界面。

10.1.1 钢铁冶金的资源、能源消耗

10.1.1.1 *铁矿石*

全球每年消耗铁矿石约十几亿吨。据 Mineral Commodity Summaries (2015) 报道，2013 年世界铁矿石储量为 1900 亿吨，按金属铁计为 870 亿吨。巴西、俄罗斯、乌克兰、澳大利亚、中国、印度等都是世界铁矿资源大国。中国的铁矿石原矿储量为 230 亿吨，换算成含铁量则为 72 亿吨。世界十大铁矿石生产国依次为中国、澳大利亚、巴西、印度、俄罗斯、乌克兰、南非、美国、伊朗和加拿大。2013 年和 2014 年中国铁矿石产量分别为 14.5 亿吨和 15.0 亿吨。

中国为世界第一大铁矿石生产国，但主要为低品位铁矿石。目前国内铁矿石探明资源储量约 727.0 亿吨，可开采储量 230 亿吨，平均铁品位不到 30%。按每年耗费铁矿储量约 8 亿吨计算，可供开采的年限约为 29 年。此外，我国铁矿石品位每 5 年下降 1%，而且有害杂质含量几倍于进口矿石。即使假设以后探明新矿可增加 10 年开采，40 年后我国的铁矿资源仍然是个大问题。钢铁工业需要的其他矿（如锰矿）进口量占 45%，而铬矿基本

上全靠进口。按2013年世界铁矿石产量和储量计算，世界铁矿石的可开采年数还有61年。2014年我国进口铁矿石9.33亿吨，同比增长13.9%，对外依存度达到70%以上。

10.1.1.2 煤

我国能源资源以煤为主，占70%以上，钢铁工业是煤炭消耗大户，煤占钢铁生产中燃料消耗的80%。中国钢铁全行业的总能耗约占全国能源总消耗量的16.1%。大中型钢铁企业（年产100万吨以上），与国际先进水平的能耗差距为10%~15%。小型钢铁企业（300m^{3}以下小高炉，20t以下小转炉、小电炉）的能源消耗没有全面的统计资料，从已了解企业的情况分析，估计总能耗约较国际先进水平高50%。2013年我国大中型钢铁企业吨钢综合能耗592千克标煤/吨。由于中国钢铁产品产量高，造成了中国钢铁工业所消耗的能源总量很大。而在钢铁能源消耗结构中，煤炭占主导地位，电力其次，其他能源占有份额很少。根据2012年世界煤的产量和储量计算，世界范围内煤可开采年数为109年，中国的煤炭可开采年数仅为31年。

10.1.2 钢铁生产的环境问题

钢铁的生产消耗大量的能源和资源，同时也产生大量的副产品，这些副产品如果不进行处理就直接排放，将对环境产生影响。钢铁工业是一个“大进大出”的污染大户和资源消耗大户，也是中国的重要污染源。钢铁冶炼过程中，由于各工程所采用的原材料及制造程序等原因，可能在广泛范围内产生多种污染物质（图10-1）。

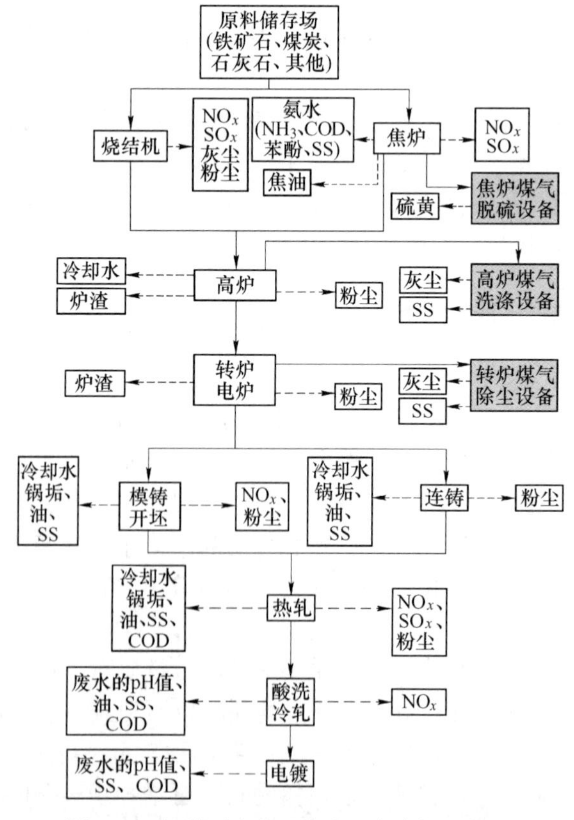

图10-1 钢铁厂生产工艺流程中废物的产生

钢铁工业是资源、能源密集型产业，其特点是产业规模大、生产工艺流程长，从矿石开采到产品的最终加工，需要经过很多生产工序，其中的一些主体工序资源、能源消耗量都很大，污染物排放量也比较大。“十一五”期间，我国大中型钢铁企业排放的主要污染物指标分别是：SO_2 1.63kg/t 钢，烟（粉）尘 1.1kg/t 钢，COD 0.076kg/t 钢。近年来，钢铁行业主要污染物排放和能源消耗指标均有所下降。2014 年重点大中型企业吨钢综合能耗同比下降 1.2%，吨钢耗新水下降 0.5%，外排废水总量下降 5%，二氧化硫排放下降 16%，烟粉尘排放下降 9.1%。

虽然我国大中型钢铁企业节能减排效果明显，但工艺装备落后的中小企业能耗高，污染物排放量多，全行业节能减排和淘汰落后钢铁产能的任务仍然艰巨。

钢铁产业又是温室效应气体 CO_2 的排放大户，每吨标准煤产生的 CO_2 量约为 3.67t，按 2013 年全国钢铁全行业吨钢能耗 592 千克/吨标煤计，吨钢 CO_2 排放量为 2.17t。当年全国钢产量 7.79 亿吨，共排放 CO_2 16.92 亿吨。

因钢铁工业需消耗大量的能源和原材料，对环境的现时和潜在影响很大，这也决定了环境政策不仅在现在，而且在将来都会长期影响钢铁工业的发展。

10.1.3 清洁生产与循环经济

半个世纪以来，钢铁企业的生产、技术和环境问题对策经历了如图 10-2 所示的发展进程：

（1）公害治理——污染排放物的末端治理或稀释排放；

（2）节能减排——降低能耗及减少排放物等源头治理；

（3）清洁生产、绿色制造——通过完善制造流程、改善厂内物质、能源的利用效率、产品绿色化等一系列措施，变为更积极的源头治理；

（4）循环经济——构建社会制造链与工业生态链相结合的策略。

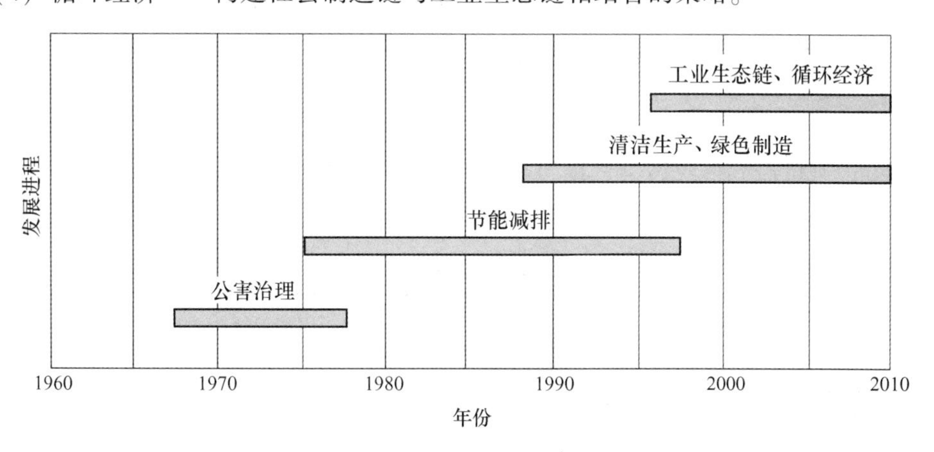

图 10-2 世界钢铁企业环境问题对策的发展进程示意图

10.1.3.1 清洁生产

清洁生产的基本内涵是对产品和产品的生产过程采用预防污染的策略来减少污染物的产生。清洁生产的内容包括清洁的产品、清洁的生产过程和清洁的服务三个方面。中华人民共和国《清洁生产促进法》对清洁生产的定义是：不断采取改进设计、使用清洁的能源和原料、采用先进的工艺技术与设备、改善管理、综合利用等措施，从源头削减污染，提高资源利用效率，减少或者避免生产、服务和产品使用过程中污染物的产生和排放，以减轻或者消除对人类健康和环境的危害。

对生产过程，清洁生产要求节约原材料和能源，淘汰有毒原材料，减降所有废弃物的数量和毒性；对产品，清洁生产要求减少从原材料提炼到产品最终处置的全生命周期的不利影响；对服务，清洁生产要求将环境因素纳入设计和所提供的服务中。

10.1.3.2 循环经济

循环经济的物质基础是循环利用的物质，换言之，循环经济是建立在循环利用的物质这一物质基础上的经济形态，这是循环经济最本质的属性，也是其唯一属性。循环经济是以人类可持续发展为增长目的、以循环利用的资源和环境为物质基础，充分满足人类物质财富需求，生产者、消费者和分解者高效协调的经济形态。

长期以来，人们一直认为钢铁厂是资源消耗量大、能源消耗量大、排放量大、废弃物多及污染大的企业。在推进工业生态化和构造循环型经济社会的进程中，应该从新的更广阔的视野去审视钢铁工业的经济和社会角色。钢铁企业未来的社会、经济角色应当（特别是高炉—转炉长流程）实现三种主要功能：钢铁产品制造功能、能源转换功能和社会大宗废弃物处理—消纳功能。

10.2 钢铁生产中的水污染与水处理

10.2.1 钢铁厂的用水与污水产生情况

钢铁工业废水的水质，因生产工艺和生产方式不同而有很大的差异，有的即使采用同一种工艺，水质也有很大变化。如氧气顶吹转炉除尘污水，在同一炉钢的不同吹炼期，废水的 pH 值可在 4~13 之间，悬浮物可在 250~25000mg/L 间变化。间接冷却水在使用过程中仅受热污染，经冷却后即可回用。直接冷却水与产品物料等直接接触，含有同原料、燃料、产品等成分有关的多种物质。归纳起来，钢铁工业废水造成的污染主要有：无机固体悬浮物污染、有机需氧物质污染、化学毒物污染、重金属污染、酸污染、热污染等。钢铁工业主要水污染物、污染源及其危害特性见表 10-1。

表 10-1 钢铁工业主要水污染物、污染源及其危害特性

污染源	污染物	主要危害特征											
		浊度	色度	恶臭	耗氧	富营养	硬度	毒性	油污染	易积累	易富集	热污染	放射性
工业排水、厂区生活污水	致浊物：尘、泥、漂浮物	严重	存在	小	存在	存在	—	存在	小	存在	—	—	小
焦化	致臭物：氨、挥发酚	—	—	严重	存在	严重	—	严重	—	—	—	—	—
选矿、烧结、炼铁、轧钢	重金属：汞、铬、镉、铅、镍、铜	—	存在	—	—	—	—	严重	—	严重	严重	—	—
焦化、烧结、炼铁、厂区生活污水	无机有毒物：氨氮、氰、氟、硫化物							严重				—	—

续表 10-1

污染源	污染物	主要危害特征											
		浊度	色度	恶臭	耗氧	富营养	硬度	毒性	油污染	易积累	易富集	热污染	放射性
炼钢、轧钢、软水制备、生活污水	无机有害物：酸、碱和盐类						严重			严重			
轧钢	石油类	存在	存在		存在			存在	严重				
炼铁、轧钢	锌、铁		存在					存在		存在	存在		
冷却水	冷却水热污染											严重	
选矿、焦化、厂区生活污水	有机物：酚、苯、烃、硝基化合物			存在	严重			严重					

我国工业取新水量占全国取水量的20%，其中钢铁工业是耗水大户之一，总取新水量约占全国工业用新水量的2.2%；在火电、石油石化、纺织、造纸、钢铁、有色金属、啤酒、酒精等高耗水工业中，钢铁工业耗新水量名列第五位。

吨钢（吨产品）取水量、吨钢（吨产品）用水量及水的重复利用率三项指标能真实反映企业节水成效的是吨钢（吨产品）取水量。因此，新的钢铁企业节水设计规范规定吨钢（吨产品）取水量作为钢铁企业用水主要考核指标，吨钢（吨产品）用水量指标及水的重复利用率指标作为参考考核指标。

中国钢铁工业整体用新水和外排废水值与国外先进水平相比，存在较大的差距。国外吨钢耗新水一般为4.0m^3/t，循环率97%。国外钢铁企业吨钢耗新水的先进值是2.1~4.1m^3/t，国内重点企业的吨钢新水消耗已达到或接近国际先进水平，2013年重点钢铁企业的吨钢新水平均消耗已达到3.44m^3/t。然而，国内钢铁企业之间发展不平衡，也表明我国钢铁企业的节水潜力很大。宝钢是我国水资源利用最好的企业，一些指标已达到国际先进水平。宝钢工业水重复利用率达97.15%，吨钢排废水量1.05kg/t，废水处理率和外排废水达标率均实现100%。

10.2.2 钢铁厂污水排放标准与水处理的常用方法

目前钢铁厂污水排放需要遵循的法规有《污水综合排放标准》（GB 8978—1996）、《钢铁工业水污染物排放标准》（GB 13456—92）和《中华人民共和国水污染防治法实施细则》（2003年3月20日）。2012年启用新的《钢铁工业水污染物排放标准》取代GB 13456—92。新标准规定，自2012年10月1日起，现有企业水污染物排放浓度不得超过表10-2中规定的限值。新建生产线从标准实施之日起，现有生产线自2012年10月1日起水污染排放浓度，有更严格的规定。在国土开发密度已经较高、环境承载能力开始减弱，或环境容量较小、生态环境脆弱，容易发生严重环境污染问题而需要采取特别保护措施的地区的钢铁企业执行水污染物特别排放限值。

10.2.3 废水处理方法

废水处理是将废水中所含有的污染物分离出来，或将其转化为无害和稳定的物质，从而使废水得以净化。根据污染物在废水中存在的形式所采用的分离技术见表10-3。此外，通过化学或生化的作用，使其转化为无害的物质或可分离的物质（此部分物质再经过分离予以除去），称为转化法。转化的技术也是多种多样的，见表 10-4。废水处理技术也可分为物理法、化学法、物理化学法和生物处理法四大类别。

表 10-2 现有企业水污染物排放限值 （mg/L，pH 值除外）

序号	污染物名称	排放限值						污染物排放监控位置
		联合企业	烧结球团炼铁	炼钢	轧钢		铁合金	
					冷轧	热轧		
1	pH 值	6~9		6~9	6~9		6~9	总排口
2	SS	50		50	50		50	总排口
3	COD	60		60	60		60	总排口
4	石油类	5		5	5		—	总排口
5	氰化物	—		—	0.5		0.5	车间排放口
6	锌	—		—	2		—	车间排放口
7	铁	—		—	10		—	车间排放口
8	铜	—		—	0.5		—	车间排放口
9	总砷	—		—	0.5		—	车间排放口
10	六价铬	—		—	0.5		—	车间排放口
11	总铬	—		—	1.5		—	车间排放口
12	总铅	—		—	1.0		—	车间排放口
13	总镍	—		—	1.0		—	车间排放口
14	镉	—		—	0.1		—	车间排放口
15	汞	—		—	0.05		—	车间排放口
基准排水量/$m^3 \cdot t^{-1}$		3①	—	—	3①（2.5②）		5①（5②）	

①指在总排放口监控污染物的基准排水量；

②指在车间排放口监控污染物的基准排水量。

表 10-3 水中污染物存在形式及相应的分离技术

污染物存在形式	分离法技术
离子态	离子交换法、电解法、电渗析法、离子吸附法、离子浮选法
分子态	萃取法、结晶法、精馏法、浮选法、反渗透法、蒸发法
胶 体	混凝法、气浮法、吸附法、过滤法
悬浮物	重力分离法、离心分离法、磁力分离法、筛滤法、气浮法

表 10-4 废水处理的转化技术

技术机理	转化法技术
化学转化	中和法、氧化还原法、化学沉淀法、电化学法
生物转化	活性污泥法、生物膜法、厌氧生物处理法、生物塘法和氧化沟法

10.2.4 废水处理的一般流程

按处理的程度，现代废水处理技术可划分为一级处理、二级处理和三级处理。

一级处理主要是去除废水中的悬浮固体和飘浮物质，同时起到中和、均衡、调节水质的作用。主要采用筛滤、沉淀等物理处理技术。处理水达不到排放标准，必须进行再处理。

二级处理主要是去除废水中呈胶体和溶解状态的有机污染物质。主要应用各种生物处理技术。处理水可以达标排放。

三级处理是在一级、二级处理的基础上，对难降解的有机物、磷、氮等营养性物质进一步处理。采用的处理技术有混凝、过滤、离子交换、反渗透、超滤、消毒等。处理水可直接排放地表水系或回用。

废水中污染物的组成相当复杂，往往需要采用几种技术方法的组合，才能达到处理要求。对于某种废水，具体采用哪几种技术组合，要根据废水的水质、水量、污染物特性、有用物质回收的可能性等，进行技术和经济的可行性论证后才能决定。

工业废水的处理工艺一般都是多个处理技术的组合，每一种工业废水都有相应的处理工艺。

典型的工业废水处理工艺流程见图 10-3。

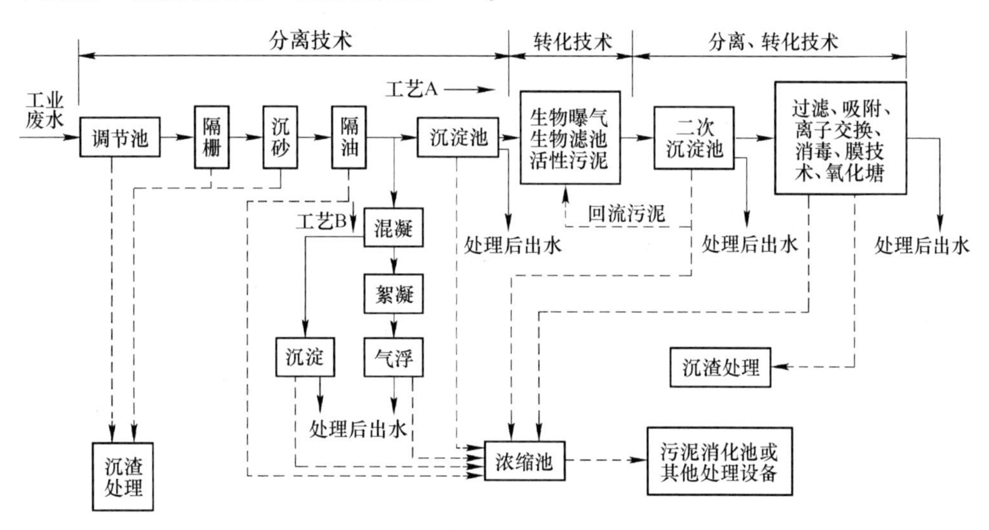

图 10-3 工业废水处理的典型工艺流程

10.3 钢铁生产中的尾气处理

10.3.1 钢铁冶炼过程中的尾气来源、特点与排放标准

10.3.1.1 钢铁工业废气的来源及特点

钢铁工业废气的主要来源于：（1）原料、燃料的运输、装卸及加工等过程产生的大量含尘废气；（2）钢铁厂的各种窑炉在生产过程中产生大量的含尘及有害气体的废气；（3）生产工艺过程化学反应排放的废气，如烧结、炼焦、化工产品和钢材酸洗过程中产生的废气。钢铁企业废气的排放量非常大，污染面广；年产 100 万吨钢的钢厂，每小时要净化的烟气量（标态）为 $14.3\times10^6 m^3$。烟气中的主要污染物是烟尘、SO_2 和 NO_x，冶金

窑炉排放的废气温度高，一般为400～1000℃，转炉烟气可高达1400～1600℃。钢铁冶炼过程中排放的多为氧化铁烟尘，其粒度小（大多小于1μm），吸附力强，这加大了废气的治理难度；在高炉出铁、出渣等以及炼钢过程中的一些工序，其烟气的产生排放具有阵发性，且又以无组织排放多，烟气波动量大。含有CO的烟气有毒，易燃，电炉烟气中含有ZnO等重金属粉尘，也增加了处理难度。但钢铁工业产生的废气具有回收价值，如温度高的废气余热回收，炼焦及炼铁、炼钢过程中产生的煤气利用，以及含氧化铁、氧化锌、镍和铬氧化物等粉尘的回收利用。

钢铁厂的烧结和电弧炉也是二噁英的发生源。二噁英指多氯代二苯并-对-二噁英（Polychlorinated dibenzo-p-dioxins，简称PCDDs）和多氯代二苯并呋喃（Polychlorinated dibenzofurans，简称PCDFs）的总称，简写为PCDD/Fs。定量评价二噁英类污染物的毒性的单位是二噁英毒性当量（TEQ），单位为ng-TEQ/m^3。有报道称钢铁冶炼所排放二噁英总量占全国二噁英年排放总量的45%。

10.3.1.2 钢铁厂废气排放标准

2012年，国家环境保护局制定了《钢铁工业污染物排放标准》系列标准，其中《钢铁工业大气污染物排放标准》包括采选矿、炼焦、烧结（球团）、炼铁、铁合金、炼钢和轧钢共7项标准。其中烧结（球团）和炼铁工序大气污染物排放限值见表10-5。现有企业自2012年10月1日起执行表10-5规定的企业排放限值，新建企业自标准实施之日起执行新建企业排放限值，新建企业排放限值比现有企业排放限值更加严格，其中烧结（球团）排气的二噁英类限值为0.5ng-TEQ/m^3。2015年1月1日起，现有企业也将执行新建企业排放限值。炼钢工序的大气污染物排放标准主要规定了颗粒物的排放限值（单位为mg/m^3），新建企业排放限值中规定了电弧炉排气的二噁英类限值为0.5ng-TEQ/m^3，且对电渣炉生产中排放的氟化物（以F计）限值为5.0mg/m^3。

表10-5 烧结（球团）和炼铁工序现有企业大气污染物排放限值

污染源		污染物	排放浓度限值/mg·m^{-3}	污染物监控位置
烧结球团	烧结机、球团焙烧设备	颗粒物	50	车间或者生产设施排气筒
		二氧化硫	200	车间或者生产设施排气筒
		氮氧化物（以NO_2计）	300	车间或者生产设施排气筒
		氟化物（以F计）	4.0	车间或者生产设施排气筒
		二噁英类	0.5ng-TEQ/m^3	车间或者生产设施排气筒
	烧结机机尾、带式焙烧机机尾、其他生产设施	颗粒物	30	车间或者生产设施排气筒
炼铁	热风炉	颗粒物	20	车间或者生产设施排气筒
		二氧化硫	100	车间或者生产设施排气筒
		氮氧化物（以NO_2计）	300	车间或者生产设施排气筒
	原料、煤粉系统、高炉出铁场、其他生产设施	颗粒物	25	车间或者生产设施排气筒
炼钢	转炉（一次烟气）	颗粒物	50	车间或者生产设施排气筒
	铁水预处理、转炉（二次烟气）、电炉、精炼炉	颗粒物	20	车间或者生产设施排气筒

续表 10-5

污染源		污染物	排放浓度限值/mg·m^{-3}	污染物监控位置
炼钢	连铸切割及火焰清理、石灰窑、白玉石窑焙烧	颗粒物	30	车间或者生产设施排气筒
	钢渣处理	颗粒物	100	车间或者生产设施排气筒
	其他生产设施	颗粒物	20	车间或者生产设施排气筒
	电炉	二噁英类	0.5ng-TEQ/m^3	车间或者生产设施排气筒
	电渣炉	氟化物（以 F 计）	5.0	车间或者生产设施排气筒

10.3.2 烟尘控制技术

就冶金工业当前实际情况来说，烟尘占污染大气污染物的首位，它量大面广，几乎在所有的生产工艺中都有产生；其次是硫氧化物，在含硫矿的冶炼过程中，在以煤、重油为燃料的燃料燃烧过程中，也多有产生。

据国外对钢铁工业排放的灰尘量进行分析认为：物料运输占 30.9%，炼钢占 25.3%，炼焦占 16.7%，烧结占 12.9%，其他占 14.2%。

烟尘一般指燃烧排放的颗粒物，一般情况下含有未燃烧的炭粒；冶金炉排放的烟尘其粒度大部分均在 1μm 以下。由于废气量大、粒度细、温度高、成分复杂等因素给烟尘控制技术带来很大困难。含尘烟气在排入大气必须设置除尘设置予以净化处理。除尘装置由烟罩、管道、除尘设备、风机、排尘设备等组成。除尘装置的附属设备如阀门和控制仪表往往是除尘效果好坏的关键。

从含尘气体中将粉尘分离出来的设备称为除尘设备或除尘器，利用各种除尘机理以及各除尘机理彼此间的不同组合，可以研制出品种繁多的除尘设备。冶金工业中常用的除尘设备有重力除尘器、旋风除尘器、袋滤器、电除尘器、文氏管除尘器。后三种是冶金工业常用的高性能设备，前两种设备通常用于那些尘粒较粗、要求较低的场合。

10.3.2.1 除尘器设备在冶金工业中的应用

（1）重力除尘器：其除尘原理是通过突然降低气体流速和改变流向，较大颗粒的灰尘在重力和惯性力作用下，与气体分离，沉降到除尘器底部。重力除尘器属于粗除尘装置，能去除粒径大于 30μm 的粉尘颗粒，其上部设遮断阀，电动卷扬开启，下部设排灰装置，出口含尘浓度 2~10g/m^3。传统重力除尘器的除尘效率约为 50%。

（2）离心式除尘设备：在所有控制装置中它是最古老、最便宜并且目前还在继续研究和大量应用的一种装置。通常用于尘粒较粗和排放要求较低的场合，一般作为预净化之用。虽然经过不断改进也仅能除去大颗粒（15μm 以上可除去 95%），对于 3μm 的微粒其效率降至 50%以下。

（3）电除尘器：电除尘器的除尘效率高、动力消耗少，适用于高温烟气净化（可达 400℃），在 20 世纪 50 年代初才开始用于钢铁工业。对于含有可燃气体（一氧化碳）成分为 20%~40%的转炉烟气，采取防暴措施以后，电除尘器净化也已成功应用。

烧结烟气的净化也已广泛采用（机头烟气少量采用，而机尾烟气已大量使用）电除尘器。

（4）袋式除尘器：袋式除尘器的工作机理是含尘烟气通过过滤材料，尘粒被过滤下来，过滤材料捕集粗粒粉尘主要靠惯性碰撞作用，捕集细粒粉尘主要靠扩散和筛分作用。很久以前就已广泛应用于各个工业部门中，用以捕集非黏结非纤维性的工业粉尘和挥发物，捕获粉尘微粒可达0.1μm。袋式除尘器具有很高的净化效率，就是捕集细微的粉尘效率也可达99%以上。滤料的粉尘层也有一定的过滤作用。目前袋式除尘器类型大多是按照清灰方式来命名的，主要分为机械振动型、大气反吹型和脉冲喷吹型三种。

（5）湿式除尘器：湿式除尘器会将粉尘对大气的污染转为水的污染，因此人们一般不乐意使用。文氏管除尘器，尽管动力消耗大，但结构简单，布置紧凑，能除去微尘，有90%以上的氧气转炉已采用文氏管净化烟气。高炉煤气、封闭型铁合金电炉几乎全部采用湿法除尘。

10.3.2.2　焦炉的烟气控制

焦炉烟气污染源大体上分为两类：一类是阵发性尘源，如装煤、推焦、熄焦等；一类是连续性尘源，如炉内、烟囱等。前一类尘源的排放量约占排尘量80%，其中装煤占60%，推焦、熄焦各占50%，后一类尘源的排放量约占20%。

（1）装煤时的烟尘控制：通常采用无烟装炉。为达此目的，在装煤时，炭化室必须造成负压，以免烟气冲出炉外。产生负压的方法是在上升管或桥管内喷蒸汽或高压氨水（工作压力为196～245kPa），双集气管使用流量为$20m^3/h$，在上升管根部可产生294～490Pa的负压。结果可使炉顶上空气含尘量减少70%左右。此外还有顺序装煤和煤预热管道装煤等方法。

（2）推焦时的烟尘控制：推焦操作是短暂的，大约持续90～120s（推焦用40～60s，熄焦车到熄焦站约50～60s）。排放物中的固体粒子主要由焦炭粉、未焦化的煤和飞灰组成。每吨推焦的排放物约为0.3～0.4kg，还含有一定量的焦油和碳氢冷凝物。推焦时烟尘控制系统基本上有三个主要部分：

1）集烟罩：用以收集从导焦车和熄焦车上部排出的烟气。

2）烟气管道：将收集到的烟气输送到固定的除尘器中去。

3）除尘器：以往通常采用湿式洗涤器或沉淀器，缺点是投资和操作费用都很大。近年来也有采用袋滤器的，据认为这是较好和较有效的解决方法。

使用袋滤器时，由于气流中可能含有较高浓度的焦油和碳氢化合物，有必要采用预覆盖粉料，石灰石粉（有70%小于100号筛孔）是成本低而又易于获得的粉料。

（3）熄焦时的烟尘控制：湿熄焦时水淋到炽热的焦炭上，将产生大量蒸汽，蒸汽又带出若干焦粉，排出的水雾中所含的杂质使周围的构筑物受到腐蚀。为此在熄焦塔顶部设有百叶板式除雾器，可减少焦尘和排放的雾滴。

从推焦和熄焦这两个过程来看，还是采用干熄焦有利于保护环境。

10.3.2.3　烧结厂的烟尘控制

烧结厂是钢铁工业主要烟尘污染源之一。烟尘主要发生在烧结机排放的烟气中，以及烧结机尾部卸料及其破碎、筛分、给料机以及冷却机的废气中。

（1）机头烟气除尘：为保护烧结风机受磨损以及环境保护的要求，烧结机机头通常设有除尘装置。最简单的是机械式（旋风或多管旋风）除尘器，但排出的气体中含尘浓度仍然很高，不能满足环境要求，所以往往又在机械式除尘器后再加一级干式静电除尘器。烟气中粒子的比电阻率较高时，较难除去。使用袋式除尘器除尘较彻底。

（2）机尾污染控制：机尾污染源包括破碎机、给料机、皮带转运点、振动机、筛分机和冷却器，总共可能有 100 多个抽风点。净化设备多选用电除尘器或袋滤器。管道设计要求采取防磨措施。

10.3.2.4 炼铁厂的烟尘控制

大型高炉出铁场一般都设有一次和二次除尘系统。一次除尘系统的范围包括主沟、铁沟、撇渣器、倾动流嘴、泥炮口、渣铁沟修理场等处，在出铁散发出来的烟气占出铁场散发的总烟气的 85%。二次除尘系统的范围包括开、堵铁口时突然喷出的烟气，占出铁场散发的烟气量的 15%。

近年来国内开发了高炉煤气全干法除尘工艺技术并应用于大中型高炉，开发了适合大中型高炉的煤气升、降温控制工艺，高炉煤气冷热交换器，氮气脉冲反吹装置等关键设备和技术。实践证明，高炉采用全干法除尘技术后，不用水洗和冷却，每吨节约循环水 7~9m^3，其中节约新水 0.2m^3，并省掉了湿法除尘所需要的建设大型水洗塔和沉淀池等投资及所占空间，同时杜绝了大量有毒污水、污泥的产生。干法除尘比湿法节电 60%~70%。

10.3.2.5 转炉除尘系统

转炉吹炼时产生的粉尘是转炉工序粉尘控制的主要对象，一般采用三次除尘系统。一次除尘是转炉煤气回收系统，二次除尘是转炉周边除尘，三次除尘是转炉厂房排气除尘。

转炉烟气经过活动烟罩收集和汽化冷却烟道（即余热锅炉）初步冷却后，进入烟气净化系统，烟气在这里进一步降温和除尘。目前，转炉煤气回收技术主要是以“LT”干法处理和“OG”湿法处理两种方法最为先进而被普遍采用。宝钢三期工程 250t 转炉项目引进奥钢联 LT 转炉煤气净化回收技术。LT 转炉煤气净化利用电场除尘，除尘效率高达 99%，可直接将烟气中的含尘量净化至 10mg/m^3以下，供用户使用；干法除尘可以省去庞大的循环水系统；回收的粉尘压块可返回转炉代替铁矿石利用；系统阻损小，节省能耗。就环保和节能而言，LT 法代表着转炉煤气回收技术发展方向。“OG”法是以双级文氏管为主的煤气回收流程。宝钢一期 300t 转炉成功引进了日本“OG”技术和设备。“OG”法技术在国内得到了较快的发展而占据主要地位，并取得了成熟的经验。

10.3.2.6 炼钢电炉的烟尘控制

（1）电炉烟气：电炉烟气主要在电炉的熔化期、出钢和炉外精炼时产生。用氧吹炼时，烟气最大含尘浓度可达 10~20g/m^3（标态）。冶炼每吨钢产生的烟尘量约为 10~20kg。烟气和烟尘发生量，随着炉子的操作阶段和装入原料不同而有很大差异。电炉烟气温度高达 1200℃以上，并含有一氧化碳和氢气等可燃气体，加之烟尘粒度很细，所以，电炉炼钢车间的除尘一向是比较困难的。

（2）电炉烟气的控制方式：根据多年来的实践，控制电炉烟气的方式有：局部排烟法，即在出渣口、出钢口、炉门等上方设局部排烟罩；直接抽烟法（或称第四孔排烟、屋顶排烟），即在炉盖上开第四孔直接抽吸炉内烟气；屋顶排烟法，可以将炉内发生的烟气以及出钢、出渣时发生的烟气通过屋顶烟罩排出；大密闭罩，即在整个电炉外部建造一个密闭罩，并从中引出烟气。装料、出钢以及其他操作是通过罩子上开的门和罩顶上可动的顶盖来完成的，可大大减少污染控制装置成本并能减轻噪声污染。上述各种方式可以单独采用，也可以结合使用，例如炉内、外排烟相结合，大密闭罩技术是近年来发展的并受到重视的一种技术。排出烟气的净化设备大多数采用袋滤器，也有少量采用静电除尘器或湿式除尘器。

（3）电炉烟气的余热利用：在超高功率电炉上，利用电炉烟气预热废钢的技术近年来日益受到重视，其经济价值十分显著。据报道，利用电炉烟气预热废钢可使每炉钢冶炼时间缩短 8～10min，每吨钢电极消耗下降 0.2～1.0kg，每吨钢可节电 30～45kW·h，耐火材料消耗也有所下降。

10.3.3 焦化煤气净化技术

在炼焦过程中，煤中约 30%～35%的硫转化成 H_2S 等硫化物，与 NH_3 和 HCN 等一起形成煤气中的杂质。焦炉煤气中 H_2S 的含量一般为 5～8g/m^3，HCN 的含量为 1～2.5g/m^3。要脱除 H_2S 和 HCN，必须采用有碱性的脱硫液或脱硫剂，碱源可分为两类：（1）外加碱源，如乙醇胺、碳酸钠及氢氧化铁等。萨尔费班法、真空碳酸盐或改良 A.D.A 法及干法脱硫工艺，需不断向脱硫液（剂）中补充碱源，才能保持其碱度。（2）利用煤气中的氨作为碱源。

10.3.4 烧结尾气脱 SO_x

烧结尾气中的 SO_2 主要来自铁矿石和烧结用的燃料。铁矿石中的硫含量随产地不同有很大差异，其范围可以是 0.01%到 0.3%；燃料中的硫含量也与此范围差不多。目前我国多数钢厂已经采取措施，投资建设烧结尾气脱硫设施，目前已有 220 余台烟气脱硫装置已经开始运行。

烧结尾气中 SO_2 的控制方法有三种：吸收、吸附和使用低硫原、燃料。国际上进入大规模工业化应用的烧结尾气脱硫方法有十余种。一般根据脱硫产物的形态将燃烧后脱硫分为湿法、干法和半干法三种。下面举两种常用的方法为例。

10.3.4.1 *石灰—石膏法*

石灰—石膏法是对烧结机排烟中含有高浓度的 SO_2 排烟收集、冷却、增湿后，将其中所含的 SO_2 用石灰石浆液吸收，同时将石膏作为副产品回收。石灰—石膏法是目前采用最多的一种方法，吸收剂为 5%～15%的 $CaCO_3$、$Ca(OH)_2$ 的浆液，吸收 SO_2，生产 $CaSO_4$：

$$CaCO_3 + SO_2 + 1/2H_2O \longrightarrow CaSO_3 \cdot 1/2H_2O + CO_2 \tag{10-1}$$

调 $CaSO_3 \cdot 1/2H_2O$ 溶液 pH<4，接触空气，生成石膏：

$$CaSO_3 \cdot 1/2H_2O + 1/2O_2 + 3/2H_2O = CaSO_4 \cdot 2H_2O \tag{10-2}$$

如图 10-4 所示，烧结机排气经电除尘净化后，用风机导入预冷塔，在预冷塔内降温至 50～60℃，同时除去粉尘和硫酸雾，然后进入吸收塔，气体中的 SO_2 和吸收液反应生成亚硫酸钙。从循环的吸收液中抽取部分亚硫酸钙溶液，在 pH 值调整槽内调整 pH 值到 4 以下，然后在氧化塔内与空气接触，使亚硫酸钙转变成石膏（$CaSO_4 \cdot 2H_2O$）。生成的石膏在浓缩器中浓缩，用离心分离机脱水后，得到石膏粉。也有向吸收塔内液体层中导入空气，得到石膏产品的。

10.3.4.2 *氨水吸收—硫铵回收法*

焦炉煤气中 NH_3 含量约为 9g/m^3，氨水吸收—硫酸铵回收法用 NH_3 作为吸收剂，以

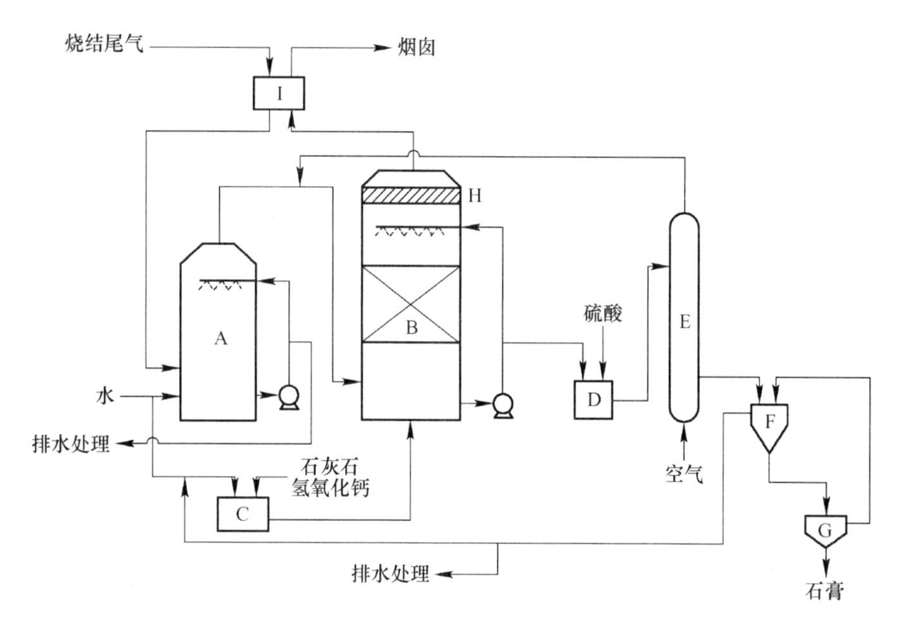

图 10-4 石灰—石膏法烧结尾气脱 SO_x 工艺流程

A—预冷却；B—吸收塔；C—吸收剂调整槽；D—pH 值调整槽；E—氧化塔；F—凝集沉降槽；G—离心分离机；H—除雾器；I—气—气热交换器

$(NH_4)_2SO_4$回收 S。可用烧结烟气中 SO_2除去焦炉煤气中的氨，生产硫酸铵。在吸收塔中 SO_2和吸收液反应，生成亚硫酸氢铵和亚硫酸铵，含亚硫酸氢铵的溶液与焦炉煤气中的氨进一步反应生成亚硫酸铵。将 pH=6 的 $(NH_4)_2SO_3$溶液作为循环吸收液脱 SO_2，一部分排出体系回收硫铵，回收硫铵时向溶液中添加氨水，使其成为 $(NH_4)_2SO_3$溶液，在氧化塔内用加压的空气氧化，并加少量硫酸促进硫铵结晶成长，将结晶的硫酸铵分离、干燥，即得硫酸铵产品。在有焦炉的钢铁厂，烧结废气采用氨—硫铵法脱硫具有经济效益好，脱硫效率高等优点。脱硫效率一般稳定在 98%以上，副产品硫酸铵质量好而且稳定。

图 10-5 是某钢铁公司烧结烟气氨水吸收—硫酸铵回收法脱硫的流程图，净化后的排气 SO_2浓度仅为 0.001%。我国柳钢是第一家采用该工艺对烧结烟气脱硫的。

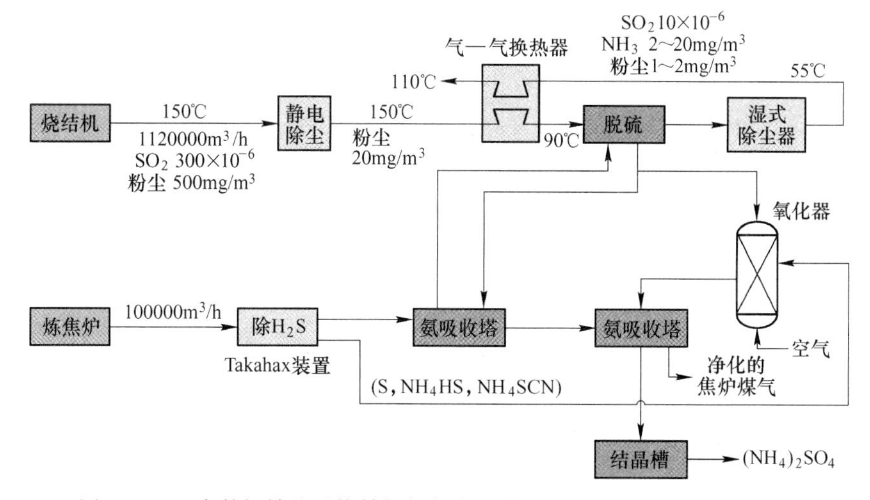

图 10-5 日本某钢铁公司烧结烟气氨水吸收—硫酸铵回收法脱硫的流程

10.3.5 SO_2排污权交易

排污权交易简而言之，就是把排放污染物的权利拿到市场上去公开买卖。假定A企业治理1t二氧化硫的污染需耗费1000元，B企业需要耗费2000元。如果B企业以1500元/吨的价格从A企业购买排污权，即相当于A企业替B企业治理污染。那么和B企业的治理成本相比，节省了500元，而对于A企业来说，额外获得500元的收入，双方都会乐于促成这笔交易。二氧化硫的排放指标在中国已开始成为合法交易的商品。“排污权交易机制”是指在政府对污染排放进行总量限定的情况下，允许污染排放量大的企业向污染排放量小的企业购买排放指标，这样，生产工艺更环保的企业就可以在市场上获得更多的收益，而环境保护则从单纯的政府强制行为变成企业经营决策的一部分。这一机制的特殊之处在于它化解了经济发展与环境保护的矛盾，从经济学的视野解决了社会问题。卖方要按期提供富余指标，必须注意保证设备的质量，而买方必须设法减少排放量，以削减生产成本。

10.3.6 NO_x防止技术

NO_x都是物质燃烧过程中产生的。钢铁工业中有烧结机、焦炉、热风炉、加热炉和锅炉等种类多、数目也大的NO_x发生源；主要的发生源是烧结机、焦炉和锅炉。使用的燃料有焦炉煤气、高炉煤气、转炉煤气、液化天然气、液化石油气、重油和焦炭等多种气、液、固态燃料。所以钢铁企业NO_x发生的原因多种多样，需要根据设备、NO_x发生的机理、降低NO_x的效果和经济性来考虑防止NO_x的对策。

根据NO_x的生成机理以及其生成动力学，抑制NO_x的发生应该遵从下列原理：用含有机氮低的燃料；控制燃烧区域低氧分压；缩短燃气在高温区域停留时间；降低燃烧温度，特别是防止局部区域温度过高。根据以上原理之一或其组合，可以减轻NO_x的发生。但是过度强调降低NO_x的情况下，粉尘、CO的产生有可能恶化，应该注意。

低NO_x烧嘴有混合促进型、火焰分割型、自循环型、阶段燃烧组合型等。多种改良型烧嘴已经实用化。

10.3.7 烧结尾气脱硝技术

发达国家对NO_x污染的研究起步较早，已有相应的控制技术在工业上得到应用。我国在烧结（球团）厂对NO_x排放还没有任何治理措施。多数企业没有对NO_x进行常规监测。日本和欧洲普遍采用选择性催化还原系统（SCR），其氮氧化物去除率达60%~80%。美国则采用选择非催化还原系统（SNCR）的改进系统，使氮氧化物去除率提高到80%。

目前国际上应用比较多的方法有选择性催化还原法脱硝技术SCR和选择性非催化还原法脱硝技术SNCR。

选择性催化还原法烧结废气脱硝技术是20世纪70年代在日本发展起来的。在含氧气氛下，还原剂优先与废气中NO_x反应的催化过程称为选择性催化还原。催化剂可以是金属类或碳基类，也有以氧化铝、硅石和二氧化钛等作载体的贵金属钯或铂，$CuSO_4$-Al_2O_3和Fe_2O_3[$FeSO_4$-$Fe_2(SO_4)_3$]-Al_2O_3等。根据不同的催化剂采用不同的还原温度，当烟气温度低于催化剂的反应温度时，催化剂的活性低，脱硝效率就低；当烟气温度高于反应温度时，会产生副反应，同时会加速催化剂的老化。该法的 NO_x 脱除率可达 70%。

以 NH_3 作还原剂、V_2O_5-TiO_2-WO_3 体系为催化剂来消除尾气中 NO_x 的工艺已比较成熟，是目前能在氧化气氛下脱除 NO_x 的实用方法之一。SCR 的化学反应主要是 NH_3 在一定的温度和催化剂的作用下，把烟气中 NO_x 还原为 N_2，同时生成水。催化的作用是降低 NO_x 分解反应的活化能，使其反应温度降低至 150~450℃。催化剂的外表面积和微孔特性很大程度上决定了催化剂的反应活性。在没有催化剂的情况下，这些反应只能在很窄的温度范围内（980℃左右）进行。

脱硫脱硝一体化工艺则结构紧凑，投资和运行费用低，为了降低烟气净化的费用，从 20 世纪 80 年代开始，国外对联合脱硫脱硝的研究开发很活跃，联合脱硫脱硝的技术至少有 60 种，有的已经实现工业化运行，具有实用价值的方法有活性炭法、NOXSO、SNRB、电子束法等。图 10-6 为国内开发的烧结烟气同时脱硫脱硝技术流程图。该工艺先将废气中的 NO 催化氧化为 NO_2，再与 SO_2 一起被吸收剂 $Ca(OH)_2$ 或 CaO 吸收，从而达到同时脱硫脱硝的目的。其优点是脱硫效果超过 90%，脱硝效率超过 60%，同时，可以保证尾气中颗粒物排放可低于 $20mg/m^3$。

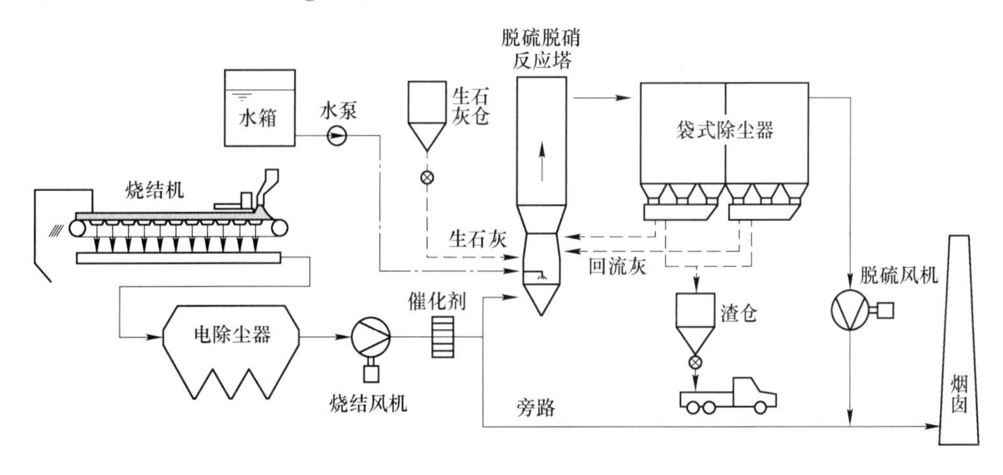

图 10-6　烧结烟气同时脱硫脱硝技术流程图

10.3.8　降低 CO_2 排放量的措施

在钢铁生产过程中，碳通常既作为铁矿石的还原剂又作为热源将反应物加热到技术和经济都合理的温度。目前钢铁生产的温室气体主要是来自以煤为主的能源消耗所产生的，在多种温室气体中，最终外排量以 CO_2 占绝对多数，钢铁生产过程排放的 CO_2 约占人类活动产生 CO_2 总量的 5%~7%。在一定的操作条件下，用长流程生产 1t 钢产生 2198kg CO_2，生产操作条件不同，排放量会有不同，当电炉采用 DRI，转炉采用废钢时，CO_2 排放量稍低，喷煤对 CO_2 排放量影响不大，用生球团代替烧结矿时 CO_2 排放量稍有增加，每使用 100kg 球团，增加 CO_2 排放量 48kg/t 钢水。值得注意的是电炉炼钢所用的电如果是用化石燃料发电的话，也将排放 CO_2。

对所有钢铁生产流程 CO_2 排放的模拟研究结果表明，CO_2 排放主要与使用铁水或生铁的量有关，其次是发电的用碳量。钢铁工业温室气体的减排有赖于现代冶金技术的进一步开发应用和进一步降低能源消耗，短期内考虑改变以煤为主的能源结构还不现实。针对我国钢铁生产发展的特点，加快采用高新技术的改造和不断优化生产流程，提高能源利用效率和加大二次能源的回收利用，是我国钢铁工业温室气体减排的主要途径；另一方面，按照材料整个寿命周期的观点来看，不断提高钢铁材料的性能和使用寿命，以少胜多，也可以实现节能和 CO_2减排。

10.3.9　《京都议定书》与清洁发展机制（CDM）

1997 年 12 月，149 个国家和地区的代表在日本召开《联合国气候变化框架公约》缔约方第三次会议，会议通过了旨在限制发达国家温室气体排放量以抑制全球变暖的《京都议定书》。

《京都议定书》的清洁发展机制（CDM）规定，2008 年到 2012 年间，工业化国家的全部温室气体排放量比 1990 年平均减少 5.2%，发展中国家没有减排义务。

按照《京都议定书》规定，发达国家可以通过与发展中国家实施清洁发展机制项目合作，获得温室气体减排量，降低其减排承诺的总体成本。同时，发展中国家可以通过吸引额外资金和先进技术促进本国经济发展，提高资源使用效率和减少污染，促进国内的可持续发展。《京都议定书》规定了一种独特的贸易——如果一国的排放量低于条约规定的标准，则可将剩余额度卖给完不成规定义务的国家，以冲抵后者的减排义务。在发达国家完成二氧化碳排放项目的成本，比在发展中国家高出 5 倍至 20 倍，所以发达国家愿意向发展中国家转移资金、技术，提高他们的能源利用效率和可持续发展能力，以此履行《京都议定书》规定的义务。发达国家与发展中国家正积极进行温室气体减排配额交易。在 2005~2012 年期间中国企业可以作为“CO_2”的净卖方参与国际碳市交易，无需承担减排义务。从排放强度来看，中国因受到自身资金、技术和能力建设的限制，能源消费强度大，单位国内生产总值的温室气体排放量也比较高，但目前尚无力采取有效的防治措施，开展国际合作不失为一种减少温室气体排放的良策。

《京都议定书》表面上是环境问题，实质是经济、能源、政治问题。所有的环境问题都是经济增长方式、能源增长效率的问题，例如占用大气空间也要付费。

2009 年 11 月 25 日，我国政府宣布到 2020 年中国单位国内生产总值二氧化碳排放量比 2005 年下降 40%~45%。2011 年 12 月 1 日，国务院印发《“十二五”控制温室气体排放工作方案》的通知中提出，到 2015 年全国单位国内生产总值能耗比 2010 年下降 16%，全国单位国内生产总值二氧化碳排放量比 2010 年下降 17%。欧盟和日本钢铁工业为应对气候变化，分别进行了 ULCOS（超低二氧化碳炼钢）和 COURSE 50（创新的炼铁工艺技术），着眼于能源替代、碳源替代和 CO_2捕集封存，目前已取得了阶段性成果。张春霞等人结合我国钢铁工业发展及国内外钢铁工业 CO_2减排途径和措施现状，提出了我国钢铁工业的 CO_2减排途径（表 10-6），并以 2005 年中国钢铁工业的 CO_2排放水平为基准，规划了中国钢铁工业 CO_2减排路线图（图 10-7）。预计随着碳减排技术的普及及进一步开发，我国生产 1t 粗钢的 CO_2排放量将逐年下降，钢铁工业 CO_2排放总量大约在 2015 年左右达到顶峰，之后 CO_2排放总量将继续逐年下降，到 2030 年钢铁工业 CO_2排放总量能达到 2005 年的 CO_2排放总量水平甚至更低一些。

表 10-6　我国钢铁工业 CO_2 减排途径

钢铁工业内部的 CO_2 减排途径		钢铁工业外部的 CO_2 减排途径
短期途径	长期途径	
注重废钢资源的利用，降低铁钢比	大幅度增加废钢利用	与其他行业形成生态链，发展循环经济
提高二次能源利用效率	掌控清洁能源	减少钢材浪费，延长钢材的使用寿命
淘汰落后技术、工艺、装备，控制总量	延伸产品加工深度，提高产品质量	开发碳捕集与储存技术
普及低碳技术	开发低碳技术	

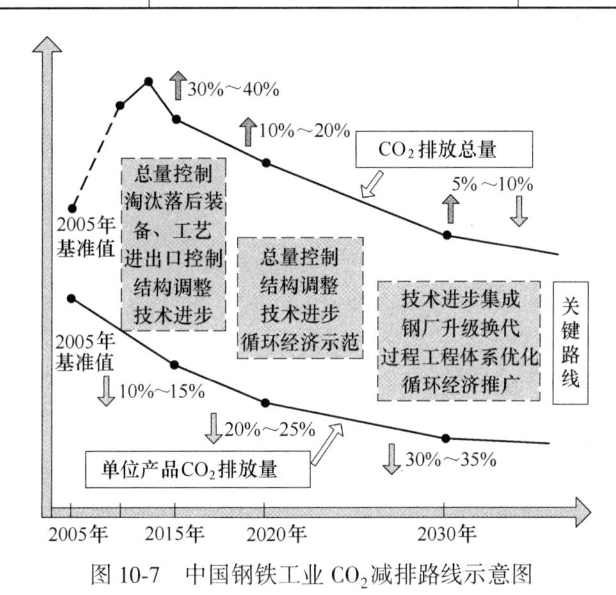

图 10-7　中国钢铁工业 CO_2 减排路线示意图

10.4　炉渣与尘泥的处理与利用

10.4.1　高炉渣、转炉渣、电炉渣的产生和性质

高炉渣在高炉炼铁过程中产生，从高炉排出时期温度约为 1500℃，呈熔融状态，根据冷却方法分为缓冷渣和水淬渣。钢渣包括转炉吹炼铁水炼钢时产生的转炉渣和用电炉以废钢为原料炼钢时产生的电炉渣，铁水预处理时产生的渣称为铁水预处理渣，一般统计为转炉渣。电炉渣分为氧化期渣和还原期渣。高炉渣缓慢冷却时生成各种结晶矿物相，急冷时生成大量无定形的玻璃体和微晶，酸性高炉渣急冷时全部凝结成玻璃体。钢渣不论缓冷或急冷都生成结晶矿物相，不形成玻璃态物质。

钢铁渣的主要物相见表 10-7，一般情况下转炉渣中各物相及其相对含量见表 10-8。

我国高炉渣产生量约为 346kg 渣/t 铁水，利用率约 97.4%；钢渣产生量约为 137kg 渣/t 铁水，利用率约 93.1%。

我国部分企业的普通高炉渣和炼钢渣的化学成分见表 10-9。

表 10-7 钢铁渣的主要物相

种类	$CaO/(SiO_2+P_2O_5)$	矿物成分
钢渣	1.36	橄榄石（CRS）、蔷薇辉石（C_3MS_2）、RO 相
钢渣	1.80	蔷薇辉石（C_3MS_2）、硅酸二钙（C_2S）、RO 相
钢渣	2.51	硅酸三钙（C_3S）、硅酸二钙（C_2S）、RO 相
钢渣	2.99	硅酸三钙（C_3S）、硅酸二钙（C_2S）、RO 相、铁酸盐
缓冷高炉渣	—	硅酸二钙（C_2S）、钙铝黄长石（C_2AS）、镁黄长石（C_2MS_2）、钙长石（CAS_2）、硫化钙（CaS）
水淬高炉渣	—	玻璃体和微晶体

表 10-8 碱性转炉渣主要物相及其相对含量

物相	密度（常温）$/kg \cdot cm^{-3}$	含量/%
硅酸二钙（C_2S）：Ca_2SiO_4	3.3	30~60
硅酸三钙（C_3S）：Ca_3SiO_5	3.2	0~20
RO 相：(Fe，Mn，Mg，Ca)O	5	15~30
铁酸钙：$Ca_3(Fe, Al)_2O_5$	4	10~25
方镁石：MgO	3.6	0~5
游离氧化钙：CaO	3.3	2~15
其他：R_3O_4，CaF_2	—	0~2

表 10-9 我国部分钢铁企业钢铁渣化学成分 (%)

种类	SiO_2	Al_2O_3	CaO	MgO	Fe_2O_3	FeO	MnO	TiO_2	P_2O_5
转炉渣	19.19	1.48	40.14	9.78	9.43	17.44	1.99	0.94	1.51
转炉渣	19.14	4.07	45.18	7.23	7.10	20.54	0.80	0.98	1.23
转炉渣	13.21	2.42	33.76	9.37	16.03	11.70	3.25	1.10	1.26
转炉渣	14.07	5.29	40.97	13.59	6.50	12.61	1.21	0.69	1.21
转炉渣	14.50	1.79	35.19	10.13	12.87	16.04	5.67	0.67	1.22
电炉渣	22.44	11.03	35.33	6.58	1.22	13.14	1.26	0.73	0.34
电炉渣	23.27	7.67	25.20	4.88	6.24	16.52	3.37	6.82	0.49
高炉渣	33.49	13.27	38.20	9.80	0.91	—	0.09	—	0.01
高炉渣	32.28	14.25	35.35	9.97	1.22	—	0.38	1.64	0.02
高炉渣	33.18	14.05	39.04	9.07	3.13	—	1.21	0.53	—
高炉渣	35.01	14.44	36.78	9.72	0.88	—	0.30	—	—
高炉渣	33.84	11.68	38.13	10.61	2.20	—	0.26	—	—

10.4.2 炉渣处理技术

10.4.2.1 高炉渣处理技术

高炉渣用不同的处理方法可以得到四种产品：

（1）缓冷高炉渣（Air-Cooled Blast Furnace Slag）：液态高炉渣泼到渣床上在环境温度下缓冷，形成坚硬块状结晶，其后可以进行破碎和筛分得到不同粒度的产品。

（2）膨化和泡沫高炉渣（Expanded or Foamed Blast Furnace Slag）：如果熔融的高炉渣在添加控制的水、空气或蒸汽的条件下冷却，则冷却和凝固过程会加速，产生一种轻质膨胀的或泡沫产品。膨化高炉渣与缓冷渣的区别在于其相对高的孔隙度和低的体积密度。

（3）球状高炉渣（Pelletized Blast Furnace Slag）：如果熔融的高炉渣用水和空气在转鼓中冷却并凝固，可以得到非实体的高炉渣小球。通过控制这一过程，可以使渣充分结晶，适合作骨料，或者使渣形成玻璃态，从而适合作水泥原料。冷却速度越快，玻璃相越多，结晶相越少。

（4）粒化高炉渣（Granulated Blast Furnace Slag）：如果熔渣用水快速冷却并凝固，则大部分渣成为非晶态，很少或没有结晶态产生。这个过程产生砂状渣粒，渣粒的物理结构和粒化渣的分级取决于其化学成分、温度和水淬时间以及生产方法。如果把粒化高炉渣磨细至水泥颗粒的大小，其水硬性很适合作水泥的添加剂。

高炉渣水淬处理采用的方法有滤渣法、Rasa 法、INBA 法和 Tyna 法。下面介绍两种较为先进的高炉渣处理方法。

1）图拉（Tyna）法：图拉法也称为粒化轮法，20 世纪 90 年代初由俄国国立冶金工厂设计院研制的一套安全、小巧、高效和节省投资的炉渣粒化工艺。1994 年在图拉钢铁厂 3 号 2000m^3高炉投入使用，称为图拉法。

图拉法的工艺过程如图 10-8 所示，高炉渣由渣沟流下来，落到有一定高差的粒化轮上。粒化轮由特殊材质制成，以一定的转速运行，其转速可调。从两侧向粒化轮供冷却水，还配有两个带喷头的水管冲洗粒化轮的外壳。当渣粒和粒化轮相碰时，因机械作用使熔渣粒化，被粒化的渣粒在短时间内被喷水冷却，渣与水一起落入脱水转鼓，转鼓为圆柱形，长度约为直径的三分之一，圆柱外壁为不锈钢滤网，鼓内有沿圆周均匀分布的隔板，把转鼓分成若干个滤斗，转鼓的转速是可调的。装有水渣混合物的滤斗，在转动过程中逐步脱水，当达到安装位置的上部时，过滤脱水基本结束，渣粒落入导向漏斗，由外部皮带机运至渣场。

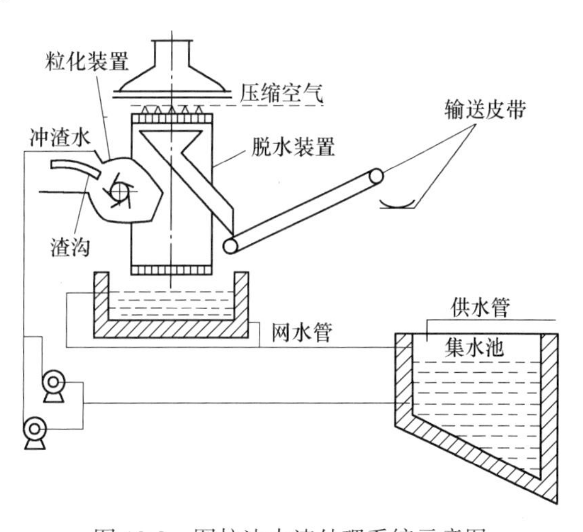

图 10-8　图拉法水渣处理系统示意图

2）INBA 法：INBA 水渣处理系统，是高炉熔渣经水淬粒化—脱水—运输全系统的总称。这系统是 20 世纪 80 年代初由 SIDMAR 和 Paul Wurth 开发的。因为其连续性好，污水密闭循环，机械化、自动化程度高，占地面积不大，是较理想的高炉辅助设备。

如图 10-9 所示，熔渣通过渣道流至喷水箱上方，当粒化水与熔渣接触时，渣流被破碎成片状和线状，进一步沿水渣通道前进，在水流作用下粒化，变成渣粒，然后经水渣分配器均匀分配到转鼓过滤器中，在转鼓下半周滤去部分水分后，被叶片刮带随转鼓旋转进

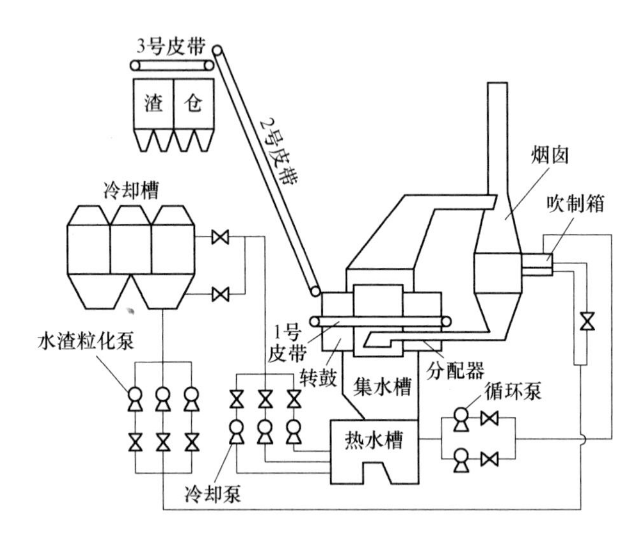

图 10-9　典型 INBA 法炉渣处理系统

行自然脱水，转至转鼓上半周时，渣落至鼓内的皮带之上，经此皮带和分配皮带送至成品槽装车外运。国内多座高炉均采用 INBA 法处理炉渣。INBA 法有热 INBA、冷 INBA 和环保型 INBA 三种类型。

脱水转鼓如图 5-33 所示。转鼓内圆周有均匀分布的轴向刮板，渣浆由分配器均匀地分配到转鼓的长度上，将粒化的高炉渣从转鼓底部移动到胶带机上。转鼓的圆周是筛子，可以使水分滤出。

高炉渣中含有 1%～2%的硫，硫在渣中的存在形式主要是 CaS。粒化过程中高温的高炉渣与水和空气发生反应，释放出 H_2S 和 SO_2 气体。采用冷水冲渣加上蒸汽冷凝系统可以减少 H_2S 的排放。冷水冲渣加蒸汽冷凝设施的环保型 INBA 法处理 1t 高炉渣排放的硫仅 1g/t 渣，而热 INBA 法和 Tyna 法是 250g/t 渣，渣滤法是 1000g/t 渣。环保型 INBA 法的投资是其他方法的 1.9 倍。INBA 法处理的粒化高炉渣的粒度在 3mm 以下，平均粒度是 1mm。

10.4.2.2　钢渣的处理技术

鉴于钢渣中自由氧化钙的存在不利于钢渣的利用，钢渣处理首先要把钢渣破碎，然后与水作用使氧化钙转变为氢氧化钙，使钢渣体积稳定。熔融钢渣的破碎或粒化有热泼、盘泼水冷、水淬、风淬、滚筒法、粒化轮法等工艺。初步处理后的钢渣，再运至钢渣处理间进行粉碎、筛分、磁选等工艺处理，以回收铁粒。

（1）“焖渣”法：转炉钢渣的焖渣方式原为热融钢渣全部倒入渣罐，至渣场倾倒，钢渣经雨季后自然粉化，自然粉化的时间约为一年。为提高钢渣粉化速度，用人工浇水焖渣，焖渣约两周后钢渣粉化。耗水量为 $1m^3/t$ 渣。焖渣后钢渣运至粒铁回收生产线。鞍钢、首钢、武钢、唐钢早期的钢渣处理均采用此类工艺，仅在粒铁磁选分离和回收阶段采用的破碎和筛分设备有所不同。

钢渣热焖处理工艺经过十余年的生产实践不断完善，新的工艺设备采用自动化喷雾系统，冷却至 800～300℃的钢渣装入热焖装置中，喷雾遇热渣产生饱和蒸汽，与钢渣中游离氧化钙 f-CaO、游离氧化镁 f-MgO 发生反应，分别生成 $Ca(OH)_2$、$Mg(OH)_2$，体积膨胀，致使钢渣自解粉化。

（2）风淬法：渣罐接渣后，运到风淬装置处，倾翻渣罐，熔渣经过中间包流出，被一种特殊喷嘴喷出的空气吹散，破碎成微粒，在罩式锅炉内回收高温空气和微粒渣中所散发的热量并捕集渣粒。经过风淬而形成微粒的转炉渣，可做建筑材料；由锅炉产生的中温蒸汽可用于干燥氧化铁皮。日本钢管（原 NKK，现 JFE Steel）公司与三菱重工业公司合作 1981 年在福山厂第三炼钢车间建成世界第一套用于生产的转炉钢渣处理设备，处理能力为每月 20000t 渣。工艺流程由 4 部分组成：前处理段、风淬段、热回收段和后处理段（图 10-10），高压风速为 80～300m/s，风淬渣是粒度小于 3mm 的小球，性质稳定，便于应用。风淬能力平均 20t/h，最大 80t/h。压缩空气用量是 $1000m^3/t$ 渣，每天可获得蒸汽 200t。这种方法的优点是处理钢渣的同时，可回收钢渣显热的 41%。这种处理方法液态钢渣不与水接触，无爆炸危险；整个过程在罩式锅炉内，操作环境好；排出的热空气和热渣的热量还可以进一步回收。

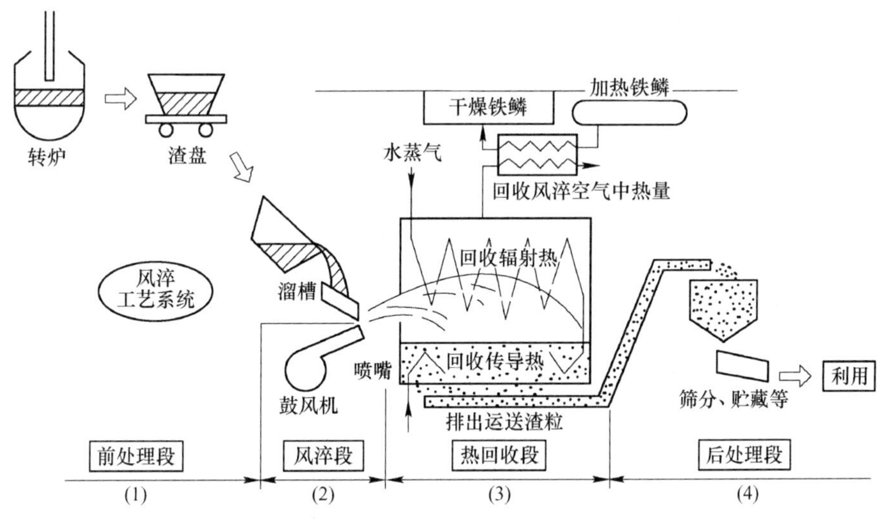

图 10-10　转炉钢渣风淬系统的流程

我国重钢某厂也采用了风淬法处理液态转炉渣。与上述日本的方法不同的是没有在罩式锅炉内换热，将风淬渣吹入水池，没有回收转炉渣的热量。

（3）宝钢 BSSF 滚筒法：宝钢 BSSF 滚筒法简称滚筒法，是宝钢机械厂在引进俄罗斯专利的基础上开发研制的工业生产实用技术。BSSF 型滚筒法的核心设备是滚筒装置，如图 10-11 所示。由装料溜槽、滚筒（里面有相当数量的钢球）、排汽管、驱动电机等组成。流动性较好的液态热钢渣由行车经装料溜槽进入滚筒里. 在水的冷却作用下急冷结块，随着滚筒的转动，滚筒里的钢球不断地击打和碾磨钢渣，使大块钢渣被处理成颗粒状态，经出渣口排至板式输送机至堆场。液态红渣与水进行热交换产生的蒸汽由排汽管收集经烟囱有组织排放。废水由出渣口和链板输送机渗漏进入汇集池，然后经汇集池的溢流口排入沉淀池，处理后循环使用。该法对钢渣的适应性较好，循环水用量较少，但装置复杂，工作时噪声大。

（4）粒化轮法：唐山嘉恒、华科公司开发了类似与图拉法的粒化轮法钢渣粒化装置。其核心设备由粒化轮、脱水机（由间隙为 1. 5mm 网隔板组成的滚筒）、装料溜槽、排汽

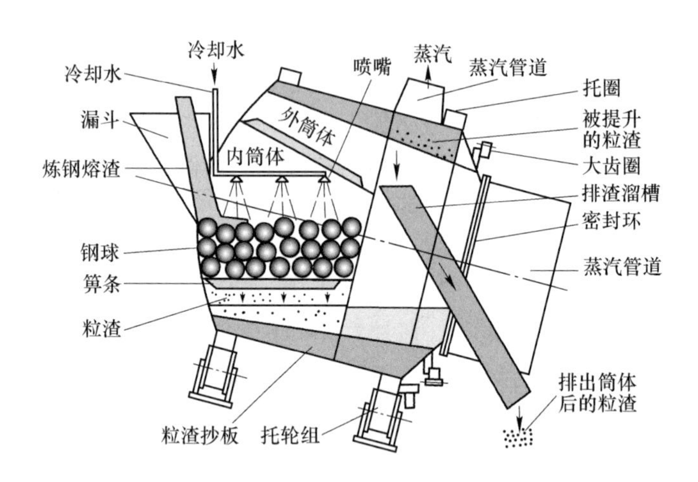

图 10-11 BSSF 法处理钢渣的滚筒示意图

装置等组成。其工艺流程为流动性较好的液态热钢渣由行车经装料溜槽进入渣处理设备。在高速运转的粒化轮打击和碰撞下液态渣被处理成颗粒状。在脱水机里钢渣被高压水进一步冷却、冲击、水淬成细小颗粒。随着脱水机的转动，渣水实现分离。渣经出渣口排至皮带输送机至堆场。液态钢渣与水进行热交换产生的蒸汽由排汽管收集经烟囱有组织排放。废水则进入沉淀池处理后循环利用。目前采用该技术的厂家有首钢迁安分厂、沙钢、本钢和柳钢。粒化轮法处理钢渣较滚筒法投资少，处理后的钢渣粒度小，直径 5cm 以下的在 80%以上。当液态钢渣中夹杂较大体积钢液时，仍有爆炸的危险。

10.4.2.3 选择钢渣处理方法的原则

选择和确定钢渣处理方法时，应遵守六个原则：

（1）处理能力大；（2）处理后的成品状态适合于应用；（3）处理后的成品应用效果好、经济效益高；（4）生产工艺流程和设备简单；（5）安全易行；（6）处理成本低。

从目前已开发应用的处理方法看，任何一种方法若想全面符合上述六个条件都是很难的。由于处理方法不同，所得到的成品状态也多种多样，其经济价值高低也有差别。

10.4.3 各种尘泥的处理与利用

高炉冶炼过程中作为铁矿石杂质的绝大部分有色金属和铁一同还原并形成金属蒸气伴随着矿石、焦炭和熔剂的微细粉尘随高炉煤气被带出炉外，采用湿法除尘得到瓦斯泥，采用干法除尘则得到瓦斯灰。高炉瓦斯泥是炼铁厂高炉煤气洗涤污水排放于沉淀池中经沉淀处理而得到的一种很细的污泥。高炉瓦斯泥（灰）的化学组成相同或相近，其中含有 20%左右的氧化铁，23%左右的碳，1%~5%的锌，此外还有氧化钙、二氧化硅、三氧化二铝等氧化物。高炉炉尘的发生量一般为 15~50kg/t 生铁。高炉瓦斯泥颗粒粒度细小，小于 200 目的颗粒约占 97%~100%，一般平均粒径只有 20~25μm。有些使用含有色金属的铁矿石炼铁的高炉瓦斯泥和瓦斯灰中 Zn 含量很高，可以作为 Zn 资源利用。瓦斯灰含水极少，粉尘易流动飞扬。

在炼钢工艺过程中，添加到炉内的原料中约有 2%转变成粉尘。转炉尘的发生量约为 20kg/t 钢，电炉尘的发生量约为 10~20kg/t 钢。

炼钢粉尘主要由氧化铁组成，氧化铁含量为70%～95%，其余的5%～30%的粉尘由氧化物杂质组成，如氧化钙和其他金属氧化物（主要是氧化锌），炼钢粉尘中其他化合物是锌铁尖晶石、铁镁尖晶石、碳酸钙，还有碳。碱性氧气转炉炼钢法产生的粉尘曾用作烧结生产的原料并在高炉内循环利用。但是锌在炼铁过程中属有害元素，因为高炉冶炼过程中，锌易于形成炉瘤而限制炉内固体和气体的流动。

电炉炉尘的Zn含量随其废钢用量和废钢种类而变化，一般呈上升趋势。据1993年统计日本的电炉炉尘的平均Zn含量在20%，美国1995年的统计其电炉炉尘的平均Zn含量在19%。另外，广泛使用的钢包精炼炉（LF）的炉尘中也含有约5%的Fe，13%的Zn，2%的Pb，4%的Cl。

由于钢铁厂的各种尘泥成分复杂、粒度细小、水分含量波动大等原因，使得粉尘的利用较为困难。传统的粉尘处理方法有配入烧结、外售、填埋。配入烧结是主要方法，但是对烧结矿质量有不良影响而且使烧结能耗上升。另外由于对环境影响较明显，烧结工艺本身也越来越受到限制，所以用烧结处理粉尘的做法受到制约。填埋处理由于占用土地、污染环境而且处理费用高，已被逐步取消。可以从高炉瓦斯泥和瓦斯灰提碳、提铁加以利用，含锌高的瓦斯泥和瓦斯灰可以用处理电弧炉尘的方法提取氧化锌。含锌低的转炉炉尘可以返回烧结进行循环。电弧炉炉尘由于含Zn、Pb、Cd等重金属而被归类为有毒固体废弃物。另一方面由于含有较多的Zn，又是一种不含硫的Zn资源。为了降低处理费用，世界各地的电炉炼钢厂开发了多种处理工艺，如针对电弧炉碳钢粉尘回收的Waelz法、转底炉法，以及针对电弧炉不锈钢粉尘回收的INMETCO法、Z-Star法等。电弧炉炉尘的处理目的是低成本地回收Zn。处理方法可分为火法和湿法两大类。湿法处理由于其残渣无处弃置而难以在钢铁厂内推广。火法处理的基本原理是还原蒸发，使Zn从炉尘中还原出来成为锌蒸气，以氧化锌或金属锌的形式回收。对于不锈钢电弧炉粉尘，还要考虑其中镍和铬等有价元素的回收。

10.5　钢铁生产中的节能工艺

10.5.1　我国钢铁企业的能耗指标

按照国家标准《综合能耗计算通则》（GB 2589—81），燃料发热量以燃料应用基（即实际所应用的燃料）低位发热量为基准。又规定：（1）低位发热量等于29.27MJ（7000kcal）的固体燃料，称1千克标准煤。在统计计算中，可采用吨、万吨标准煤。（2）低位发热量等于41.82MJ（10000kcal）的液体燃料或气体燃料，称1千克标准油或1立方米标准气（标态）。在统计计算中，可采用吨、万吨标准油或千立方米、百万立方米标准气（标态）。（3）计算综合能耗时，其能源消耗量可用千克标准煤或吨标准煤表示，也可简写成千克标煤或吨标煤。1千克标准煤等于0.7000千克标准油，或等于0.7000立方米标准气（标态）；1千克标准油，或1立方米标准气（标态）等于1.4286千克标准煤。企业消耗的一次能源量，均按应用基低（位）发热量换算为标准煤量。企业消耗的二次能源，均应折算到一次能源。其中，燃料能源应以应用基低（位）发热量为折算基础。企业中耗能工质所消耗的能，均应折算到一次能源。

10.5.1.1 吨钢综合能耗

吨钢综合能耗是指企业在报告期内每吨钢消耗的各种能源自耗总量。能源消耗总量必须是将各种能源按规定的计算方法分别折算为同一标准单位后的总和。企业自耗能源包括统计报告期内生产直接消耗的各种能源及其辅助生产系统实际消耗的各种能源即企业自耗全部能源量，单位是千克标准煤/吨钢。

10.5.1.2 吨钢可比能耗

1982年，原冶金工业部颁发《钢铁企业能源平衡及能耗指标计算办法的暂行规定》文件中明确的联合企业吨钢可比能耗的含义是指钢铁企业以钢为代表产品前后工序能力配套生产所需要的能源消耗，是指企业每生产1t钢从炼焦、烧结、炼铁、炼钢直到成品钢材配套生产所必需的耗能量及企业燃料加工与运输，机车运输及能源亏损所分摊到每吨钢的耗能量之和。不包括钢铁企业的矿山、选矿、铁合金、耐火材料、碳素制品、焦化回收产品精制及其他产品生产、辅助生产及非生产的能耗。

10.5.1.3 影响吨钢能耗的因素

（1）铁钢比：铁钢比是生产1t钢所耗铁水量与钢水量的比值。“铁钢比”是影响吨钢能耗的重要因素，与国外吨钢能耗相关联的是企业生产的铁量和钢量；而与我国吨钢可比能耗相关联的是生产1t钢的铁水和生铁消耗，即企业（行业）吨钢平均耗铁量。由于我国钢铁需求量大，社会积蓄的废钢量少，短期内降低铁钢比还不现实。大量使用废钢也会使钢材质量下降，在利用废钢生产高质量钢材方面还需要开发相应的技术。

（2）连铸比：连铸比模铸成材率高10%，节约加热能耗70%，节约劳动力75%。2014年我国大中型钢铁企业连铸比约为99.71%。

（3）其他因素：能源、原料质量及能源结构，矿石品位，焦炭质量（灰分、硫含量），煤粉质量，自发电量，油气比例，大型节能设备普及程度，工艺与设备水平，辅料消耗，动力转换效率对钢铁企业能耗也有影响。

节能的含义包括减少浪费和增加回收两个部分。减少浪费就是要加强对用能的质量和数量的管理，优化用能结构、减少物流损失和能源介质的无谓排放等。增加回收就是大力回收生产过程中产生的二次能源（包括余压、余热、余能和副产煤气等）。

2013年钢铁企业吨钢综合能耗592千克标煤/吨，比上年下降2%。

10.5.2 钢铁工业的主要节能工艺技术简介

对钢铁企业的能量流分析表明，对吨钢工序能耗影响较大的有“焦炉煤气回收”和“高炉煤气回收”这两项；钢铁厂九种能源（量）的最大回收量对吨钢能耗总的影响量为-360.83kg/t钢。可见，加强钢铁生产流程中各种余热余能的回收利用是降低钢铁企业能耗非常有效的措施。

10.5.2.1 干法熄焦（CDQ）

干法熄焦可以回收红焦显热（红焦显热占炼焦热耗的35%~40%）的80%。回收余热，吨焦可产生3.9MPa的蒸汽0.45t（先进值可达到0.6t）。宝钢干熄焦可降低焦化工序能耗68千克标准煤/吨，这是钢铁工业可回收余能所占比例最大的项目，约占可回收余能的一半。

截至2012年底，全国累计建成投产136套干熄焦装置，主要企业干熄焦率达到84.45%，所有干熄焦设备余热发电配备率50%。干熄焦技术对炼焦工序可实现吨焦节能40千克标准煤，按目前我国重点大中型企业高炉入炉焦比平均361.4kg/t铁计算，干熄焦可使吨钢能耗降低14.5千克标准煤，这是当前最大的节能措施。

10.5.2.2 高炉炉顶煤气压差发电技术（TRT）

理论上高炉炉顶煤气压力在80kPa时，TRT所发出的电能与所用的电能平衡，压力在100kPa时有经济效益，在大于120kPa时会有显著的经济效益。TRT发电能力是随炉顶煤气压力的变化而变动。采用干法除尘，可提高发电量30%左右，因煤气温度每提高10℃，发电机透平机出力可提高3%。高炉鼓风机能耗约占炼铁工序能耗的10%~15%，采用TRT装置可回收高炉鼓风机能量的30%左右，约可降低炼铁工序能耗11~18千克标准煤/吨。

目前，我国已有近700套高炉TRT设施，$1000m^3$以上容积的高炉上90%拥有TRT装置，少数$450m^3$、$750m^3$高炉也有TRT装置。湿法除尘TRT发电水平较好的达到38kW·h/t铁。

鉴于钢铁企业产生大量可燃气体，且可能有一定量的富余，故应当积极采用煤气发电技术。采用煤气、燃气轮机发电技术的发电量，要比常规锅炉蒸汽发电量多70%~90%，并可节水1/3。

10.5.2.3 烧结矿显热回收技术

热烧结矿温度在700~800℃，采用热交换技术，生成蒸汽发电，可以回收烧结矿显热能量24千克标准煤/吨，扣除设备运行耗能，可以降低烧结工序能耗10千克标准煤/吨。

10.5.2.4 热风炉废气余热利用

热风炉废气温度250~350℃，含氧量低，用于去烘干高炉喷煤粉的煤是最佳的选择。废气温度适中，不含氧，烘烤煤时，既不会使煤燃烧，又节约了能源。

10.5.2.5 转炉负能炼钢技术

吨钢回收转炉煤气$100m^3/t$钢，煤气显热回收蒸汽50kg/t钢，并使回收的热能得到充分利用就可以实现负能炼钢。负能炼钢一般是指转炉工序，而铁水预处理、连铸、炉外精炼工序能耗不在内。国外大型转炉基本上均是负能炼钢运行。我国宝钢、武钢、鞍钢、本钢等钢企业也实现了负能炼钢。

【本章小结】 钢铁工业对国民经济的发展有着举足轻重的作用，我国粗钢产量已近世界粗钢产量的一半。同时，钢铁行业又是资源密集、能耗密集型产业，生产过程中会排放大量CO_2、SO_x、NO_x等废气、及废水、废渣和粉尘等废弃物。当前，我国钢铁行业节能和环保与先进产钢国家相比，还有较大的提升空间，因此，加强钢铁行业环境保护和节能减排，加快产品升级，充分发挥钢铁工业的能源转换功能和社会大宗废弃物处理—消纳功能，以实现钢铁生产和环境保护的和谐发展。

思考题

1. 简述钢铁生产的特点及所面临的环境问题。

2. 钢铁工业废水的主要来源及处理技术有哪些？
3. 钢铁厂废气的来源和特点是什么，如何控制钢铁企业的烟尘？
4. 钢铁企业产生的典型的废渣有哪几种，其典型的处理技术有哪些？
5. 简介我国钢铁工业的节能指标及主要节能技术。

参考文献

[1] 国际钢铁协会 . http：//www. worldsteel. org/zh/media-centre/press-releases/2015/World-crude-steel-output-increases-by-1. 2--in-2014. html.
[2] 李光强，朱诚意 . 钢铁冶金的环保与节能 [M] . 2 版 . 北京：冶金工业出版社，2010.
[3] U. S. Geological Survey. Mineral commodity summaries 2015. http：//dx. doi. org/10. 3133/70140094，2015.
[4] 中国金属学会，中国钢铁工业协会 . 2011~2020 年中国钢铁工业科学与技术发展指南 [M] . 北京：冶金工业出版社，2012.
[5] 中华人民共和国工业和信息化部原材料工业司 . 2013 年钢铁工业经济运行情况 . http：//www. miit. gov. cn/n11293472/n11293832/n11294132/n12858402/n12858492/15891265. html，2014-02.
[6] 中华人民共和国工业和信息化部 . 关于钢铁工业节能减排的指导意见 . 2010.
[7] BP Statistical Review of World Energy 2013. http：//www. bp. com/statisticalreview，2013.
[8] 李新创 . 钢铁环保欠了哪些债？[N] . 中国环境报，2013-3-18.
[9] 中华人民共和国工业和信息化部原材料工业司 . 2014 年钢铁行业运行情况和 2015 年展望 . http：//www. miit. gov. cn/n11293472/n11293832/n11293907/n11368223/16445215. html，2015.
[10] 王维兴 . 2013 年重点统计钢铁企业能源消耗述评 [N] . 世界金属导报，2014-3-11 (B11) .
[11] 殷瑞钰 . 冶金流程工程学 [M] . 北京：冶金工业出版社，2009.
[12] 中钢集团武汉安全环保研究院，环境保护部环境标准研究所 . GB 13456—2012 钢铁工业水污染物排放标准 [S] . 北京：中国环境科学出版社，2012.
[13] 李黎，梁广，胡堃 . 电炉及烧结烟气二噁英治理技术研究 [J] . 钢铁技术，2014 (3)：43~48.
[14] 鞍钢集团设计研究院，环境保护部环境标准研究所 . GB 28662—2012 钢铁烧结、球团工业大气污染物排放标准 [S] . 北京：中国环境科学出版社，2012.
[15] 中钢集团天澄环保科技股份有限公司，环境保护部环境标准研究所 . GB 28663—2012 炼铁工业大气污染物排放标准 [S] . 北京：中国环境科学出版社，2012.
[16] 宝山钢铁股份有限公司，上海宝钢工程技术有限公司，环境保护部环境标准研究所 . GB 28664—2012 炼钢工业大气污染物排放标准 [S] . 北京：中国环境科学出版社，2012.
[17] 范小刚，黄威钢 . 高炉轴流旋风除尘器技术及应用 [J] . 炼铁，2006，25 (5)：17~21.
[18] 台炳华 . 炼钢电炉烟气预热废钢 [J] . 冶金能源，1990，9 (4)：48~51.
[19] 杨景玲 . 钢铁工业环境保护的问题、应对措施及发展趋势 [C] . 第九届中国钢铁年会论文集 . 北京，2013：1~5.
[20] Birat J P. Recycling and By-products in the Steel Industry [C] . Proc. Recycling and Waste Treatment in Mineral and Metal Processing，Lulea Sweden，2002.
[21] 中华人民共和国国务院 . 国务院关于印发"十二五"控制温室气体排放工作方案的通知（国发 [2011] 41 号）. http：//www. gov. cn/zwgk/2012-01/13/content_ 2043645. htm，2011-12-01.
[22] 张春霞，上官方钦，张寿荣，等 . 关于钢铁工业温室气体减排的探讨 [J] . 工程研究——跨学科视野中的工程，2012，4 (3)：221~230.